电化学与电池储能

邓远富 叶建山 崔志明 等 编著

科学出版社

北 京

内 容 简 介

电化学是一门横跨基础科学和应用科学的重要学科。《电化学与电池储能》将电化学的基础知识、新理论和新方法引入教材和课程建设中。该教材主要内容包括：电化学原理（电解质溶液基础、电化学热力学与电极/溶液界面性质、电极过程动力学及几种重要的电极过程）、电化学研究方法、电池储能（锂离子电池、新型电池、电化学电容器和燃料电池）及半导体电化学和太阳能电池。

本书可作为高等院校应用化学、储能科学与技术、新能源材料与器件、能源化学工程及相关专业的高年级本科生和研究生学习电化学基础与储能技术的教材，也可供从事电化学和新能源等方面研发的教师、科研人员和工程技术人员参考。

图书在版编目（CIP）数据

电化学与电池储能 / 邓远富等编著. —北京：科学出版社，2023.11

ISBN 978-7-03-076701-1

Ⅰ. ①电…　Ⅱ. ①邓…　Ⅲ. ①电化学 ②蓄电池　Ⅳ. ①O646 ②TM912

中国国家版本馆 CIP 数据核字（2023）第 197719 号

责任编辑：郭勇斌　常诗尧　孙　曼 / 责任校对：杨　赛
责任印制：吴兆东 / 封面设计：义和文创

科学出版社出版
北京东黄城根北街 16 号
邮政编码：100717
http://www.sciencep.com
北京中石油彩色印刷有限责任公司印刷
科学出版社发行　各地新华书店经销
*
2023 年 11 月第　一　版　开本：787×1092　1/16
2024 年 7 月第二次印刷　印张：24
字数：560 000
定价：139.00 元
（如有印装质量问题，我社负责调换）

前　言

为加快培养储能领域"高精尖缺"人才，增强产业关键核心技术攻关和自主创新能力，以产教融合发展推动储能产业高质量发展，教育部、国家发展和改革委员会、国家能源局于 2020 年联合发布了《储能技术专业学科发展行动计划（2020—2024 年）》。该计划提出，拟经过 5 年左右的努力增设若干储能技术本科专业、二级学科和交叉学科。这对于我国发展储能科学与技术、培养优秀专业人才具有里程碑意义。

华南理工大学是全国最早开设能源化学工程专业的高校之一，在电化学原理与新能源技术的研发与教学方面，具有扎实深厚的基础。随着新能源技术和市场的快速发展，电化学与新能源技术相关专业的学生迅速增加。虽然市场上有许多优秀的电化学基础、电池技术和储能技术类专业书籍，但是，对于能够体现电化学与电池储能的核心课程内容，适应本科生和研究生新能源技术类教学的教材，需求也十分迫切。

为了达到既适于教学，又利于学生自学的目的，本书尽量避免烦琐的理论论述和推导，由浅入深地阐述了电化学原理（电解质溶液基础、电化学热力学与电极/溶液界面性质、电极过程动力学及几种重要的电极过程），进而阐述电化学研究方法及储能技术的最新进展。本书较系统地介绍了锂离子电池、新型电池、电化学电容器和燃料电池，突出电化学基础知识在储能材料和电池设计及储能技术等方面的应用，力求做到论述严谨、条理清晰、内容新颖。本书还对半导体电化学和太阳能电池予以阐述，以拓展学生的知识面。

本书分为 10 章，第 1~3 章、第 6 章和第 8 章由邓远富编写，第 4 章和第 5 章由叶建山编写，第 7 章和第 9 章由崔志明编写，第 10 章由张杰编写，张磊参与了第 1~3 章、第 6 章和第 8 章的校对，全书由邓远富定稿。

本书参考了电化学和电池储能等领域的著作和教材，也参考了互联网上相关内容，在此对有关的作者和出版社表示衷心感谢。本书承蒙多位老师的审阅和校对，并提出了宝贵意见，在此表示衷心感谢。本书的出版得到华南理工大学本科精品教材专项的资助，特此表示衷心感谢。

由于编者能力有限，疏漏和不足之处在所难免，敬请广大读者批评指正。

编　者

2023 年 3 月

目　录

第 1 章 绪 论

1.1 电化学的概念

1.1.1 什么是电化学

电化学是研究化学能与电能的相互转化和电能与物质之间相互转换及其规律的学科，是物理化学的重要组成部分。

电化学所研究讨论的电化学反应属于氧化还原反应，但又不同于一般化学中讨论的氧化还原反应。电化学反应过程可以通过调节外部电压或电流的方式控制反应速率，而一般化学中讨论的氧化还原反应则难以实现。经典电化学属于物理化学的一个分支，也是化学科学的一部分。然而，随着科学技术的进步与发展，电化学已逐渐发展成为一门不同于化学的独立学科。在世界能源需求日益突出、环境保护意识不断强化、信息技术变革日新月异的时代大背景下，电化学学科正处于发展的黄金时期。随着电化学科学与技术在国民经济发展重要领域中的广泛应用，电化学学科的重要地位日益凸显，并逐渐发展成为横跨基础科学（理学）和应用科学（工程、技术）的重要学科。与此同时，电化学学科与材料科学、能源科学、环境科学、生命科学、生物医学等学科领域的融合不断深化。在现代科学中，电化学不仅是一门在许多学科中占有重要地位的学科，也是不同领域专家通力合作研究开创的多领域跨学科。

1.1.2 电化学反应的特点

为了对电化学作为一门独立学科有比较清楚的了解，有必要更详细地了解一般化学中讨论的氧化还原反应与电化学反应进行的特点。

对于下列氧化还原反应

$$Fe^{3+} + Cu^+ \longrightarrow Fe^{2+} + Cu^{2+}$$

如果将 Fe^{3+} 溶液和 Cu^+ 溶液混合，混合溶液中 Fe^{3+} 与 Cu^+ 之间直接发生电子交换生成 Fe^{2+} 和 Cu^{2+}。这就是一般化学中讨论的氧化还原反应。这一氧化还原反应具有如下一些特点：

（1）反应质点必须直接接触发生碰撞。

（2）反应质点碰撞时直接进行电子交换，电子转移经历的路径很短。

（3）反应质点间的碰撞具有混乱性，电子可在空间任何方向上转移（图 1.1.1）。

（4）反应伴随的能量效应为热能形式。

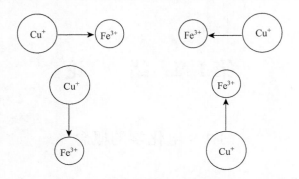

图 1.1.1　一般氧化还原反应电子转移示意图

上述氧化还原反应也可设计在图 1.1.2 所示的原电池装置中，按照电化学反应形式进行。在这种原电池装置中，Fe^{3+}溶液和 Cu^+溶液在空间上是分开的，Cu^+溶液与金属片［M（阳极）］构成阳极室，Fe^{3+}溶液与金属片［M（阴极）］构成阴极室，阴极室与阳极室之间用阴离子隔膜（K）隔开。当两电极通过导线接通外电路时，外电路的电流表（A）上就有电流通过，而原电池的阴、阳两极上分别发生如下反应：

阴极反应：$\qquad\qquad Fe^{3+} + e^- \longrightarrow Fe^{2+}$

阳极反应：$\qquad\qquad Cu^+ - e^- \longrightarrow Cu^{2+}$

电池反应：$\qquad\qquad Fe^{3+} + Cu^+ \longrightarrow Fe^{2+} + Cu^{2+}$

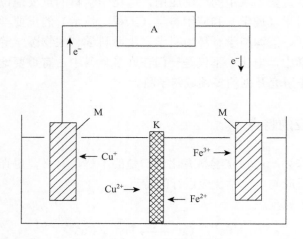

图 1.1.2　电化学反应原理图

氧化还原反应按照这种电化学反应形式进行时具有如下特点：
（1）反应质点在空间上是完全隔开的，反应质点不发生碰撞。
（2）电子转移经过的路径很长，有一个公共通道（导线）。
（3）电子通过外电路由阳极流向阴极而具有方向性（产生电流）。
（4）反应伴随的能量效应为电能形式。
上述分析表明，电化学反应过程与一般化学中讨论的氧化还原反应进行的方式完全不同，电子必须从一种反应质点脱出，沿着唯一的公共通道转移到另一种反应质点上。因此，反应质点不直接接触而与两电极相接触，再用金属导体连接两电极，是进行电化学反应过程的必要条件。

一般地，任何氧化还原反应原则上都可以以电化学反应的形式进行，其总反应和能量的变化相同，但其能量效应和反应动力学规律不同。电化学反应速率不仅与温度、参加反应物质的活度、催化剂材料（电极）这些决定氧化还原反应速率的共同因素有关，而且还依赖于电极电势这一特定因素。控制电极电势或两电极之间的端电压，就可控制电化学反应速率。为此，无论是在热力学方面（过程能量效应），还是在动力学方面（反应活化能），电化学反应都与一般化学中讨论的氧化还原反应有所区别。

1.1.3 电化学反应体系

由上述讨论可知，实现电化学反应过程必须在将反应质点隔开的特定体系中进行，而这种特定体系称为电化学反应体系，简称电化学体系。电化学体系一般由以下三部分组成：

（1）电解质溶液（第二类导体）：依靠离子运动传导电流的物质，也就是离子导体。电解质溶液可以是水溶液、有机溶液、熔融盐、固体电解质等。

（2）电极（第一类导体）：与电解质溶液接触的金属电极或其他导电材料，它们和反应质点进行电子交换并将电子转向外电路或从外电路取得电子，属于电子导体。

（3）外电路（第一类导体）：连接两电极并保证电流在两电极间通过的金属导体，属于电子导体。在进行电能转变为化学能时，外电路还包括外电源。

根据电学的观点，电化学体系也是由第一类导体（电子导体或电子相）和第二类导体（离子导体或离子相）串联组成的电路，为此，美国著名电化学家博克里斯（John O'M Bockris）将电化学定义为研究第一类导体和第二类导体界面上所发生现象的科学。

一个电化学体系可以处于平衡态或非平衡态。由化学变化而产生电能的电化学体系称为化学电源或称为电池。由外部提供电能引起化学变化的电化学体系称为电解池。在化学电源中，给出电子到外电路的电极称为负电极或电池的负极；从外电路接受电子的电极称为正电极或电池的正极。在电解池中，接受反应物的电子的电极称为阳极，将电子给予反应物的电极称为阴极。在化学电源中，发生氧化反应（失去电子）的电极称为阳极；发生还原反应（得到电子）的电极称为阴极。因此，化学电源的负极是阳极，正极是阴极。

1.1.4 电化学的研究范畴

根据电化学体系的特点，电化学科学的研究内容和所涉及的范围主要有以下几个方面：

（1）电解质溶液：包括电离平衡、离子间的相互作用、离子与水或溶剂之间的相互作用、离子电导、离子迁移、离子扩散等。

（2）电化学热力学：包括可逆电池、电池电动势、平衡电极电势、电动势与热力学函数之间的关系、化学能与电能之间的能量转换等。

（3）界面电化学：包括电极/溶液之间及电极/固体电解质之间的界面现象和双电层结构（如界面吸附、电动现象、胶体性质和离子交换等）。

（4）电极过程动力学：主要讨论电化学反应过程的速率和机理（如电子传递、电化学催化和电结晶过程等）。

（5）电化学研究方法：电化学理论研究涉及的各种测试方法和电化学应用涉及的各种现代测试技术。

（6）电化学应用：电化学在现代工业领域和科学技术研究等各个方面的经典应用，主要包括化学电源、表面处理和精饰、电化学合成、电解加工、金属的腐蚀和防护及电分析方法和技术。

电解质溶液和电化学热力学属于物理化学的一部分，称为经典电化学。而经典电化学的主要理论支柱是电化学热力学、界面双电层模型和电极过程动力学。电化学热力学适用于平衡状态，电极过程动力学适用于非平衡电化学体系，双电层则为二者变化的桥梁。现代电化学又将统计力学和量子力学引入电化学的理论体系，开辟了微观水平研究电化学的新领域。

1.2　电化学的发展历史

电化学是化学科学派生出来的一门新学科，同样也是建立在科学实验和生产实践的基础上。生产力的发展和科学技术的进步，促进了电化学科学的逐步完善和发展。电化学理论和方法的形成尤其与化学、物理学、电子学等学科的发展和电子技术的广泛应用分不开。

电化学至今已有两百多年的历史。最早记载的电化学实例是意大利的解剖学家路易吉·伽伐尼（Luigi Galvani）在解剖青蛙时偶然发现不同金属的两端接触青蛙时有电流（称为生物电）通过而引起其脚肌肉的伸缩现象，这一现象揭示生物学与电化学之间有着一种"深奥的联系"（1791 年）。这一现象立即引起该国物理学家亚历山德罗·伏打（Alessandro Volta）的关注，通过补充实验发明了第一个化学电源——伏打电堆（1799 年）。科学家们利用这种化学电源进行了一系列电解实验研究，加速了电化学的发展。例如，英国的威廉·尼科尔森（William Nicholson）等的电解水（1800 年）和汉弗莱·戴维（Humphry Davy）的碱金属制取（1807 年）。在物理学得出欧姆定律和发明发电机之后，戴维的学生迈克尔·法拉第（Michael Faraday）从电流与化学反应的研究中得出通过一定量的电荷就会沉积一定量的物质这一著名的法拉第（Faraday）定律（1834 年），成为电化学的一个重大发现。在考察水电解生成氢气和氧气系统时，威廉·罗伯特·格罗夫（William Robert Grove）提出了氢-氧燃料电池，这种电池的能量转换不受卡诺热机的制约而成为电化学的另一个重大发现。1853 年亥姆霍兹（Helmholtz）提出了电极/溶液界面的双电层结构模型。1887 年斯凡特·奥古斯特·阿伦尼乌斯（Svante August Arrhenius）在电解质溶液性质和理论研究基础上创立了电离理论。1889 年瓦尔特·赫尔曼·能斯特（Walther Hermann Nernst）在化学热力学研究成果的基础上创立了原电池的能斯特（Nernst）方程，逐步完善了电化学热力学理论。1905 年朱利叶斯·塔费尔（Julius

Tafel）在研究氢的电极过程时发现了电极的极化现象，提出了电流密度与析氢超电势关系的塔费尔（Tafel）公式，开创了电化学动力学研究的局面。

热力学的发展是十九世纪的伟大成就之一，但热力学只能解决平衡问题而无法解决反应动力学（速率）问题。电化学热力学（如能斯特方程）同样也只适用于平衡条件下或平衡未遭破坏时的电化学反应，而无法解释电极/溶液界面上有明显电流通过时电极过程的客观规律。1900 年以后，西方电化学家试图用电化学热力学处理全部电化学问题，使电化学理论在西方发展缓慢。然而，苏联的弗鲁姆金（A. V. Frumkin）学派继塔费尔之后一直从事电化学动力学研究（尤其是在析氢过程动力学和双电层结构研究方面）而取得了显著成绩，1952 年出版的重要著作《电极过程动力学》显著拓宽了电化学理论。此后，博克里斯（Bockris）、帕森斯（Parsons）、康韦（Conway）等也在同一领域做了奠基性工作，而格雷厄姆（Grahame）则做了用滴汞电极系统地研究两类导体界面的工作。这些都大大推动了电化学理论的发展，开始形成以研究电极反应速率及其影响因素为主要对象的电极过程动力学，并使之成为现代电化学的主体。20 世纪 50 年代以后，特别是60 年代以来，电化学科学得到了迅速发展。1960 年以后的电子技术发展为电化学研究提供了许多性能优良的测试仪器设备，大大加快了电化学动力学的研究速度，在非稳态过程动力学、表面转化步骤及复杂电极过程动力学等理论方面，以及界面交流阻抗法（电化学阻抗谱）、暂态测试方法、线性电势扫描法、旋转圆盘电极系统等实验技术方面都有了突破性的进展，使电化学科学日趋成熟。在这期间，在电化学发展史上出现了两个里程碑：Heyrovsk 因创立极谱技术而获得 1959 年的诺贝尔化学奖；Marcus 因电子转移理论而获得 1992 年的诺贝尔化学奖。

在电化学热力学基础上，布拜（Pourbaix）学派经过十多年努力，于 1963 年出版了按元素周期表分类汇编的金属-水系的电位-pH 图表，不仅满足了金属腐蚀科学的需要，对于选矿、冶金、化工等许多学科的发展也具有十分重要的意义。

在电极/溶液界面上进行的电极反应，电子跃迁距离只有几埃，而这一区域电势变化为 1V 时则相当于有一个约 $1 \times 10^9 \text{V} \cdot \text{m}^{-1}$ 的强大电场。对于这种情况，采用常规方法无法解释而只有用量子理论处理才能真正接触到电极反应的实质。1960 年以后，量子理论开始被引入电极反应过程的研究，由此开展量子电化学领域的研究使电化学成为一门多领域学科。不过，量子理论目前处在发展阶段，用于解决电化学过程中的实际问题还需进行大量研究工作。

1.3　电化学主要应用领域

电化学学科的发展非常迅速，与其他学科的联系越来越紧密，并不断与各学科前沿领域相结合，形成了众多交叉学科分支，如熔盐电化学、有机电化学、生物电化学、光电化学、界面电化学、固态电化学、腐蚀电化学、催化电化学、电分析化学、化学修饰电极、超微电极电化学、量子电化学、纳米电化学、谱学电化学等。这些分支学科都有各自的研究领域，但又都建立在电化学基础理论之上。

1.3.1　经典应用领域

随着科技的进步，电化学的应用领域不断拓展，已广泛应用于化工、冶金、机械、电子、航空、航天、轻工、仪表、医学、材料、能源、环保等工程技术领域中。主要的经典应用领域包括如下几个方面。

1. 化学电源

化学电源包括原电池、蓄电池及燃料电池，如锌锰电池、铅蓄电池、镉镍电池、氢镍电池、金属锂及锂离子电池、空气电池、质子交换膜燃料电池、固体氧化物燃料电池、熔融碳酸盐燃料电池、直接醇类燃料电池等。化学电源是电化学研究的核心内容之一，主要涉及电化学的能源储存和转换，不仅是一种大规模能源的提供装置，同时也是易于携带的能源系统，因此在电气、信息、运输、通信、电力、航空、航天、军事等与日常生活密切相关领域和国防领域中得到广泛的应用，尤其在自移动信息系统、绿色能源交通工具及可再生能源利用方面起到关键作用。

2. 表面处理及精饰

表面处理及精饰包括各种电镀、化学镀、阳极氧化、电泳涂装、电铸等。表面处理能为基体提供各种防护性、装饰性或功能性涂镀层，应用极其广泛。电镀可分为装饰/功能性电镀（表面防护、修饰、功能材料等）及电子电镀，主要用于各种功能性镀层（导电性镀层、钎焊性镀层、信息载体镀层、电磁屏蔽镀层等）、芯片制造、封装和集成。在当前国际竞争日趋激烈的电子信息产业微型化过程中，电子电镀是芯片制作、微机电系统等发展中的关键技术之一。

3. 电化学合成

电化学合成包括金属的电解提取与精炼（如电解精炼提纯锌、铜、银、金；电解熔融电解质制取铝、镁、钙、锂等轻金属）、电合成无机化合物和有机化合物（如氯碱工业、己二腈电合成，以及高锰酸钾、三碘甲烷、四乙基铅的电合成等），为绿色化学工业开辟了一个具有重要价值的领域。

4. 电解加工

电解加工是在高电流密度下，于流动的电解液中，以被加工的金属工件作为阳极，利用阳极溶解原理进行金属加工的方法。与普通机械加工相比，此类电解切削、电解研磨等方法特别适合形状复杂的零件和硬质合金材料的加工。

5. 金属腐蚀与防护

金属腐蚀学中的大气腐蚀、海洋腐蚀、土壤腐蚀等都需要用电化学解释机理，由此催生了以金属腐蚀电极为研究对象的腐蚀电化学。金属腐蚀的方法与电化学密切相关，如采用缓速剂、防腐涂层、电化学阴极保护与阳极钝化等方法进行金属的电化学保护及腐蚀监控传感技术等。

6. 电分析化学

电化学在分析化学中的应用历史悠久，从早期广泛应用的电导滴定法、电位滴定法、极谱法、pH 计等发展到近些年的伏安法、离子选择电极、传感器等，大大丰富了仪器分析的内容和手段。

1.3.2 代表性的新领域

随着世界各国对能源危机、环境保护与防治、生命起源与规律探究等新型研究领域的日益关注，全球经济、贸易、科技实力的竞争日趋激烈，电化学科学与能源科学、材料科学、环境科学、生命科学等紧密联系，不断涌现出一些与电化学交叉的新学科，发展出新的研究和应用领域。

1. 纳米电化学

随着纳米科学和技术的不断发展，人们在电化学领域内追求纳米尺寸的电极和单分子电化学检测。目前，电化学家已经能够借助电化学扫描探针显微术（electrochemical scanning probe microscopy，ECSPM）对导体或绝缘体表面的微区成像，表征基底不同区域的形貌或电化学性质。人们甚至能够用电化学扫描隧道显微术（electrochemical scanning tunneling microscopy，ECSTM）对吸附在电极表面的单个分子成像。上述纳米电化学表征技术可以使电化学家实现在微区内现场监控与电化学过程有关的表面现象，如金属腐蚀、电化学沉积、分子离子吸附及组装、电极表面重构等过程；进行单分子电化学识别、表面电化学活性表征等工作；利用上述技术进行纳米加工和操纵，构筑具有特殊性质的微纳结构。电化学分子器件和分子机械是纳米电化学中的重要研究课题，目前电化学家已经能够通过分子设计制备出简单的分子机械，并通过控制电势实现对分子机械的操控。电化学家还利用特殊分子的电化学性质，设计出分子开关、分子二极管等器件，实现分子器件的电化学操控。尽管纳米电化学已经取得了许多令人振奋的研究成果，但是该领域中也存在一些亟待解决的问题。由于纳米电极的尺寸远远小于传统电化学理论中扩散层的厚度，甚至小于双电层的厚度，在很多情况下，传统电化学理论中的双电层模型和扩散层模型将难以应用于纳米尺寸电极，因此，纳米尺寸电极的有关理论急需建立。另外，当电极的尺寸减小到几纳米或更小时，其响应信号将非常微弱，这对电化学仪器的灵敏度提出了更高的要求。同时，由于电极面积很小，溶液中的电活性物质可能不连续地到达电极表面，响应信号可能出现较大波动，甚至出现离散值，因此如何处理所得数据也是需要解决的问题。

2. 谱学电化学

将光谱技术引入电化学领域，在电化学传统优势的基础上结合了光谱实验技术的灵敏度高、检测速度快、对体系扰动小、可现场实时检测等优点。目前，光谱电化学主要有以下几类：紫外-可见光谱电化学、红外光谱电化学、拉曼光谱电化学、椭圆偏振光谱电化学等。紫外-可见光谱电化学是一种透射光谱电化学技术，需要在透光电解池中进行测量，因此要求工作电极必须透光，如氧化铟锡导电玻璃、铂或金微栅网格电极，并且反应物或者产物在紫外和可见光区有吸收。通常用一束光照射电解池，测量在电极过程中由于物质的消耗或产生引起的吸光度的变化，从而获得光谱。紫外-可见光谱电化学对研究包含共轭体系电荷转移机理十分有效。红外光谱电化学通常采用反射模式，可以现场监测电极表面和距离电极表面很近的液层中的分子振动信号。利用红外光谱电化学技术，人们可以研究电极表面分子的吸附状态随电极电势的变化情况，可以在分子水平系统地研究电化学反应的进行过程。与红外光谱相似，拉曼光谱也是振动光谱，可以提供与红外光谱互补的分子、离子振动信息，因此拉曼光谱电化学也能够在分子水平上研究电化学反应。对于拉曼光谱电化学，值得一提的是粗糙化的电极表面对拉曼信号具有极大的增强作用，使电化学环境下的表面增强拉曼光谱检测具有极高的灵敏度。电化学表面等离子体共振谱可以提供精确的表面厚度和介电常数信息，目前已经广泛应用于电极表面自组装单分子膜、电化学沉积层、生物分子的吸附层的表征中。椭圆偏振光谱电化学也能够现场观察不同电化学条件下电极表面膜层的形成和发展过程，对电化学聚合、表面阳极钝化等众多表面生长过程的研究有重要价值。

3. 新能源体系的开发和利用

利用半导体电极组成的光电化学电池将太阳能转变为电能或构成光解水制氢的光解池，成为太阳能利用的途径之一。到目前为止，光电化学的研究主要集中在半导体电极上，并且人们已经建立了较为系统的理论体系和实验技术。如何高效率地将太阳能转换为电能或化学能是光电化学研究的核心问题。与其他光电转换电池相比，以半导体电极为光阳极的太阳能光电化学电池的制作成本具有良好的竞争优势，但是到目前为止其光电转换效率还较低，尚未达到推广普及的程度。因此，在能源问题日益严重的今天，太阳能光电化学电池得到了世界范围内的广泛关注，半导体光电化学也得到了迅速发展。与此同时，可实现连续工作的燃料电池在建立小型发电站和迅速兴起的电动汽车中的应用，电化学储能技术在峰谷电价差套利、新能源并网及电力系统辅助服务领域的不断推广，也得到广泛关注和应用。

4. 新型电化学制备技术

随着物理学、化学和材料学的发展，电化学的发展不仅仅体现在其理论和表征技术的进步，同时电化学作为一种制备技术近年受到人们的广泛重视。自从发现用电化学阳极氧化法可以在金属铝上制备高度有序的多孔氧化铝膜以来，人们不断发展和完善这一电化学制备技术，目前已经能够制备孔深、孔径形状和大小可控的多孔氧化铝膜层。以多孔氧化铝为模板，人们发展了一种硬模板电化学制备技术，用这种技术可以方便地制备出多种金属和半导体的纳米线阵列。与多孔氧化铝模板制备技术相似，人们还发展了基于多孔硅的电化学制备技术。此外，在软模板存在的条件下，电化学沉积技术在制备量子点阵、特殊纳米结构方面也显示出巨大潜力。利用手性分子修饰电极表面，使电化学有机合成反应只针对某种手性分子发生，从而实现电化学手性合成。与此同时，利用金属电沉积制备各种表层功能材料（导电镀层、耐磨镀层、高温抗氧化镀层等）和金属基复合材料（如碳纤维增强的铝基或镍基复合材料），以及利用电化学制备具有独特化学、光学、电磁学、力学性能的纳米新材料和应用于航天工业的梯度功能材料等领域也受到特别关注。

5. 化学修饰电极与电化学传感器

化学修饰电极是目前电化学研究中发展最为迅速的领域之一。人们根据不同的检测需要，对电极表面进行修饰，使电极具有特殊的功能基团，从而实现特定的检测目的。对电极表面进行修饰的物质种类繁多，可以是没有电化学活性的分子或离子，也可以是具有电化学活性的分子或离子；可以是简单的小分子，也可以是复杂的有机分子或生物活性分子，甚至是聚合物膜；可以是随机修饰的无序分子，也可以是高度有序的超分子结构或有序的纳米颗粒组装膜等。另外，人们也发展了多种电极表面的修饰技术，包括分子自组装技术、共价键合法、涂覆法、电化学聚合法和电化学沉积法等。利用这些表面修饰技术，人们能够将许多新物质制备成化学修饰电极，如 C_{60} 和碳纳米管（CNT）修饰电极等。修饰后的电极可以实现对特定分子、离子的高选择性检测，因此化学修饰电极也成为电化学传感器的基础。电化学传感器需要将分析电极体系的物理、化学、生物信号转变为可以识别的电信号，这些信号的转换通常需要特殊的化学修饰电极。目前，利用化学修饰电极，人们已经制备出多种电化学传感器，可以对大多数的无机离子、部分有机分子和生物活性分子进行识别。例如，以葡萄糖氧化酶修饰电极为基础的葡萄糖传感器已经开始试用于糖尿病的检测和治疗监控中。

6. 量子电化学

在固体物理和量子力学发展的基础上，将量子力学引进电化学领域，使电化学理论有了新的发展，已在逐步形成一个新的分支——量子电化学。近年来，随着纳米尺寸电极的使用，在实验上真正观察到电化学信号的量子化特征，这给量子电化学的进一步发展带来了机遇和挑战。

7. 生物电化学

生物电化学是 20 世纪 70 年代由电生物学、生物物理学、生物化学及电化学等多门学科交叉形成的一门独立的学科，是用电化学的基本原理和实验方法，在生物体和有机组织的整体及分子和细胞两个不同水平上研究或模拟研究电荷（包括电子、离子及其他电活性粒子）在生物体系和其相应模型体系中分布、传输和转移及转化的化学本质和规律的一门新型学科。具体包括生物体内各种氧化还原反应（如呼吸链、光合链等）过程的热力学和动力学；生物膜及模拟生物膜上电荷与物质的分配和转移功能；生物电现象及其电动力学科学实验；生物电化学传感等电分析方法在活体和非活体中生物物质检测及医药分析。仿生电化学（如仿生燃料电池、仿生计算机等）等方面的研究，是生命科学中最基础的学科之一。

生物电催化，可定义为在生物催化剂酶的存在下与加速电化学反应相关的一系列现象。在电催化体系中，生物催化剂的主要应用包括：研制比现有无机催化剂好的、用于电化学体系的生物催化剂；研制生物电化学体系，合成用于生物体内作为燃料的有机化合物；应用酶的专一性，研制高灵敏的电化学传感器。

生物电分析是分析化学中发展迅速的一个领域。利用生物组分（如酶、抗体等）来检测特定的化合物，这方面的研究促进了生物传感器的发展。

微电极传感器是将生物细胞固定在电极上，电极将有机体的生物电化学信号转变为电势。因此，微电极传感器在医学中有着非常广阔的应用前景。人体脑电图、肌电图和心电图的分析对检测和处理相关疾病是非常重要的，而所有这些技术都是基于测量人体中产生的电信号来实现的。

总之，电化学面临着巨大的挑战和新的机遇，可以期望，随着当今科学技术的蓬勃发展，沿着理论联系实际的方向，电化学科学将会有更大的发展，为人类发展和进步带来更多的福音。

1.4　电化学学科的发展趋势

电化学学科的发展历时两个多世纪，现在已经成为国民经济与工业中不可缺少的部分，是一门历史悠久又不断焕发新生命力的学科。当前，电化学学科的发展趋势可以归纳为以下几个方面。

1. 电化学的研究体系和研究对象不断拓展

研究电极从局限于汞、固体金属和玻碳电极，扩大到许多新材料（如氧化物、有机聚合物导体、半导体、固相嵌入型材料、酶、膜等），并以各种分子、离子、基团对电极表面进行修饰，对其内部进行嵌入或掺杂。同时，研究介质从水溶液介质扩大到非水介质（有机溶剂、熔盐、固体电解质等），研究条件也从常温、常压扩大到高温、高压及超临界状态等极端条件。

2. 电化学与其他学科的交叉综合不断凸显

电化学学科与能源科学、生命科学、环境科学、材料科学、信息科学、物理科学、工程科学等诸多学科的交叉不断加深，衍生出众多新型电化学分支学科，如固态电化学、生物电化学、化学修饰电极、纳米电化学等。

3. 电化学的研究方法不断发展和理论研究日趋深入

随着研究方法的时空分辨率和检测灵敏度不断提升，电化学基础理论研究向微观（亚微观）、分子及原子水平飞跃，更加注重电化学界面的结构细节和电化学过程的单分子事件，促进电化学界面微观结构模型的建立，推动电化学理论创新和技术创新，如原子、离子、分子、电子等的排布，界面电场的形成，界面电势的分布，界面区粒子间的相互作用，电极表面的微结构和表面重建，表面态等的建立。

4. 经济与社会发展对电化学科学与技术的需求越来越大

电化学科学与技术在国防、能源、环保、交通、信息、生命医学等领域起到关键作用，为人类生存质量的提高提供有力保障，为满足国家战略需求和安全发挥着不可取代的作用，为根本解决环境问题和人类社会可持续发展提供新思想和新方法。

习题与思考题

1. 什么是电化学科学？阐述电化学的主要研究内容。
2. 电化学反应与一般化学讨论的氧化还原反应的联系和区别是什么？
3. 电化学反应的特点是什么？
4. 什么是电化学体系？举例说明。
5. 第二类导体与第一类导体有哪些区别？
6. 阳离子是正离子、阴离子是负离子，因此阳极是正极、阴极是负极，这种说法对吗？为什么？
7. 对于氧化还原反应：$Zn + CuSO_4 = ZnSO_4 + Cu$，如何设计成电化学反应？
8. 简述电化学的发展历史及电化学应用新领域发展趋势。

第 2 章　电解质溶液基础

2.1　电解质的分类

电解质溶液理论自 20 世纪初由德拜（P. Debye）和休克尔（E. Hückel）开创以来，已经经历了 100 多年历史。电解质通常是指熔化或溶解于溶剂时形成离子而具有导电能力的物质。电解质在适当的溶剂中解离成带相反电荷的正、负离子的现象称为电离，由此形成的溶液称为电解质溶液。电化学的哪一部分内容都离不开电解质溶液，电解质溶液的导电能力是依靠离子在电场中移动来实现的，属于第二类导体（离子导体）。

对于能形成电解质溶液的电解质而言，目前电化学中有以下三种不同的分类方法。

1. 强电解质与弱电解质

电解质在溶液中的电离程度与电解质的本性、溶剂的性质、溶液的浓度和温度等因素有关。根据在溶液中的电离程度，电解质可分为强电解质和弱电解质，这也是电化学中最早的一种分类方法。强电解质在溶液中几乎全部解离成正、负离子，而弱电解质只能部分解离成正、负离子。由于这一分类与溶剂的性质和溶液的浓度有关，同一种电解质在不同溶剂中或不同浓度的溶液中，其性质可能会发生较大的变化。例如，盐酸和硫酸为稀溶液时是强电解质，为浓溶液时是弱电解质；在水中是强电解质，在有机溶剂中是弱电解质。乙酸在水溶液中主要以分子形式存在而导电能力很弱，在液氨溶液中导电能力很高而只稍低于氯化钠在液氨中的导电能力。有人将溶液中以分子状态存在的部分少于千分之一者认为是强电解质，但强电解质与弱电解质之间并无明显的界限。

2. 真实电解质与潜在电解质

为了深入表达电解质的本质，人们将电解质分为真实电解质和潜在电解质。真实电解质有时也称为真正的电解质，是指那些熔融后形成离子导体的物质，如氯化钠等以离子键结合的离子晶体物质。潜在电解质有时也称为可能的电解质，是指那些能与溶剂发生作用而产生离子的非离子晶体物质，如乙酸、甲酸、硫酸、盐酸等以共价键结合的化合物。这种分类不涉及溶剂的种类和性质。潜在电解质本身是非离子晶体物质，溶解在适当的溶剂中与溶剂分子发生作用后产生正、负离子，形成的离子都是溶剂化的。真实电解质本身是离子晶体，溶解于溶剂后形成的正、负离子也是溶剂化的。离子的溶剂化作用也是离子在溶液中的重要特性。

3. 缔合式电解质与非缔合式电解质

在电解质溶液中，电解质解离形成电荷符号相反的正、负离子。当正离子与负离子彼此接近到某一距离时，它们之间的库仑引力大于热运动作用力，就能形成新的缔合单元。这些新的缔合单元有足够的稳定性，溶剂分子的碰撞不能拆散它，在电化学中称为离子对或缔合体。由于电解质溶液中形成离子对的现象相当普遍，现代观点主张将电解质分为非缔合式电解质和缔合式电解质两种。前一种是指在溶液中只形成正、负离子，没有未解离的分子，也没有形成离子对的电解质。后一种是指在溶液中存在未解离的分子或离子对形成的电解质。这种分类对于讨论强电解质溶液浓度较高时的一些性质尤为重要。

2.2　电解质溶液的静态性质

2.2.1　电离度和电离常数

电解质在溶剂中溶解时电离成正、负离子的程度用电离度 α 表示。电解质溶解时并不完全电离成离子，只是被溶解分子中的一部分以离子形式存在，达到平衡时，溶解总分子数中电离成离子的分数就是电离度 α。电离度 α 等于电离成离子的分子数 n 与溶解的分子总数 N 之比（N 包括电离的分子数 n 和未电离的分子数 n_a）：

$$\alpha = \frac{n}{N} = \frac{n}{n + n_a} \tag{2.2.1}$$

在给定溶剂中，电解质的电离度取决于该电解质的本性和溶液浓度。如果 α 接近于 1，则有 $n \approx N$，电解质为强电解质。对于许多电解质，$0 < \alpha \ll 1$，因而 $n \ll N$，这样的电解质是弱电解质。电解质溶液中浓度增大或减小时所观测到的性质变化与电离度有关。电离理论将电离度看成是电解质溶液的主要定量特征之一。

电离常数 K 是电解质溶液的另一个定量特征。二元电解质 MA 电离成 M^{Z+} 和 A^{Z-} 两种正、负子时，电解质 MA 的总浓度为 c，未电离分子的浓度为 $c_a = (1-\alpha)c$，正离子的浓度为 $c_+ = \alpha c$，负离子的浓度为 $c_- = \alpha c$，电离常数 K 的定义及电离常数 K 与电离度 α 之间的关系为

$$K = \frac{c_+ c_-}{c_a} = \frac{\alpha^2 c}{1 - \alpha} \tag{2.2.2}$$

式（2.2.2）称为奥斯特瓦尔德（W. Ostwald）稀释定律。电离常数 K 与电离度 α 不同，它不依赖于电解质溶液的浓度而只取决于电解质的本性。

2.2.2　活度与活度系数

溶液的定量组成可以用摩尔分数 X、质量摩尔浓度 m 和体积摩尔浓度（即物质的量浓度）c 表示。在理想溶液中，化学势等许多热力学函数与浓度之间具有简单的数学关系。实际溶液中由于存在粒子间的相互作用而与理想溶液有一定偏差，不遵守这些简单的数学关系，只有对浓度进行校正后才能适用。为了使实际溶液的热力学计算仍然能像理想溶液那样简单，路易斯（Lewis）提出了活度的概念，用活度 a 来代替各种数学关系中的浓度项。如果实际溶液中浓度的校正系数用 γ 表示，其活度的表示方法及其与浓度的关

系如表 2.2.1 所示。活度具有校正浓度的意义，γ 是浓度的校正项，也称为活度系数。因此，活度又定义为浓度与活度系数的乘积。考虑到溶液中的相互作用力，活度的概念包括实际溶液中存在的各种相互作用力，而活度系数则包括对这些相互作用力的修正。

表 2.2.1　电解质溶液组成的表示方法

标度	定义	活度	活度系数	关系式
体积摩尔浓度(c)	物质的量(mol)/溶液体积(L)	a_c	γ_c	$a_c = \gamma_c c$
质量摩尔浓度(m)	溶质物质的量(mol)/溶剂质量(kg)	a_m	γ_m	$a_m = \gamma_m m$
摩尔分数(X)	溶质物质的量(mol)/溶液总物质的量(mol)	a_x	γ_x	$a_x = \gamma_x X$

在电解质溶液中，作为溶质的电解质在溶液中溶解后解离成正、负离子。单独离子的活度和活度系数目前不能用实验方法确定，而用于求活度的方程式也包含给定电解质的全部离子活度的乘积，而不是任何一种离子的活度。为此，电化学在电解质溶液中引出了离子平均活度和离子平均活度系数的概念。离子平均活度（或离子平均活度系数）的定义为构成给定电解质的离子活度（或离子活度系数）的几何平均值。如果电解质电离成 v_+ 正离子和 v_- 负离子，正离子活度为 a_+、负离子活度为 a_- 时其离子平均活度表示为

$$a_\pm = \left(a_+^{v_+} a_-^{v_-}\right)^{\frac{1}{v_+ + v_-}} \tag{2.2.3}$$

同理，正离子的活度系数为 γ_+、负离子的活度系数为 γ_-，其离子平均活度系数表示为

$$\gamma_\pm = \left(\gamma_+^{v_+} \gamma_-^{v_-}\right)^{\frac{1}{v_+ + v_-}} \tag{2.2.4}$$

相同的概念也能用于浓度。例如，电解质溶液的组成用质量摩尔浓度 m 表示，其离子平均质量摩尔浓度可表示为

$$m_\pm = \left(m_+^{v_+} m_-^{v_-}\right)^{\frac{1}{v_+ + v_-}} \tag{2.2.5}$$

由式（2.2.3）～式（2.2.5）和个别离子的活度也是浓度与活度系数的乘积可以推导出

$$a_\pm = \gamma_\pm m_\pm \tag{2.2.6}$$

若用 μ_+ 和 μ_- 分别表示正、负离子的化学势，则有

$$\mu_+ = \mu_+^\ominus + RT \ln a_+ \tag{2.2.7}$$

$$\mu_- = \mu_-^\ominus + RT \ln a_- \tag{2.2.8}$$

如果溶液中电解质作为一个整体时的化学势为 μ_2，其活度用 a_2 表示，同理

$$\mu_2 = \mu_2^\ominus + RT \ln a_2 \tag{2.2.9}$$

由电离理论和物理化学可知，电离平衡时电解质的化学势与正、负离子的化学势具有如下关系：

$$\mu_2 = v_+ \mu_+ + v_- \mu_- \tag{2.2.10}$$

$$\mu_2^\ominus = v_+ \mu_+^\ominus + v_- \mu_-^\ominus \tag{2.2.11}$$

由此可推导出

$$a_2 = a_+^{v_+} a_-^{v_-} \tag{2.2.12}$$

式 (2.2.12) 表示电解质活度与解离成的正、负离子的活度有关，根据式 (2.2.3) 则有

$$a_2 = a_{\pm}^{v_+ + v_-} \tag{2.2.13}$$

这里需要指出，离子平均活度和离子平均活度系数的概念是因为正、负离子的活度和活度系数无法单独测定而提出来的。目前，离子平均活度系数可以用实验测定，由此根据式 (2.2.6) 可求离子平均活度，再由式 (2.2.13) 可求电解质活度。

表 2.2.2 列出了一些电解质的离子平均活度系数 $\gamma_{\pm}$。表 2.2.2 表明，电解质的离子平均活度系数与电解质的价型和浓度有关。在稀溶液的范围内，浓度降低，离子平均活度系数增加，而在无限稀释时达到极限值 1。同一类型的电解质在浓度相同时有大致相等的离子平均活度系数，而不同类型的电解质在浓度相同时离子平均活度系数不同。高价型电解质的离子平均活度系数比低价型电解质小。

表 2.2.2　298K*时一些电解质的离子平均活度系数

$m/(\text{mol}\cdot\text{kg}^{-1})$	离子平均活度系数 $\gamma_{\pm}$									
	HCl	NaCl	KCl	LiF	CaCl_2	ZnCl_2	H_2SO_4	Na_2SO_4	ZnSO_4	LaCl_3
0.001	0.996	0.966	0.966	0.965	0.888	0.881	0.837	0.877	0.734	0.853
0.005	0.930	0.928	0.927	0.922	0.789	0.767	0.643	0.778	0.477	0.716
0.01	0.906	0.903	0.902	0.899	0.732	0.708	0.545	0.714	0.387	0.637
0.02	0.878	0.872	0.869	0.850	0.669	0.642	0.455	0.641	0.298	0.552
0.05	0.833	0.821	0.816	—	0.584	0.556	0.341	0.536	0.202	0.417
0.10	0.798	0.778	0.770	—	0.524	0.502	0.266	0.453	0.148	0.356
0.50	0.769	0.679	0.652	—	0.510	0.376	0.155	—	0.063	0.303
1.00	0.811	0.656	0.607	—	0.725	0.325	0.131	—	0.044	0.387
2.00	1.011	0.670	0.577	—	—	—	0.125	—	0.035	0.954
3.00	1.310	0.719	0.572	—	—	—	0.142	—	0.041	—

* K = ℃ + 273.15

例题 2.2.1　已知电解质 $CaCl_2$ 的质量摩尔浓度为 $0.01\text{mol}\cdot\text{kg}^{-1}$，由表 2.2.2 中离子平均活度系数求离子平均活度和电解质活度。

解
$$m_{\pm} = \left(m_+ m_-^2\right)^{\frac{1}{3}} = [m \cdot (2m)^2]^{\frac{1}{3}} = 4^{\frac{1}{3}} m = 1.59 \times 0.01 = 1.59 \times 10^{-2} (\text{mol}\cdot\text{kg}^{-1})$$
$$a_{\pm} = m_{\pm} \gamma_{\pm} = 1.59 \times 10^{-2} \times 0.732 = 1.16 \times 10^{-2}$$
$$a_2 = a_{\pm}^3 = (1.16 \times 10^{-2})^3 = 1.56 \times 10^{-6}$$

2.2.3　离子强度

许多实验事实说明稀溶液中影响离子平均活度系数的主要因素是离子的浓度和离子所带的电荷，溶液浓度越高，离子平均活度系数越小；电解质中离子的价型越高，其影响也越大。为了解释这些事实，路易斯提出了离子强度的概念。离子强度一般用符号 I 表示，其定义为

$$I = \frac{1}{2}\sum m_i Z_i^2 \tag{2.2.14}$$

即电解质溶液中每种离子的质量摩尔浓度 m_i 乘以该离子的价数 Z_i 的平方，所得诸项之和的一半称为离子强度。在计算离子强度时，必须用离子的真实浓度（当其为弱电解质时，此值可由其浓度与电离度相乘而得）。

例题 2.2.2　　求含 $0.1m$ 的 KCl 和 $0.2m$ 的 $BaCl_2$ 的溶液的离子强度。

解　　　$I = \frac{1}{2}[0.1m \times 1^2 + 0.2m \times 2^2 + (0.1m + 0.2m \times 2) \times (-1)^2] = 0.7m$

若浓度不是质量摩尔浓度 m 而是体积摩尔浓度 c（$mol\cdot L^{-1}$），当稀溶液的密度 ρ 与溶剂的密度 ρ_0 相近时有 $c \approx \rho_0 m$，离子强度的定义可以表示为

$$I = \frac{1}{2}\rho_0 \sum c_i Z_i^2 \tag{2.2.15}$$

离子强度是从实验数据得到的一些感性认识中提出的，是溶液中离子电荷所形成的静电场强度的一种度量。路易斯根据实验数据总结出离子平均活度系数与离子强度在稀溶液中具有如下经验关系式：

$$\lg \gamma_{\pm} = -AI^{\frac{1}{2}} \tag{2.2.16}$$

式中：A 为常数。这一关系式后来由离子互吸理论推导加以证实。

2.3　电解质溶液的离子相互作用理论

2.3.1　强电解质溶液的离子互吸理论

建立在电离概念上的电离理论，成功地解释了电解质溶液的一些性质、定量特性和实验事实，如电解质溶液的渗透性质、导电性、热化学效应和化学平衡等。电解质溶液的电导理论、扩散理论和电动势产生的渗透理论等，也都是在电离概念的基础上发展起来的。然而，电离理论假设电解质溶液的行为类似理想气体，没有考虑离子之间和离子与溶剂之间的相互作用。对于弱电解质溶液，弱电解质的电离度小，稀溶液中离子浓度不大时不考虑离子间相互作用力所引起的偏差不会很大。对于强电解质溶液，强电解质全部电离而离子之间的相互静电吸引力就不能忽略。此外，在电离理论中，假定电解质溶液中存在分子与离子之间的平衡，这也是与强电解质溶液不相符合。溶液中正、负离子彼此吸引可能形成"离子对"，使其行动受到一定限制而产生类似于不完全电离的效应，但强电解质溶液中不存在弱电解质那样的共价键分子与离子间的平衡，而只有"离子对"与电离了的自由离子之间的平衡。另外，经典电离理论也没有考虑离子的溶剂化作用等。基于以上原因，经典电离理论一般只适用于弱电解质的稀溶液，无法定量解释弱电解质的浓溶液和强电解质溶液的行为，存在很大的局限性。例如，按照电离理论，电离度在给定条件下应该不变，电离常数也应不随浓度变化。然而，实验发现，强电解质溶液用不同方法测得的电离度不同，而且强电解质溶液的电离常数随浓度改变具有几十倍的变化。

为了解释强电解质溶液的行为，德拜和休克尔认为强电解质在低浓度溶液中完全电离，没有未解离的分子，也没有正、负离子缔合形成的"离子对"，强电解质溶液与理想溶液之间的偏差主要是由离子之间的静电引力所引起的，以此根据溶液的统计力学理论进行推导，提出了强电解质溶液的离子互吸理论。

强电解质溶液的离子互吸理论以离子氛模型（或称为离子互吸模型）为基础。该理论认为，在溶液中每一个离子都被电荷符号相反的离子所包围，离子间的相互作用使得离子的分布不均匀，从而形成了离子氛。图 2.3.1 假定一个正离子 A^+，考虑与之相距 r 处的一个极小体积单元 dV，由于正离子 A^+ 对异电性离子相吸和对同电性离子相斥的影响，在 dV 中负离子过剩的概率要比正离子过剩的概率大一些。换句话讲，在某一个离子周围的一定空间内，找到与该离子符号相反的离子的机会要比找到与该离子符号相同的离子的机会多。因此，可以认为每一个离子都是被符号相反的离子氛所包围。当然，离子氛的总电荷在数值上等于中心离子的电荷，只是符号相反。

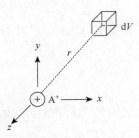

图 2.3.1 离子氛示意图

每一个正离子之外有一个带负电的离子氛，每一个负离子之外又有一个带正电荷的离子氛。每一个中心离子同时又可以作为另一个异电性离子的离子氛的一员，其间情况错综复杂，如图 2.3.2 所示。离子氛的这种情况在一定程度上可以与离子晶体中离子排列的情况相比拟。另外，由于离子的热运动，离子氛不是完全静止的，而是不断地运动和变换。在离子之间既有引力又存在着斥力，所以离子氛只能看成是时间统计的平均结果。

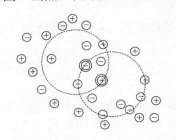

图 2.3.2 溶液中离子氛的示意图

离子氛可以看成是球形对称的。根据这种图像，可以形象化地将离子间的静电作用归结为中心离子与离子氛之间的作用。这样就使所研究的问题大大简化了。离子氛的性质取决于离子的价数、溶液的浓度、温度和介电常数等。在无限稀释的情况下，离子间的距离大，离子间的引力可以略去不计，故可认为没有离子氛的影响，离子的行动就不受其他离子的影响；但在寻常低浓度的溶液中，离子氛的存在就影响着中心离子的行动。

德拜与休克尔在离子氛模型的基础上，考虑到强电解质在稀溶液中完全电离和离子间的相互作用力主要是静电库仑引力后，又进一步提出如下假定：

（1）离子在静电引力下的分布可以使用玻尔兹曼（Boltzmann）公式，其电荷密度与电势之间的关系可以使用静电学中的泊松（Poisson）公式。

（2）离子是带电荷的圆球且不极化，极稀溶液中的离子可看成点电荷。

（3）离子之间相互吸引产生的吸引能小于离子的热运动能。

（4）稀溶液的介电常数与溶剂的介电常数相差不大。

根据上述假定，可推导出稀溶液中离子活度系数公式为

$$\lg \gamma_i = -A Z_i^2 I^{\frac{1}{2}} \tag{2.3.1}$$

式中：A 在一定温度下对某一定溶剂而言是一常数。对于温度为 25℃ 的水溶液，$A = 0.5115$。

式（2.3.1）推导过程中的一些假定只有在溶液接近无限稀释时才能成立。由于单一离子的活度系数无法直接由实验方法测定，式（2.3.1）还需要变成离子平均活度系数的形式。

根据式（2.2.4）两边取对数则有

$$\lg \gamma_\pm = \frac{v_+ \lg \gamma_+ + v_- \lg \gamma_-}{v_+ + v_-} \qquad (2.3.2)$$

根据式（2.3.1），对于正、负离子应有

$$\lg \gamma_+ = -A Z_+^2 I^{\frac{1}{2}}$$

$$\lg \gamma_- = -A Z_-^2 I^{\frac{1}{2}}$$

又因为 $Z_+ v_+ = Z_- v_-$，由此可以得到

$$\lg \gamma_\pm = -A |Z_+ Z_-| I^{\frac{1}{2}} \qquad (2.3.3)$$

式（2.3.3）为德拜-休克尔极限定律公式。根据其推证过程，式中 $\gamma_\pm$ 是溶液浓度用摩尔分数表示的离子平均活度系数而不是用质量摩尔浓度表示的离子平均活度系数。然而，在极稀溶液的情况下，各种活度系数之间的差异可以忽略不计。

如果离子不是点电荷，考虑到离子直径的影响，可以将极限公式（2.3.3）修正为

$$\lg \gamma_\pm = -\frac{A |Z_+ Z_-| I^{\frac{1}{2}}}{1 + aB I^{\frac{1}{2}}} \qquad (2.3.4)$$

式中：a 为离子平均直径，m；A、B 为常数，其数值列于表 2.3.1。由于大多数电解质的离子平均直径 a 为 $3 \times 10^{-10} \sim 4 \times 10^{-10}$ m，所以 aB 的数值和 1 相差不大，因此式（2.3.3）又可近似表示为

$$\lg \gamma_\pm = -\frac{A |Z_+ Z_-| I^{\frac{1}{2}}}{1 + I^{\frac{1}{2}}} \qquad (2.3.5)$$

表 2.3.1　极限公式中常数 *A* 和 *B* 的数值（水溶液）

温度/℃	A	$B/(\times 10^9 \mathrm{m}^{-1})$
0	0.4918	3.248
15	0.5020	3.273
25	0.5115	3.291
40	0.5262	3.323
55	0.5432	3.358
70	0.5625	3.397

由极限公式（2.3.4）可知，$\lg \gamma_\pm$ 与 $I^{1/2}$ 之间应为直线关系，而直线斜率等于 $-A |Z_+ Z_-|$。图 2.3.3 给出一些电解质溶液的 $\lg \gamma_\pm$ 与 $I^{1/2}$ 的关系，图中虚线为极限公式所预期的结果，实线是实验测定的结果。从图中可以看出，当溶液浓度趋向于无限稀释时（即 $I \to 0$），实验结果趋近于理论曲线，且离子价数对离子平均活度系数的影响（表现在直线斜率上）也符合实验的结果。由此可见，离子互吸理论能够正确地反映出强电解质溶液的行为。

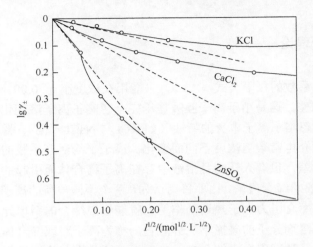

图 2.3.3　25℃时某些电解质溶液的 $\lg \gamma_{\pm}$ 与 $I^{1/2}$ 的关系

由于极限公式受其假设条件的限制，式（2.3.4）只适用于电解质溶液浓度低于 0.001mol·L^{-1} 的情况，高于此浓度则出现偏差。引入离子平均直径的式（2.3.4）和式（2.3.5），离子平均直径 a 在 0.25~1.1nm 范围内（平均值为 0.3nm），适用浓度提高到 0.01mol·L^{-1} 左右。电解质溶液浓度高于 0.01mol·L^{-1} 后，式（2.3.4）和式（2.3.5）计算的理论值与实验值又出现偏差。为了适用更高溶液浓度的理论计算，后来希契科克（Hitchcock）等根据实验结果在式（2.3.4）和式（2.3.5）中又加入了一个经验项 bI，即有

$$\lg \gamma_{\pm} = -\frac{A\left|Z_{+}Z_{-}\right|I^{\frac{1}{2}}}{1+aBI^{\frac{1}{2}}}+bI \tag{2.3.6}$$

$$\lg \gamma_{\pm} = -\frac{A\left|Z_{+}Z_{-}\right|I^{\frac{1}{2}}}{1+I^{\frac{1}{2}}}+bI \tag{2.3.7}$$

式中：b 为一个调节系数。式（2.3.6）和式（2.3.7）为经验公式，其理论计算的适用浓度提高到 1mol·L^{-1} 左右。

例题 2.3.1　在 0.01mol·L^{-1} 的 $ZnSO_4$ 溶液中，已知 Zn^{2+} 和 SO_4^{2-} 的直径为 0.2~0.5nm，若取其平均值为 0.35nm，试计算 25℃时的离子平均活度系数。

解　（1）计算溶液的离子强度：

$$I = \frac{1}{2}[0.01 \times 2^2 + 0.01 \times (-2)^2] = 0.04(\text{mol·L}^{-1})$$

（2）将已知常数 $A = 0.5115$，$B = 0.3291$ 代入式（2.3.4）：

$$\lg \gamma_{\pm} = -\frac{0.5115 \times 2 \times 2 \times 0.04^{\frac{1}{2}}}{1+3.5 \times 0.3291 \times 0.04^{\frac{1}{2}}} = -0.3326$$

$$\gamma_{\pm} = 0.4649$$

如果按照极限公式（2.3.3）计算，得到 $\gamma_{\pm} = 0.3898$，相对误差为 19.27%。

2.3.2　离子缔合理论

　　离子平均活度系数的极限公式（2.3.3）只能用在浓度小于 0.001mol·L^{-1} 的稀溶液而浓度稍高就出现偏差，这是由于离子互吸理论完全忽略了离子溶剂化作用对离子相互作用的影响，同时也忽略了离子本身的特性（如 KCl 与 NaCl 不同）。除此之外，该理论还忽略了溶剂的相对介电常数随浓度不同而变化。离子平均活度系数的极限公式在浓度稍高的溶液中出现偏差，也有人认为是溶液中存在离子缔合体而引起的。为此，比耶鲁姆（Bjerrum）提出了离子缔合理论。比耶鲁姆认为，两个不同电荷的离子彼此接近到某一距离时，它们之间的库仑引力大于热运动作用力就能形成缔合的新单元。这些缔合新单元有足够的稳定性，溶剂分子的碰撞不能拆散它，称为离子对或缔合体。离子对与分子有本质上的不同，它只是靠库仑力结合在一起，而分子是由共价键作用形成的。当离子来自对称型电解质（1:1 价或 2:2 价），离子对不能导电，如果离子来自非对称的电解质（1:2 价或 1:3 价），新的离子对仍能导电。

　　在一个离子周围出现相反电荷的离子的概率是多少呢？在一个 j 离子（中心离子）周围半径为 r 处取一厚度为 $\mathrm{d}r$ 的圆球式薄壳，在这一薄壳内带相反电荷的 i 离子出现的概率为 $W(r)$。$W(r)$ 应与溶液中 i 离子的总数 N_i 成正比，与薄壳体积 $4\pi r^2 \mathrm{d}r$ 对溶液的总体积 V 的比值成正比，还应与玻尔兹曼常量 $\mathrm{e}^{-\frac{Z_i e_0 \varphi}{k_B T}}$ 成正比（其中 φ 为薄壳层表面的电势，k_B 为玻尔兹曼常量，T 为热力学温度）。这一薄壳内出现 i 离子的概率为

$$W(r)\mathrm{d}r = 4\pi r^2 \mathrm{d}r \frac{N_i}{V} \exp\left(-\frac{Z_i e_0 \varphi}{k_B T}\right) \tag{2.3.8}$$

式中：φ 由两项组成，即中心离子 j 在 r 距离上的电势和离子氛在 r 处引起的电势。比耶鲁姆假设 r 很小，离子氛所引起的电势可以忽略不计。φ 只是中心离子在 r 处的电势，为 $\dfrac{Z_j e_0}{4\pi \varepsilon_0 \varepsilon_r r}$（其中 ε_0 为真空介电常数，ε_r 为溶剂相对介电常数），$\dfrac{N_i}{V} = n_i$ 是单位体积内的 i 离子数——i 离子浓度，因此：

$$W(r)\mathrm{d}r = 4\pi r^2 n_i \exp\left(-\frac{Z_i Z_j e_0^2}{4\pi \varepsilon_0 \varepsilon_r r k_B T}\right)\mathrm{d}r \tag{2.3.9}$$

式中有两个随着 r 变化的因数，Z_i 和 Z_j 是相反的电荷，r 增大，指数项减小，即 r 增大 j 离子周围出现 i 离子的概率减小，r 减小 j 离子周围出现 i 离子的概率增大，球壳体积 $4\pi r^2 \mathrm{d}r$ 却随 r 的增加而上升。如果 a 是 r 的最小值，此处 i 离子出现的概率最大。随着 r 增加指数项下降，而壳层体积项上升，当 r 很小时，下降值超过上升值，因此概率 $W(r)$ 随 r 的增加而下降。当 r 增大到某一 q 值时，下降值等于上升值，概率 $W(r)$ 达到最低值，过此点之后 $W(r)$ 随 r 增加而上升。若将式（2.3.9）中含 r 的部分单独取出用 $f(r)$ 表示，即可求出 q 值。令

$$f(r) = r^2 \exp\left(-\frac{Z_i Z_j e_0^2}{4\pi \varepsilon_0 \varepsilon_r r k_B T}\right)$$

以 $f(r)$ 对 r 微分则有 $\dfrac{\mathrm{d}f(r)}{\mathrm{d}r}=0$，由此可得到：

$$q=-\frac{Z_i Z_j e_0^2}{2\times 4\pi\varepsilon_0\varepsilon_r k_B T}=\frac{|Z_i Z_j|e_0^2}{8\pi\varepsilon_0\varepsilon_r k_B T} \tag{2.3.10}$$

对于 25℃ 的水溶液，由式（2.3.10）则有

$\qquad$ 1∶1 价型电解质：$\qquad q=3.57\times 10^{-10}\mathrm{m}$

$\qquad$ 2∶2 价型电解质：$\qquad q=14.28\times 10^{-10}\mathrm{m}$

$\qquad$ 3∶3 价型电解质：$\qquad q=32.10\times 10^{-10}\mathrm{m}$

比耶鲁姆认为 1∶1 价型电解质的正、负离子间的距离小于 $3.57\times 10^{-10}\mathrm{m}$ 时形成离子对，而当 r 大于此距离时不能形成离子对。

式（2.3.9）从 a 到 q 进行积分，表示 i 离子在此范围内出现的总概率，也就是形成离子对的概率。它代表着缔合成离子对的 i 离子数与 i 离子的总数之比，这个比值称为缔合分数或缔合度，用 θ 表示：

$$\theta=\int_a^q 4\pi r^2 n_i \exp\left(-\frac{Z_i Z_j e_0^2}{8\pi\varepsilon_0\varepsilon_r k_B T}\right)\mathrm{d}r \tag{2.3.11}$$

由自由离子缔合成的离子对在溶液中又可解离成自由离子，存在着缔合平衡。若电解质 MX 的浓度为 c，离子对的浓度为 θc（其中 θ 为吸附物的覆盖度），它是电中性的，可认为其活度系数为 1。由于自由离子的浓度为 $(1-\theta)c$，正、负离子的活度系数分别为 γ_+ 和 γ_-，离子对用 IP 表示时其缔合平衡可表示为

$$M^+ + A^- \Longrightarrow IP$$

该缔合平衡的缔合常数 K_A 则为

$$K_A=\frac{a_{IP}}{a_{M^+}a_{A^-}}=\frac{\theta c}{(1-\theta)c\gamma_+\cdot(1-\theta)c\gamma_-}=\frac{\theta}{(1-\theta)^2 c}\cdot\frac{1}{\gamma_\pm^2} \tag{2.3.12}$$

在极稀的溶液中，由于形成离子对的概率较小，可以认为 $1-\theta\approx 1$，$\gamma_\pm\approx 1$。因此，式（2.3.12）可简化为

$$K_A=\frac{\theta}{c} \tag{2.3.13}$$

电解质溶液的 K_A 越大，表示溶液中离子对越多。K_A 的大小由电解质的离子大小、价数和溶液的相对介电常数来决定。

多数的高价盐水溶液中存在离子对，在具有较低介电常数的溶剂中离子对的形成也是相当普遍的，许多事实都符合离子缔合理论。例如，$LaFe(CN)_6$ 水溶液用电导法测其解离常数 $K=1.82\times 10^{-4}$，按照比耶鲁姆的离子缔合理论计算的解离常数也为 1.82×10^{-4}，其理论值与实验值完全吻合。又如，对于不同组成的水和二氧六环的混合溶剂，使它们的介电常数从 2.38 变到 38.0，用电导法测定硝酸四异戊基铵的解离常数与假设 $a=6.4\times 10^{-10}\mathrm{m}$ 的计算值也很接近。因而比耶鲁姆的离子缔合理论在一定范围内证明是成功的。

　　然而，比耶鲁姆的离子缔合理论有两个缺点。首先，当 $r \leqslant q$ 时，只有离子对存在；而当 $r \geqslant q$ 时，只有非缔合离子存在，即在 $r = q$ 时有一个突变点是不可想象的，实际上正、负离子形成离子对是一个连续过程。其次，在 q 以内的全部离子都变成离子对，而 q 比正、负离子半径之和大得多，以致形成离子对时正、负离子不会直接接触，这种结构显然不合理。为此，富斯（Fuoss）提出离子对必须是两个相反电荷的离子以实际接触才能形成。假设正离子是半径为 a 的圆球体，负离子是带电荷的质点，能够进入正离子球体，离子对是一个含有负离子在内的正离子圆球。这个离子对模型保证正、负离子的实际接触，两个离子中心的距离为 a，以正离子为中心在距离 r 上的电势 φ 服从离子互吸理论的电势分布，当 $a = r$ 时，则有

$$\varphi = \frac{Z_i e_0}{4\pi\varepsilon_0\varepsilon_r a} \cdot \frac{1}{1 + K_A} \tag{2.3.14}$$

式（2.3.14）表示圆球表面的电势，是正、负离子间的电势，同时也是考虑了所谓离子氛的电势。富斯考虑到离子互吸效应导出的缔合常数与比耶鲁姆导出的缔合常数差别不大，其公式表示为

$$K_A = \frac{4\pi N_A{}^3 e^b}{3000} \tag{2.3.15}$$

式中：$b = \dfrac{Z_+ Z_- e_0^2}{\varepsilon a K T}$，将上述公式用对数表示则有

$$\ln K_A = \ln \frac{4\pi N_A{}^3}{3000} + \frac{|Z_+ Z_-| e_0^2}{\varepsilon a K T} \tag{2.3.16}$$

　　在恒温条件下用 $\ln K_A$ 对 $1/\varepsilon$ 作图可得一直线，由直线斜率可求出 a。对于二氧六环和水的混合溶剂中的硝酸四异戊基铵，用此公式求得的 $a = 6.8 \times 10^{-10}$m，与比耶鲁姆所采用的 $a = 6.4 \times 10^{-10}$m 很接近，表明此公式的成功之处。从此公式也可看出，只要维持相对介电常数 ε 不变，K 也应不变。但富斯发现三种低介电常数的混合溶剂中，$\ln K_A$ 对 $1/\varepsilon$ 作图是三条平行直线。在同一介电常数 ε 下，三种溶剂的 $\ln K_A$ 不同，表示此公式还有缺点。

　　两种缔合理论的不足之处主要是其模型的处理和离子互吸理论一样，都与实际情况不完全相符。这些理论都没有考虑离子的溶剂化作用。形成离子对的正、负离子实际上都是水化了的离子，a 应是两个水化离子的半径之和。当两个水化离子中心之间的距离为 $5 \times 10^{-10} \sim 10 \times 10^{-10}$m 时，形成的离子对不可能是永久的，随时都可能被拆散或再形成，其寿命是短暂的，称为瞬时的离子对。如果形成的离子对在离子间没有水分子，如图 2.3.4（b）所示，这种离子对才是永久的，称为永久型的离子对，这种离子缔合作用与络合作用就没有明显的界限。

　　离子缔合作用实际上也不只限于在一对正、负离子之间发生。当溶剂的相对介电常数较小时，离子间库仑引力很大，形成的离子对还可吸引其他离子形成三离子缔合体（＋－＋）或（－＋－）。如果相对介电常数很小（$\varepsilon < 10$），四个离子缔合形成离子群也是可能的，已有人证明这种离子群的存在。

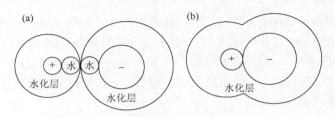

图 2.3.4　缔合离子示意图

对于相对介电常数较低的溶剂，大量的离子对存在于溶液中，非缔合离子很少。在水溶液中正、负离子形成的离子对也是不可忽略的，只是数量上少一些而已。基于电导数据，科学家计算出 $NaNO_3$、KNO_3、$AgNO_3$、$NaIO_3$ 和 KIO_3 在浓度为 $0.1mol \cdot L^{-1}$ 的水溶液中的解离度为 97%。观察形成离子对还有一个方法是测定一个难溶盐在另一个盐溶液中的溶解度。如果难溶盐的一种离子和另一个盐的一种离子形成离子对，难溶盐离子的活度就会下降，使更多的难溶盐进入溶液，以便维持它的溶度积不变。溶解度的急剧增加是离子对形成的迹象。平时常说的盐效应能降低电解质的活度系数而增加溶解度，实质上就是离子缔合形成离子对的结果。总之，在水中全部解离的电解质是很少的。最近证明过去一直认为在水溶液中全部解离的碱金属和碱土金属的氯化物也表现出一定的缔合作用。KCl 和 NaCl 的缔合度分别可达 19.8% 和 14.9%，缔合常数分别为 0.465 和 0.312。可见，离子的缔合作用在水溶液中也是一个普遍现象。

2.4　离子的溶剂化作用与水化作用

水是工业上和生物体中最重要的溶剂，讨论离子的溶剂化作用主要是指水化作用。在电解质的稀溶液中，水分子数量处于压倒优势，离子间距离很大，因而可以忽略离子的水化作用。对于一般浓度的电解质溶液，虽然水分子数量仍很大，但必须考虑离子的水化作用。离子水化是一个非常重要的概念，因为水是极性分子，而离子是带电实体，离子和水偶极子之间必然发生作用。研究水与离子相互作用的离子水化理论认为，离子水化作用对电解质溶液的性质产生两种重要影响：

（1）减少溶液中自由水分子的数量，增加离子体积，起到均化作用，使得大多数离子的扩散系数接近相同，同时也改变了电解质溶液的静态性质（如活度系数等）和动态性质（如电导等），这是溶剂对溶质的影响。

（2）带电离子的水化破坏离子附近水层的四面体结构，水偶极子对离子定向使得离子邻近水分子层的介电常数发生变化。这种现象影响到双电层结构、金属沉积和结晶及电催化等电极过程，这是溶质对溶剂的影响。

2.4.1　水的性质与结构

水是在常温下为液体的缔合式分子。与其他氢化物液体相比，水具有特别高的沸点（常压下为 373.15K）和熔点（273.15K）。这说明液态水分子具有很强的分子作用力和类似晶体的结构而容易形成晶体。在 0℃时，冰的密度为 0.9168g·cm^{-3}，而液态水的密度是 0.99987g·cm^{-3}，冰融化时体积收缩 8.3%，加热至 4℃时体积再缩小 0.012%，密度达到最大值，4℃以上密度下降。在常温 25℃时，水的相对介电常数为 78.30，而一般非极性分子液体的相对介电常数约为 2。极纯的水电导率甚微，18℃时为 4.0×10^{-8}Ω^{-1}·cm^{-1}，表明液态水中有极少量的 H$^+$ 和 OH$^-$。

在水分子中，H—O—H 三个原子并不在一条直线上，而是两个氢原子以 104.5° 夹角排在氧原子两边。由于水分子中负电荷重心和正电荷重心不重合，水又是一种偶极分子，其偶极矩为 1.87deb[①]。如果将一块离子晶体放入水中，晶体受到溶剂水分子的偶极作用发生电离，同时水分子受离子电场作用而定向在离子周围形成水化壳，这是水的第一种溶剂作用——离子水化。水分子还可以与潜在电解质起化学作用，潜在电解质在纯态时不导电，只有在与水起化学作用后才能导电，这是水的第二种溶剂作用——在酸碱质子理论中称为质子转移或酸碱反应。例如：

$$HCl + H_2O \Longrightarrow H_3O^+ + Cl^-$$

水的结构模型来自冰的四面体结构。结构研究表明，液体水在短程范围内和短时间内具有和冰相似的结构，即一个水分子由四个水分子占据四面体的顶角包围着它。液态水部分保持了冰结晶的网状结构特征，网状结构的水分子和自由的、处于网的间隙区域的水分子同时存在，但都不是固定不变的而是处于动态平衡中。某一时刻，某些水分子可能处于间隙中是游离的，而在下一时刻又可能变为网上的一个单元。

2.4.2　离子水化数

从理论上来讲，一个离子的电场作用只有在距该离子无限远处才为零。事实上在与离子相距一定距离（约几十埃）以后，离子的电场作用力可以忽略不计，对于电解质溶液，离子电场作用存在着一个对溶剂水分子有明显影响的空间。在这一空间中，离子与水分子间相互作用能大于水分子之间的氢键能，水分子原来的结构遭到破坏，在离子周围形成水化膜。定向地排列在离子周围的第一层水分子与离子结合牢固，随离子一起移动，不受温度变化的影响，这种水化作用称为原水化（内水化）或化学水化，它所涉及的水分子数目称为原水化数。原水化层水分子的数量取决于中心离子的大小和化学性质，例如，对于 Be^{2+}有 4 个水分子，对于 Mg^{2+}、Al^{3+}及第一过渡金属离子有 6 个水分子。在第一层以外的水分子也受离子电场的作用，水分子原有结构也会受到一定程度的破坏，但由于距离稍远，作用力较弱。这一层的水分子与离子作用较弱，其水分子数目随温度的变化而改变，不是固定的。这部分水化作用称为二级水化或物理水化，所涉及的水分子数目称为二级水化数。近年来，X 射线衍射和散射及红外光谱的研究进一步证实了第二水化层的存在。除第二水化层外，还可能存在由自由的水分子组成的第三水化层，为自由水分子以氢键键合的水分子间的一个过渡层。离子水化的基本模型如图 2.4.1 所示，该图所示的完整的内水化层结构主要在高价态离子（如 Cr^{3+}）体系中才能观察到。

---

① 1deb = 3.33564×10^{-30}C·m。

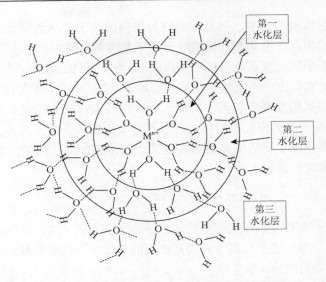

图 2.4.1　水溶液中水和金属阳离子的局部结构图

假设金属离子的水合数为 6

从广义上讲，离子水化数是指参与离子水化作用的分子数。但从上面分析可以看出这个概念是含糊的，因为参加二级水化的水分子数目是不确定的，可以改变的。因此，通常所指的水化数是指"永久"地与离子结合在一起，并且能随离子运动的有效水分子数，实际上应是原水化数（第一层水分子的数目）。

阳离子溶剂化的焓主要取决于去中心离子的价态（Z）和有效离子半径[为 Pauling 离子半径和水中氧离子的半径（0.085nm）之和]，比较合理的近似式为

$$\Delta_{hyd}H^{\ominus} = [-695Z^2/(r_+ + 0.85)]kJ\cdot mol^{-1} \qquad (2.4.1)$$

一般而言，阴离子的水合能力比阳离子弱很多，但是中子衍射数据表明，即使在卤素离子周围也存在一些水化层。对于 Cl⁻，其第一水化层包含 4～6 个水分子，而第一水化层确切的水分子数目主要取决于浓度和相应的阳离子性质。

对于离子的原水化数的测定，研究者们提出了多种方法（光谱、散射和衍射技术，详细信息可参考相应专著），但由于利用这些技术测量时的时间尺度不同，以及各种方法测出的水化数都是原水化数加上部分二级水化数，所以得到结果并不完全一致。一般，离子半径越小、所带电荷数越大，其离子水化数也越大，固定在它周围的水分子就越多。这些水分子定向地、牢固地与离子结合而失去了单独运动的能力。然而，离子周围的第一层水分子数虽然不变，但也并不是同一个水分子永久地无限期地留在离子周围，这一层的水分子与外界的水分子不断地相互交换，只是保持水分子数目不变而已。

2.4.3　溶剂化作用对离子平均活度系数的影响

在电解质溶液中，离子不是作为自由质点而是作为受溶剂分子包围的溶剂化质点存在；在溶液中运动和起作用的实体不是赤裸离子，而是溶剂化离子。因此，实际电解质

溶液的行为对理想溶液的偏差，以及反映这种偏差的离子平均活度系数值，不仅依赖于离子与离子之间的相互作用，而且也依赖于离子与溶剂之间的相互作用。

在推导出离子平均活度系数的极限公式以后，罗宾森（Robinson）和斯托克斯（Stokes）认为离子互吸理论实际上已涉及溶剂化离子。其证据是：首先，推导过程中第 i 种离子相互作用的偏能量与其活度系数相当；其次，在二次近似理论方程式（2.3.4）中所包含的参数 a 是和水化离子的平均大小相接近，而不是和赤裸离子的平均大小相接近。据此，罗宾森和斯托克斯提出了在活度系数中考虑离子与溶剂相互作用的方法。通过推导得到离子平均活度系数表示式为

$$\ln \gamma_{x,\pm} = \ln \gamma'_{x,\pm} - \frac{n_h}{v} \ln a_L - \ln \frac{s+v-n_h}{s+v}$$

$$(2.4.2)$$

式中：$\gamma'_{x,\pm}$ 为由离子互吸理论计算得到的离子平均活度系数，包含溶剂化作用对相互作用能的贡献；$\gamma_{x,\pm}$ 为只考虑离子与离子间相互作用的离子平均活度系数，可比作相应的实验量；s 为溶剂 L 的物质的量（摩尔数）；$v = v_+ + v_-$，v_+ 和 v_- 分别为 1mol 溶质分子解离后产生的正离子和负离子物质的量；n_h 为使 1mol 溶质溶剂化所需溶剂的物质的量；a_L 为溶剂 L 的活度。从式（2.4.2）可以得出，随着电解质浓度的增大，平均活度系数 $\gamma_{x,\pm}$ 与离子互吸理论的计算值 $\gamma'_{x,\pm}$ 相比必定增大，而且可能呈现大于 1 的值。实际上，当溶液的浓度增大时，a_L 降低（$a_L < 1$），则等式右边（包含负号）的第二项增大。同样，因为 $s > n_h > v > 0$，溶液浓度增大时 s 变小，所以等式右边（包含负号）的第三项必定增大，并且总是正值。

为了便于计算可将式（2.4.2）作一些修改。如果考虑 $s = 1000/M_L m$，其中 M_L 是溶剂的分子量，m 是溶液的质量摩尔浓度，注意用摩尔分数表示的平均活度系数与用质量摩尔浓度表示的平均活度系数之间的关系为 $\gamma_{x,\pm} = \gamma_{m,\pm}(1+0.001vM_L m)$，式（2.4.2）可写成：

$$\ln \gamma_{m,\pm} = \ln \gamma'_{x,\pm} - \frac{n_h}{v} \ln a_L - \ln [1-0.001M_L(v-n_h)m]$$

如果按照极限公式的结果代换 $\ln \gamma'_{x,\pm}$，则可得到：

$$\ln \gamma_{m,\pm} = -\frac{A|Z_+ Z_-| I^{\frac{1}{2}}}{1+aBI^{\frac{1}{2}}} - \frac{n_h}{v} \lg a_L - \lg [1-0.001M_L(v-n_h)m]$$

$$(2.4.3)$$

式（2.4.3）含有两个参量——溶剂化离子的平均大小 a 和电解质的溶剂化数 n_h。在离子互吸理论中曾假定溶液的介电常数和溶剂的相等，这个假定是与现实矛盾的。罗宾森和斯托克斯也是从类似的假设出发，但这种情况下却是比较合理的，因为介电常数的最大变化限制在原水化层，而这个水化层被看成是溶质的一个组成部分。在推导式（2.4.2）时也曾假定水化数不随浓度变化，这个假定损害理论和实验的一致性。但是对式（2.4.3）的验证已经表明，甚至在离子氛概念已无任何物理意义的浓度范围内，它都是与实验结果一致的。这样一种结果可从式（2.4.3）中含有两个实验测定的常数这一事实加以解释。

式（2.4.3）提出之后不久，又有人考虑到不完全解离和离子缔合的可能性对其进行改进，得到了理论与实验更好的一致性，而且对于非水溶液也是如此。应用发展的水化理论，科学家还推导出一个考虑离子与溶剂相互作用的离子平均活度系数方程式，这个方程式用于 1∶1 价型电解质时与实验数据非常符合。

2.5　电解质溶液的动态性质

2.5.1　电导、离子淌度和迁移数

1. 电导

电解质溶液依靠离子运动传输电流，属于第二类导体。溶液中的正、负离子在电场力作用下向相反方向移动而共同完成导电任务。电解质溶液的导电能力大小，通常以电导 L 表示。电导 L 定义为电阻 R 的倒数，根据欧姆定律：

$$L = \frac{1}{R} = \frac{I}{E} \tag{2.5.1}$$

式中：I 为通过溶液的电流；E 为溶液两端的电势差。电阻 R 的单位为欧姆（Ω），电导 L 的单位为西门子（Siemens），写作 S。

导体的电阻与其长度 l 成正比，而与其截面积 A 成反比：

$$R = \rho \frac{l}{A} \tag{2.5.2}$$

比例常数 ρ 称为电阻率或比电阻。根据电导与电阻的关系，式（2.5.2）可写成：

$$L = \sigma \frac{A}{l} \tag{2.5.3}$$

比例常数 σ 是比电阻 ρ 的倒数，称为电导率或比电导，它也表示边长为 1m 的立方体中装满电解质溶液所具有的电导。比电导的单位为欧姆$^{-1}$·米$^{-1}$（$\Omega^{-1}\cdot m^{-1}$），在 SI 单位中称为西·米$^{-1}$（$S\cdot m^{-1}$）。比电导在室温下与电解质溶液的浓度有关，同一电解质溶液因其浓度不同而比电导不同。比较不同电解质溶液的导电性能时，除了温度固定外，还必须取相同数量的电解质进行比较。比电导与溶液体积摩尔浓度的比值称为摩尔电导，用 λ 表示：

$$\lambda = \frac{\sigma}{c} \tag{2.5.4}$$

摩尔电导表示将 1mol 电解质溶液置于相距为 1m 的两个电极之间的电导。摩尔电导的 SI 单位是西·米^2·摩尔$^{-1}$，对于常用浓度单位为 mol·L^{-1} 时，式（2.5.4）可写成：

$$\lambda = \frac{\sigma \times 10^{-3}}{c} \tag{2.5.5}$$

摩尔电导 λ 的数值通常是通过测定溶液的比电导 σ，然后利用式（2.5.5）计算而得。

在比较具有不同电荷离子的电解质的摩尔电导时，只有组成为 1mol 的物质正好带有相同电荷数进行比较才有意义，为此，电化学规定电解质的每一种离子所带电荷电量为 1 法拉第电量时具有的电导才是摩尔电导。例如，浓度为 1mol·L^{-1} 的硫酸溶液（98g·L^{-1}），测电导时不称其为 1mol·L^{-1} 而称其为 2mol·L^{-1} 的溶液，因为溶液中含有 2mol H$^+$（2mol 电荷电量）和 1mol SO$_4^{2-}$（2mol 电荷电量），即 0.5mol·L^{-1} 的硫酸溶液测得的电导是其摩尔电导。

2. 离子淌度

通电于电解质溶液，溶液中正、负离子分别向阴、阳两极移动，共同完成导电任务。这时，离子的迁移速度与所受的电场力成正比。如用 υ_i 表示 i 离子的迁移速度，f 为电场力，则有

$$\upsilon_i = \overline{u}_i f \tag{2.5.6}$$

式中：$\overline{u}_i$ 为比例系数，表示离子在单位电场力作用下的迁移速度，反映了该种离子运动的特性，称为离子绝对淌度。离子绝对淌度 $\overline{u}_i$ 反映了离子在单位电场力（牛顿力）作用下的运动速度。由于一般用电场强度表示单位电荷在电场中所受的力，作用在 i 离子上的电场力 f 与电场强度 X 的关系是

$$f = Z_0 e_0 X \tag{2.5.7}$$

式中：$Z_0 e_0$ 为 i 离子所带的电荷电量。将式（2.5.7）代入式（2.5.6）可得

$$\upsilon_i = \overline{u}_i Z_0 e_0 X \tag{2.5.8}$$

式（2.5.8）表示 i 离子的运动速度与电场强度、离子所带电荷电量和离子绝对淌度之间的关系。电化学一般定义在单位电势梯度（即单位电场强度）作用下离子的运动速度为离子淌度，用符号 u_i 表示。显然离子淌度与离子绝对淌度的关系为

$$u_i = \frac{\upsilon_i}{X} = \overline{u}_i Z_0 e_0 \tag{2.5.9}$$

3. 离子迁移数

通电于电解质溶液后，正、负离子向相反方向移动而共同承担导电任务，但正、负离子移动速度不同，所带电荷不同，承担导电任务的百分数也不相同。某一种离子迁移的电量与通过溶液的总电量之比称为该离子的迁移数，用符号 t_i 表示。

在电解质溶液中设有距离为 1m 的两个平行电极，外加电压为 E，假定正、负离子的速度分别为 υ_+ 和 υ_-，正、负离子的电价分别为 Z_+ 和 Z_-，溶液中单位体积内正、负离子的数目分别为 n_+ 和 n_-，单位电荷所带电量用 e_0 表示，在溶液中考虑任意面积为 A 的截面，单位时间内通过该截面的正、负离子各自所带的电量和总电量分别为

$$Q_+ = I_+ = A\upsilon_+ n_+ Z_+ e_0 , \quad Q_- = I_- = A\upsilon_- n_- Z_- e_0$$

$$Q = I = I_+ + I_- = A\upsilon_+ n_+ Z_+ e_0 + A\upsilon_- n_- Z_- e_0$$

因为溶液是电中性的，故有 $n_+ Z_+ = n_- Z_- = nZ$，因而上式可写成：

$$Q = I = AnZe_0(\upsilon_+ + \upsilon_-)$$

按照迁移数的定义，正、负离子的迁移数 t_+ 和 t_- 分别为

$$t_+ = \frac{I_+}{I} = \frac{\upsilon_+}{\upsilon_+ + \upsilon_-} \tag{2.5.10}$$

$$t_- = \frac{I_-}{I} = \frac{\upsilon_-}{\upsilon_+ + \upsilon_-} \tag{2.5.11}$$

将式（2.5.9）代入式（2.5.10）和式（2.5.11）则有

$$t_+ = \frac{u_+}{u_+ + u_-} \qquad (2.5.12)$$

$$t_- = \frac{u_-}{u_+ + u_-} \qquad (2.5.13)$$

从式（2.5.10）～式（2.5.13）可得到：

$$\frac{t_+}{t_-} = \frac{\upsilon_+}{\upsilon_-} = \frac{u_+}{u_-}$$

$$t_+ + t_- = 1$$

若溶液中正、负离子不止一种，则应有

$$t_i = \frac{Q_i}{Q} = \frac{I_i}{I} = \frac{n_i Z_i u_i}{\sum n_i Z_i u_i} \qquad (2.5.14)$$

$$\sum t_i = \sum t_+ + \sum t_- = 1 \qquad (2.5.15)$$

　　离子的迁移数与浓度有关。另外，电解质溶液的某一离子的迁移数总是在很大程度上受到其他电解质的影响。当其他电解质的浓度很大时，甚至可以使某种离子的迁移数减小到趋近于零。例如，HCl 溶液中 H^+ 的当量电导比 Cl^- 的当量电导大很多，H^+ 的迁移数也远大于 Cl^- 的迁移数。但是，如果在溶液中加入大量 KCl，则有可能出现完全不同的情况。这时，$t_{H^+} + t_{Cl^-} = 1$，假定 HCl 的浓度为 $1 \times 10^{-3}\, mol \cdot L^{-1}$，KCl 的浓度为 $1 mol \cdot L^{-1}$，且已知该溶液中 $u_{K^+} = 6 \times 10^{-4}\, cm^2 \cdot V^{-1} \cdot s^{-1}$，$u_{H^+} = 30 \times 10^{-4}\, cm^2 \cdot V^{-1} \cdot s^{-1}$。根据式（2.5.14），可得到 t_{K^+} 与 t_{H^+} 的比值为 200。可见，尽管 H^+ 的离子迁移速度比 K^+ 快很多，但在这个混合溶液中，它迁移的电流却只是 K^+ 的 1/200。

　　在实验室中直接测定迁移数的常用方法主要有希托夫（Hittorf）法、界面移动法和电动势法。值得指出的是，因为水溶液中离子都是水化的，离子移动时总是要携带一部分水分子，而且它们的水化数各不相同，而通常又是根据浓度的变化来测量迁移数，所以实验测得的迁移数包含水迁移的影响。有时将这种迁移数称为表观迁移数，以区别于其真实迁移数。不过，在电化学实际体系中，离子总是带着水分子一起迁移，这种水迁移并不影响实际讨论的问题。

2.5.2　电解质溶液电导的实验数据

　　电解质溶液的电导通常采用测量导体电阻的交流桥式电路进行测定。交流桥式电路应用频率较高的交流电，可避免直流电通过溶液进行电解和发生极化作用而导致的误差，但测量电路变得较为复杂。目前测量电解质溶液的电导主要采用专用仪器——电导仪。这种仪器考虑了第二类导体的所有特性，能够测得可靠的结果。

　　电解质溶液的电导，依赖于电解质溶液的性质。对于水溶液，一般酸类电解质具有最高的电导值，碱类电解质次之，盐类电解质又次之。另外，电解质溶液的电导也与溶液浓度有关。表 2.5.1 和表 2.5.2 分别列出了一些溶剂和电解质的电导率（比电导），以及一些电解质溶液在不同浓度（质量分数）时的电导率。由表 2.5.1 中数据可知，由于溶剂本身可能有一定的解离度，或是含有少量高解离度的杂质，大多数溶剂具有一定的电导率，但是它们的电导率一般都很小。比较 $1.0mol \cdot L^{-1}$ 的 NaCl 与 $1.0mol \cdot L^{-1}$ 的 $MgSO_4$ 水溶液的电导率发现，前者的电导率大于后者的。其原因是，高电荷的离子将结合更多的偶极水分子，使得水合离子半径增大，使其在溶液中的离子迁移率变小。由表 2.5.2 中数据可以看出，在浓度不大时，溶液的电导率随着浓度的增大而增大。但对于有些电解质溶液，当溶液浓度增加到一定程度以后，电导率反而随浓度的增加而降低。这是由于在稀溶液范围内，随着浓度的增加，单位体积内导电的离子数目增加，所以电导率随浓度的增加而增加。随着浓度的增加，正、负离子间的作用力增大，使离子的运动速度下降，其电导率不再随浓度呈正比例增大；而当浓度继续增加时，正、负离子可能形成缔合离子，甚至形成不导电的中性分子（如高浓度的盐酸和硫酸溶液），因而电导率反而下降。

表 2.5.1　一些溶剂和电解质的电导率 σ 及相关解释

体系	温度/℃	$\sigma/(S \cdot m^{-1})$	产生电导的原因
纯苯	20	5×10^{-12}	微量水解离成 H^+ 和 OH^-
纯甲醇	25	$(2 \sim 7) \times 10^{-7}$	解离成微量的 CH_3O^- 和 $CH_3OH_2^+$
纯乙酸	25	约 4×10^{-7}	解离成微量的 CH_3COO^- 和 $CH_3COOH_2^+$
纯水	25	约 5.5×10^{-6}	解离成 H^+ 和 OH^-
蒸馏水	25	$10^{-4} \sim 10^{-3}$	溶解 CO_2
饱和 AgCl 水溶液	25	1.73×10^{-4}	溶解的少量 AgCl 解离成 Ag^+ 和 Cl^-
$1.0mol \cdot L^{-1}$ 乙酸水溶液	25	0.13	乙酸部分解离成 CH_3COO^- 和 H^+
$1.0mol \cdot L^{-1}$ LiCl 甲醇溶液	20	1.83	LiCl 在甲醇溶液中解离成 Li^+ 和 Cl^-
$1.0mol \cdot L^{-1}$ LiCl 水溶液	18	6.34	水溶液中的 LiCl 解离成 Li^+ 和 Cl^-
$1.0mol \cdot L^{-1}$ NaCl 水溶液	18	7.44	解离成 Na^+ 和 Cl^-
$1.0mol \cdot L^{-1}$ $MgSO_4$ 水溶液	18	4.28	几乎完全解离成 Mg^{2+} 和 SO_4^{2-}
85% $ZrO_2 \cdot$ 15% Y_2O_3	1000	5.0	O^{2-} 在氧化物晶格中的迁移
NaCl 熔融盐	1000	417	完全解离成 Na^+ 和 Cl^-

表 2.5.2　18℃时一些电解质溶液的电导率 σ

质量分数/%	$\sigma/(S \cdot m^{-1})$					
	$AgNO_3$	$CaCl_2$	$CdCl_2$	H_2SO_4	NaOH	KI
5	2.56	6.43	1.67	20.85	—	3.38
10	4.76	11.41	2.41	39.15	30.93	6.80
20	8.72	17.21	2.99	65.27	32.84	14.53
30	—	16.58	2.82	73.88	20.74	23.03
40	15.65	—	2.21	68.00	12.06	31.68
50	—	—	1.37	54.05	8.20	—
60	21.02	—		37.26		

对于摩尔电导而言，实验结果发现：①浓度降低时摩尔电导增加，当浓度降低到一定程度以后，摩尔电导值几乎保持不变；②在同一浓度区间内，不同电解质溶液的摩尔电导随浓度降低的变化程度不同，如表 2.5.3 所示。

表 2.5.3　在 298K（25℃）时一些强电解质溶液的摩尔电导

浓度/(mol·L^{-1})	摩尔电导/(S·m^2·mol^{-1})							
	NaCl	KCl	HCl	NaAc	CuSO$_4$	H$_2$SO$_4$	HAc	NH$_4$OH
0.0001	0.012645	0.014986	0.042616	0.009100	0.01330	0.04296	0.03907	0.02714
0.0005	0.012450	0.014781	0.042274	0.008920		0.04131	0.00677	0.00470
0.001	0.012374	0.014695	0.042136	0.008850	0.01152	0.03995	0.00492	0.00340
0.010	0.011851	0.014127	0.041200	0.008376	0.00833	0.03364	0.00163	0.00113
0.100	0.010674	0.012896	0.039132	0.007280	0.00505	0.02508		0.00036
1.000	—	0.01119	0.03328	0.00491	0.00293	—	—	—

对于强电解质溶液和中等强度的电解质溶液，科尔劳施（Kohlrausch）总结大量实验事实发现摩尔电导与浓度的关系可用如下经验公式表示：

$$\lambda = \lambda_0 - Ac^{\frac{1}{2}} \tag{2.5.16}$$

式中：A 为经验常数；λ_0 为电解质溶液在无限稀释时的摩尔电导，称为无限稀释摩尔电导。在无限稀释的电解质溶液中，可以认为离子之间没有相互作用，电流的传递分别由正、负离子独立分担，而电解质溶液的摩尔电导为正、负离子的摩尔电导之和，这就是离子独立移动定律，其数学表达式为

$$\lambda_0 = \lambda_{0,+} + \lambda_{0,-} \tag{2.5.17}$$

式中：λ_0 称为离子无限稀释摩尔电导。表 2.5.4 给出一些离子无限稀释摩尔电导，根据表 2.5.3 数据和式（2.5.17）用简单加法就可计算许多电解质溶液在无限稀释时的摩尔电导，然后再按照式（2.5.16）求得电解质溶液在任一浓度时的摩尔电导。

表 2.5.4　无限稀释水溶液中一些离子的摩尔电导（298K）　　　（单位：S·m^2·mol^{-1}）

阳离子	$\lambda_{0,+} \times 10^{-4}$	阴离子	$\lambda_{0,-} \times 10^{-4}$
H$^+$	349.8	OH$^-$	198.6
Li$^+$	38.7	F$^-$	55.4
Na$^+$	50.1	Cl$^-$	76.4
K$^+$	74.5	Br$^-$	78.1
NH$_4^+$	73.5	I$^-$	76.8
Ag$^+$	62.2	1/2 CO$_3^{2-}$	59.3
Rb$^+$	77.5	HCO$_3^-$	44.5
Cs$^+$	77.0	CN$^-$	82.0
1/2 Mg^{2+}	53.1	NO$_3^-$	71.4
1/2 Ca^{2+}	59.5	1/2 SO$_4^{2-}$	79.8
1/2 Sr^{2+}	59.5	CH$_3$COO$^-$	40.9
1/2 Zn^{2+}	52.8	C$_6$H$_5$COO$^-$	32.4

2.5.3　强电解质溶液的电导理论

德拜-休克尔的离子互吸理论发表于 1923 年，1927 年昂萨格（Onsager）就将该理论推广到不可逆过程，导出了摩尔电导与电解质溶液浓度平方根的直线关系式，形成了强电解质溶液的电导理论。

离子互吸理论认为，在电解质溶液中，任一中心离子都被带电荷符号相反的离子氛所包围。在平衡情况下，离子氛是对称的，此时符号相反的电荷平均分配于中心离子的周围。在无限稀释的溶液中，离子与离子间的距离大，库仑作用力很小，可以忽略离子氛的影响而认为离子的行动不受其他离子的影响。然而，在一般情况下，离子氛的存在必然影响着中心离子的行动，使其在电场中运动的速度减小（图 2.5.1）。离子氛对中心离子运动速度的影响主要是由下述两个原因所引起的。

（1）松弛电力：以中心为正离子和外围为负离子氛者为例，中心正离子在外加电场的作用下向阴极移动，外围离子氛的平衡状态受到破坏。但因库仑作用，离子间仍有恢复平衡重建新的离子氛的趋势。依照进行的方向，在中心正离子的前面，必然建立新的负离子氛，同时中心离子后面的旧离子氛要拆散。建立或拆散一个离子氛都需要一定时间，这个时间称为松弛时间。因为离子一直在前进，中心离子的前半边新的离子氛未能完全建立，后半边旧的离子氛未能完全拆散，这就形成了不对称的离子氛，这种不对称的离子氛对中心离子在电场中的运动产生了一种阻力，通常称为松弛电力。松弛电力使得离子的运动速度降低，摩尔电导减小。

（2）电泳力：中心离子在外加电场作用下与其溶剂化的溶剂分子一起向某一方向移动；而其离子氛则与其溶剂化的溶剂分子一起向相反方向移动。这一运动阻滞了离子在溶液中的运动，这种附加的阻力称为电泳力（它与胶体微粒在电场中运动时所受到阻力相类似）。电泳力的影响也降低离子运动的速度，使摩尔电导减小。

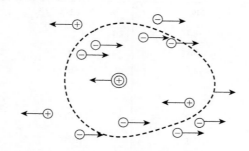

图 2.5.1　不对称的离子氛

考虑到上述两个原因，在离子互吸理论基础上通过复杂的推导，可得到下面在某一浓度范围内摩尔电导与无限稀释摩尔电导和溶液浓度之间的定量关系式：

$$\lambda = \lambda_0 - \left[\frac{82.4}{(\varepsilon T)^{1/2} \eta} + \frac{8.20 \times 10^5}{(\varepsilon T)^{2/3}} \lambda_0 \right] c^{\frac{1}{2}} \tag{2.5.18}$$

式中：T 为热力学温度；ε 为介电常数；η 为介质的黏度；c 为溶液的体积摩尔浓度。括号中的第一项是由电泳效应引起摩尔电导减小，这一项与介质的黏度有关；第二项是由松弛效应引起摩尔电导减小。式（2.5.18）的简化形式为

$$\lambda = \lambda_0 - (A'' + B\lambda_0)c^{\frac{1}{2}} \tag{2.5.19}$$

式中：A'' 和 B 为与温度和溶剂种类有关的常数。

在 298K 的水中，$A'' = 60.2$，$B = 0.229$；在 298K 的乙醇中，$A'' = 89.7$，$B = 1.33$。当溶剂的介电常数大于 20 且形成的溶液又比较稀时，式（2.5.19）与从实验结果总结出来的经验公式［式（2.5.16）］颇为相近。

2.5.4　异常电导现象

由表 2.5.4 可以看出，H^+ 和 OH^- 的电导比其他离子高得多，显然其导电机理与其他离子不相同。H^+ 是无电子层的原子核，对电子有特殊强的吸引作用，化合物分子中的独立电子也是其吸引的对象。H^+ 与水分子相遇形成三角锥形的 H_3O^+，在水溶液中又被三个水分子所包围，质谱研究表明，H^+ 在水溶液中和四个水分子缔合成 $H_9O_4^+$。H_3O^+ 的大小与 K^+ 差不多，但电导却是 K^+ 的 5 倍。这种特殊高的电导在非水溶液中完全消失，如表 2.5.5 所示。H^+ 具有反常电导，而这种反常电导又与溶剂水有关。

表 2.5.5　HCl 与 LiCl 在不同溶剂中的无限稀释摩尔电导 λ_0

溶剂	$\lambda_0/(10^{-4}S\cdot m^2\cdot mol^{-1})$	
	HCl	LiCl
水	426.2	115.0
甲醇	192	90
乙醇	84.3	38
正丙醇	22	18

一般认为氢离子的迁移是一种链式传递，即从一个水分子传递给另一个水分子：

$$\left[\begin{array}{c} H \\ | \\ H-O-H \end{array}\right]^+ + \begin{array}{c} H \\ | \\ O-H \end{array} \longrightarrow \begin{array}{c} H \\ | \\ H-O \end{array} + \left[\begin{array}{c} H \\ | \\ H-O-H \end{array}\right]^+$$

古典质子跳跃理论认为氢离子从一个水分子跳跃到另一个水分子必须越过势垒，变成活化配合物才能进行，$H_2O\text{-}H^+$ 体系可当作双原子体系来处理。这一理论得到温度升高活化能升高的结论与实际不相符，同时计算得到的电导比实测值大。现代量子理论认为氢离子的迁移是通过隧道效应，不必具有爬过势垒的能量就有越过势垒的概率。这种现代量子理论的质子隧道转移机理可得到温度升高活化能降低的结论，但所计算的电导太大，也有不全面之处。如果认为质子由隧道效应跳跃过来，而接受质子的水分子有一定向问题，定向合适质子容易转移，定向不合适质子转移困难。这就是质子隧道效应-水分子再

定向机理。也就是说，质子跳跃是两步串联的过程，第一步为质子的隧道效应，第二步是接受质子的水分子重新定向。当接受质子的水分子的定向过程受质子的电场影响而是慢步骤或成为控制步骤时，计算的电导值与实测值相符合。质子转移是在具有氢键的液体水中进行，液体水在结构上有一定程度的有序。温度升高使水分子结构无序程度增加，水分子容易重新定向。因此，这种机理得出温度升高活化能降低的结论也与实际情况相一致。

质子在水溶液中的传递机理同样适用于解释水合氢氧根离子具有异常大的离子迁移率。质子从水分子隧穿到 OH⁻ 的同时形成一个 OH^-，但是 OH⁻ 的迁移方向与 H^+ 的迁移方向相反。

2.5.5　电解质溶液的扩散现象

如果溶液体系中不同区域所含物质组分不同或某一组分的浓度不同，该组分自发地从高浓度区域向低浓度区域迁移的现象称为扩散。扩散的发生是体系不均匀的结果，也可以说是体系各部分含有不同物质或含有相同物质而浓度不同（存在浓度梯度）的结果。在多相反应或电极反应中，扩散过程是一个重要的环节，常常成为反应速率的控制步骤。在电解质溶液中，扩散也是最基本的动态性质之一。

扩散分为稳态扩散和非稳态扩散。浓度梯度不随时间变化的扩散称为稳态扩散。稳态扩散时单位时间内通过单位面积的物质流量 J_i 与其浓度梯度 $\dfrac{dc_i}{dx}$ 成正比，这就是菲克（Fick）第一定律，其数学表示式为

$$J_i = \frac{dc_i}{dt} = -D_i \frac{dc_i}{dx} \tag{2.5.20}$$

浓度梯度随时间变化的扩散称为非稳态扩散，非稳态扩散过程要用菲克第二定律描述，其数学表达式为

$$J_i = \left(\frac{dc_i}{dt}\right)_x = -D_i \left(\frac{d^2 c_i}{dx^2}\right) \tag{2.5.21}$$

式（2.5.21）也是扩散过程的一般微分方程。式（2.5.20）和式（2.5.21）中 D_i 称为扩散系数，其单位为 $cm^2 \cdot s^{-1}$ 或 $m^2 \cdot s^{-1}$。

菲克定律的推导，对物质的性质没有作任何假定。因此，这些定律同样可以用来描述溶液中的物质扩散和电解质溶液中的离子扩散。

溶液中发生扩散现象的原因是存在浓度梯度（严格讲应是活度梯度）。过去曾有人认为浓度不同引起渗透压不同而导致扩散发生。然而，根据溶液中物质或离子的化学势 μ_i，应有

$$\frac{d\mu_i}{dx} = RT \frac{d(\ln c)}{dx} = \frac{RT}{c} \cdot \frac{dc}{dx}$$

上式表明浓度梯度是由存在化学势梯度而引起的，为此，目前普遍认为溶液中物质扩散和离子扩散的真正推动力是化学势梯度。

　　将 1mol i 物质或离子自某一等浓度面迁移到另一等浓度面所做的功等于该物质或离子化学势的减少量 $-\mathrm{d}\mu_i$，若将功看作推动力 f 与距离 $\mathrm{d}x$ 的乘积，则有

$$-\mathrm{d}\mu_i = f\mathrm{d}x$$

化学势梯度 $-\dfrac{\mathrm{d}\mu_i}{\mathrm{d}x}$ 就是 1mol i 物质或离子的推动力。对于 c_i mol i 物质或离子，扩散的推动力应当是

$$f = -c_i \frac{\mathrm{d}\mu_i}{\mathrm{d}x} \tag{2.5.22}$$

而 i 物质或离子在稳态下的扩散流量 J（以单位时间通过单位面积的摩尔数表示）与推动力 f 成正比，即有

$$J = Bf \tag{2.5.23}$$

式中：B 为比例常数。对于理想溶液或极稀溶液，因 $a = c$，$\mu = \mu^{\ominus} + RT\ln c$，将式（2.5.22）代入式（2.5.23）中：

$$J = -Bc\frac{\mathrm{d}\mu_i}{\mathrm{d}x} = -BcRT\frac{\mathrm{d}\ln c_i}{\mathrm{d}x} = -BRT\frac{\mathrm{d}c_i}{\mathrm{d}x} \tag{2.5.24}$$

与菲克第一定律式（2.5.20）比较可得出：

$$D_i = BRT \tag{2.5.25}$$

　　式（2.5.25）表示，理想溶液和极稀溶液在温度 T 一定时，扩散系数 D_i 为常数，扩散系数的大小反映了各种粒子扩散的特性。对于活度系数 $\gamma \neq 1$ 的真实溶液，$a = \gamma c$，$\dfrac{\mathrm{d}\ln c}{\mathrm{d}x}$ 必须用 $\dfrac{\mathrm{d}\ln a}{\mathrm{d}x} = \dfrac{\mathrm{d}\ln \gamma c}{\mathrm{d}x}$ 来代替，因此，式（2.5.24）变为

$$
\begin{aligned}
J &= -BcRT\frac{\mathrm{d}\ln(\gamma_i c_i)}{\mathrm{d}x} = -BcRT\frac{\mathrm{d}(\gamma_i c_i)}{\gamma_i c_i \mathrm{d}x} \\
&= -BRT\frac{\mathrm{d}c_i}{\mathrm{d}x} - \frac{BRTc_i}{\gamma_i}\cdot\frac{\mathrm{d}\gamma_i}{\mathrm{d}x} = -BRT\frac{\mathrm{d}c_i}{\mathrm{d}x} - \frac{BRTc_i}{\gamma_i}\cdot\frac{\mathrm{d}\gamma_i}{\mathrm{d}c_i}\cdot\frac{\mathrm{d}c_i}{\mathrm{d}x} \\
&= -BRT\frac{\mathrm{d}c_i}{\mathrm{d}x}\left(1 + \frac{c_i}{\gamma_i}\cdot\frac{\mathrm{d}\gamma_i}{\mathrm{d}c_i}\right) = -BRT\frac{\mathrm{d}c_i}{\mathrm{d}x}\left(1 + \frac{\mathrm{d}\ln\gamma_i}{\mathrm{d}\ln c_i}\right)
\end{aligned} \tag{2.5.26}
$$

由此得到的扩散系数 D_i 为

$$D_i = BRT\left(1 + \frac{\mathrm{d}\ln\gamma_i}{\mathrm{d}\ln c_i}\right) \tag{2.5.27}$$

式（2.5.27）表明，扩散系数随电解质溶液的浓度而变化，一般随浓度增大而减小。在稀溶液中，发生扩散的浓度范围内活度系数变化不大，$\dfrac{\mathrm{d}\ln\gamma}{\mathrm{d}\ln c} = 1$，温度一定时才可将扩散系数 D_i 近似地看作常数。扩散系数随浓度变化是因为离子间的相互作用、离子的水化作用及溶液黏度的变化。

2.5.6　扩散系数、离子淌度和摩尔电导之间的关系

　　在不通电的情况下，溶液中的离子做无规则运动。溶液通电后，正、负离子分别向

负极和正极迁移，两极上如果不发生该正、负离子的化学作用，则两极附近的离子浓度必将大于本体溶液浓度，出现浓度梯度而发生与电迁移方向相反的扩散。也就是说，离子在电迁移的同时又发生向相反方向的扩散。下面以正离子为例讨论。

当电解质溶液中扩散与电迁移同时存在而达到稳态时，正离子的扩散流量 J_D 可用 Fick 第一定律表示为

$$J_D = -D_+ \frac{dc_+}{dx}$$

正离子在电场中传导电流的流量为

$$J_K = i_+ Z_+ F = c_+ \upsilon_+$$

根据式（2.5.6）和式（2.5.9），则有

$$J_K = c_+ \bar{u}_+ f = \frac{c_+ u_+ f}{Z_+ e_0}$$

如果调节外电场的作用，使电迁移流量与扩散流量恰好相等，二者之和为零，则有

$$J_D + J_K = \frac{c_+ u_+ f}{Z_+ e_0} - D_+ \frac{dc_+}{dx} = 0 \tag{2.5.28}$$

此时正离子迁移相当于处于动态平衡，而溶液中正离子可看作是静止不动，它在电场中的分布可用玻尔兹曼定律描述：

$$c_+ = c_+^0 \exp\left(-\frac{W}{KT}\right)$$

式中：W 为离子在外电场作用下，由电势为零处移至 x 方向上某一点所做的电功；c_+^0 为不存在外电场时的正离子浓度。上式对距离 x 微分：

$$\frac{dc_+}{dx} = -c_+^0 \exp\left(-\frac{W}{KT}\right) \cdot \left(\frac{1}{KT}\right)\frac{dW}{dx} = -\frac{c_+}{KT}\frac{dW}{dx} \tag{2.5.29}$$

由于电场力与电功的关系 $f = -\frac{dW}{dx}$，式（2.5.29）可写成：

$$\frac{dc_+}{dx} = \frac{c_+ f}{KT} \tag{2.5.30}$$

将式（2.5.30）代入式（2.5.28），则有

$$\frac{c_+ u_+ f}{Z_+ e_0} = \frac{D_+ c_+ f}{KT}$$

而：

$$D_+ = \frac{u_+}{Z_+ e_0} KT = \bar{u}_+ KT \tag{2.5.31}$$

因 $NK = R$，$Ne_0 = F$，式（2.5.31）又可写成：

$$D_+ = \frac{RT}{Z_+ F} u_+ \tag{2.5.32}$$

式（2.5.32）指出了正离子扩散系数与正离子淌度的联系。同理，对于负离子也有同样结论，其一般式为

$$D_i = \frac{RT}{Z_i F} u_i \tag{2.5.33}$$

物理化学可以证明，离子淌度与法拉第常量的乘积等于离子的摩尔电导：

$$\lambda_i = u_i F \tag{2.5.34}$$

将式（2.5.34）代入式（2.5.33），可得到扩散系数与离子的摩尔电导的关系为

$$D_i = \frac{RT}{Z_i F^2} \lambda_i \tag{2.5.35}$$

对于对称价型的电解质，摩尔电导与离子淌度有如下关系：

$$\lambda = F(u_+ + u_-) \tag{2.5.36}$$

将式（2.5.33）代入式（2.5.36）则可得到电解质的摩尔电导与离子扩散系数的关系为

$$\lambda = \frac{ZF^2}{RT}(D_+ + D_-) \tag{2.5.37}$$

2.6 非水溶液电解质

很多非水溶液比水溶液具有更高的分解电势，可为电化学研究提供宽的稳定电压窗口。另外，一些水中很惰性的物质，在其他溶液中往往能很彻底地反应。因此，非水溶液往往比水更广泛地应用于多个领域，特别是碱金属离子电池（碱金属只能在非水溶液中稳定存在）和有机合成领域。目前，非水溶液引起了科学与技术界的格外关注，特别是在电化学有机合成、电还原制取金属及合金和电池领域。

2.6.1 非水溶剂中的离子溶剂化作用

比耶鲁姆和富斯（Fuoss）认为离子可以看成是连续相中的荷电硬球，基于这一假设，可以计算处在相对介电常数为 ε_r 的溶剂中离子间的相互作用，即两个荷电离子间静电作用可以表示为

$$F = q_1 \cdot q_2 / 4\pi \varepsilon_r \varepsilon_0 r^2 \tag{2.6.1}$$

式中：q_1 和 q_2 为两个荷电离子带电量；r 为离子间的分离距离；ε_r 为介质的相对介电常数；ε_0 为真空介电常数（近似值为 $8.854 \times 10^{-12} C \cdot V^{-1} \cdot m^{-1}$）。表 2.6.1 列出了一些物质的相对介电常数、偶极矩和温度。

表 2.6.1　不同溶剂的偶极矩 μ、相对介电常数 ε_r 和温度

溶剂	$\mu/(10^{-30}C\cdot m)$	ε_r	温度/℃
CO_2	0	1.6	−5
苯	0	2.24	20
氨水	4.90	14.9	24
甲醇	5.70	31.2	20
H_2O	6.17	81.1	18

处于电场中的溶剂分子将以其偶极朝向电场方向排列，因而，偶极矩是一个很重要的参数。所以，溶剂的极性起两个重要的作用：削弱离子间的相互作用；决定离子存在时溶剂的定向及有序化程度。表 2.6.2 列出了一些溶剂的 ε_r 和温度。总体来讲，非水溶剂的相对介电常数比水小，这将在很大程度上限制导电盐的选择。在非水溶液中，具有很好电离性质的电解质有碱金属的氯酸盐、$NaBF_4$、$LiPF_6$、$LiCl$、$LiAlCl_4$ 和 $LiAlH_4$ 及一些季铵盐类有机电解质。

表 2.6.2　一些重要溶剂的相对介电常数 ε_r 和温度

溶剂	ε_r	温度/℃
丙酮	20.7	25
乙腈（ACN）	36	25
1,2-乙二醇二甲醚（DME）	7.2	25
N,N-二甲基甲酰胺（DMF）	36.7	25
二甲基亚砜（DMSO）	46.6	25
二氧六环	2.2	25
乙醇	24.3	25
碳酸乙烯酯（EC）	89	40
甲酸甲酯	8.5	20
硝基甲烷	35	25
碳酸丙烯酯（PC）	64	25
吡啶	12	25
三氯氧磷（$POCl_3$）	13.7	25
亚硫酰氯（$SOCl_2$）	9.1	22
磺酰氯（SO_2Cl_2）	9.2	22
硫酸	101	25

2.6.2　非水溶液的电导率

前面讨论的德拜-休克尔-昂萨格电导理论同样适合非水溶液电解质。与水溶液类似，介电常数和溶液黏度是主要的影响因素，但是非水溶剂中电解质的摩尔电导率比水溶液中电解质的摩尔电导率随电解质浓度变化更明显。与水溶液相比，非水溶剂中电解质的摩尔电导率随电解质浓度的增加而减小得更快。

2.7　电解质溶液对可充电电池的性能影响——实例分析

基于 Zn 箔为负极、α-MnO_2 为正极和水系电解液[如 $ZnSO_4$、$Zn(CF_3SO_3)_2$、$Zn(TFSI)_2$ 和 $Zn(NO_3)_2$ 等]构筑的可充电锌离子电池体系近年来受到特别关注。其中，水系电解液的性能改善对锌离子电池的电化学性能和安全性的提升至关重要。因此，通过使用高盐溶液和电解液添加剂等策略，调节电解液的电导率、溶剂化效应、离子迁移数和溶剂黏度等性能，进而提升电池综合性能方面取得了显著的研究进展。

2.7.1　通过改变电解质中阴离子种类和电解质浓度改善电池性能

Zn 负极在不同电解液中沉积/溶解行为不同（图 2.7.1）。在 $ZnCl_2$ 和 $Zn(NO_3)_2$ 电解液中，表现出不稳定的电化学行为，而在 $Zn(CF_3SO_3)_2$ 和 $ZnSO_4$ 电解液中表现出很宽的电化学稳定窗口。与 $ZnSO_4$ 电解液相比，Zn 在 $Zn(CF_3SO_3)_2$ 电解液中的沉积和溶解之间的电势差更小，响应电流更高，表明 Zn 在该电解液中的沉积/溶解的可逆性更好，动力学更快。同时，Zn 在 $Zn(CF_3SO_3)_2$ 电解液中的沉积/溶解过程中表现出更高的库仑效率。这些实验结果表明，电解液中的阴离子对 Zn 电极的电化学沉积/剥离过程非常关键，其中，体积庞大的 $CF_3SO_3^-$ 阴离子可以减少 Zn^{2+} 阳离子周围的水分子数量和溶剂化效应，进而促进 Zn^{2+} 运输和电荷转移。

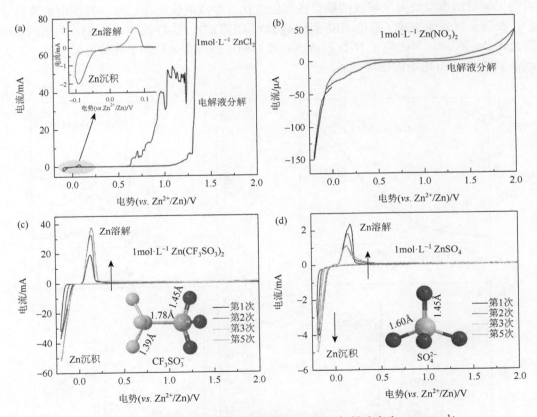

图 2.7.1　锌电极在不同电解液中的循环伏安图（扫描速度为 $0.5mV \cdot s^{-1}$）

进一步研究表明，在 $Zn(CF_3SO_3)_2$ 电解液中，黏度随锌盐浓度的增加而增大，但电导率出现降低。虽然电导率的降低可能对电池性能带来一定负面效应，但是高浓度电解质中黏度的增加会改变阳离子/阴离子的溶剂化和传输行为，从而提高电化学稳定性。此外，盐浓度越高，水分活性越低及由水引起的副反应减少，也有利于改善电极在水溶液中的循环稳定性。因此，选择合适浓度的电解液非常关键。

2.7.2　通过在电解质中掺入添加剂调控改善电池性能

在电解液中掺入添加剂（离子添加剂、有机添加剂、无机添加剂和金属添加剂等），进而改善电池的综合性能，是电池研究和电池工业常见的策略。例如，在水系电解液体系构筑的锌离子电池中，通过在电解液中掺入适量添加剂，可以通过静电屏蔽、吸附作用、原位固体电解质界面（solid electrolyte interface，SEI）膜和反催化策略等作用机理，改善锌负极的电化学和机械性能，进而改善电池综合性能。有研究表明，由于二甲基亚砜（DMSO）的 Guttman 供体数（29.8）比水的（18）高很多，在低浓度的 $ZnCl_2$-H_2O 电解液中添加 DMSO，Zn^{2+} 的溶剂化鞘层发生改变，部分 H_2O 被 DMSO 取代（图 2.7.2）。溶剂化鞘层的改变使得电解液的稳定性发生变化，导致氧化还原过程中发生电解液的分解，在锌负极表面生成了原位 SEI 膜[$Zn_2(SO_4)_3Cl_3(OH)_5$·$5H_2O$-$ZnSO_3$-ZnS]。生成的 SEI 膜允许 Zn^{2+} 传导，却阻碍了 H_2O 的渗透和随后的还原，有效抑制了锌枝晶的生长，大大改善了 Zn||MnO_2 电池的循环性能。

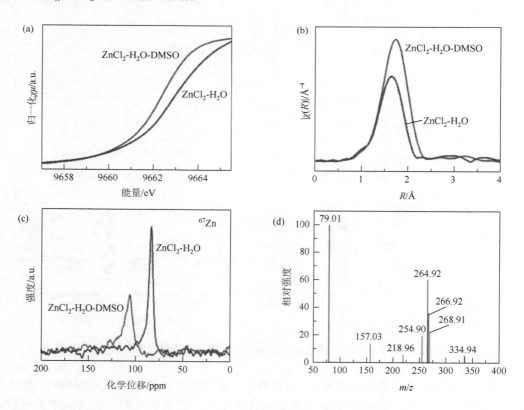

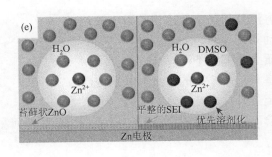
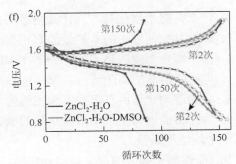

图 2.7.2　ZnCl$_2$-H$_2$O-DMSO 和 ZnCl$_2$-H$_2$O-电解质的（a）X 射线吸收近边结构（XANES）、（b）傅里叶变换扩展 X 射线吸收精细结构（ft-EXAFS）光谱和（c）^{67}Zn 核磁共振（NMR）谱；（d）ZnCl$_2$-H$_2$O-DMSO 中多种阳离子锌络合物[Zn(H$_2$O)$_4$(OH)$_3$(DMSO)$^-$]的离子高分辨质谱（HRMS）；（e）Zn^{2+}在不同电解液中的溶剂化结构和锌表面的结构示意图；（f）Zn‖MnO$_2$ 电池在不同电解液中的充放电曲线图

　　总之，电解质溶液化学和热力学在化工分离、环境工程、湿法冶金、超临界技术、电化学（电池、电解、电镀和电催化）和地质学等领域都有重要应用。化学工业中结晶和精馏分离，环境领域中废液处理，电化学工程中的电池、腐蚀和电解等，都离不开电解质溶液热力学理论和模型计算。这些领域涵盖很宽范围的温度、压力和浓度条件，涉及电解质-非电解质混合溶液、气-液-固多相复杂体系及超临界系统，对溶液热力学理论和模型提出了更高的要求。目前热力学已经从经典热力学逐步发展出了统计热力学、分子热力学和非平衡热力学等学科分支。但经典电解质热力学理论，如在 1923 年 Debye-Hückel 提出的离子互吸理论，仍然是溶液化学理论和模型的基础，后来许多成功的理论模型都是在此基础上不断改进和发展的结果。20 世纪 70 年代是电解质热力学模型发展的黄金期。1972 年，Meissner 等提出了对比活度的概念，建立 Meissner 方程。1973 年，Pitzer 从统计力学原理出发提出了电解质溶液的普遍方程（Pitzer 方程）。Bromley 考虑溶剂化作用等影响因素后，将 Debye-Hückel 方程中的常数表达为与离子强度相关的经验方程式，即 Bromley 方程。Prausnitz 等基于"局部组成"概念，先后建立了电解质溶液的 NRTL 模型、UNIQUAC 和 UNIFAC 方程。相关详细内容可参考相关专著。经常使用的电解质溶液模型可分为三类：第一类是不存在任何电解质电离的模型，适用于超临界和高温体系；第二类是电解质全部电离的模型，适用于单价强电解质溶液或稀释电解质溶液；第三类是基于全组分的化学模型（speciation-based model），包括电解质全组分和非电解质全组分的化学平衡和解离平衡。其中，第三类化学模型最能反映实际电解质溶液的真实存在形式，是当前电解质溶液化学发展的一个重要研究方向。

习题与思考题

1. 电解质有几种分类方法？如何分类？你认为哪一种分类好？
2. 在电化学中电离理论适用什么范围？为什么？
3. 离子互吸理论如何解释活度系数与浓度的关系，又如何解释电导与浓度的关系？

4. 什么是离子水化数？为什么用不同方法测得的离子水化数不一致？

5. 扩散是如何发生的？扩散的真正推动力是什么？

6. 离子缔合而成的离子对与分子在本质上有哪些不同？

7. 电解质溶液的离子淌度、摩尔电导率和扩散系数的意义和联系是什么？

8. 水的溶剂化作用有哪些？水在结构上具有什么特点？

9. 为什么提出离子平均活度系数的概念？离子平均活度系数的定义是什么？如何测定离子平均活度系数？

10. 简述离子强度的定义与实际应用。

11. 在 $0.2mol \cdot L^{-1}$ 的 $ZnCl_2$ 溶液中含有 $0.4mol \cdot L^{-1}$ $Al_2(SO_4)_3$，试计算该溶液的离子强度。

12. 对于 $0.002mol \cdot L^{-1}$ 的 $CuCl_2$ 水溶液，温度 25℃，试用极限公式计算 $\gamma_\pm$。

13. 试用极限公式，计算 298K 时 $0.001mol \cdot L^{-1}$ $K_3Fe(CN)_6$ 溶液的平均活度系数，并与实测值比较（实测值为 0.808）。

14. 在 25℃时测得 LiCl 溶液的比电导随体积摩尔浓度的变化为

$c/(mol \cdot L^{-1})$	0.05	0.01	0.005	0.001	0.0005
$\sigma/(\Omega^{-1} \cdot m^{-1})$	0.5006	0.1073	0.0547	0.0112	0.0057

（a）用外推法求 LiCl 的极限摩尔电导 λ_0。

（b）已知 Cl^- 在无限稀释溶液的摩尔电导 $\lambda_{0,Cl^-} = 0.7634 \times 10^{-2} S \cdot m^2 \cdot mol^{-1}$，求 λ_{0,Li^+} 及 Li^+ 和 Cl^- 的扩散系数 D_i。

15. 查阅相关资料，举例说明非水电解质在电化学工业中的重要性。

16. 已知 18℃ 时，$1.0 \times 10^{-4} mol \cdot L^{-1}$ NaI 的摩尔电导为 $127 S \cdot cm^2 \cdot mol^{-1}$，$\lambda_{0,Na^+} = 50.1 S \cdot cm^2 \cdot mol^{-1}$，$\lambda_{0,Cl^-} = 76.3 S \cdot cm^2 \cdot mol^{-1}$，试求：

（a）该溶液中 I^- 的迁移数。

（b）向该溶液中加入相同当量数的 NaCl 后，Na^+ 和 I^- 的迁移数。

17. 18℃时测得 CaF_2 的饱和水溶液电导率为 $3.89 \times 10^{-5} S \cdot cm^{-1}$，水在该温度下的电导率为 $1.5 \times 10^{-6} S \cdot cm^{-1}$。又已知水溶液中各电解质的极限摩尔电导分别为 $\lambda_{m,0}(CaCl_2) = 2.334 \times 10^2 S \cdot cm^2 \cdot mol^{-1}$，$\lambda_{m,0}(NaCl) = 1.089 \times 10^2 S \cdot cm^2 \cdot mol^{-1}$，$\lambda_{m,0}(NaF) = 90.2 S \cdot cm^2 \cdot mol^{-1}$。若 F^- 的水解作用可忽略不计，求 CaF_2 在该温度下的溶度积 K_{sp}。

18. 查阅相关资料，了解并举例说明电解质溶液在改善电池电化学性能中的应用。

第3章　电化学热力学与电极/溶液界面性质

3.1　电动势形成的机理和电极电势的性质

热力学定律应用到电化学体系，可以建立电化学体系中电能与化学能变化之间的定量关系。然而，作为研究一般规律的科学，热力学不能指出化学能转变为电能的途径和机理、电池电动势由哪些部分组成及电极电势的性质。分子动力学理论应用于电化学体系可以得到一个更加完整的电极平衡图像。

3.1.1　电势与电化学势

1. 表面电势、外电势和内电势

表面电势 Γ 定义为一个单位正电荷从指定相表面外 $10^{-5} \sim 10^{-4} \mathrm{cm}$ 处转移至相的内部所做的电功。外电势 ψ 是指将单位正电荷从无限远的真空移至指定相表面外 $10^{-5} \sim 10^{-4} \mathrm{cm}$ 处所做的电功。内电势 φ 则相当于携带一个单位正电荷从无限远的真空移至指定相内部所做的电功。显然，对于指定相的内电势、外电势和表面电势具有如下关系：

$$\varphi = \psi + \Gamma \tag{3.1.1}$$

2. 电势差和电化学势

两点之间的电势差定义为单位电荷从一点向另一点移动时所需要的电功。如果两点都处于同一相中，电势差由电荷移动所做的电功就可以确定。但如果两点处在不同相中，单位电荷从指定相的这一点转移到另一相的那一点时所做的功不仅有电功，而且还有化学功，因为带电物质在两个不同相中的化学势不同。因此，带电粒子在两相中转移时自由能变化应为

$$\Delta G^{\alpha \to \beta} = \mu_i^\beta - \mu_i^\alpha + n_i e_0 (\varphi^\beta - \varphi^\alpha) \tag{3.1.2}$$

式中：$\mu_i^\beta - \mu_i^\alpha$ 表示带电粒子 i 在两相中的化学势之差（化学功）；而 $n_i e_0 (\varphi^\beta - \varphi^\alpha)$ 表示带电粒子 i 在两相转移时所做的电功。当体系达到平衡时，$\Delta G = 0$，从式（3.1.2）可得

$$\mu_i^\beta + n_i e_0 \varphi^\beta = \mu_i^\alpha + n_i e_0 \varphi^\alpha \tag{3.1.3}$$

式（3.1.3）是对一个带电粒子而言，如果是 1mol 带 e_0 电荷的粒子或离子，则应乘上阿伏伽德罗常数 N_A，因 $N_A e_0 = F$，式（3.1.3）可写为

$$\mu_i^\beta + n_i F \varphi^\beta = \mu_i^\alpha + n_i F \varphi^\alpha \tag{3.1.4}$$

电化学中令 $\bar{\mu}_i = \mu_i + n_i F \varphi$，称为电化学势。从式（3.1.4）得出，带电粒子两相中的平衡条件是其电化学势相等，即

$$\bar{\mu}_i^\beta = \bar{\mu}_i^\alpha$$

带电粒子从 α 相转移至 β 相则有

$$\Delta \overline{\mu}_i^{\alpha \to \beta} = \overline{\mu}_i^\beta - \overline{\mu}_i^\alpha$$

3.1.2　相间电势差与电动势的组成

任何电池（或电化学体系）都是由两个电极与连通两个电极的电解质溶液所组成，电池的电动势是没有电流通过时电池中两个电极终端之间的电势差。也可以说，一切电化学体系的电动势是由许多相间电势差串联所组成。众所周知，任何两相之间的界面上都会出现电势差，因此，弄清电化学体系存在的相、界面和相间电势差对于了解电动势产生的原因具有十分重要的意义。

电化学体系一般包含：

（1）固体金属相——两个电极、导线和外电路。

（2）液相——与电极接触的电解质溶液，可以是两个液相（两种溶液互不相溶），也可以是一个液相（单溶液）。

（3）气相——与溶液和电极相接触的气相（性质上类似于真空相）。

一个终端是两片相同金属的开路电化学体系（图 3.1.1），其电动势应是由点 a 和 b，c 和 d，e 和 f，l 和 m，n 和 p，q 和 r 的电势差所组成。点 a 和 b，q 和 r 之间的电势差是金属 M_2 和气相（或真空）之间的表面电势差，分别为 $\Delta \Gamma_{V,M_2}$ 和 $\Delta \Gamma_{M_2,V}$。点 c 和 d 分别处在金属 M_2 和 M_1 之内，其电势差相当于内电势差 $\Delta \varphi_{M_1,M_2}$，这种金属与金属之间的内电势差也称为伽伐尼电势差。点 e 和 f，n 和 p 之间的电势差是金属与溶液（M_1-L_1）和溶液与金属（L_2-M_2）之间的内电势差，分别为 $\Delta \varphi_{M_1,L_1}$、$\Delta \varphi_{L_2,M_2}$，这种金属与溶液之间的内电势差习惯上称为能斯特电势差。点 l 和 m 之间的电势差是两个溶液（L_1-L_2）界面的内电势差 $\Delta \varphi_{L_1,L_2}$，这种溶液与溶液之间的内电势差习惯上也称为液体接界电势，如果两溶液可以互溶而只是电解质组成不同或浓度不同则可以称为扩散电势。点 a 和 r 之间的电势差是同一金属 M_2 的外电势差 $\Delta \varphi_{M_2,M_2} = 0$，这种外电势差也称为伏打电势差。

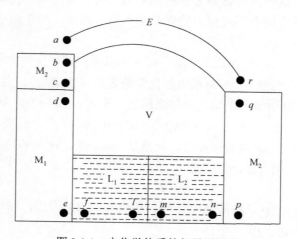

图 3.1.1　电化学体系的相界面组成

由上述讨论可知，一个电化学体系（或电池）的电动势是由以下相间电势差加和组成：

$$E = \Delta\Gamma_{V,M_2} + \Delta\varphi_{M_1,M_2} + \Delta\varphi_{M_1,L_1} + \Delta\varphi_{L_1,L_2} + \Delta\varphi_{L_2,M_2} + \Delta\Gamma_{M_2,V}$$

由于两个表面电势 $\Delta\Gamma_{V,M_2}$ 和 $\Delta\Gamma_{M_2,V}$ 是用同一物理状态的金属，其数值相同而符号相反可以抵消，因此，上式可简化为

$$E = \Delta\varphi_{M_1,M_2} + \Delta\varphi_{M_1,L_1} + \Delta\varphi_{L_1,L_2} + \Delta\varphi_{L_2,M_2} \tag{3.1.5}$$

由式（3.1.5）可知，一般电化学体系（或电池）的电动势是由四种相间电势差（内电势差）构成，即一种伽伐尼电势差、两种能斯特电势差和一种液体接界电势（或扩散电势）所构成。如果采用盐桥等办法设法消除液体接界电势，指定电化学体系的电动势最少应由三种相间电势差构成：

$$E = \Delta\varphi_{M_1,M_2} + \Delta\varphi_{M_1,L_1} + \Delta\varphi_{L_2,M_2} \tag{3.1.6}$$

前面已经指出，内电势包括外电势和表面电势，外电势和外电势差可以通过适当的实验方法测量，但表面电势和表面电势差目前还不能用实验方法测定，因此，内电势和内电势差的绝对数值目前仍不能得知。如果在电池两极的终端选用化学组成和物理状态相同的金属，其表面电势和表面电势差可以互相抵消，因而其内部电势差不包含表面电势差而等于外部电势差。这时，用电势差计测得的读数虽然是电化学体系两端外电势差，但也就是两端的内电势差，即电动势。如果电极的终端是两种不同的金属，由于引入表面电势差和其他接触电势差，测得的结果难以解释。要想得到准确可靠的电动势测量结果，其中重要的条件不仅是选择相同的终端电极材料，而且还必须仔细处理电极材料表面。

平衡电极电势应是指其"半电池"即电极与溶液之间的内电势差。由于表面电势和表面电势差尚难确定，因此，平衡电极电势的绝对值目前也就无从知道。然而，在电化学应用中使用的平衡电极电势实际上是相对值，也就是相对于标准氢电极组成的电池电动势，因此，平衡电极电势与上述讨论的电池电动势性质相同。

3.1.3　电极/溶液界面产生相间电势差的原因

金属放在真空中，电子可从金属表面逸出而进入真空；金属与水接触，中性偶极水分子在其界面上有净的定向排列；金属与金属或金属与电解质溶液接触，在界面上有电子的转移过程。在许多情况下，金属与另一相的接触界面两侧都将带电，界面两侧所带的电荷相反、电量相等而存在相间电势差。对于金属与电解质溶液界面上产生相间电势差，主要有以下三方面的原因。

1. 带电粒子在两相间转移或外电源向界面两侧充电

金属 Zn 浸入含有 Zn^{2+} 的溶液中，金属晶格中 Zn^{2+} 的电化学势高于溶液中 Zn^{2+} 的电化学势，Zn^{2+} 自发地由金属相转移至溶液相，结果使 Zn^{2+} 在金属相中的电化学势下降，在溶液中的电化学势升高，直到 Zn^{2+} 在两相中的电化学势相等时，Zn^{2+} 在两相中转移达到动态平衡。由于金属相中 Zn^{2+} 转移至溶液后而剩余电子带负电，溶液相过剩 Zn^{2+} 而带正电，因而形成金属表面带负电和溶液一侧带正电的离子双电层。同样，金属 Cu 浸在含有

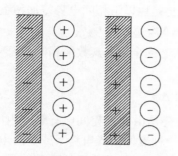

图 3.1.2　带电粒子转移形成的离子双电层

Cu^{2+}的溶液中，由于溶液中 Cu^{2+} 的电化学势高于金属晶格中 Cu^{2+} 的电化学势，Cu^{2+} 自发地由溶液相沉积到金属相，当 Cu^{2+} 在两相中的电化学势相等时，形成金属表面带正电和溶液一侧带负电的离子双电层。离子双电层结构如图 3.1.2 所示。

当纯 Hg 放在不含有任何氧化剂的 KCl 溶液中时，如果不与外电源相接，Hg 与溶液的界面上不会发生任何化学反应。Hg 在溶液中很稳定，不像 Zn 那样留下电子以 Zn^{2+} 的形式进入溶液。同样，溶液中的 K^+ 也很稳定，不像 Cu^{2+} 那样沉积在电极上。因此，在 Hg 和 KCl 溶液界面上，不可能自发地形成离子双电层。如果 Hg 与外电源的负极接通，溶液与正极接通，如图 3.1.3 所示，当外电源供给电子不引起任何电极反应时，电子不被消耗而只停留在 Hg 表面上使其带负电，Hg 表面上的负电荷同时吸引溶液中数量相同的正电荷（如 K^+），在界面上形成离子双电层。这种由外电源充电而强制形成的双电层与电容器的充电过程相类似。

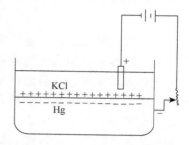

图 3.1.3　Hg 表面充电示意图

2. 界面上发生特性吸附

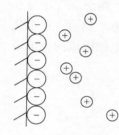

图 3.1.4　吸附双电层

当金属与溶液接触时，溶液中的某种带电组分（如离子）被金属表面吸附，在界面上形成一电荷层。该电荷层又吸引溶液中带相反电荷的粒子形成双电层。这一双电层仅在电极/溶液界面的溶液一侧而不在其界面两侧，称为吸附双电层，如图 3.1.4 所示。

3. 偶极分子在界面上的定向排列

溶剂水分子是极性分子，它除了与溶液中的正、负离子形成水合离子外，在电极表面上受金属过剩电荷的影响也能定向排列。这种在电极/溶液界面的溶液一侧出现由偶极分子定向排列形成的偶极层也具有一定的电势，称为偶极双电层，如图 3.1.5 所示。

金属与溶液界面之间的相间电势差主要是由上述三种双电层的电势差的全部或部分所组成。对电极反应速率影响最大的是离子双电层的电势差。吸附双电层和偶极双电层的电势差决定金属零电荷电势值（关于零电荷电势，请参见"3.8.2　零电荷电势"部分）。

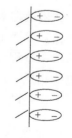

图 3.1.5　偶极双电层

3.1.4　液体接界电势

两个不同的电解质溶液相接触的界面上存在的电势差称为液体接界电势。两个组成或浓度不同的电解质溶液相接触时，带有相反电荷的正、负离子将以不同速度从高浓度向低浓度进行扩散，随之出现的电荷分离现象在溶液界面两侧形成一个微观电场。这一微观电场的作用（实际上也是离子互吸作用）使扩散迁移速度快的离子扩散迁移减慢，扩散迁移速度慢的离子扩散迁移加快，最后使正、负离子以相同的迁移速度进行扩散。当正、负离子以相同的速度迁移时，在溶液界面两侧形成稳定的微观电场，其电势差就是液体接界电势。这一电势差是由于离子从高浓度向低浓度进行扩散而产生的，因而又称为扩散电势。现以两个简单的例子说明液体接界电势产生的原因。例如，两个不同浓度的 HCl 溶液（$a_2 > a_1$）相接触，溶液界面两侧存在浓度梯度，溶质将由浓度高的一侧向浓度低的一侧扩散。当 H^+ 和 Cl^- 同时从高浓度向低浓度扩散时，H^+ 的扩散速度大于 Cl^- 的扩散速度，在一定的时间间隔内，通过界面的 H^+ 要多于 Cl^-。这一现象使得界面低浓度一侧（左边）出现 H^+ 过剩，界面高浓度一侧（右边）出现 Cl^- 过剩，从而破坏了两部分溶液的电中性，在界面上形成左正右负的双电层，如图 3.1.6 所示。界面上形成的双电层对 H^+ 的运动产生一定阻力，使其通过界面的迁移速度降低，相反，双电层的存在将加快 Cl^- 通过界面的迁移速度，最后 H^+ 与 Cl^- 以相同的速度通过界面而在界面形成稳定的双电层电势差——液体接界电势。

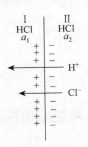

图 3.1.6　不同浓度的 HCl 两溶液界面形成的液体接界电势

又如，浓度相同的 $AgNO_3$ 与 HNO_3 溶液接触时，界面两侧的 NO_3^- 浓度相同而不发生扩散，H^+ 将向 $AgNO_3$ 溶液（左侧）中扩散，Ag^+ 则向 HNO_3 溶液（右侧）中扩散。由于 H^+ 的扩散速度比 Ag^+ 的扩散速度大得多，在一定的时间间隔内，界面左侧正离子数将增多，出现过剩正电荷，界面右侧则出现过剩负电荷，从而形成界面双电层。双电层的存在使 H^+ 运动速度降低，使 Ag^+ 的运动速度增大，达到稳定状态后，H^+ 与 Ag^+ 的运动速度相等。这时，两溶液界面上形成稳定的双电层电势差，就是液体接界电势，如图 3.1.7 所示。

如果两种溶液的组成和浓度均不相同，它们接触时也会与上述情况一样，由于各种正、负离子的扩散速度不同而在其界面上形成双电层电势差，即液体接界电势。以水为溶剂的各种电解质溶液相互接触时形成的液体接界电势都是由于离子扩散速度不同而引起的，这种液体接界电势均为扩散电势。

两溶液接触有一个接界面，其液体接界电势为 $\Delta\varphi_{I,II}$。在两溶液之间放置盐桥后，则有两个界面，其液体接界电势分别为 $\Delta\varphi_{I,III}$ 和 $\Delta\varphi_{III,II}$。一般盐桥采用电解质溶液的浓度很高，其正、负离子的迁移速度却十分接近，因而在两个界面上主要是发生盐桥中正、负离子向两溶液扩散，如图 3.1.8 所示。由于盐桥中电解质正、负离子迁移速度很接近，$\Delta\varphi_{I,III}$ 和 $\Delta\varphi_{III,II}$ 都很小而且大小接近、方向相反，总的液体接界电势 $E_j = \Delta\varphi_{I,III} + \Delta\varphi_{III,II} \rightarrow 0$。然而，盐桥两边溶液本身的组成不同或浓度不同，$\Delta\varphi_{I,III}$ 和 $\Delta\varphi_{III,II}$ 在数值上只是很接近但并不相等，E_j 就不等于零。因此，采用盐桥只能使液体接界电势降低至最小值，而不能全部消除。一般采用盐桥后的液体接界电势仍可达 $1 \sim 2mV$。

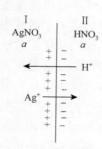 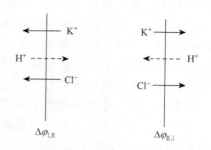

图 3.1.7　$AgNO_3$ 与 HNO_3 溶液界面形成的　　　　图 3.1.8　盐桥消除液体接界电势示意图
　　　　　　液体接界电势

3.2　可逆电池的概念

3.2.1　可逆电池应具备的条件

电池是将化学能转变为电能的电化学体系。这种电化学体系处于平衡态时则称为可逆电池。如果可逆电池的非膨胀功只有电功，其体系自由能减少等于体系在等温等压下所做最大电功，因此应有

$$\Delta G = -W = -nFE \tag{3.2.1}$$

式中：n 为电化学反应中的得失电子数；$F = 96485\text{C·mol}^{-1}$；$E$ 为可逆电池的电动势。在式（3.2.1）中，当自由能变化值 ΔG 的单位为焦耳（J）、F 的单位为 C·mol^{-1} 时，E 的单位为伏（V）。式（3.2.1）不仅表示了化学能与电能转变的定量关系，而且也是联系热力学和电化学的主要桥梁。由于只有在可逆过程中体系的自由能减少才等于体系所做的最大非膨胀功，因而式（3.2.1）只能适用于可逆电池。也就是说，电池中所进行的过程必须以热力学上的可逆方式进行时才能用式（3.2.1）处理。根据热力学的可逆条件，一个可逆电池必须满足下面两个条件：

（1）电极反应可正、反两个方向进行（反应可逆）。

（2）电池充、放电的工作电流无限小（能量转换可逆）。

例如，以 $Zn(s)$ 和 $Ag(s) + AgCl(s)$ 为电极插入 $ZnCl_2$ 溶液中组成电池，电池放电时电极反应和总反应为

Zn 电极：　　　　　　　　$Zn(s) \longrightarrow Zn^{2+} + 2e^-$

Ag + AgCl 电极：　　　　$2AgCl(s) + 2e^- \longrightarrow 2Ag(s) + 2Cl^-$

总反应：　　　　　　　　$Zn(s) + 2AgCl(s) \longrightarrow Zn^{2+} + 2Ag(s) + 2Cl^-$

电池充电时电极反应和总反应为

Zn 电极：　　　　　　　　$Zn^{2+} + 2e^- \longrightarrow Zn(s)$

Ag + AgCl 电极：　　　　$2Ag(s) + 2Cl^- \longrightarrow 2AgCl(s) + 2e^-$

总反应：　　　　　　　　$Zn^{2+} + 2Ag(s) + 2Cl^- \longrightarrow Zn(s) + 2AgCl(s)$

上述电池充、放电时电极反应和总反应互为可逆。如果充、放电电流无限小则是可逆电

池，但该电池充电时施加大的外电压或放电时电流很大，则仍然不是可逆电池。

有一些电池充、放电的反应不同（即反应不能逆转），就不可能是可逆电池，而只能是不可逆电池。例如，以 $Zn(s)$ 和 $Ag(s)$ 为电极插入 HCl 溶液中组成的电池，电池放电时电极反应和总反应为

$\quad$ Zn 电极：$\qquad\qquad\qquad$ $Zn(s) \longrightarrow Zn^{2+} + 2e^-$

$\quad$ Ag 电极：$\qquad\qquad\qquad$ $2H^+ + 2e^- \longrightarrow H_2(g)$

$\quad$ 总反应：$\qquad\qquad\qquad$ $Zn(s) + 2H^+ \longrightarrow Zn^{2+} + H_2(g)$

电池充电时电极反应和总反应为

$\quad$ Zn 电极：$\qquad\qquad\qquad$ $2H^+ + 2e^- \longrightarrow H_2(g)$

$\quad$ Ag 电极：$\qquad\qquad\qquad$ $2Ag(s) + 2Cl^- \longrightarrow 2AgCl(s) + 2e^-$

$\quad$ 总反应：$\qquad\qquad\qquad$ $2Ag(s) + 2H^+ + 2Cl^- \longrightarrow H_2(g) + 2AgCl(s)$

由于电极反应和总反应不同，该电池只能是不可逆电池。不可逆电池得不到最大电功，因而所测得的电动势无热力学意义。化学电源中许多实用的一次电池都是不可逆电池。

3.2.2　可逆电池电动势的符号与电池的书写规则

可逆电池电动势不能直接用伏特计来度量，而只能采用对消法在没有电流通过时测得。目前测量可逆电池电动势主要是采用电势差计，从电势差计读得的电动势本来无所谓正负，但与电动势 E 相联系的 ΔG 是一个与正负号有关的变量，因而电动势 E 也对应有一套符号系统。根据式（3.2.1）采用的惯例是：如果电池反应自发进行，其电动势 E 为正值；反之，电动势 E 为负值。例如，对于电池反应：

$$H_2(g) + 2AgCl(s) \longrightarrow 2Ag(s) + 2H^+(a=1) + 2Cl^-(a=1)$$

设计成电池时：

$\quad$ 负极（氢电极）：$\qquad\qquad$ $H_2(g) \longrightarrow 2H^+(a=1) + 2e^-$

$\quad$ 正极（Ag-AgCl 电极）：$\quad$ $2AgCl(s) + 2e^- \longrightarrow 2Ag(s) + 2Cl^-(a=1)$

298K 时测得电池反应自发进行时的电动势为 0.224V。根据上述规则其电动势 $E = +0.224V$。

电池由两个电极和电解质溶液组成。关于电池和电极符号的表示方法，1953 年国际上根据电动势 E 的符号惯例曾有统一规定：发生氧化作用的负极写在左边，发生还原作用的正极写在右边，中间为电解质溶液，其详细说明可参考物理化学教材。

按照电池表达的相关规定，我们可很方便地根据反应设计电池，同时也很容易根据书写的电池表示式写出其电池反应。即：左边电极发生氧化反应，右边电极发生还原反应，总反应是氧化与还原反应之和（假定两溶液接界面无影响）。若电动势 E 为正值，则电池反应是自发的；反之，是非自发的。对于电池反应：

$$1/2H_2(g) + AgCl(s) \longrightarrow Ag(s) + H^+(a=1) + Cl^-(a=1)$$

设计成电池时：

$\quad$ 左边负极（发生氧化反应）：$\qquad$ $1/2H_2(g) \longrightarrow H^+(a=1) + e^-$

$\quad$ 右边正极（发生还原反应）：$\qquad$ $AgCl(s) + e^- \longrightarrow Ag(s) + Cl^-(a=1)$

其电池形式按规定可书写为

$$H_2(1atm^{①})|HCl(a=1)|AgCl(s)+Ag(s)$$

其电池电动势 $E = +0.224V$。

3.3 可逆电池热力学

3.3.1 电池电动势和热力学平衡常数之间的关联

可逆电池电动势与反应平衡常数之间的关系可表示为

$$\Delta_r G_m^{\ominus} = -2.303RT \lg K^{\ominus} \tag{3.3.1}$$

将 $\Delta_r G_m^{\ominus} = -nFE^{\ominus}$ 与上面的方程合并，可得

$$E^{\ominus} = \frac{2.303RT \lg K^{\ominus}}{nF} \tag{3.3.2}$$

值得指出的是，可逆电池电动势与参加反应各物质活度（或浓度）有直接关系，其定量关联可用能斯特方程计算（详细计算可参考物理化学教材）。

3.3.2 电动势和温度系数与其反应的 ΔH 和 ΔS 之间的关联

根据热力学的吉布斯-亥姆霍兹公式：

$$-\Delta G + \Delta H = T\left[\frac{d(-\Delta G)}{dT}\right]_p$$

对于任何可逆电池反应，将式（3.2.1）代入吉布斯-亥姆霍兹公式，则有

$$\Delta H = -nFE + nFT\left(\frac{dE}{dT}\right)_p \tag{3.3.3}$$

式（3.3.3）表明，测得可逆电池的电动势 E 和温度系数 $\left(\frac{dE}{dT}\right)_p$，就可确定恒压反应的热效应 ΔH。由于可逆电池电动势能够精确测量，由式（3.3.3）确定的 ΔH 比其他热化学方法更可靠。

从热力学第二定律可知 $\Delta H = \Delta G + T\Delta S$，与式（3.3.3）比较可得

$$\Delta S = nF\left(\frac{dE}{dT}\right)_p \tag{3.3.4}$$

式（3.3.4）表明，测得电池的温度系数 $\left(\frac{dE}{dT}\right)_p$ 就可求得电池总反应的 ΔS。为此，电池总反应对应的可逆热效应 Q_r 为

$$Q_r = T\Delta S = nFT\left(\frac{dE}{dT}\right)_p \tag{3.3.5}$$

① $1atm = 1.01325 \times 10^5 Pa$。

$\left(\dfrac{dE}{dT}\right)_p$ 的数值是正是负，可以确定可逆电池在工作时是放热还是吸热。又因为 $\Delta H = Q_p$，根据热力学第二定律表示式、式（3.3.1）和式（3.3.5），应有

$$Q_r = Q_p + nFE \tag{3.3.6}$$

例题 3.3.1　将反应 $Zn(s) + 2AgCl(s) \longrightarrow ZnCl_2(0.555\,mol \cdot L^{-1}) + 2Ag(s)$ 设计为电池，实验测得 273K 时 $E = 1.015V$，$\left(\dfrac{dE}{dT}\right)_p = -4.02 \times 10^{-4} V \cdot K^{-1}$，求电池反应的 ΔG、ΔH 和 ΔS。

解

$$\Delta G = -nFE = -2 \times 96485 \times 1.015 = -195864.6(J)$$

$$\Delta H = -nFE + nFT\left(\frac{dE}{dT}\right)_p$$

$$= 2 \times 96485 \times [-1.015 + 273 \times (-4.02 \times 10^{-4})]$$

$$= -217042.2(J)$$

$$\Delta S = nF\left(\frac{dE}{dT}\right)_p = 2 \times 96485 \times (-4.02 \times 10^{-4})$$

$$= -77.57(J \cdot K^{-1})$$

3.4　平衡电极电势与可逆电极

3.4.1　标准电极与标准电极电势

将金属锌插入硫酸锌溶液中、金属铜插入硫酸铜溶液，再用一个半透性的隔膜（如烧结玻璃或盐桥）将两者隔开，这就构成铜-锌电池，又称为丹尼尔电池，如图 3.4.1 所示。丹尼尔电池也可看成是金属锌插入硫酸锌溶液构成的"半电池"与金属铜插入硫酸铜溶液构成的"半电池"组合而成。实际上电池都是由两个"半电池"所组成。不同的"半电池"可以组成不同的电池。然而到目前为止，我们仍不能用实验方法单独测定这些"半电池"两端的电势差，而只能测得两个"半电池"组成的电池的总电动势。

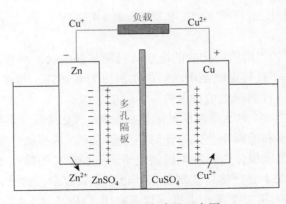

图 3.4.1　丹尼尔电池示意图

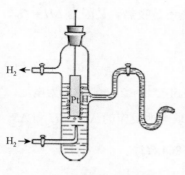

图 3.4.2　氢电极构造图

在电化学中，这些"半电池"有时也简称为"电极"，"半电池"的电势差也称为电极电势。显然，只要选定一个"电极"（或"半电池"）作为标准，测得其他电极与这一标准电极组成可逆电池的电动势（即相对电极电势），同样可以确定任意两个电极所组成电池的电动势。目前国际上采用的标准电极是氢电极，其结构是将镀铂黑的铂片（用电镀法在铂片表面镀一层铂黑）插入含有氢离子的溶液中，并不断用氢气冲打到铂片上，如图 3.4.2 所示。在氢电极上所进行的反应为

$$2H^+(aq) + 2e^- \rightleftharpoons H_2(g)$$

在一定温度下，如果构成氢电极的溶液中氢离子的活度等于 1.0，在气相中氢气的分压为 1atm，这样的氢电极就作为标准氢电极。标准氢电极的电极电势规定为零。

对于任意给定的电极，使其与标准氢电极组合为可逆电池（具有两种溶液接界时应采用盐桥消除液体接界面的影响），可逆电池形式可简写为

标准氢电极‖给定电极

测得此可逆电池的电动势就是该给定电极的平衡电极电势，用符号 φ_r 表示。任一给定电极与标准氢电极组合成可逆电池时，该电极上进行的反应是还原反应，平衡电极电势 φ_r 为正值；该电极上进行的反应是氧化反应，平衡电极电势 φ_r 为负值。例如，金属铜浸入含有二价铜离子溶液所构成的电极（可简称铜电极）与标准电极组成的可逆电池为

$$\text{Pt, } H_2(1atm)|H^+(a_{H^+} = 1) \parallel Cu^{2+}(a_{Cu^{2+}})|Cu(s)$$

负极：　　　　　　　　　　　$H_2 \longrightarrow 2H^+ + 2e^-$

正极：　　　　　　　　　　　$Cu^{2+} + 2e^- \longrightarrow Cu$

总反应：　　　　　　　　　　$H_2 + Cu^{2+} \longrightarrow Cu + 2H^+$

根据规定，上述电池为可逆电池时测得的电动势 E 为铜电极的平衡电极电势 φ_r；$E^\ominus$ 为铜电极插入 $a_{Cu^{2+}} = 1$ 的溶液中的平衡电极电势，称为铜的标准电极电势，以符号 $\varphi^\ominus$ 表示。因此：

$$\varphi_r = \varphi^\ominus + \frac{RT}{2F} \ln a_{Cu^{2+}} \tag{3.4.1}$$

实验测得 $a_{Cu^{2+}} = 1$ 时上述可逆电池电动势 $E = 0.337V$，因而铜的标准电极电势 $\varphi^\ominus = 0.337V$。

金属锌浸入含有 Zn^{2+} 溶液所构成的电极（可简称锌电极）与标准氢电极组成的可逆电池，当溶液中 $a_{Zn^{2+}} = 1$ 时可逆电池电动势的实测值为 0.763V。然而，锌电极上实际进行的是氧化反应，因此，锌的标准电极电势 $\varphi^\ominus = -0.763V$。

不同电极体系在 298K 时水溶液的标准电极电势 $\varphi^\ominus$ 及其温度系数 $(d\varphi^\ominus/dT)_p$ 可参考专业手册，利用相关数据和能斯特公式可计算在任意浓度下的平衡电极电势。

在正常情况下以氢电极作为标准电极测定平衡电极电势的精确度可达 0.00001V，但氢电极的使用条件要求十分严格，其制备和纯化也比较复杂。为此，电化学实际测定常常采用第二级标准电极/第二类参比电极。甘汞电极（$Hg|Hg_2Cl_2|Cl^-$）是最常用的一种第

二级标准电极，与标准氢电极组成的可逆电池可精确测定其平衡电极电势。甘汞电极不仅在一定温度下具有稳定的平衡电极电势，而且容易制备、使用方便。甘汞电极的构造是：在器皿底部放入少量汞，再加入少量由甘汞、汞及氯化钾溶液制成的糊状物，最后用饱和了甘汞的氯化钾溶液将器皿装满，如果所用氯化钾溶液浓度不同，甘汞电极的平衡电极电势也不同。除了甘汞电极，银-氯化银电极（Ag|AgCl|Cl$^-$）及氧化汞电极（Hg|HgO|OH$^-$）都可以作为第二类参比电极。常用的参比电极的电极电势如表 3.4.1 所示。另外，参比电极的电极电势随温度变化不是很明显。

表 3.4.1　25℃下第二类参比电极相对于标准氢电极的电极电势

半电池	环境	电极过程	电势/V
Hg|Hg$_2$Cl$_2$|Cl$^-$	$a_{Cl^-}=1$	Hg$_2$Cl$_2$ + 2e$^-$ ⟶ 2Hg + 2Cl$^-$	0.2682
	饱和 KCl		0.2415
	KCl（1.0mol·L^{-1}）		0.2807
	KCl（0.1mol·L^{-1}）		0.3370
Ag|AgCl|Cl$^-$	$a_{Cl^-}=1$	AgCl + e$^-$ ⟶ Ag + Cl$^-$	0.2240
	饱和 KCl		0.1976
	KCl（1mol·L^{-1}）		0.2368
	KCl（0.1mol·L^{-1}）		0.2894
Hg|HgO|OH$^-$	$a_{OH^-}=1$	HgO + H$_2$O + 2e$^-$ ⟶ 2Hg + 2OH$^-$	0.0970
	NaOH（1mol·L^{-1}）		0.1400
	NaOH（0.1mol·L^{-1}）		0.1650
Hg|Hg$_2$SO$_4$|SO$_4^{2-}$	$a_{SO_4^{2-}}=1$	Hg$_2$SO$_4$ + 2e$^-$ ⟶ 2Hg + SO$_4^{2-}$	0.6158
	H$_2$SO$_4$		0.6820
	饱和 K$_2$SO$_4$		0.6500
Pb|PbSO$_4$|SO$_4^{2-}$	$a_{SO_4^{2-}}=1$	PbSO$_4$ + 2e$^-$ ⟶ Pb + SO$_4^{2-}$	−0.2760

3.4.2　可逆电极的几种类型

上面讨论的平衡电极电势和标准电极电势都是相对于可逆电池而言，而构成可逆电池的电极本身也必须是可逆的。根据电极反应的性质，可逆电极可以分为以下三种类型。

1. 第一类可逆电极

这类电极包括由金属浸在含有该金属离子的溶液中所构成的金属电极，以及氢电极、氧电极、卤素电极、汞齐电极等。由于气态物质是非导体，气体电极必须借助铂或其他惰性物质起导电作用才能使氢、氧或卤素与其离子呈平衡状态。第一类可逆电极中的金属电极的表示式和电极反应分别为

$$M^{n+}|M$$
$$M^{n+} + ne^- \Longrightarrow M$$

非金属电极的表示式和电极反应分别为

$$A^{n-}|A,\ Pt$$

$$A + ne^- \rightleftharpoons A^{n-}$$

汞齐电极的表示式和电极反应分别为

$$M^{n+}|M, Hg$$

$$M^{n+} + ne^- \rightleftharpoons M(Hg)$$

第一类可逆电极的平衡电极电势可直接用能斯特公式表示。

2. 第二类可逆电极

这类电极是以一种金属及该金属的难溶盐浸入含有该难溶盐负离子的溶液中所构成。这类可逆电极较易制备，一些不能形成第一类可逆电极的负离子（如 SO_4^{2-}、$C_2O_4^{2-}$ 等）的金属盐与其金属常制备成这种电极。最常见的甘汞电极、银-氯化银电极都属于这类可逆电极。第二类可逆电极的表示式和对应的电极反应分别为

$$A^{n-}|MA, M$$

$$MA + ne^- \rightleftharpoons M + A^{n-}$$

而平衡电极电势的表示式为

$$\varphi_r = \varphi^\ominus + \frac{RT}{nF} \ln a_{A^{n-}} \tag{3.4.2}$$

第二类可逆电极的平衡电极电势与溶液中金属难溶盐的阴离子活度有关。

3. 第三类可逆电极

这类电极是氧化-还原电极，在这类可逆电极中电极材料只用作导体，电极反应是溶液中某些还原态物质被氧化，或氧化态物质被还原。第三类可逆电极的表示式和对应的电极反应分别为

$$M^{n+}, M^{h+}|M$$

$$M^{n+} + (n{-}h)e^- \rightleftharpoons M^{h+}$$

平衡电极电势表示式为

$$\varphi_r = \varphi^\ominus + \frac{RT}{(n-h)F} \ln \frac{a_{M^{n+}}}{a_{M^{h+}}} \tag{3.4.3}$$

例如，以 Pt 或 Au 为电极插入含有 Sn^{4+} 和 Sn^{2+} 的溶液或 $Fe(CN)_6^{3-}$ 和 $Fe(CN)_6^{4-}$ 的溶液，所构成的电极都属于此类电极，其表示式分别为

$$Sn^{4+}, Sn^{2+}|Pt$$

$$Fe(CN)_6^{3-}, Fe(CN)_6^{4-}|Pt$$

对应的电极反应分别为

$$Sn^{4+} + 2e^- \rightleftharpoons Sn^{2+}$$

$$Fe(CN)_6^{3-} + e^- \rightleftharpoons Fe(CN)_6^{4-}$$

3.4.3　非水溶剂中的电化学序列

用与水溶液体系类似的方法，半电池也可在非水溶剂体系中建立，通过进行相互比

较而在各溶剂体系建立自身的电化学序列。当然，人们也会问，这样一个电化学序列中的电势是否可以与在水溶液体系获得的电势进行比较？由于存在扩散电势的问题，不能直接测量半电池在两种不同溶剂中的电势差。但是如果知道某种电活性物种在非水溶剂和水溶液间迁移的自由能变化，则能够将两种不同溶剂体系中的电化学序列关联起来，并且可将在非水溶剂中的半电池电势换算成相应于水溶液中的标准氢电极电势（$\varphi^{\ominus}_{H_2,H^+}$）。此外，其他所有在水和非水溶剂间发生迁移的电活性物种的自由能变化也可通过比较同一电极在水和相应的非水溶剂中的半电池电势而获得。

不幸的是，不可能计算出半电池中迁移单一电活性物种的自由能，为此必须知道单个离子的溶剂化能，然而从热力学数据却只能知道阴离子和阳离子的溶剂化能之和。

Pleskov 首先提出了一种克服这种困难的方法。作为第一级近似，假设铷离子（Rb^+）在各种溶剂中的溶剂化能相同。因为 Rb^+ 半径很大，可认为它在任何溶剂中溶剂化程度都很低。这样假设 Rb^+ 从水溶液向其他任何溶剂迁移的自由能 $\Delta_r G(Rb/Rb^+)$ 为零，即 $\varphi^{\ominus}_{Rb|Rb^+}(s)=\varphi^{\ominus}_{Rb|Rb^+}(H_2O)$ 也不会产生什么误差。

假设在所有溶剂中 $\varphi^{\ominus}_{Rb|Rb^+}=-2.92\ V$ 的前提下，图 3.4.3 比较了几种不同溶剂中的电化学序列。显然，图 3.4.3 正确地重现了从一种溶剂切换到另一种溶剂所引起的标准电极电势变化的大致趋势。

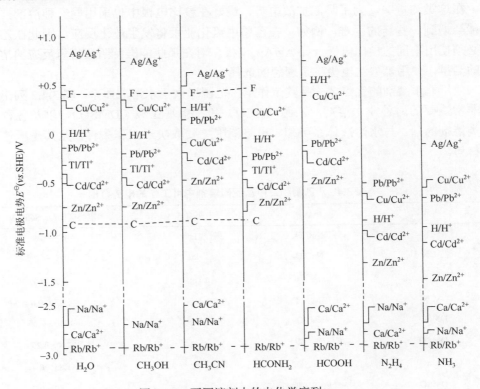

图 3.4.3　不同溶剂中的电化学序列

假设在所有溶剂中相对于参比电极 $\varphi^{\ominus}_{Rb|Rb^+}=-2.92V$，在其中某些溶剂中也给出了二茂铁/二茂铁离子（F）或二茂钴/二茂钴离子（C）体系的电对，其势也可近似为恒定

使用铷电极（以铷汞齐与 Rb^+ 接触的形式）实验方法的一个缺点是在非水溶剂中汞表面氢析出，以及金属氧化的过电势往往比水溶液中的低，因此易发生腐蚀作用并干扰电势的测量。

Strehlow 提出了另一种关联在不同溶剂间电势的方法，对于体积相对较大且近似球形并具有中性分子/阳离子（A/A^+）形式的氧化还原体系，如二茂铁/二茂铁离子体系 $[(C_5H_5)Fe/(C_5H)Fe^+]$，或者类似的钴化合物 $(C_5H_5)Co/(C_5H_5)Co^+$，假定其阳离子和中性分子从一种溶剂到另一种溶剂迁移的自由能变化是相等的。在这种情形下（如上述的例子），可以比较所有溶剂中的标准电极电势。从图 3.4.3 可以看出，这一假设与铷电极在各种溶剂中的电势恒定吻合。图 3.4.3 的虚线给出二茂铁和二茂钴氧化还原对在不同溶剂中的电极电势的连线都近似地与铷电极体系的电势连线平行。

3.4.4 非水溶剂的参比电极及工作的电势范围

即使是在非水溶剂中，最常用的参比电极还是通过盐桥与非水体系相连的水溶液饱和甘汞电极。如果不允许有任何水分与溶剂接触，那么所用的连接盐桥必须包含合适的非水电解质溶液。

在这类测量中，为了降低扩散电势，最好在参比电极中也采用同一种溶剂。然而，可能会遇到一些新的困难，例如，在乙腈中氯化亚汞将发生歧化反应，因此在乙腈溶液中必须使用不同的参比电极，如 Ag/Ag^+ 电极。对在那些能维持阴极析氢反应的溶剂体系中的测量，使用氢参比电极将是理想的选择。

使用非水溶剂的优点之一是其工作电压范围远大于水溶液体系。表 3.4.2 列出了实践中非常重要的两种非水溶剂，乙腈（ACN）和二甲基亚砜（DMSO），以及各种能溶于这类溶剂的盐。与水溶液体系类似，电势范围主要取决于工作条件，尤其是所使用的电极材料。

表 3.4.2 乙腈和二甲基亚砜溶剂中可工作的电势范围

溶剂	电解质	电极材料	电势区间(vs. SCE)/V
ACN	$NaClO_4$	Hg	$-1.7\sim0.6$
ACN	$NaClO_4$	Pt	$-1.5\sim0.8$
ACN	$Et_4N^+ClO_4^-$	Hg	$-2.8\sim0.6$
ACN	$Bu_4N^+I^-$	Hg	$-2.8\sim-0.6$
DMSO	$NaClO_4$	Hg	$-1.9\sim-0.25$
DMSO	$Et_4N^+ClO_4^-$	Hg	$-2.8\sim0.25$
DMSO	$NaClO_4$	Pt	$-1.85\sim0.7$
DMSO	$Et_4N^+ClO_4^-$	Pt	$-1.85\sim0.7$
DMSO	$Bu_4N^+ClO_4^-$	Hg	$-3.0\sim0.7$
DMSO	$Bu_4N^+I^-$	Hg	$-2.85\sim-0.41$

3.5　可逆电池的分类

可逆电池按其电动势产生的原因可分为物理电池、浓差电池和化学电池，而按其构造可分为单液电池和双液电池。下面以实例分别说明。

3.5.1　物理电池

物理电池是由具有相同电极反应的两个化学性质相同而物理性质不同的电极所组成，其电池电动势是由于两电极材料物理性质不同而标准电极电势不同所产生。电池电动势表示为

$$E^{\ominus} = \varphi_{A}^{\ominus} - \varphi_{A*}^{\ominus} \tag{3.5.1}$$

在给定条件下的物理电池中，通常有一个电极材料的状态是稳定的，而另一个电极材料则处于较不稳定的状态。电能的来源就是电极材料从较不稳定状态转变成稳定状态时自由能的变化。物理电池又可分为重力电池和同素异性电池两种。有关物理电池电动势的详细计算可参考相关资料。

3.5.2　浓差电池

由物理性质、化学组成（定性）和电极反应性质完全相同的两个电极组成，内部变化仅是由高浓度变成低浓度且伴随着过程吉布斯自由能变化转变成电能的一类电池称为浓差电池。在这种情况下，由于标准电极电势相同，电池的电动势可表示为

$$E = \frac{RT}{nF} \ln \frac{a_{k2} a_{n2}}{a_{k1} a_{n1}} \tag{3.5.2}$$

式中：k 和 n 为在每一电极上具有不同活度的电极反应参加物。换句话说，两电极差别只是电极反应参加物的活度（或浓度）不同，而其电动势可由式（3.5.2）确定的电化学体系称为浓差电池。这类电池的电能来源是物质从较高活度到较低活度的转移能。

浓差电池又可分为第一类浓差电池和第二类浓差电池。第一类浓差电池是由化学性质相同而活度不同的两个电极材料浸在同一电解质溶液中所组成。第二类浓差电池是由两个相同电极材料浸到活度不同的相同电解质溶液中所组成。

1. 第一类浓差电池

汞齐电池是第一类浓差电池的典型例子，其中两个电极的差别仅仅在于溶解在汞齐中的金属活度不同，其表示式为

$$\text{Hg, M}(a_1)|\text{MA}|\text{M}(a_2), \text{Hg}$$

如果 $a_1 > a_2$，则左边电极上的金属溶解，以相应的离子进入溶液：

$$\text{M}(a_1) \longrightarrow \text{M}^{n+} + ne^-$$

在右边电极上进行同样的反应，但方向相反：

$$M^{n+} + ne^- \longrightarrow M(a_2)$$

电池的全部过程就在于金属从浓汞齐转移到稀汞齐:

$$M(a_1) \longrightarrow M(a_2)$$

其电动势表示为

$$E = \frac{RT}{nF} \ln \frac{a_1}{a_2} \tag{3.5.3}$$

在汞齐电池中,只要用作电极的两汞齐存在浓度(或活度)差,这个过程就会继续进行。

第一类浓差电池也可以是不同压力下的两个相同气体电极组成的简单气体电池体系。这种体系的电动势由两电极气体的压力比求得

$$E = \frac{RT}{nF} \ln \frac{p'}{p''} \tag{3.5.4}$$

例如,气体氢电池:

$$\text{Pt, H}_2(p') | \text{HCl}(a) | \text{H}_2(p''), \text{Pt}$$

左边电极氢气失去电子转化为氢离子进入溶液,右边电极为溶液中氢离子得到电子形成氢气转移至气相中。一般气体电池在 25℃ 时压力比 $p'/p'' = 10$,其电动势约为 $0.0592/n$ V。n 为得失电子数(对于氢电极,$n = 2$)。

2. 第二类浓差电池

在这类电池中,产生电动势的过程是电解质从浓溶液向稀溶液转移的过程,因而这类电池又称为有迁移的浓差电池。由于两种溶液之间有界面,离子被输送时越过界面产生电势差,因此也称为有液体接界的浓差电池。另外,根据电极对什么离子可逆,这类浓差电池又可分为阳离子浓差电池和阴离子浓差电池。其中,阳离子浓差电池如:

$$\text{Hg, K} | \text{KCl}(a_{\text{I}}) | \text{KCl}(a_{\text{II}}) | \text{K, Hg}$$

阴离子浓差电池如:

$$\text{Ag, AgCl} | \text{HCl}(a_{\text{I}}) | \text{HCl}(a_{\text{II}}) | \text{AgCl, Ag}$$

以上述阴离子浓差电池为例,讨论其电动势的产生。如果 $a_{\text{I}} > a_{\text{II}}$,则左边电极的反应是

$$\text{Ag} + \text{Cl}_{\text{I}}^- \longrightarrow \text{AgCl} + e^-$$

设 H^+ 和 Cl^- 的迁移数分别为 t_+ 和 t_-。当电极反应生成 1mol 氯化银时,左边电极的溶液消耗掉 1mol Cl^-,同时应有 t_-mol Cl^- 从右边电极的溶液迁入而部分地补偿了消耗的 Cl^-。当 1F 电量通过电池时,左边电极的溶液中 Cl^- 的净损失量为

$$-(1 - t_-)\text{Cl}_{\text{I}}^- = -t_+\text{Cl}_{\text{I}}^-$$

即电极附近区域将失去 t_+mol H^+(从左边电极的溶液迁入右边电极的溶液),因此 HCl 的量将减少 t_+mol。同样的过程也在右边电极上发生但方向相反,即

$$\text{AgCl} + e^- \longrightarrow \text{Ag} + \text{Cl}_{\text{II}}^-$$

当电极反应消耗掉 1mol 氯化银时,右边电极的溶液生成 1mol Cl^-,同时有 t_-mol Cl^- 通过电迁移进入左边电极的溶液和 t_+mol H^+ 迁入。因此,HCl 的量将增加 t_+mol。

所有电极过程的总结果是有 t_+mol 的 HCl 从左边电极的溶液迁入右边电极的溶液。其电化学反应的一般方程式为

$$t_+\mathrm{H_I^+} + t_+\mathrm{Cl_I^-} \longrightarrow t_+\mathrm{H_{II}^+} + t_+\mathrm{Cl_{II}^-}$$

根据式（3.5.2）得到电池的电动势为

$$E = \frac{t_+ RT}{F}\ln\frac{a_{\mathrm{H_I^+}}a_{\mathrm{Cl_I^-}}}{a_{\mathrm{H_{II}^+}}a_{\mathrm{Cl_{II}^-}}} \tag{3.5.5}$$

应用联系电解质离子平均活度与单个离子活度的关系式（2.2.3）代入式（3.5.5）则有

$$E = \frac{2t_+ RT}{F}\ln\frac{a_{\pm,\mathrm{HCl_I}}}{a_{\pm,\mathrm{HCl_{II}}}} \tag{3.5.6}$$

同理，对于上述阳离子浓差电池推导出其电动势的方程式为

$$E = \frac{2t_- RT}{F}\ln\frac{a_{\pm,\mathrm{HCl_I}}}{a_{\pm,\mathrm{HCl_{II}}}} \tag{3.5.7}$$

由式（3.5.6）和式（3.5.7）可知，测量不同浓度时具有液体接界的浓差电池的电动势，可以求得离子的迁移数。

3.5.3　化学电池

由物理性质和化学性质都可能不同的两个电极组成的一些电池称为化学电池。化学电池的电动势可直接用能斯特公式表示，其电能来源于电池中进行的电化学反应。化学电池通常又分成简单化学电池、复杂化学电池和双重化学电池三类。在简单化学电池中，一个电极对电解质阳离子可逆，另一个电极对电解质阴离子可逆。复杂化学电池则不遵守这个条件。

1. 简单化学电池

氢氧电池属于简单化学电池，其电池形式为

$$\mathrm{M, H_2}(p_1)|\mathrm{H_2O}|\mathrm{O_2}(p_2), \mathrm{M}$$

负极反应：　　　　　　　　　$\mathrm{H_2 \longrightarrow 2H^+ + 2e^-}$

正极反应：　　　　　$1/2\mathrm{O_2} + \mathrm{H_2O} + 2e^- \longrightarrow 2\mathrm{OH^-}$

总反应：　　　　　$\mathrm{H_2} + 1/2\mathrm{O_2} + \mathrm{H_2O} \longrightarrow 2\mathrm{H^+} + 2\mathrm{OH^-}$

氢氧电池的电能来源于氢和氧反应生成水的化学能，其电动势表示式为

$$E = E^\ominus + \frac{RT}{2F}\ln\left(p_{\mathrm{H_2}} p_{\mathrm{O_2}}^{1/2}\right) \tag{3.5.8}$$

25℃时，水的电离常数 $K_\mathrm{w} = 10^{-14}$，则有

$$\begin{aligned} E^\ominus &= \varphi_{\mathrm{OH^-/O_2}}^\ominus - \varphi_{\mathrm{H^+/H_2}}^\ominus - (RT/F)\ln K_\mathrm{w}\\ &= 0.41 - 0 - 0.0592\lg 10^{-14}\\ &= 1.24(\mathrm{V}) \end{aligned}$$

氢氧电池的电动势与溶液 pH 无关，而在纯水中与在碱性或酸性溶液中应该是相同的。然而，由于纯水的电导很低，实际电池中常常使用碱性溶液（如 KOH）或酸性溶液（如 $\mathrm{H_3PO_4}$）。为此，实际氢氧电池比较正确的写法应该是

$$\mathrm{M_1, H_2}(p_1)|\mathrm{KOH}|\mathrm{O_2}(p_2), \mathrm{M_2} \text{ 或 } \mathrm{M_1, H_2}(p_1)|\mathrm{H_3PO_4}|\mathrm{O_2}(p_2), \mathrm{M_2}$$

值得指出的是，化学电源中许多二次电池都属于简单化学电池，如铅酸蓄电池等。

2. 复杂化学电池

这类电池中两个电极的电解质溶液不同，两溶液接触时产生液体接界电势差，通常可采用盐桥使液体接界电势差降低到可以忽略不计的程度才能用能斯特公式表示，如丹尼尔电池（铜-锌原电池）：

$$(-)Zn|ZnSO_4 \parallel CuSO_4|Cu(+)$$

电池总反应：

$$Zn + Cu^{2+} \longrightarrow Zn^{2+} + Cu$$

电池电动势为

$$E = E^{\ominus} + \frac{RT}{2F} \ln \frac{a_{Cu^{2+}}}{a_{Zn^{2+}}} \tag{3.5.9}$$

3. 双重化学电池

两个电解质溶液活度不同的简单化学电池的公共电极端用电子导体连接成为一个电池称为双重化学电池。例如，两个由 Ag|AgCl 电极和氢电极组成的简单化学电池可以连接成具有公共氢电极的双重化学电池：

$$Ag, AgCl|HCl(\,a_{\mathrm{I}})|H_2, Pt, H_2|HCl(\,a_{\mathrm{II}})|Ag, AgCl$$

$$\mathrm{I} \qquad\qquad\qquad \mathrm{II}$$

左方电池（Ⅰ）反应：$H_{\mathrm{I}}^+ + Cl_{\mathrm{I}}^- + Ag \longrightarrow AgCl + 1/2H_2$

右方电池（Ⅱ）反应：$AgCl + 1/2H_2 \longrightarrow H_{\mathrm{II}}^+ + Cl_{\mathrm{II}}^- + Ag$

总反应：$\qquad\qquad H_{\mathrm{I}}^+ + Cl_{\mathrm{I}}^- \longrightarrow H_{\mathrm{II}}^+ + Cl_{\mathrm{II}}^-$

由于上述两个简单化学电池的反应相同、方向相反，上述双重化学电池电动势可表示为

$$E = \frac{RT}{F} \ln \frac{a_{H_{\mathrm{I}}^+} a_{Cl_{\mathrm{I}}^-}}{a_{H_{\mathrm{II}}^+} a_{Cl_{\mathrm{II}}^-}} \tag{3.5.10}$$

根据式（2.2.13）关系，式（3.5.10）也可写成：

$$E = \frac{2RT}{F} \ln \frac{a_{\pm, HCl_{\mathrm{I}}}}{a_{\pm, HCl_{\mathrm{II}}}} \tag{3.5.11}$$

式中：$a_{\pm, HCl(\mathrm{I})}$ 和 $a_{\pm, HCl(\mathrm{II})}$ 分别为两电池中电解质的平均活度。

双重化学电池的两溶液间不存在界面，电解质的数量变化并不是由离子迁移引起的，而是在电池中发生了化学反应的缘故。为此，双重化学电池也称为无迁移的浓差电池或没有任何液体接界的浓差电池。

3.6　不可逆电极

3.6.1　不可逆电极及其电势

在实际电化学体系中，有许多电极并不能满足可逆电极的条件，这类电极称为不可逆电极，例如，铝在海水中所形成的电极，相当于 Al|NaCl；零件在电镀溶液中所形成的电

极；$Fe|Zn^{2+}$；$Fe|CrO_4^{2-}$；$Cu|Ag^+$等。

　　不可逆电极是怎样形成的呢？它又具有哪些特点呢？下面以纯锌放入稀盐酸的情形为例来说明。开始时，溶液中没有 Zn^{2+}，但有 H^+，所以正反应为锌的氧化溶解，即

$$Zn \longrightarrow Zn^{2+} + 2e^-$$

逆反应为 H^+ 的还原，即

$$H^+ + e^- \longrightarrow H$$

随着新的溶解，也开始发生 Zn^{2+} 的还原反应，即

$$Zn^{2+} + 2e^- \longrightarrow Zn$$

同时还会存在 H 重新氧化为 H^+ 的反应，即

$$H \longrightarrow H^+ + e^-$$

这样，电极上同时存在四个反应，如图 3.6.1 所示。在总的电极反应过程中，锌的溶解速度和沉积速度不相等，氢的氧化和还原也如此。因此，物质的交换是不平衡的，即有净反应发生（锌溶解和 H_2 析出）。这个电极显然是一种不可逆电极。所建立起来的电极电势称为不可逆电势或不平衡电势。它的数值不能按能斯特方程计算，只能由实验测定。

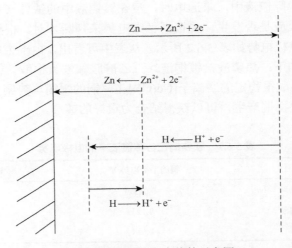

图 3.6.1　建立稳定电势的示意图

　　不可逆电势可以是稳定的，也可以是不稳定的。当电荷在界面上交换的速度相等时，尽管物质交换不平衡，也能建立起稳定的双电层，使电极电势达到稳定状态。稳定的不可逆电势称为稳定电势。对同一种金属，由于电极反应类型和速率不同，在不同条件下形成的电极电势往往差别很大，如表 3.6.1 所示。不可逆电势的数值是很有实用价值的，例如，判断不同金属接触时的腐蚀倾向时，用稳定电势比用平衡电势更接近实际情况。例如，铝与锌接触时，就平衡电势来看，铝比锌负（$\varphi_{Al/Al^{3+}}^{\ominus} = -1.67V$，$\varphi_{Zn/Zn^{2+}}^{\ominus} = -0.76V$），似乎铝易于腐蚀。而在 3% NaCl 溶液中测出的稳定电势表明，锌将腐蚀（$\varphi_{Al} = 0.63V$，$\varphi_{Zn} = -0.83V$），这与实际的接触腐蚀规律是一致的。

表 3.6.1　不同电解液中金属的电极电势（25℃）

金属	$\varphi(3\% \text{ NaCl 溶液中})/\text{V}$		$\varphi(3\% \text{ NaCl} + 0.1\% \text{ H}_2\text{O}_2 \text{ 溶液中})/\text{V}$		$\varphi^{\ominus}/\text{V}$
	开始	稳定	开始	稳定	
Al	−0.63	0.63	−0.52	−0.52	−1.67
Zn	−0.83	−0.83	−0.77	−0.77	−0.76
Cr	−0.02	0.23	0.40	0.60	−0.74
Ni	−0.13	−0.02	−0.20	0.05	−0.25
Fe	−0.23	−0.50	−0.25	−0.50	−0.44

又如，可以应用稳定电势值判断在不同镀液中镀铜的结合力。按照标准电化学序列，$\varphi^{\ominus}_{\text{Cu/Cu}^{2+}} = 0.337\text{V}$，$\varphi^{\ominus}_{\text{Fe/Fe}^{2+}} = -0.44\text{V}$，因而铁零件浸入含铜离子的溶液时会发生下列置换反应：

$$\text{Fe} + \text{Cu}^{2+} \longrightarrow \text{Cu} + \text{Fe}^{2+}$$

结果在铁件表面沉积上一层疏松的"置换铜"，使以后电镀的铜层与基体的结合力很差。但在学了不可逆电极概念后，就知道上述分析是根据标准状态下的平衡电势推测的，具有很大片面性。在实际镀液中，未通电时，浸在镀铜液中的铁件（铁电极）是不可逆电极。因而上述置换反应是否发生，要根据稳定电势来判断才对。根据测量结果，铁和铜在不同镀铜液中的电极电势如表 3.6.2 所示。从表中可看出，由于生成"置换铜"而降低镀层结合力的倾向如下：焦磷酸盐镀铜液＞三乙醇胺碱性镀铜液＞氰化物镀铜液。在氰化物镀液中，由于生成很稳定的络离子$[\text{Cu(CN)}_3]^-$，铜的平衡电势剧烈变负，与铁的电势很接近，因而没有置换铜产生，可以获得结合力很好的镀层。

表 3.6.2　铁和铜在各种镀液中的电极电势

镀液	铜的平衡电势/V	铁的稳定电势/V
焦磷酸盐镀铜液	−0.0437	−0.4217
三乙醇胺碱性镀铜液	−0.123	−0.25
氰化物镀铜液	−0.614	−0.619

3.6.2　不可逆电极类型

与可逆电极相比，不可逆电极可以分成以下几类。

1. 第一类不可逆电极

这类不可逆电极即当金属浸入不含该金属离子的溶液时所形成的电极电势，如 Zn|HCl、Zn|NaCl。该类电极与第一类可逆电极有相似之处。例如，将锌放在稀盐酸溶液中，本来溶液中是没有 Zn^{2+} 的，但锌一旦浸入溶液就很快发生溶解，在电极附近产生一定浓度的 Zn^{2+}。这样，Zn^{2+} 将参与电极过程，使最终建立起来的稳定电势与 Zn^{2+} 浓度有

关。锌的标准电势是-0.763V，锌在 $1mol \cdot L^{-1}$ HCl 溶液中的稳定电势是-0.85V，这两个电极电势是比较接近的。如果按能斯特方程计算，当锌的平衡电势为-0.85V 时，Zn^{2+} 浓度为 $0.001\sim0.1mol \cdot L^{-1}$。显然，锌浸入稀盐酸溶液后，在电极附近很快达到这一 Zn^{2+} 浓度是可能的。因此，第一类不可逆电极电势往往与第一类可逆电极电势类似，电势的大小与金属离子浓度有关。

2. 第二类不可逆电极

一些标准电极电势较正的金属（Cu、Ag 等）浸在能生成该金属的难溶盐或氧化物的溶液组成的电极称为第二类不可逆电极，如 Cu|NaOH、Ag|NaCl 等。由于生成的难溶盐、氧化物或氢氧化物的溶度积很小，故它们在溶液中很快达到饱和并在金属表面析出。这样就有了类似于第二类可逆电极的特征，即阴离子在金属/溶液界面溶解或沉积。例如，将 Cu 浸在 NaOH 溶液中，由于 Cu 与溶液反应生成一层氢氧化亚铜附着在金属表面，而氢氧化亚铜的溶度积很小（$K_{sp} = 1 \times 10^{-14}$），故 Cu 在 NaOH 溶液中建立的稳定电势就与阴离子活度（a_{OH^-}）有关，即与溶液 pH 有关。当 pH 增加时，该电极电势向负移，类似于 Cu|CuOH(s), OH^- 电极的特征。

3. 第三类不可逆电极

第三类不可逆电极即金属浸入含有某种氧化剂的溶液所形成的电极，如 Fe|$K_2Cr_2O_7$ 及不锈钢浸在含有氧化剂的溶液中等。这类电极所建立起来的电极电势主要依赖于溶液中氧化态物质和还原态物质之间的氧化还原反应。因此，它类似于第三类可逆电极，称为不可逆的氧化还原电极。

4. 不可逆气体电极

一些具有较低的氢过电势的金属在水溶液中，尤其是酸中，会建立起不可逆的氢电极电势。这时，电极反应主要是 $H \rightleftharpoons H^+ + e^-$，但仍有反应 $M \rightleftharpoons M^{n+} + ne^-$ 发生，后者的反应速率远小于前者的。因此，电极电势主要取决于氢的氧化还原过程，表现出气体电极的特征，称为不可逆气体电极。例如，Fe|HCl、Ni|HCl 等电极就属于这一类。

又如，不锈钢在通气的水溶液中建立的电势，与氧的分压和氧在溶液中的扩散速度有密切关系，而与溶液中金属离子的浓度关系不大，表现出一定程度的氧电极的特征，可看作不可逆的氧电极电势。

3.6.3　可逆电极电势与不可逆电极电势的判别

如何判断给定电极是可逆的还是不可逆的呢？首先可根据电极的组成做出初步判断，符合可逆电极反应特点的就是可逆电极。例如，铜在硫酸铜溶液中形成的电极电势，从电极组成看为 Cu|$CuSO_4$，分析其电极反应为

$$Cu \rightleftharpoons Cu^{2+} + 2e^-$$

符合第一类可逆电极的特点，可初步判断为第一类可逆电极。而将铜浸在氯化钠溶液中，其电极组成为 Cu|NaCl，不符合三种可逆电极的组成。其主要的电极反应为

氧化反应：
$$Cu \longrightarrow Cu^+ + e^-$$
$$Cu^+ + Cl^- \longrightarrow CuCl$$
$$Cu + Cl^- \longrightarrow CuCl + e^-$$

反应产生的 CuCl（氯化亚铜）的溶度积很小。

还原反应：
$$O + H_2O + 2e^- \longrightarrow 2OH^-$$

式中：O 为溶解在溶液中的氧，并吸附在金属/溶液界面。

因此，由上述电极反应也可初步判断属于第二类不可逆电极。

为了进行准确的判断，应进一步分析。我们已经知道，可逆电极电势可以用能斯特方程计算；而不可逆电极电势不符合能斯特方程的规律，不能用该方程计算。因此，可以用实验结果和理论计算结果进行比较的方法来判断。如果实验测量得到的电极电势与活度的关系曲线符合用能斯特方程计算出的理论曲线，就说明该电极是可逆电极；若测量值与理论计算值偏差很大，超出实验误差范围，那就是不可逆电极。

例如，实验测得 25℃时镉在不同浓度的 $CdCl_2$ 溶液中的电极电势如表 3.6.3 所示。试判断镉在上述浓度范围内是否形成可逆电极。

表 3.6.3　25℃时镉在不同浓度 $CdCl_2$ 溶液中的电极电势

$c_{CdCl_2}/(mol \cdot L^{-1})$	10^{-6}	10^{-5}	10^{-4}	10^{-3}	10^{-2}	0.1	1.0
$\varphi_{Cd}^{\ominus}/V$	-0.54	-0.54	-0.52	-0.51	-0.48	-0.46	-0.45

如果只从电极组成分析电极反应并做出判断，那么在不同浓度 $CdCl_2$ 溶液中都应是第一类可逆电极 $Cd|CdCl_2$。这是否正确呢？需要进一步分析。

由能斯特方程计算不同 Cd^{2+} 浓度下镉的电势，结果表明，$\lg c_{Cd^{2+}}$ 在 $-4.5 \sim -1.0$ 范围内实验值和理论值相符，故在这一浓度范围内，镉的电极电势是可逆的。但在较稀的溶液中（$\lg c_{Cd^{2+}} < -4.5$ 时）实验值与理论值偏差很大，电势基本上不随 Cd^{2+} 浓度的减小而变化，表明这时镉的电极电势已不可逆了。

3.7　φ-pH 图及其应用

3.7.1　φ-pH 图的定义与性质

电化学体系中反应平衡与条件的热力学关系可用一种电化学平衡图来表示，20 世纪 30 年代比利时科学家布拜（Pourbaix）就提出了这种电化学平衡图——电位(φ)-pH 图。1963 年布拜等按元素周期表分类将 90 多种元素与水构成的 φ-pH 图汇编成电化学平衡图谱。φ-pH 图首先用于研究金属腐蚀与防腐，现已推广应用于湿法冶金、化学化工、生

物、地质探矿和环境保护等许多领域。这种 φ-pH 图不仅具有很大的实际意义,而且可以更直观地反映过程的全貌。

什么是 φ-pH 图? φ-pH 图是表述在标准状态(1atm,298K)下某元素不同价态的平衡电极电势 φ 与 pH 的关系。许多氧化还原反应与溶液中离子的浓度和 pH 有关,因而其平衡电极电势也与离子的浓度和 pH 有关。如果指定其离子浓度,平衡电极电势就只与溶液的 pH 有关。由此,根据热力学数据画出相应反应的一系列等温等浓度的 φ-pH 关系线就是 φ-pH 图。φ-pH 图是由热力学数据绘制成的,其作用主要是反映某元素在一定电极电势和 pH 条件下的存在状态和元素不同价态的变化倾向。φ-pH 图与热力学的相图一样,属于热力学平衡图,只能用来讨论电化学体系中某些反应发生的可能性和反应平衡等热力学问题,而无法解决其反应速率等动力学问题。

3.7.2　φ-pH 图的绘制方法

φ-pH 图的绘制,首先是通过人工计算再加以描绘成图,目前已发展为电子计算机处理,并由简单的金属-水系 φ-pH 图发展到采用"同时平衡原理"绘制的金属-配位体-水系的 φ-pH 图。一般,φ-pH 图的绘制大致包括以下步骤:

(1)确定体系中可能存在的各种组分及其标准化学势数值。

(2)确定各组分的特征和相互作用,推断体系中可能发生的各种化学反应和电化学反应,并写出其反应方程式。

(3)查出参加反应的各种物质的热力学数据,确定其反应的 $\Delta G^{\ominus}$、平衡常数 K_a 和标准电极电势 $\varphi^{\ominus}$。

(4)确定所有反应的平衡电极电势 φ_r 和 pH 的计算式。

(5)利用 φ_r 和 pH 的计算式,在指定离子浓度(或活度)、气相分压和一定温度条件下计算出所有反应的 φ_r 和 pH。

(6)将计算结果以 φ_r 为纵坐标,pH 为横坐标作图,便得到了指定离子浓度(或活度)、气相分压和一定温度条件下的 φ-pH 图。

普通 φ-pH 图可以描述的反应分为三种类型,每一类反应都可以在 φ-pH 图上表示为相应的直线。

第一类反应是有电子参加而无 H^+ 参加的氧化还原反应,其通式为 $a\mathrm{A} + n\mathrm{e}^- \rightleftharpoons b\mathrm{B}$（如 $\mathrm{Fe}^{3+} + \mathrm{e}^- \rightleftharpoons \mathrm{Fe}^{2+}$）,对应的电极电势可以写成:

$$\varphi_r = \varphi^{\ominus} + \frac{2.303RT}{nF} \lg \frac{a_\mathrm{A}^a}{a_\mathrm{B}^b} \tag{3.7.1}$$

由于 H^+ 未参加反应,平衡电极电势 φ_r 与 pH 无关,因此,第一类反应在 φ-pH 图上表现为平行于 pH 轴的直线(水平直线)。

第二类反应是有 H^+ 参加而无电子参加的非氧化还原反应,其通式为 $a\mathrm{A} + m\mathrm{H}^+ \rightleftharpoons b\mathrm{B} + c\mathrm{H}_2\mathrm{O}$,反应达到平衡时自由能变化为

$$\Delta G = \Delta G^{\ominus} + RT \ln \frac{a_B^b}{a_A^a a_{H^+}^m} = 0 \tag{3.7.2}$$

$$\Delta G^{\ominus} = -2.303RT \lg a_{H^+}^m = -2.303RTm\text{pH}^{\ominus}$$

$$\text{pH}^{\ominus} = -\frac{\Delta G^{\ominus}}{2.303RTm} \tag{3.7.3}$$

pH$^{\ominus}$ 称为标准 pH，将式（3.7.2）代入式（3.7.3）得其平衡条件为

$$\text{pH} = \text{pH}^{\ominus} + \frac{1}{m} \lg \frac{a_A^a}{a_B^b} \tag{3.7.4}$$

由于没有电子参加反应，pH 与平衡电极电势 φ_r 无关，因此，这类反应在 φ-pH 图上表现为平行于 φ 轴的直线（垂直直线）。

第三类反应是既有电子参加又有离子参加的氧化还原反应，其通式为 $aA + mH^+ + ne^- \rightleftharpoons bB + cH_2O$（$MnO_4^- + 8H^+ + 5e^- \rightleftharpoons Mn^{2+} + 4H_2O$），对应的平衡电极电势表示为

$$\varphi_r = \varphi^{\ominus} - \frac{m}{n} \cdot \frac{2.303RT}{F}\text{pH} + \frac{2.303RT}{nF} \lg \frac{a_A^a}{a_B^b} \tag{3.7.5}$$

可以看出，这类反应的平衡既取决于溶液 pH，也取决于平衡电极电势，因此，这类反应在 φ-pH 图上表现为斜率等于 $\frac{m}{n} \cdot \frac{2.303RT}{F}$ 的直线（斜线）。

3.7.3 水的 φ-pH 图

在电化学研究中，水是最常用的溶剂，水溶液中 H_2O 分子、H^+ 和 OH^- 都有可能与溶液中的氧化剂或还原剂发生反应。因此，研究金属-水系 φ-pH 图，首先有必要研究水的 φ-pH 图。水的 φ-pH 图实际上也是氢电极和氧电极的 φ-pH 图。

在酸性溶液中，氢电极的反应为 $2H^+ + 2e^- \rightleftharpoons H_2$，其平衡电极电势为

$$\varphi_r = \varphi^{\ominus} - \frac{2.303RT}{F}\text{pH} - \frac{2.303RT}{2F} \lg p_{H_2} \tag{3.7.6}$$

在 298K 和 $p_{H_2} = 1\text{atm}$ 时，

$$\varphi = -0.0592\text{pH} \tag{3.7.7}$$

以 φ 为纵坐标、pH 为横坐标，式（3.7.7）在图 3.7.1 中表现为直线（a）。如果 $p_{H_2} = 10^2\text{atm}$，$\lg p_{H_2} = 2$，则

$$\varphi = -0.0592 - 0.0592\text{pH}$$

在（a）线之下画出一条平行线（图上标号 2，代表 $\lg p_{H_2} = 2$），如果 $p_{H_2} = 10^{-2}\text{atm}$，$\lg p_{H_2} = -2$，则

$$\varphi = 0.0592 - 0.0592\text{pH}$$

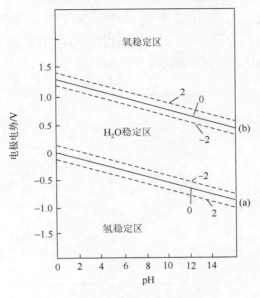

图 3.7.1　水的 φ-pH 图

在（a）线之上画出一条平行线（图上标号-2，代表 $\lg p_{H_2} = -2$）。因此，在（a）线上 $p_{H_2} = 1\text{atm}$，在（a）线之下 $p_{H_2} > 1\text{atm}$，在（a）线之上 $p_{H_2} < 1\text{atm}$。当在某水溶液中氢电极的电极电势低于 $p_{H_2} = 1\text{atm}$ 的电极电势时，根据式（3.7.6），平衡时的 p_{H_2} 就有大于 1atm 的趋势，这时水中的 H^+ 就要还原析出 H_2，因此，（a）线之下是氢的稳定区。反之，如果氢电极的电极电势高于 $p_{H_2} = 1\text{atm}$ 的电极电势，则根据式（3.7.6）与此电极电势平衡时的氢分压 p_{H_2} 必小于 1atm，反应向生成 H^+ 方向移动，所以（a）线之上为 H^+ 或水的稳定区。

在酸性溶液中，氧电极的反应为 $O_2 + 4H^+ + 4e^- \Longrightarrow 2H_2O$，而平衡电极电势为

$$\varphi_r = \varphi^{\ominus} - \frac{2.303RT}{F}\text{pH} + \frac{2.303RT}{4F}\lg p_{O_2} \qquad (3.7.8)$$

在 298K 时，$\varphi^{\ominus} = 1.229\text{V}$。当 $p_{O_2} = 1\text{atm}$ 时，

$$\varphi = 1.229 - 0.0592\text{pH} \qquad (3.7.9)$$

式（3.7.9）在图 3.7.1 的 φ-pH 图中用直线（b）表示。同理，（b）线之上的平行虚线为 $\lg p_{O_2} = 2$ 的 φ-pH 关系，（b）线之下的平行虚线为 $\lg p_{O_2} = -2$ 的 φ-pH 关系；在（b）之上是氧的稳定区，（b）线之下是水的稳定区。

从式（3.7.7）和式（3.7.9）可知，氢电极和氧电极的 φ-pH 关系是平行的（斜率相同），而由其组成氢氧电池的电动势与溶液的 pH 无关，总是等于 1.229V。

在图 3.7.1 中，在（a）线之下（b）线之上，H_2O 不稳定而分解析出 O_2 和 H_2，在（a）线与（b）线之间则是 H_2O 的稳定区。一般，如果（b）线上的反应写为

$$[\text{氧化态}]_I + n e^- \Longrightarrow [\text{还原态}]_I$$

由上到下跨越平衡线（b），则由 $[\text{氧化态}]_I$ 的稳定区变为 $[\text{还原态}]_I$ 的稳定区。如果（a）线上的反应写为

$$[\text{氧化态}]_{II} + n e^- \Longrightarrow [\text{还原态}]_{II}$$

而由下到上跨越平衡线（a），则由[还原态]$_{II}$ 的稳定区变到[氧化态]$_{II}$ 的稳定区，如图 3.7.2 所示。如果以[氧化态]$_I$ 作为氧化剂，[还原态]$_{II}$ 作为还原剂则会自动发生如下反应：

$$[氧化态]_I + [还原态]_{II} \longrightarrow [氧化态]_{II} + [还原态]_I$$

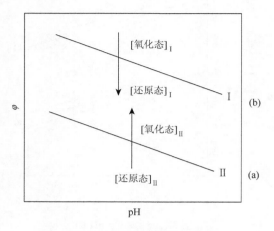

图 3.7.2　反应方向说明图

如果将上述反应设计成电池，相应的电池电动势 $E = \varphi_1 - \varphi_2$。当体系中存在几种还原剂时，一种氧化态总是优先氧化最强的那种还原剂。同理，体系中存在几种氧化剂时，一种还原态总是优先还原最强的那种氧化剂。如果体系中存在多种氧化剂和还原剂时，最强的氧化剂与最强的还原剂优先进行反应，两者之间的电势差最大。

3.7.4　金属-水系的 φ-pH 图

金属-水系的 φ-pH 图通常是指压力为 1atm 和温度为 25℃时，某金属水溶液中不同价态时的电化学平衡图。它既可反映一定电位和 pH 时金属热力学稳定性及其不同价态物质间的变化倾向，又能反映金属与其离子在水溶液中的反应条件，因此在金属腐蚀与防护学科和水系可充电电池领域中占据重要地位。

近年来，除了金属-水系的 φ-pH 图外，又将金属的 φ-pH 图同腐蚀的实际情况结合起来，研究了多元体系的 φ-pH 图。此外，还利用 φ-pH 图研究了闭塞腐蚀电池、缝隙腐蚀、点腐蚀和应力腐蚀等。下面以 Fe-H$_2$O 系为例介绍金属的 φ-pH 图。

根据 φ-pH 的绘制方法，由有关热力学数据确定 Fe-H$_2$O 系的主要反应式和对应的 φ-pH 关系式如下：

$$Fe^{2+} + 2e^- \rightleftharpoons Fe$$
$$\varphi_r = -0.414 + 0.0296 \lg a_{Fe^{2+}} \qquad \qquad ①$$

$$Fe^{3+} + e^- \rightleftharpoons Fe^{2+}$$
$$\varphi_r = -0.771 + 0.0592 \lg(a_{Fe^{3+}}/a_{Fe^{2+}}) \qquad \qquad ②$$

$$Fe(OH)_2 + 2H^+ \rightleftharpoons Fe^{2+} + 2H_2O$$

$$pH = 6.57 - 1/2\lg a_{Fe^{2+}} \tag{③}$$

$$Fe(OH)_3 + 3H^+ \rightleftharpoons Fe^{3+} + 3H_2O$$

$$pH = 1.53 - 1/3\lg a_{Fe^{3+}} \tag{④}$$

$$Fe(OH)_3 + 3H^+ + e^- \rightleftharpoons Fe^{2+} + 3H_2O$$

$$\varphi_r = 1.057 - 0.1776pH + 0.0592\lg a_{Fe^{2+}} \tag{⑤}$$

$$Fe(OH)_2 + 2H^+ + 2e^- \rightleftharpoons Fe + 2H_2O$$

$$\varphi_r = -0.047 - 0.0592pH \tag{⑥}$$

$$Fe(OH)_3 + H^+ + e^- \rightleftharpoons Fe(OH)_2 + H_2O$$

$$\varphi_r = 0.271 - 0.0592pH \tag{⑦}$$

在 25℃、$a_{Fe^{3+}} = a_{Fe^{2+}} = 1$ 和 $p_{H_2} = p_{O_2} = 1$ atm 时，由上述 φ-pH 关系式可以绘制得到图 3.7.3 所示 Fe-H$_2$O 系的 φ-pH 图。图 3.7.3 中两条虚线分别表示图 3.7.2 中的氢线〔（a）线〕和氧线〔（b）线〕。下面对此进行 φ-pH 图分析。

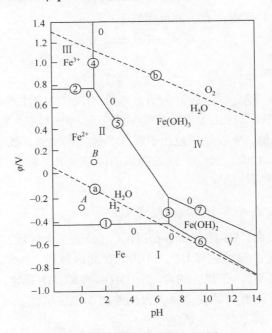

图 3.7.3　Fe-H$_2$O 系的 φ-pH 图

1. 水的稳定性

水的稳定性与 φ-pH 有关。在 Fe-H$_2$O 系的 φ-pH 图中，（a）线以下的电势比氢的平衡电极电势更负，析出 H$_2$ 而水不稳定；（a）线以上的电势比氢的平衡电极电势更正，发生氢的氧化而水是稳定的。同样，（b）线以上析出 O$_2$ 而水不稳定；（b）线以下发生氧的还原而水是稳定的。因此，在（a）和（b）两线之间为水的稳定区。用电化学方法测定水溶液中金属的平衡电极电势时，必须在水的稳定区内进行，否则就会在金属电极表面发生析氢或析氧反应而无法用电动势法直接测定其平衡电极电势。

2. 点、线、面的意义

点：一点应有三线相交。从数学上讲，平面上两条非平行直线必交于一点，该点就是两直线方程的公共解。由两个方程可推导出第三个方程，其交点也是第三个方程的解。例如，在图 3.7.3 中，从方程式②、方程式④和方程式⑤中的任意两个方程式可以推导出第三个方程式。若已知方程式②和方程式④，将方程式②与方程式④相加，就可得出方程式⑤。从图 3.7.3 可以看到，方程式②、方程式④、方程式⑤所表示的三条直线相交于一点，该交点表示三个平衡方程的 φ_r、pH 都相同。

线：每一条直线代表一个平衡反应式，线的位置与组分浓度有关。例如线⑤，由其平衡反应式和对应的 φ-pH 关系式可知，$a_{Fe^{2+}}$ 减小时线的位置向上平移。

面：表示某组分的稳定区。在稳定区内，可以自动进行氧化还原反应。例如，在（a）线与（b）线之间的区域内，可进行下列反应：

$$2H_2 + O_2 \rightleftharpoons 2H_2O$$

而在图 3.7.3 中的（Ⅱ）区内，有下列反应发生：

$$2Fe^{3+} + Fe \rightleftharpoons 3Fe^{2+}$$

3. 确定稳定区的方法

以图 3.7.3 中的 Fe^{2+} 稳定区（Ⅱ）为例，电势对 Fe^{2+} 稳定性的影响是 Fe^{2+} 只能在线①和线②之间稳定，所以线⑤应止于线②和线④的交点。pH 对 Fe^{2+} 稳定性的影响是，如 pH 大于线③，Fe^{2+} 就会水解，所以线⑤应止于线③和线⑦的交点，线③应止于线①和线⑥的交点。因此，由线①、线②、线③、线⑤围成的区域（Ⅱ）就是 Fe^{2+} 的稳定区。其他组分的稳定区也可用同样方法确定。

4. Fe-H₂O 系 φ-pH 图中各个面的实际意义

从电化学腐蚀观点看，Fe-H₂O 系 φ-pH 图可划分为三个区域：金属保护区（Ⅰ），在此区域内，金属铁稳定；腐蚀区（Ⅱ）、（Ⅲ），在此区域内，Fe^{2+}、Fe^{3+} 稳定而金属铁不稳定；钝化区（Ⅳ）、（Ⅴ），在此区域内，$Fe(OH)_3$、$Fe(OH)_2$ 稳定，这些固态物质若能牢固覆盖在金属表面上，则有可能使金属失去活性而不发生腐蚀。

在（Ⅱ）区 A 点，体系将发生析氢反应：

阳极反应：$\qquad\qquad Fe \longrightarrow Fe^{2+} + 2e^-$

阴极反应：$\qquad\qquad 2H^+ + 2e^- \longrightarrow H_2$

腐蚀电池反应：$\qquad Fe + 2H^+ \longrightarrow Fe^{2+} + H_2$

因此，将发生氢去极化腐蚀（又称为析氢腐蚀）。由于有氢原子或氢分子形成，故有渗氢和氢脆的可能性。

在（Ⅱ）区 B 点，体系将发生氧还原反应：

阳极反应：$\qquad\qquad Fe \longrightarrow Fe^{2+} + 2e^-$

阴极反应：$\qquad\qquad 4H^+ + O_2 + 4e^- \longrightarrow 2H_2O$

腐蚀电池反应：$\quad 2Fe + 4H^+ + O_2 \longrightarrow 2Fe^{2+} + 2H_2O$

铁的这种腐蚀称为氧去极化腐蚀（又称为吸氧腐蚀）。

对于湿法冶金而言，Fe-H$_2$O 系 φ-pH 图中（Ⅰ）区是金属沉淀区；（Ⅱ）区、（Ⅲ）区是浸出区；（Ⅳ）区、（Ⅴ）区是净化区。从浸出观点看，金属的稳定区越大就越难浸出。如图 3.7.3 所示，线（a）在线①之上，故在酸性溶液中，阴极上易于析氢而不易析出铁。在中性和碱性溶液中，又容易在阴极表面生成铁的氢氧化物或者氧化物而钝化，因此在简单铁离子的水溶液中，铁的沉积是很困难的。

3.7.5 φ-pH 图的局限性

前面介绍的 φ-pH 图都是根据热力学数据建立的，称为理论 φ-pH 图。理论 φ-pH 图有严密的理论基础，因而得到广泛应用和持续发展。但是，实际的电化学体系往往是复杂的，与根据热力学数据建立的理论 φ-pH 图有较大差别。因此，用理论 φ-pH 图解决实际问题时，必须考虑到它的局限性。其局限性主要表现在以下几方面：

（1）理论 φ-pH 图是一种热力学的电化学平衡图，因而只能给出电化学反应的方向和热力学可能性，而不能给出电化学反应的速率。

（2）建立 φ-pH 图时，是以金属与溶液中的离子和固相反应产物之间的平衡作为先决条件的。但在实际体系中，可能偏离这种平衡。此外，理论 φ-pH 图中没有考虑"局外物质"对平衡的影响。例如，水溶液中往往存在 Cl$^-$、SO$_4^{2-}$ 等离子，它们对电化学平衡的影响常常不能忽略。

（3）理论 φ-pH 图中的钝化区是以金属氧化物、氢氧化物或难溶盐的稳定存在为依据的。而这些物质的保护性能究竟如何，并不能从理论 φ-pH 图中反映出来。

（4）理论 φ-pH 图中所表示的 pH 是指平衡时整个溶液的 pH。而在实际的电化学体系中，金属表面上各点的 pH 可能是不同的。通常，阳极反应区的 pH 比整体溶液的 pH 要低，而阴极反应区的 pH 要高些。

φ-pH 图的局限性也反映了电化学热力学理论的局限性。因此，为了使理论能指导实践、解决实际的电化学问题，不仅要深入研究电化学热力学，而且需要深入研究电极过程动力学。

3.8   电极/溶液界面性质

3.8.1 电极/溶液界面现象及其研究方法

当电极与电解质溶液接触后，带电粒子在两相中的电化学势不同而发生转移在电极/溶液界面（两相之间的一个界面）形成离子双电层。溶液中偶极分子在界面上定向排列形成偶极双电层。溶液中某些离子在电极/溶液界面上发生特性吸附形成吸附双电层。研究电极/溶液界面形成双电层的结构（界面两侧电荷的分布情况）和界面性质变化，对于讨论平衡电极电势作用不大，因为平衡电极电势是由对应电化学反应的自由能变化所决定的。然而，双电层结构在电极过程动力学中起着重要作用，包括在平衡条件下的离子交换动力学（离子交换强度也依赖于双电层结构）。因此，关于双电层结构的理论是作为联系平衡电极体系与电极过程动力学的中间环节而起作用的。

电化学过程中一切反应都发生在电极/溶液界面上，特别是反应粒子得到或失去电子的过程是直接在这一界面上实现的。换言之，电极/溶液界面是实现电化学反应的"客观环境"，这一界面的基本性质对电化学反应速率的影响显然是十分重要的。

在固体和液体界面上出现双电层，已经证明是十分普遍的现象。双电层结构模型也是界面电化学的主要理论基础。界面电化学目前在电池、胶体电性质、离子交换膜、电渗、电泳、浮选和吸附等方面有重要应用。化工冶金中的脱盐、浓缩、分离、净化、精制等过程都与这一领域的研究成果有关。在环境保护方面，界面电化学的研究也受到重视。

研究双电层结构，一般是通过实验方法测定电极/溶液界面参数（如界面张力、剩余电荷、界面电容、粒子吸附量等），再根据假设的界面结构模型推算其界面参数，若两者吻合，则假设界面结构模型反映了界面的真实结构。由于电极/溶液界面参数大多数与界面上的电势分布有关，在实验测量和理论推算时都必须考虑界面电势的影响，即研究这些参数随界面电势（相对电极电势）的变化。

1. 理想极化电极

对于任何电化学体系，通过外电路流向电极/溶液界面的电荷可能参加两种不同的过程：

（1）在界面上参加电化学反应。为了维持一定的反应速率，必须由外界不断地补充电荷，这一过程在外电路中引起"经常性"电流。

（2）参与建立或改变界面结构形成双电层。由于在界面上形成一定的双电层结构只需要一定的有限电量，这一过程只会在外电路中引起瞬间电流（与电容器的充电过程相似）。

显然，为了研究界面性质，最好选择那些在电极/溶液界面上不可能发生电化学反应的电极体系。对于这种电极体系，由外界输入的电量全部被用来改变界面结构形成双电层，因而既可以很方便地将电极极化到不同的电势，又便于定量计算用来建立某种表面结构所需的电量。这种电极体系称为理想极化电极（图3.8.1）。

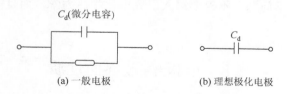

（a）一般电极　　　　　　　　　　（b）理想极化电极

图 3.8.1　电极体系的等效电路

然而，绝对的理想极化电极是不存在的，只能在一定的电势范围内找到基本符合理想极化电极条件的实际电极体系。例如，当纯净的汞表面与仔细除去了氧及其他氧化还原性杂质的 KCl 溶液接触时，可能发生的电极反应只有汞的溶解及钾和氢的析出。前一反应只能在电极电势比 +0.10V（相对标准氢电极）更正时才能以可察觉的速率进行。钾离子也只能在电极电势比 -1.60V（相对标准氢电极）更负时才能在汞电极上以可以测量的速率形成汞齐。又由于汞电极上在 φ 达到 -1.20V 以前氢的析出电流密度小于几 $\mu A \cdot cm^{-2}$。因此，在−1.20～+0.10V 的电势区间内，这一电极体系就可以近似地看作是理想极化电极，并用来研究界面电性质。对于其他电极/溶液体系，也可以找到在一定电势范围内近似地满足理想极化电极的条件。

2. 电毛细曲线法

若将理想极化电极极化至不同电势（φ），同时测出相应的界面张力（σ）值，即可得到所谓"电毛细曲线"。对于液态金属电极而言，可以采用滴重法或毛细管静电计法测量电毛细曲线。前一方法所需设备最简单，但测量精确度差一些，因为液滴不可能在完全平衡的状态下开始下落。毛细管静电计的基本结构如图 3.8.2 所示。采用毛细管静电计测量电毛细曲线时，在一定电势下调节其汞柱高度（h），使圆锥形的毛细管（K）内汞的弯月面位置保持一定，其界面张力（σ）与汞柱高度（h）成正比，关系式为

$$\sigma = \frac{hdgr}{2} \tag{3.8.1}$$

式中：d 为汞的密度；g 为重力加速度；r 为毛细管半径。采用最大液泡压力法也可测定界面张力，不需要假设汞与毛细管之间的接触角为零，测量过程易于自动化和计算机控制。

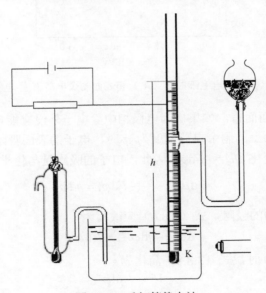

图 3.8.2　毛细管静电计

在无特性吸附的情况下，电毛细曲线的形状如图 3.8.3 所示。利用不同电势时的界面张力数据，可以计算界面吸附量和界面剩余电荷密度。从物理化学已知，溶液表面吸附的吉布斯（Gibbs）公式为

$$\theta = -\frac{c}{RT}\left(\frac{\mathrm{d}\sigma}{\mathrm{d}c}\right)_T \tag{3.8.2}$$

式中：θ 为单位面积的吸附量。式（3.8.2）也可改写成：

$$\mathrm{d}\sigma = -\theta RT \frac{\mathrm{d}c}{c} = -\theta RT \mathrm{d}\ln c \tag{3.8.3}$$

在一般情况下，应用活度代替式（3.8.3）中的浓度。根据化学势与溶液中组分活度的关系式进行微分：

$$d\mu = RTd\ln a \qquad (3.8.4)$$

将式（3.8.4）代入式（3.8.3）就可得到表面张力随吸附量和化学势变化的关系式：

$$d\sigma = -\theta d\mu \qquad (3.8.5)$$

式（3.8.5）是对于一种粒子发生吸附而言，而多种粒子的吸附一般具有加和性，其普遍表示式为

$$d\sigma = -\sum \theta_i d\mu_i \qquad (3.8.6)$$

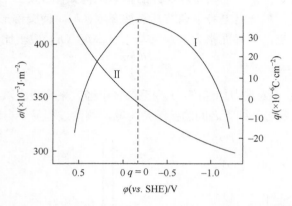

图 3.8.3　汞电极上的电毛细曲线（Ⅰ）和表面剩余电荷密度-电势曲线（Ⅱ）

对于电极/溶液界面而言，如果认为电极相中除电子外没有能自由移向界面层的表面活性粒子，当电极表面上的剩余电荷密度为 q 时，电子的表面吸附量 $\theta_e = -q/F$，而电子向界面移动的化学势变化 $d\mu_e = -Fd\varphi$。因此，电子的吸附量与化学势的乘积为

$$\theta_i d\mu_i = -\frac{q}{F}(-Fd\varphi) = qd\varphi \qquad (3.8.7)$$

考虑到电子在电极表面的吸附，式（3.8.6）应改写为

$$d\sigma = -qd\varphi - \sum \theta_i d\mu_i \qquad (3.8.8)$$

若溶液组成不变 $d\mu_i = 0$ 时，式（3.8.8）简化为

$$d\sigma = -qd\varphi$$

或

$$q = -\left(\frac{d\sigma}{d\varphi}\right)_{\mu_{i1}, \mu_{i2}, \cdots} \qquad (3.8.9)$$

式（3.8.9）通常称为李普曼（Lippman）公式，表示电极电势 φ、界面张力 σ 和电极表面电荷密度 q 三者之间的关系。根据图 3.8.3 中电毛细曲线的斜率和式（3.8.9）可计算电极表面电荷密度。一般，无特性吸附时电毛细曲线的左分支有 $\frac{d\sigma}{d\varphi} < 0$、$q > 0$，即电极表面带正电，双电层溶液一侧带负电而由负离子组成；电毛细曲线的右分支有 $\frac{d\sigma}{d\varphi} > 0$、

$q<0$，即电极表面带负电，双电层溶液一侧带正电而由正离子组成；电毛细曲线的最高点 $\dfrac{\mathrm{d}\sigma}{\mathrm{d}\varphi}=0$，即 $q=0$，电极表面不带电，界面上离子双电层消失，这一点相应的电极电势称为"零电荷电势"（φ_0）。

如果将电毛细曲线上每一点的斜率求出，以 q 对电极电势 φ 作图可得到 q 随 φ 变负而减少的曲线（图 3.8.3）。该曲线表明，电极电势由正变负时，电极表面由带正电变为带负电，双电层溶液一侧则由负离子组成变为由正离子组成。在 φ_0 处，电极表面不带电，表面张力 σ 最大，离子双电层消失。

3. 微分电容法

对于理想极化电极，可将电极/溶液界面当作一个电容性元件来处理。将很少的电量 $\mathrm{d}q$ 引至电极上，则溶液一侧必然出现电量绝对值相等的异号离子。设由此引起的电极电势变化为 $\mathrm{d}\varphi$，仿照电容的定义可以认为界面双电层的微分电容值为

$$C_{\mathrm{d}}=\frac{\mathrm{d}q}{\mathrm{d}\varphi} \tag{3.8.10}$$

微分电容 C_{d} 的数值可以采用交流电桥方法精确地加以测量，其基本电路如图 3.8.4 所示。电桥的两个比例臂是由阻值相同的标准电阻 R_1 和 R_2 组成，第三臂由可变标准电容箱 C_{s} 和可变标准电阻箱 R_{s} 组成，第四臂则由电解池组成。交流信号发生器 G 接在电桥的一条对角线上，示零器（示波器 O）则接在另一条对角线上。为了避免高次谐波出现，测量信号振幅一般不超过几毫伏。当 R_{s} 和 C_{s} 分别等于电解池等效阻抗的电阻部分和电容部分时，整个电桥处于平衡状态。图中直流电源（B）和电阻 R_3 是用来供给直流极化电压，以便将被研究电极（K）极化到不同的电势。扼流圈（L）则是用来避免直流极化电路对示零器的分路作用。

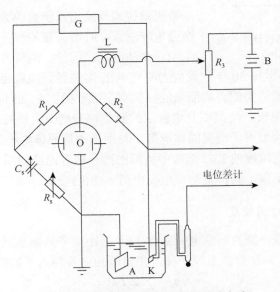

图 3.8.4　测量界面微分电容的实验电路

示零信号输向示零器前一般要先经过放大。为了避免干扰，可采用选频放大器。若采用相敏检波器或锁相放大器示零，则不但可以更有效地改善信噪比，而且能分别测定电阻和容抗。利用根据相关技术设计的频率分析仪，还可以直接测量电阻和容抗，但这些仪器的输出电路中均包括时间常数较大的低通滤波器或平均器，因而不适用于测量界面阻抗的瞬间值（如滴汞电极的微分电容）。

测量微分电容时，辅助电极（A）的表面积一般比被研究电极大得多，因而辅助电极上的电容的影响可以忽略。在电桥平衡时，C_s 等于被研究电极的界面微分电容，而 R_s 等于两个电极之间的溶液电阻。

以测得的微分电容对电势作图可得到图 3.8.5 所示的微分电容曲线。为了测出不同电势下 q 的数值，需将式（3.8.10）积分：

$$q = \int C_d \mathrm{d}\varphi + A \tag{3.8.11}$$

式（3.8.11）右方的积分常数 A 可以利用 $\varphi = \varphi_0$ 时 $q = 0$ 求得，也可写成：

$$q = \int_{\varphi_0}^{\varphi} C_d \mathrm{d}\varphi \tag{3.8.12}$$

因此，电极电势为 φ 时电极表面电荷密度 q 的数值（负值）相当于图 3.8.5 中的阴影部分。

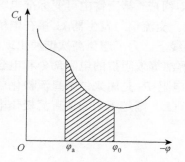

图 3.8.5　根据微分电容曲线计算电极表面剩余电荷密度 q

由于电毛细曲线法是利用曲线的斜率求 q，而微分电容法是利用曲线的下方面积求 q，后一方法的精确度和灵敏度都比前一方法优越得多。采用电毛细曲线法时，实际测量的 σ 是 q 的积分函数（$\sigma = \int q \mathrm{d}\varphi$）；采用微分电容法时，实际测量的 C_d 是 q 的微分函数（$C_d = \dfrac{\mathrm{d}q}{\mathrm{d}\varphi}$）。在一般情况下，微分函数总是要比积分函数更敏锐地反映出原函数的微小变化。然而，采用微分电容法求 q 时所需要的积分常数有时还是要靠电毛细曲线法确定，因此，两种方法不可偏废。

微分电容法在 20 世纪 30 年代就成为研究电极/溶液界面的重要手段，但早期的工作因未充分重视微量杂质沾染的影响而未能提供有用的数据。在 20 世纪 40 年代以后，由于成功地采用了滴汞电极，使得微分电容法的测量精确度大大提高。此后不久，苏联的学者又将这一方法成功地用于研究固体电极，特别是测量固体电极的零电荷电势 φ_0。

用滴汞电极在不同浓度的 KCl 溶液中测得的微分电容曲线如图 3.8.6 所示，曲线在稀溶液中有一明显的极小值，其位置与零电荷电势 φ_0 相吻合。

4. 界面离子剩余电荷密度

界面双电层中电极一侧的剩余电荷密度（q）是由电子的剩余或不足所引起。溶液一侧的剩余电荷密度（q_s）在数值上等于 $-q$，来自液相中各种离子的吸附，即

$$q_s = \sum Z_i F \theta_i \tag{3.8.13}$$

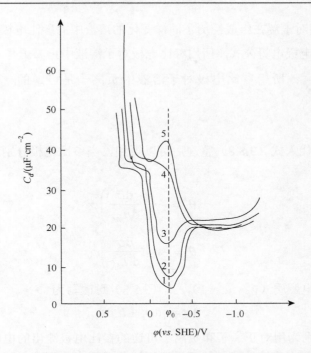

图 3.8.6　滴汞电极在不同浓度 KCl 溶液中的微分电容曲线

曲线 1～5 依次对应的 KCl 浓度/(mol·L^{-1})：0.0001、0.001、0.01、0.1、1.0

利用实验测得的电毛细曲线或微分电容曲线，可以分别求出各种离子的表面剩余量，所依据的基本原理可由式（3.8.8）导出。

由式（3.8.8）可以直接导出：

$$\theta_i = -\left(\frac{\mathrm{d}\sigma}{\mathrm{d}\mu_i}\right)_{\varphi,\mu_j \neq \mu_i} \tag{3.8.14}$$

由式（3.8.14）求某一种离子的表面吸附量时遇到两方面的困难：①不可能只改变一种离子的浓度；②溶液的离子浓度改变后，参比电极本身的电势也会发生一些变化（除非引入缺乏热力学严格性的液体接界电势）。因此，需要首先推导离子吸附量的计算公式。

设电解质 $M_{v_+}A_{v_-}$ 在溶液中按 $M_{v_+}A_{v_-} \Longrightarrow v_+M^{Z+} + v_-A^{Z-}$ 解离，则应有

$$v_+Z_+ + v_-Z_- = 0$$

$$Z_+\theta_+F + Z_-\theta_-F = q_s = -q$$

$$\mathrm{d}\mu_{MA} = v_+\mathrm{d}\mu_+ + v_-\mathrm{d}\mu_-$$

当溶液成分发生变化时，由于参比电极电势（$\varphi_{参比}$）变化而引起电极电势变化为

$$\mathrm{d}\varphi = \mathrm{d}\varphi_{相对} + \mathrm{d}\varphi_{参比}$$

式中：$d\varphi_{相对}$ 为相对于浸在组成经历了同样变化的溶液中的参比电极所测得的研究电极的电势变化。根据电极电势公式，所用参比电极对于溶液中正离子是可逆的（如氢电极），应有 $d\varphi_{参比} = \dfrac{d\mu_+}{Z_+ F}$；所用参比电极对于溶液中负离子是可逆的（如甘汞电极），应有 $d\varphi_{参比} = \dfrac{d\mu_-}{Z_- F}$。

将上述各式代入式（3.8.8）整理后可以得到，当参比电极分别对负、正离子为可逆时，则有

$$\theta_+ = -v_+ \left(\frac{d\sigma}{d\mu_{MA}} \right) \varphi_v \qquad (3.8.15)$$

$$\theta_- = -v_- \left(\frac{d\sigma}{d\mu_{MA}} \right) \varphi_v \qquad (3.8.16)$$

对于 Z-Z 对称型电解质（$v_+ = v_- = 1$），式（3.8.8）可改写为

$$d\sigma = q d\varphi_\pm + \theta_\pm d\mu_{MA} \qquad (3.8.17)$$

式中：φ_+、φ_- 分别为用对正离子和负离子可逆的参比电极测出的电势。若在不同浓度的电解质溶液中测得电毛细曲线，就可以运用这些式子来分别求出正、负离子的表面吸附量。利用微分电容数据也可以求出正、负离子的表面吸附量。通过实验还表明，即使采用了浸在组成不变的溶液中的参比电极来测量研究电极电势，当校正了"液体接界电势"的影响后，仍然可以相当准确地求得离子的吸附量。

3.8.2　零电荷电势

电极表面不带剩余电荷时的电极电势（相对于某一参比电极）称为零电荷电势，通常以 φ_0 表示。从电毛细曲线和微分电容曲线讨论已知，零电荷电势时电极/溶液界面上具有许多特征：电极表面不带剩余电荷，离子双电层消失，界面张力最大，微分电容最小。由此还可推断出电极表面硬度、湿润性也出现最大值等一些特征。由于零电荷电势是研究电极/溶液界面性质的一个基本参考点，界面的许多性质都与相对于零电荷电势的电极电势有关，因而零电荷电势也是一个重要的电化学参数。

1. 零电荷电势的测量方法与实验数据

零电荷电势（φ_0）可以通过许多实验方法直接测定。经典的方法是通过测量电毛细曲线，求得与最大界面张力所对应的电极电势值，即为零电荷电势。这种方法比较准确，但只适用于液态金属，如汞、汞齐和熔融态金属。对于固态金属，则可通过测量与界面张力有关的参数随电极电势变化的最大值或最小值来确定 φ_0，如测量固体的硬度、润湿性（接触角）、气泡附着在金属表面时的临界接触角等。此外，还有一些其他方法，例如，利用比表面积很大的固态电极在不同电势下形成双电层时离子吸附量的变化来确定 φ_0；利用金属中电子的光敏发射现象求 φ_0 等。

　　目前，最精确的测量方法是根据稀溶液的微分电容曲线最小值确定 φ_0。溶液越稀，微分电容最小值越明显。测量微分电容曲线时，有机分子和离子的特性吸附（或脱附）和电极反应的发生也会引起电容峰值，从而造成微分电容曲线上两个峰值之间出现极小值，而这一极小值并不是 φ_0。因而，在测量中应避免这类现象的干扰。

　　表 3.8.1 列出了各种方法测得不同金属的 φ_0 数据。在所有这些金属上，φ_0 的位置均与溶液中的阴离子有关，阴离子在金属表面发生特性吸附会使 φ_0 负移。各种阴离子引起 φ_0 负移的顺序一般为

$$I^->Br^->Cl^->SO_4^{2-}>ClO_4^->F^-$$

表 3.8.1　水溶液中不同金属的零电荷电势 φ_0（ vs. SHE ）

电极材料	溶液组成	$\varphi_0(vs.\ SHE)/V$
Ag	0.1mol·L^{-1} KCl	−0.80
Ag	0.002mol·L^{-1} AgNO$_3$	−0.70
Bi	0.01mol·L^{-1} HCl	−0.36
Cd	0.005mol·L^{-1} KCl	−0.89
Cd	0.01mol·L^{-1} NaF	−0.75
Cr	0.01mol·L^{-1} NaOH	−0.45
Cu	0.01mol·L^{-1} KCl	+0.07
Fe	0.0005mol·L^{-1} H$_2$SO$_4$	−0.37
Hg	电解质稀溶液	−0.19
Pb	0.01mol·L^{-1} HCl	−0.75
Pb	0.5mol·L^{-1} Na$_2$SO$_4$	−0.56
Pb	0.001～0.01mol·L^{-1} NaF	−0.56
Pt	0.5mol·L^{-1} Na$_2$SO$_4$	+0.28
Pt	0.005mol·L^{-1} H$_2$SO$_4$	+0.20
Pt	0.5mol·L^{-1} Na$_2$SO$_4$ + 0.005mol·L^{-1} H$_2$SO$_4$	+0.16
Pd	0.05mol·L^{-1} Na$_2$SO$_4$ + 0.001mol·L^{-1} H$_2$SO$_4$（pH = 3.0）	+0.10
Sb	0.5mol·L^{-1} Na$_2$SO$_4$	−0.20
Sn	0.01mol·L^{-1} KCl	−0.38
Sn	0.5mol·L^{-1} Na$_2$SO$_4$ + 0.005mol·L^{-1} H$_2$SO$_4$	−0.24
Zn	0.5mol·L^{-1} Na$_2$SO$_4$	−0.62
Cu	0.001～0.01mol·L^{-1} NaF	−0.09
Ga	0.008mol·L^{-1} HClO$_4$	−0.60
Au(多晶)	0.005mol·L^{-1} NaF	0.25
Au(111)	0.005mol·L^{-1} NaF	0.50
Au(100)	0.005mol·L^{-1} NaF	0.38
Au(110)	0.005mol·L^{-1} NaF	0.19

对于那些在电极表面上存在吸附氢原子的金属（所谓"类铂金属"），不宜用微分电容法来测定 φ_0，因为 $H_{吸附} \Longrightarrow H^+ + e^-$ 这一反应也能消耗输向界面的电量，使电极不再具有理想极化电极的性质。有关这类金属的 φ_0 数据目前还不完备且不可靠。如果电极表面上存在吸附氧或氧化物，则往往由于 M—O 键的极性而使 φ_0 显著正移。例如，氧化了的 Pt 表面上测得 φ_0 在 +0.4V 以上；Cd 电极表面轻度氧化后 φ_0 也正移了约 0.4V。因此，测定 φ_0 时必须十分注意电极的表面处理，否则易造成可观的偏差。

由于上述原因，有时在同一金属上可以测出两个不同的 φ_0，其中数值较负的对应于在还原表面（包括有吸附氢的表面）上的 φ_0，而另一数值较正的对应于在氧化表面（或有吸附氧的表面）上的 φ_0。

另外，零电荷电势的数值还受其他多种因素的影响，如不同材料的电极或同种材料不同晶面在同样溶液中会有不同的零电荷电势；电极表面状态不同，会测得不同的零电荷电势；溶液的组成，包括溶剂的本性、溶液中表面活性物质的存在、酸碱度及温度等因素也都对零电荷电势的数值有影响，如表 3.8.1 所示。

2. 零电荷电势的意义

由于零电荷电势是一个可以实际测量的参数，就很自然地使人联想到能不能利用零电荷电势来解决绝对电极电势的问题。然而，零电荷电势与所谓绝对电极电势不能混为一谈。

首先，虽然 $\varphi = \varphi_0$ 时在金属相中与溶液相中均不存在剩余电荷，因而也不会出现由于表面剩余电荷而引起的相间电势，但任何一相表面层中荷电粒子的不均匀分布仍会引起相间电势。例如，溶液相中某些离子的特性吸附、偶极分子的定向排列、金属相中的原子极化等因素都可以引起表面电势。因此，即使 $\varphi = \varphi_0$，一般仍然有 $\Delta\varphi \neq 0$，即不能将零电荷电势看成相间电势的绝对零点。

其次，均处于零电荷电势的两块金属之间仍然存在电势差，因而并不能根据相对于零电荷电势测得的电势来计算电池电动势等。另外，在处理电化学问题时真正起作用的仍然是相对于某一参比电极测得的相对电极电势，而不是绝对电极电势。

虽然运用零电荷电势的概念并没有解决绝对电极电势问题，但是将这一概念与相对电极电势的概念联合用于处理电化学问题是有益的。

电极/溶液界面的许多重要性质都是由相对于零电荷电势的电极电势所决定或参与决定的，其中最主要的有电极表面剩余电荷的符号与数量、双电层中的电势分布情况、参加反应和不参加反应的各种无机离子和有机粒子在界面上的吸附行为、电极表面上气泡的附着情况和电极被溶液湿润的情况等。另外，界面性质对电极反应速率也可以有相当大的影响，例如，以后讨论的极化曲线上许多"反常现象"就是由于界面性质的变化而引起的。基于上述原因，在研究电化学问题时往往需要同时考虑下列两项因素的影响：

（1）相对于某一参比电极的电极电势（φ）。

（2）相对于零电荷电势的电极电势（$\varphi - \varphi_0$）。

3.9　双电层结构模型简介

前文提到的电极表面电荷密度及正、负离子的表面吸附量都是通过热力学方法计算求得的，因而也就不可能提供有关界面结构（包括电荷分布）的具体图像。为了解释所观察到的实验现象，在电化学发展过程中曾多次提出电极/溶液界面的双电层结构模型。下面主要介绍有关双电层结构模型的发展概况。

3.9.1　平板电容器的双电层模型

电极/溶液界面双电层结构的第一个模型是1853年亥姆霍兹（Helmholtz）提出来的。这一模型将双电层看作是一个平板电容器，其中一个板与电极上排列表面电荷的平面重合，另一个板则与溶液中被静电力吸引到电极表面附近的离子中心平面重合，如图3.9.1所示。双电层的电容可按下式计算：

$$C_{\mathrm{d}} = \frac{\varepsilon}{l} \qquad (3.9.1)$$

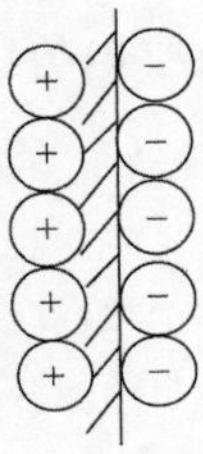

式中：C_{d} 为电容，单位通常为 $\mu\mathrm{F}\cdot\mathrm{cm}^{-2}$；$l$ 代表双电层的厚度，单位一般为 cm；ε 为溶液的介电常数。这一模型得出双电层电容与电势无关的结论可以解释某些微分电容曲线在零电荷电势两侧各有一平段的实验事实，与浓溶液和表面电荷密度较大时的大部分实验事实相吻合，但不能说明电毛细曲线出现不对称的现象和微分电容曲线在稀溶液中出现极小值。

图 3.9.1　金属与浓溶液界面的双电层结构

3.9.2　分散双电层模型

平板电容器的双电层模型没有考虑双电层性质随电解质浓度和温度的变化。在 20 世纪初期，古依（Gouy）和查普曼（Chapman）提出了分散双电层模型。他们认为双电层溶液一侧的离子，由于热运动会向溶液纵深处扩散而离开电极表面，但离子同时又受到电极表面异号电荷的静电吸引。两种作用同时进行的结果，使得双电层中的离子不可能紧密地排列在界面上，而是分散分布在邻近界面的溶液中，形成溶液电荷的分散层，如图3.9.2所示。双电层中溶液一侧的离子距离电极表面分布随着向溶液内部不断延伸而下降，就像大气随高度的变化一样服从玻尔兹曼定律。这一模型将离子看作理想点电荷时，可以满意地解释溶液中零电荷电势处出现电容极小值，但当浓溶液和电极表面电荷密度较大时，计算出的电容值却远大于实验值。

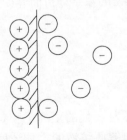

图 3.9.2　金属与稀溶液界面的双电层结构

3.9.3　吸附双电层模型

由于平板电容器的双电层模型和分散双电层模型各有其合理部分，1924 年斯特恩（Stern）吸收这两种模型的合理部分提出了吸附双电层模型。吸附双电层模型认为双电层同时具有紧密层和分散层两部分，双电层中溶液一侧的离子受静电作用和热运动的结果，部分离子靠近电极而整齐排列，部分离子则分散到较远的距离。吸附双电层的电势也分为紧密层电势（$\varphi_a - \psi_1$）和分散层电势（ψ_1），如图 3.9.3 所示。当电极表面剩余电荷密度较大和溶液中电解质浓度很大时，静电作用占优势，双电层的结构基本上是紧密的，紧密层电势在整个双电层电势中占的比例大；反之，当电极表面剩余电荷密度较小和溶液中电解质浓度很小时，离子热运动占优势，双电层的结构基本上是分散的，其电势主要由分散层电势组成。

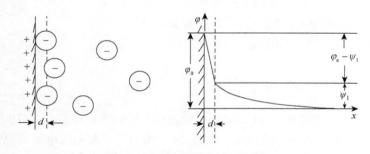

图 3.9.3　电极/溶液界面上剩余电荷与电势的分布

吸附双电层模型在分散双电层模型基础上修正了离子为点电荷的概念，认为紧密双电层的厚度相当于离子的平均半径 a，这和德拜-休克尔修正式的概念相同。由于将双电层看作是由紧密层和分散层两部分组成，计算双电层电容时可利用式（3.9.2）：

$$\frac{1}{C_d} = \frac{\mathrm{d}\varphi_a}{\mathrm{d}q} = \frac{\mathrm{d}(\varphi_a - \psi_1)}{\mathrm{d}q} + \frac{\mathrm{d}\psi_1}{\mathrm{d}q} = \frac{1}{C_{紧密}} + \frac{1}{C_{分散}} \tag{3.9.2}$$

即将双电层电容看成是由紧密层电容（$C_{紧密}$）及分散层电容（$C_{分散}$）串联而成。这一模型主要也是处理分散层中剩余电荷的分布与电势分布，其处理时所用方法原则上与古依和查普曼的分散层模型相同，因而也称为 GCS 分散层模型。这个模型的数学分析简介如下。

根据玻尔兹曼定律，对于 1-1 价型的离子分布可以表示为

$$c_+ = c^0 \exp\left(-\frac{\varphi F}{RT}\right)$$

$$c_- = c^0 \exp\left(\frac{\varphi F}{RT}\right)$$

式中：φ 为距离电极表面 x 处的电势；c_+、c_- 分别为溶液中电势为 φ 处的正离子和负离子浓度；c^0 为远离电极表面处（$\varphi = 0$）的正、负离子浓度，即电解质溶液的本体浓度。为此，体电荷密度 $q_体$ 可写为

$$q_{\text{体}} = F(c_+ - c_-) = Fc^0 \left[\exp\left(-\frac{\varphi F}{RT} \right) - \exp\left(\frac{\varphi F}{RT} \right) \right] \tag{3.9.3}$$

忽略离子的体积并假定溶液中离子电荷在双电层溶液中的一侧是连续分布的（从图 3.9.3 中可知，这是近似的），电势 φ 在 x 方向的分布服从一维泊松（Poisson）方程，即

$$\frac{\mathrm{d}^2\varphi}{\mathrm{d}x^2} = -\frac{q_{\text{体}}}{\varepsilon} \tag{3.9.4}$$

式中：$\varepsilon = \varepsilon_r \varepsilon_0$，$\varepsilon_r$ 和 ε_0 分别为溶液的相对介电常数和真空介电常数。式（3.9.4）改写为一阶微分式：

$$\mathrm{d}\frac{\mathrm{d}\varphi}{\mathrm{d}x} = -\frac{q_{\text{体}}}{\varepsilon}\mathrm{d}x \tag{3.9.5}$$

根据吸附双电层模型（图 3.9.3），对式（3.9.4）从 $x = d$ 到 $x = \infty$ 范围内进行积分，其中 $x = \infty$ 即溶液本体处有 $\mathrm{d}\varphi / \mathrm{d}x = 0$，可得

$$\left(\frac{\mathrm{d}\varphi}{\mathrm{d}x} \right)_{x=d} = \frac{1}{\varepsilon} \int_d^\infty q_{\text{体}}\mathrm{d}x \tag{3.9.6}$$

假设 $x = 0$ 到 $x = d$ 这一空间不存在剩余电荷，这时可认为 $\int_d^\infty q_{\text{体}}\mathrm{d}x$ 等于溶液中全部的剩余电荷，与表面电荷 $q_{\text{表}}$ 的数值相等但符号相反（整体呈电中性），即

$$\left(\frac{\mathrm{d}\varphi}{\mathrm{d}x} \right)_{x=d} = -\frac{q_{\text{表}}}{\varepsilon} \tag{3.9.7}$$

将式（3.9.3）代入式（3.9.4），得

$$\frac{\mathrm{d}^2\varphi}{\mathrm{d}x^2} = -\frac{Fc^0}{\varepsilon} \left[\exp\left(-\frac{\varphi F}{RT} \right) - \exp\left(\frac{\varphi F}{RT} \right) \right] \tag{3.9.8}$$

将数学关系式 $\mathrm{d}^2\varphi / \mathrm{d}x^2 = \mathrm{d}(\mathrm{d}\varphi / \mathrm{d}x)^2 / 2\mathrm{d}\varphi$ 代入式（3.9.8）并改写为一阶微分式：

$$\mathrm{d}\left(\frac{\mathrm{d}\varphi}{\mathrm{d}x} \right)^2 = -\frac{2Fc^0}{\varepsilon} \left[\exp\left(-\frac{\varphi F}{RT} \right) - \exp\left(\frac{\varphi F}{RT} \right) \right]\mathrm{d}\varphi \tag{3.9.9}$$

根据图 3.9.3 所示的吸附双电层模型对式（3.9.9）从 $x = d$ 到 $x = \infty$ 范围内进行积分，在 $x = d$ 处时有 $\varphi = \psi_1$，而在 $x = \infty$ 处有 $\varphi = 0$ 和 $\mathrm{d}\varphi / \mathrm{d}x = 0$，可得到：

$$\left(\frac{\mathrm{d}\varphi}{\mathrm{d}x} \right)^2_{x=d} = \frac{2c^0 RT}{\varepsilon} \left[\exp\left(-\frac{\psi_1 F}{RT} \right) + \exp\left(\frac{\psi_1 F}{RT} \right) - 2 \right]$$

$$= \frac{2c^0 RT}{\varepsilon} \left[\exp\left(\frac{\psi_1 F}{2RT} \right) - \exp\left(-\frac{\psi_1 F}{2RT} \right) \right]^2 = \frac{8c^0 RT}{\varepsilon} \sinh^2\left(\frac{\psi_1 F}{2RT} \right) \tag{3.9.10}$$

基于绝对电势符号的规定，当电极表面剩余电荷密度 q 为正值时，必有 $\varphi > 0$。而随距离 x 的增加，φ 逐渐减小，即 $\mathrm{d}\varphi / \mathrm{d}x < 0$，所以对式（3.9.10）开平方应取负值，即有

$$\left(\frac{\mathrm{d}\varphi}{\mathrm{d}x} \right)_{x=d} = -\sqrt{\frac{8c^0 RT}{\varepsilon}} \sinh\left(\frac{\psi_1 F}{2RT} \right) \tag{3.9.11}$$

将式（3.9.11）代入式（3.9.7），整理后可得出表面电荷密度 $q_{\text{表}}$：

$$q_{\text{表}} = \sqrt{8\varepsilon RT c^0} \sinh\left(\frac{\psi_1 F}{2RT} \right) \tag{3.9.12}$$

同理，对于 Z-Z 价型电解质而言，当价态为 Z 时可以得到：

$$q_{表} = \sqrt{8\varepsilon RTc^0}\, \sinh\left(\frac{|Z|\psi_1 F}{2RT}\right) \tag{3.9.13}$$

应用式（3.9.12）和式（3.9.13）时，除浓度 c^0 使用单位 $\mathrm{mol\cdot m^{-3}}$ 外，各参数均使用标准单位。对于 25℃水溶液有 $\varepsilon = 78.54\varepsilon_0$，$\varepsilon_0 = 8.854\mathrm{F\cdot m^{-1}}$ 且 $R = 8.3145\mathrm{J\cdot K^{-1}\cdot mol^{-1}}$，$T = 298.15\mathrm{K}$，$F = 96485\mathrm{C\cdot mol^{-1}}$，代入式（3.9.13）整理后则有

$$q_{表} = 0.003714\sqrt{c^0}\, \sinh(19.46|Z|\psi_1) \tag{3.9.14}$$

式中：c^0 的单位为 $\mathrm{mol\cdot m^{-3}}$；ψ_1 的单位为 V；$q_{表}$ 的单位为 $\mathrm{C\cdot m^{-2}}$。若 c^0 的单位为 $\mathrm{mol\cdot mL^{-1}}$，$q_{表}$ 的单位为 $\mathrm{\mu C\cdot cm^{-2}}$，则式（3.9.14）可改写为

$$q_{表} = 371.4\sqrt{c^0}\, \sinh(19.46|Z|\psi_1) \tag{3.9.15}$$

从上述关系式中可以得出许多重要推论。例如，根据式（3.9.13）对 ψ_1 微分可得到分散层电容 $C_{分散}$ 的计算式：

$$C_{分散} = \frac{\mathrm{d}q}{\mathrm{d}\psi_1} = \frac{|Z|F}{RT}\sqrt{2\varepsilon RTc^0}\, \cosh\left(\frac{|Z|\psi_1 F}{2RT}\right) \tag{3.9.16}$$

在 25℃水溶液中且 c^0 的单位为 $\mathrm{mol\cdot mL^{-1}}$ 时，可写成：

$$C_{分散} = 7227|Z|\sqrt{c^0}\, \cosh(19.46|Z|\psi_1) \tag{3.9.17}$$

式中：$C_{分散}$ 的单位为 $\mathrm{\mu F\cdot cm^{-2}}$。式（3.9.16）和式（3.9.17）表明，当 $\varphi_1 = 0$ 时 $\cosh(0) = 1$，此时 $C_{分散}$ 具有最小值，由此可以较好地解释溶液中零电荷电势附近出现的电容最小值。在稀溶液中，零电荷电势附近分散层电容比紧密层电容要小，因而前者是决定界面电容的主要因素。但在远离零电荷电势处及在较浓溶液中，按照式（3.9.17）求出的电容值却比实验测得值大得多，表示在这些情况下决定界面电容的主要因素已不再是分散层电容而是紧密层电容。

在最简单的情况下，可以将紧密双电层当作平板电容器来处理，$C_{紧密}$ 看作常数：

$$C_{紧密} = \frac{q_{表}}{\varphi - \psi_1} \tag{3.9.18}$$

将式（3.9.18）代入式（3.9.12）整理可得

$$\varphi = \psi_1 + \frac{1}{C_{紧密}}\sqrt{8\varepsilon RTc^0}\, \sinh\left(\frac{\psi_1 F}{2RT}\right) \tag{3.9.19}$$

当浓度很低（即 c^0 很小）和 φ 也很小时，ψ_1 的数值必然很小，式（3.9.19）右方第二项可以忽略，因而有 $\varphi \approx \psi_1$。当浓度较高时，式（3.9.19）右方第一项远小于第二项，而第一项可忽略不计。如果再考虑 $\psi_1 \gg 50\mathrm{mV}$ 或 $\psi_1 \ll 50\mathrm{mV}$，可分别导出 ψ_1 与 φ 及 c^0 的关系式再对 $\lg c^0$ 进行偏微分，得

$$\frac{\mathrm{d}\psi_1}{\mathrm{d}\lg c^0} = \pm 2.303\frac{RT}{F} \tag{3.9.20}$$

式中："−"号表示 $\psi_1 \gg 50\mathrm{mV}$；"+"表示 $\psi_1 \ll 50\mathrm{mV}$ 的情况。式（3.9.20）表明，当 φ 保持不变并且远离 $\varphi = 0$（即零电荷电势）的情况下，如果浓度增大 10 倍，ψ_1 的绝对值将减少 $50\mathrm{mV}$。这些概念在实际中得到证实。

3.9.4　双电层结构理论的发展

吸附双电层模型比平板电容器的双电层模型和分散双电层模型前进了一大步，导出许多重要结论和解释了许多实验事实。然而，这一模型只是处理了界面的一部分（分散层）而不是全部界面区域，理论计算也只是分散层的参数（如 ψ_1、$C_{分散}$ 等），与实验能测出的 ψ、C_d 等显然不同。另外，该模型在进行理论推导时将分散层的介电常数 ε 当作恒定值和未考虑剩余电荷的"粒子性"，因而也存在不足之处。

20 世纪 60 年代以来，在承认斯特恩模型的基础上，许多学者（如弗鲁姆金、博克利斯和格雷厄姆等）对紧密层结构模型作了补充和修正，从理论上更为详细地描绘了紧密层的结构。这里以 BDM（Bockris-Davanathan-Muller）模型为主，综合介绍现代电化学理论关于紧密层结构的基本观点。

1. 电极表面的"水化"和水的介电常数的变化

水分子是强极性分子，能在带电的电极表面定向吸附，形成一层定向排列的水分子偶极层。即使电极表面剩余电荷密度为零，由于水偶极子与电极表面的镜像力作用和色散力作用，也仍然会有一定数量的水分子定向吸附在电极表面，如图 3.9.4 所示。水分子的吸附覆盖度可达 70% 以上，好像电极表面水化了一样。在通常情况下，紧贴电极表面的第一层是定向排列的水分子偶极层，第二层才是由水化离子组成的剩余电荷层，如图 3.9.5 所示。

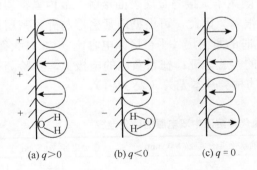

(a) $q>0$　　　　(b) $q<0$　　　　(c) $q=0$

图 3.9.4　电极/溶液界面上水分子偶极层

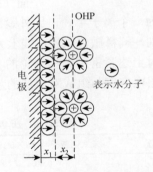

图 3.9.5　外紧密层结构示意图

同时，第一层水分子可由于在强界面电场中定向排列而导致介电饱和，其相对介电常数 ε_r 降至 5～7，比通常水的相对介电常数（$\varepsilon_r = 78.5$）小得多。从第二层水分子开始，相对介电常数随距离的增大而增加，直至恢复到水的正常相对介电常数数值。在紧密层内，即离子周围的水化膜中，相对介电常数可达到 40 以上。

2. 没有离子特性吸附时的紧密层结构

溶液中的离子除了因静电作用而富集在电极/溶液界面外，还可能由于与电极表面的短程相互作用而发生物理吸附或化学吸附。这种吸附与电极材料、离子本性及其水化程度有关，被称为特性吸附。大多数无机阳离子不发生特性吸附，只有极少数水化能较小的阳离子，如 Tl^+、Cs^+ 等离子能发生特性吸附。反之，除 F^- 外，几乎所有的无机阴离子都或多或少地发生特性吸附。有无特性吸附，紧密层的结构是有差别的。

当电极表面带负电时，双电层溶液一侧的剩余电荷由阳离子组成。由于大多数阳离子与电极表面只有静电作用而无特性吸附作用，而且阳离子的水化程度较高，因此阳离子不容易逸出水化膜而进入水偶极层。这种情况下的紧密层将由水偶极层与水化阳离子层串联组成（图 3.9.5），称为外紧密层。外紧密层的有效厚度 d 为从电极表面（$x=0$）处到水化阳离子电荷中心的距离。若设 x_1 为第一层水分子层的厚度，x_2 为一个水化阳离子的半径，则

$$d = x_1 + x_2 \tag{3.9.21}$$

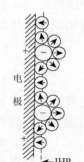

距离电极表面为 d 的液层，即最接近电极表面的水化阳离子电荷中心所在的液层称为外紧密层平面或外亥姆霍兹平面（OHP）。

3. 有离子特性吸附时的紧密层结构

电极表面带正电时，构成双电层溶液一侧剩余电荷的阴离子水化程度较低，又能进行特性吸附，因而阴离子的水化膜遭到破坏，即阴离子能够逸出水化膜，取代水偶极层中的水分子而直接吸附在电极表面，形成图 3.9.6 所示的紧密层。这种紧密层称为内紧密层。

图 3.9.6　内紧密层结构示意图

阴离子电荷中心所在的液层称为内紧密层平面或内亥姆霍兹平面（IHP）。由于阴离子直接与金属表面接触，故内紧密层的厚度仅为一个离子半径，比外紧密层厚度小很多。因此，可根据内紧密层与外紧密层厚度的差别，解释微分电容曲线上为什么 $q>0$ 时的紧密层（平台区）电容比 $q<0$ 时大得多。

对上述紧密层结构理论的另一个有力的实验验证：在带负电的电极上，实验测得的紧密层电容值与组成双电层的水化阳离子的种类基本无关（表 3.9.1）。

表 3.9.1　在 $0.1mol \cdot L^{-1}$ 的氯化物溶液中双电层的微分电容*

离子	未水化离子半径/($\times 0.1nm$)	估计的水化离子半径/($\times 0.1nm$)	微分电容**/($\mu F \cdot cm^{-2}$)
Li^+	0.60	3.4	16.2
K^+	1.33	4.1	17.0
Rb^+	1.48	4.3	17.5
Mg^{2+}	0.65	6.3	16.5
Sr^{2+}	1.13	6.7	17.0
Al^{3+}	0.50	6.1	16.5
La^{3+}	1.15	6.8	17.1

*由于在较浓溶液和远离 φ_0 处双电层的分散性很小，基本上为紧密层结构，故实验测得的微分电容值可代表紧密层电容。
**这里指的是 $q=-12\mu C \cdot cm^{-2}$ 条件下的微分电容。

若按照斯特恩模型，紧密层由水化阳离子紧贴电极表面排列而组成，不同水化阳离子的半径不同，紧密层厚度也不同，则紧密层电容应有差别。显然，这一结论与实验结果（表 3.9.1）并不一致。但若按照上述外紧密层结构模型，水分子偶极层也相当于一个平板电容器，则可将紧密层电容等效为水偶极层电容和水化阳离子层电容的串联（图 3.9.7），故得

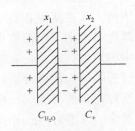

图 3.9.7　外紧密层的等效电容

$$\frac{1}{C_{\text{紧密}}} = \frac{1}{C_{H_2O}} + \frac{1}{C_+}$$

（3.9.22）

式中：$C_{\text{紧密}}$ 为紧密层电容；C_{H_2O} 为水偶极层电容；C_+ 为水化阳离子层电容。

根据式（3.9.1）、式（3.9.21）和图 3.9.7，可将式（3.9.22）变换为

$$\frac{1}{C_{\text{紧密}}} = \frac{x_1}{\varepsilon_0 \varepsilon_{H_2O}} + \frac{x_2}{\varepsilon_0 \varepsilon_+}$$

（3.9.23）

式中：ε_{H_2O} 为水偶极层的相对介电常数，设 $\varepsilon_{H_2O} \approx 5$；$\varepsilon_+$ 为水偶极层与 OHP 之间的介质的相对介电常数，设 $\varepsilon_+ \approx 40$。由于 x_1 和 x_2 差别不大，而 $\varepsilon_{H_2O} = \varepsilon_+$，在式（3.9.23）中右边第二项比第一项小得多，可以忽略不计，因此

$$\frac{1}{C_{\text{紧密}}} \approx \frac{x_1}{\varepsilon_0 \varepsilon_{H_2O}}$$

（3.9.24）

式（3.9.24）表明，紧密层电容只取决于水偶极层的性质，与阳离子种类无关，因而接近于常数。

若取 $\varepsilon_{H_2O} = 5$，$x_1 = 0.28\text{nm}$，$\varepsilon_0 = 8.85 \times 10^{-10} \mu\text{F} \cdot \text{cm}^{-1}$ 代入式（3.9.24）中，则可计算出 $C_{\text{紧密}}$ 约为 $16\mu\text{F} \cdot \text{cm}^{-2}$。这个结果与表 3.9.1 所列出的实验值相当接近，从而证明了上述紧密层结构模型的合理性。

如果外层由阴离子组成，则电极表面带正电，因为水化程度小的阴离子较阳离子更易接近电极表面，因而计算出的界面电容往往比阳离子高出一倍（为 $30 \sim 40\mu\text{F} \cdot \text{cm}^{-2}$）。

3.9.5　新型电化学双电层描述

1. 传统电化学界面双电层理论描述及其局限

早期的双电层理论，即 Gouy-Chapman-Stern-Bockris（GCSB）理论，认为双电层在电解质溶液的部分可以分为紧密层及分散层。其中紧密层主要是由定向、紧密排列的水分子和水合离子层构成，而分散层主要与离子电荷的热运动有关，其厚度及电势分布只与温度及电解质离子的浓度和电荷有关。

在使用平均场近似（将溶液视为均匀的连续介质）、点电荷近似（将分散层中的带电粒子视为点电荷），并忽略除库仑力之外的其他相互作用时，双电层中离子和电势的分布可以通过求解泊松-玻尔兹曼（Poisson-Boltzmann，PB）方程得到。GCSB 模型可以解释

一般电解质溶液中测得的微分电容曲线随电极电势的变化，即在零电荷电势处出现电容极小值，而在两侧各有一小段平台。GCSB 模型的一个主要缺陷在于仅在估算紧密双电层厚度时考虑了溶液中电荷（离子）的粒子性，而在其余处理中将离子当作处于连续介质中的点电荷对待，忽略溶液中（溶剂化）离子的尺寸，从定量的角度一般仅适用于浓度较低的电解质稀溶液体系，且电极表面的电荷密度不能太高。超出此范围，GCSB 模型计算得到的界面第一层离子浓度会远远超过电解液中离子可能具有的最大浓度（密堆积对应的浓度），显示出其局限性，不能直接用于高浓度电解质体系。这便促使电化学家考虑电荷粒子性及电势非平均场效应，发展新的双电层理论。

经典 GCSB 模型中使用的 PB 方程具有物理图像清晰、计算简单（在特定的条件下方程具有解析解）的特点，容易与传质方程等电化学反应过程相偶联。因此，现代电化学双电层理论一般都是在 PB 方程思想的基础上，针对离子体积效应，溶剂的介电效应，离子、溶剂分子和电极间的短程相互作用，纳米电极尺寸效应等多方面进行修正和改进。这里简单讨论一些特殊电解质体系的双电层理论，详细解释可参考相关专著。

2. 高浓度电解质体系的双电层理论

1）考虑离子尺寸的平均场模型

一个合理的双电层模型给出的离子浓度不应当超过离子呈密堆积时对应的浓度。Borukhov 等考虑离子体积效应的影响，将玻尔兹曼方程修正为如下形式：

$$c_{\pm} = c^0 \frac{\exp\left(\dfrac{ze\psi'}{k_B T}\right)}{1 + 2\varphi^0 \cosh\left(\dfrac{ze\psi}{2k_B T}\right)} \tag{3.9.25}$$

式中：c^0 和 $c_{\pm}$ 分别为体相浓度和界面处正负离子的浓度；z 为电解质离子的电荷数；ψ' 为分散层中的电势；e 为电子电量；k_B 为玻尔兹曼常量；T 为温度；φ^0 为体相的体积填充因子，即体相中所有离子占据的体积分数之和，写作

$$2\varphi^0 = \frac{4\pi N_A}{3} \sum_i c_i^0 R_i^3 \tag{3.9.26}$$

式中：R_i 为 i 离子的半径；N_A 为阿伏伽德罗常数；c_i^0 为 i 离子在本体相中的浓度。

电荷密度等于正、负离子电荷密度的加和，即

$$\rho = ze(c_+ + c_-) \tag{3.9.27}$$

修正后的 PB（modified Poisson-Boltzmann，MPB）方程为

$$\nabla^2 \psi = \frac{zec^0}{\varepsilon} \frac{2\sinh\left(\dfrac{ze\psi}{k_B T}\right)}{1 + 2\varphi^0 \sinh^2\left(\dfrac{ze\psi}{2k_B T}\right)} \tag{3.9.28}$$

式中：ε 为介电常数。根据 MPB 方程，双电层中离子浓度沿垂直于电极方向上的分布如图 3.9.8 所示，离子在不同占据体积分数（浓度）（即填充因子 φ^0 下）的微分电容曲线如图 3.9.9 所示。由图 3.9.8 电极表面负离子的归一化浓度分布图可以看出，因 MPB 方程

限制了电极表面离子的最大浓度（密堆积时的浓度），在电极表面电势足够大时，反离子在电极表面发生层状排列，不会出现经典 PB 模型中可取任意大小值的情况。并且随着电极电势的增大，饱和层的层数随之增加。图 3.9.9 中界面的微分电容曲线在体积填充因子 $\varphi^0 > 1/3$ 时，电容曲线呈现类似钟形，在 $\varphi^0 < 1/3$ 时，呈驼峰形。

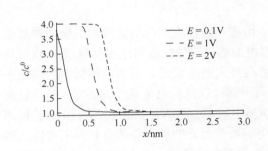

图 3.9.8　不同电极电势下电极表面负离子归一化浓度分布　　　图 3.9.9　不同电极电势下电极表面负离子归一化浓度分布和平均场下不同填充因子 φ^0（离子总体积分数）对应的界面差分电容曲线

2）短程静电相关理论

许多原位表征技术观测到高浓度电解液、熔盐电解质和离子液体界面双电层中存在着电势和离子浓度的振荡分布、双电层的电荷反转及大分子电解质同号离子间相互吸引的现象。通过 X 射线反射（X-ray reflection，XRR）技术可以得到电解质离子在电极表面的振荡分布。产生这一现象的原因是浓溶液、熔盐、离子液体体系中离子的浓度很高，离子间距离很近，离子间的短程相互作用不再能被忽略。平均场模型描述具有短程相互作用的体系不太合适。例如，采用平均场理论处理无外电场下的电解质溶液时，因电中性原则，离子被视为处在场强为零的均匀场中，离子位置的变化对体系的能量无影响。而实际上，离子间存在静电相互作用，任一离子周围反号离子出现的概率会更高，因此离子间距的变化会改变离子间的静电势能从而影响体系的总能量。这一现象在德拜-休克尔关于强电解质溶液的离子氛概念中就已体现，只是超浓体系的离子密堆积使短程相互作用更加显著。

3. 离子液体三维动态双电层

电化学界面双电层具有三维结构，而室温下溶液中的离子是运动的，可以想象双电层也具有三维动态性质。这种性质又可能影响界面动力学行为，是界面电化学的基本科学问题。离子液体在结构和性质方面具有明显的各向异性特征，在电化学界面具有层状结构，且已有分子动力学模拟研究表明，层状结构具有随时间而变化的动态特征，是研究双电层三维动态结构的最佳体系，有望进一步获得对电化学界面结构和性质及其反应动力学的全面认识。深共熔溶剂（deep eutectic solvent，DES）属于离子液体的一类衍生体系，它通过两种固体间的氢键作用，形成低熔点的离子型液体。相比于离子液体，DES 价格低廉，且具有特殊的性质。另外，溶剂化离子液体（solvate ionic liquid，SIL）是金属离子与溶剂分子按一定比例混合后形成的，是锂电池中常用的电解液。研究 SIL 的体相性质及其与电极的兼容性，对于理解、运用和进一步设计锂电池电解液有重要的应用价值。总之，DES 和 SIL 具有广阔的应用前景，但其电化学界面行为鲜为人知，是值得抓住机遇开展理论和实验研究的电化学重要新方向。

4. 固体电解质双电层

固体电解质因独有的特性，如不易燃烧、可在一定程度上抑制金属锂负极的枝晶生长，成为固态锂电池的核心研究内容。固态锂电池的电化学性能与电极材料/固体电解质界面双电层密切相关。固体电解质与液体电解质最大的区别是，固体电解质中的载流子是单一离子，如 Li^+，不像液体电解质中正负离子都可以充当电荷载体。研究人员通过原位透射电子显微镜（TEM）观测全固态电池 $LiCoO_2 \mid Li_{1-x-y}Al_yTi_{2-y}Si_xP_{3-x}O_{12} \mid Li$ 的正极部分，并通过电子全息谱解析，发现正极/固体电解质界面处的静电势的分布范围可以达到约 1.5μm，远远超出了传统电极固/液体电解质界面双电层厚度。固体电解质中双电层厚度如此之大，目前研究者还不能很好地从理论上进行解释。仅考虑单载流子等因素，固体电解质双电层模拟中最大的厚度也只有 400～600nm。深入理解固体电解质双电层，对全固态电池的研发和固态电化学基础研究具有重要意义。

5. 纳米电化学体系界面双电层

纳米电化学体系界面双电层研究是离子通道、微纳流道、纳米孔、纳米间隙与纳米电极、锂离子电池和超级电容器相关研究中的重要基础科学问题。除了前述离子体积排斥效应和离子间短程相互作用外，纳米电化学界面有自己的独特之处，如纳米界面超高传质速率、纳米尺度下双电层的重叠和边缘效应。由于离子、分子的尺寸，双电层中紧密层的厚度，电子隧穿的有效距离等都在纳米尺度，当纳米电化学体系界面中的边缘部分占体系比例较大时，边缘部分的特殊性对体系整体性质的影响就不能忽略。这些边缘效应引起的介电常数、反应速率常数的变化应当考虑到理论模型中。

总之，高效电化学能量转换和物质转化需求催生出许多新型电化学体系。这里所介绍的超浓溶液、固体电解质及纳米电极体系是其中几类。这些新体系对传统电化学理论和方法提出了挑战。超浓电解质体系中离子体积排斥反应、离子间短程相互作用等对体系的平衡和非平衡热力学性质的影响变得更加重要。而传统的双电层和伏安理论基本上建立在稀溶液基础之上，并未包含这些因素。虽然研究者已发展了在不同层次描述离子体积和短程相互作用效应的理论模型，但仍有不足之处。纳米尺度电化学体系除了本身的特殊性外，与超浓电解质体系耦合，势必会产生更多新的现象和规律。这些新型电化学界面的出现也为研究人员带来了丰富的创新机遇。例如，武汉大学的科研团队在纳米尺度电化学界面双电层、电荷转移及物质传输等方面开展了系统的研究，指出基于过渡态理论的巴特勒-福尔默（Butler-Volmer）及 Marcus-Hush 电荷转移理论在纳米电极界面的局限性，建立了基于电子态密度和长程电子隧穿效应的纳米界面电荷转移理论模型，预期纳米界面的电荷转移速率常数不再是反应的本征变量，而是随电极尺寸和形貌发生变化，并提出纳米界面动态双电层效应，以克服传统电化学理论在空间上将传质层和双电层分离的局限，同时指出纳米界面溶剂介电场与静电势场的耦合对界面结构与反应动力学有重要影响，从 Poisson-Nernst-Planck 理论和 Bockris、Booth 等溶剂介电模型出发，建立了将界面双电层结构、溶剂介电结构、电荷转移及物质传输统一起来的"多物理场动态双电层"理论模型，以准确描述纳米界面的双电层结构和电极动力学。

3.10　电极/溶液界面上的吸附现象

如果形成双电层时只涉及荷电粒子之间的库仑引力，则影响界面电性质的因素不外是电解质的价型、浓度、溶剂化离子的大小，以及相对于 φ_0 而确定的电极电势等。换句话讲，按照吸附双电层模型理论，在同浓度、同价型的电解质溶液中测得的电毛细曲线和微分电容曲线应基本相同。然而，大量事实表明，在电极/溶液界面上除了由表面剩余电荷引起的离子静电吸附外，还经常出现各种表面活性粒子的吸附现象。在电极表面上的吸附现象对电极反应动力学的影响主要有两种表现形式：①若表面活性粒子本身不参加电极反应，它们在电极上吸附后通过改变电极表面状态及界面层中的电势分布情况从而影响反应粒子的表面浓度及界面反应活化能；②如果反应粒子或反应产物（包括中间态粒子）能在电极表面上吸附，则对有关电极反应步骤的动力学参数更有直接影响。因此，研究界面吸附现象，不仅对从理论上深入了解电极过程动力学具有十分重要的意义，而且具有重要的实际意义。

许多无机离子、有机离子和有机分子都能在电极/溶液界面上发生吸附，一般有机分子的表面活性强得多，对电极过程的影响也更显著。

3.10.1　无机阴离子的吸附

无机阴离子本身带有负电荷，在电极表面带正电时由于库仑引力产生吸附现象，这种吸附称为"离子静电吸附"。然而，许多无机阴离子，如卤素离子 X^-、S^{2-}、OH^-、CN^- 等，在汞和其他一些金属表面上除静电吸附之外，还发生非库仑力引起的吸附，这类吸附称为"特性吸附"，其吸附键具有化学键的性质。这时，无机阴离子在电极表面层的浓度大于仅存在静电吸附时的表面浓度。

往 $0.5\text{mol·L}^{-1}\ Na_2SO_4$ 溶液中分别加入 KCl、KBr、KI 和 K_2S 时汞电极的电毛细曲线如图 3.10.1 所示。由于 SO_4^{2-} 表面活性很小，故可假定 Na_2SO_4 溶液中不发生阴离子的特性吸附。这样，可以根据加入其他阴离子后界面张力的变化来判断离子的吸附作用。从图 3.10.1 中可以看出，阴离子的吸附与电极电势有密切关系，吸附主要发生在比零电荷电势更正的电势范围，即发生在带异号电荷的电极表面。在带同号电荷的电极表面上，当剩余电荷密度稍大时，静电斥力大于吸附作用力，阴离子很快就脱附了，汞电极的界面张力重新增大，电毛细曲线与无特性吸附时（Na_2SO_4 溶液）的曲线完全重合。因此，阴离子的特性吸附作用发生在比零电荷电势更正的电势范围和零电荷电势附近。电极电势越正，阴离子的吸附量也越大，如图 3.10.2 所示。

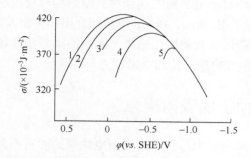

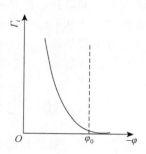

图 3.10.1　阴离子特性吸附对电毛细曲线的影响

1. $0.5mol \cdot L^{-1}$ Na_2SO_4；2. $0.5mol \cdot L^{-1}$ $Na_2SO_4 + 0.01mol \cdot L^{-1}$
KCl；3. $0.5mol \cdot L^{-1}$ $Na_2SO_4 + 0.01mol \cdot L^{-1}$ KBr；
4. $0.5mol \cdot L^{-1}$ $Na_2SO_4 + 0.01mol \cdot L^{-1}$ KI；
5. $0.5mol \cdot L^{-1}$ $Na_2SO_4 + 0.05mol \cdot L^{-1}$ K_2S

图 3.10.2　阴离子吸附量与电极电势的关系
示意图

从图 3.10.1 中还可看出，在同一种溶液中，加入相同浓度的不同阴离子时，同一电势下界面张力下降的程度不同。这表明不同阴离子的吸附能力或表面活性是不同的。界面张力下降越多，表明该种离子的表面活性越强。实验表明，几种常见的阴离子在汞电极上的吸附能力（表面活性）有如下顺序：

$$S^{2-} > I^- > Br^- > Cl^- > OH^- \gg SO_4^{2-} > F^-$$

图 3.10.1 还表明，阴离子的吸附使电毛细曲线最高点（零电荷电势）向负方向移动，表面活性越强的离子引起 φ_0 负移的程度也越大。这是由于阴离子的吸附改变了双电层结构。

图 3.10.3 表示了阴离子吸附对微分电容曲线的影响，从前面关于紧密层结构的讨论已知，阴离子吸附时将脱去水化膜，挤进水偶极层，直接与电极表面接触，形成内紧密层结构，从而使紧密层有效厚度减小，微分电容值增大。因此，在零电荷电势附近和比零电荷电势正的电势范围内，微分电容曲线比无特性吸附时升高了。

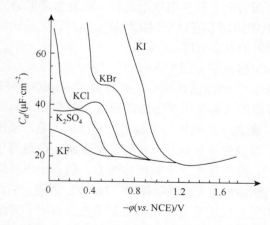

图 3.10.3　无机阴离子吸附对微分电容曲线的影响

　　无机阴离子的特性吸附不仅影响电毛细曲线和微分电容曲线，对其双电层结构、界面电荷分布都有很大影响。下面以 I^- 的特性吸附为例说明。在图 3.10.1 中，KI 溶液的电毛细曲线的零电荷电势比 Na_2SO_4 溶液负得多，其左分支的界面张力也小得多，这主要是由 I^- 具有较强的特性吸附而引起。当电极电势为在 Na_2SO_4 溶液的零电荷电势时，Na_2SO_4 溶液中的汞电极表面不带电荷，离子双电层消失，然而，KI 溶液中的汞电极表面却带正电荷，界面溶液一侧由阴离子组成。由于 I^- 在静电吸附的同时还发生特性吸附，这些界面溶液一侧的 I^- 的数量比只有静电吸附时多，而所带电荷也就超过电极表面的剩余正电荷。这种电极表面溶液一侧吸附的阴离子剩余电荷超过电极表面所带剩余正电荷的现象称为"超载吸附"。由于电极表面溶液一侧阴离子的剩余电荷多于电极表面，多余的阴离子又会吸引溶液中的阳离子形成如图 3.10.4 所示的三电层结构，使电极/溶液界面结构发生根本变化。

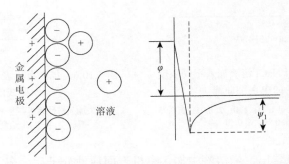

图 3.10.4　汞电极在 $Na_2SO_4 + KI$ 溶液中的三电层结构及其电势分布

3.10.2　无机阳离子的吸附

　　如前所述，绝大多数阳离子的表面活性都很小，可作为非表面活性物质处理。少数高价阳离子（如 Th^{4+}、La^{3+} 等）发生特性吸附时，具有与阴离子类似的规律，如使界面张力下降、微分电容升高、零电荷电势移动等。不过，由于阳离子所带电荷符号不同，电毛细曲线右分支的表面张力下降，零电荷电势将向正方向移动，故阳离子的吸附也主要发生在比零电荷电势更负的电势范围内和零电荷电势附近。

3.10.3　有机分子（或有机离子）的吸附

　　绝大部分能溶于水的有机分子在电极/溶液界面上都具有程度不同的表面活性。不少化合物还是专门合成出来作为"表面活性剂"使用，其中主要有各种磺酸盐和硫酸盐的"阴离子型"活性物质、各种季铵盐的"阳离子型"活性物质及各种"非离子型"表面活性物质（如环氧乙烷与高级醇的缩聚物）。在电化学体系中，这些化合物常用作"添加剂"来控制电极过程和影响电极过程的反应机理，而这种作用主要是通过在电极表面上吸附实现的。此外，有机分子在电极上参加电化学反应时的反应历程也往往与它们在电极上的吸附行为密切相关。

有表面活性的有机分子在电极表面发生吸附的规律及其对界面性质的影响，可以通过前面介绍过的电毛细曲线和微分电容曲线来观察。实验时，溶液加入少量有表面活性的有机分子后，电毛细曲线和微分电容曲线都将发生很大的变化，如图 3.10.5 和图 3.10.6 所示。

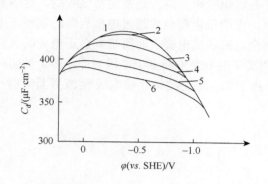

图 3.10.5　1.0mol·L⁻¹ NaCl 溶液加入不同浓度
t-C₅H₁₁OH 的电毛细曲线

曲线 1～6 对应醇的浓度/(mol·L⁻¹)：1. 0；2. 0.01；3. 0.05；
4. 0.10；5. 0.20；6. 0.40

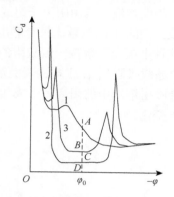

图 3.10.6　加入有机表面活性物质对微分电容
曲线的影响

1. 未加入活性物质；2. 在 φ_0 附近达到饱和覆盖；
3. 未达到饱和覆盖

从图 3.10.5 可以看出，当溶液中加入有机表面活性分子后，在零电荷电势附近一段范围内电极/溶液界面的界面张力下降，加入活性有机分子的浓度越大，界面张力下降得越多，而出现界面张力下降的电势范围也越宽，电毛细曲线的最高点也略向电势正的方向移动（有些有机分子也可使曲线最高点略向负移）。

从图 3.10.6 可以看出，在溶液中加入有机表面活性分子后，零电荷电势 φ_0 附近一段电势范围内界面微分电容显著降低，两侧则出现很高的电容峰值。随着有机表面活性分子浓度增大，零电荷电势 φ_0 附近的微分电容 C_d 逐渐减小，最后达到极限值。对此实验现象可作如下解释：当界面层中介电常数很大的水分子被介电常数较小而体积较大的有机分子所取代后，界面电容值降低。在零电荷电势 φ_0 附近的电势范围内，电极表面的水分子最容易被有机分子所取代，因而界面微分电容值的降低就最明显。当电极/溶液界面被有机分子全部覆盖（覆盖度 $\theta = 1$）时，界面微分电容达到极限值。加入有机表面活性分子后在微分电容曲线两侧出现峰值电容，是因为此时测得的是微分电容 $C_d = \dfrac{dq}{d\varphi}$ 而不是积分电容 $C = \dfrac{q}{\varphi}$，而这两者具有下列关系：

$$C_d = \frac{d(C\varphi)}{d\varphi} = \frac{Cd\varphi + \varphi dC}{d\varphi} = C + \varphi\frac{dC}{d\varphi} \tag{3.10.1}$$

即微分电容 C_d 比积分电容 C 多一项 $\varphi\dfrac{dC}{d\varphi}$。在吸附区域内（即微分电容曲线的水平段）

电容很小，它随电势的变化 $\dfrac{dC}{d\varphi}$ 可以忽略不计，$C_d \approx C$。但在有机表面活性分子发生吸附或脱附时，其相应电势上的 $\dfrac{dC}{d\varphi}$ 将达到很大数值，这时测得的 C_d 比 C 要大得多，因而微分电容值急剧变化而出现电容峰。这种峰值电容一般称为"假电容"。由此可知，根据微分电容曲线的峰电势，可以粗略地估计表面活性物质的吸附、脱附的电势范围。

利用微分电容曲线还可以计算表面活性物质在电极表面的覆盖度 θ。假设不发生吸附的界面电容值为 $C_{\theta=0}$，而达到吸附饱和后的界面电容值为 $C_{\theta=1}$。若电极表面可以分为两部分，一部分为吸附饱和部分，其面积为 θ；另一部分为未吸附部分，其面积为 $1-\theta$，则整个电极的界面电容为

$$C = C_{未覆盖} + C_{覆盖}$$
$$C_{覆盖} = \theta C''$$
$$C_{未覆盖} = (1-\theta)C'$$
$$C = \theta C'' + (1-\theta)C'$$
$$\theta = \frac{C-C'}{C''-C'} = \frac{C'-C}{C'-C''} \tag{3.10.2}$$

式中：C' 和 C'' 分别为未覆盖部分和完全覆盖部分的界面电容。$C'-C$ 在微分电容曲线上相当于图 3.10.6 中的纵坐标 AB 段；$C'-C''$ 在微分电容曲线上相当于纵坐标 AC 段，因此有

$$\theta = \frac{AB}{AC} \tag{3.10.3}$$

式（3.10.3）必须是被吸附的有机分子在界面上的排列方式不随 θ 而变化时适用，在吸附和脱附电势附近不能应用。

电极/溶液界面上的吸附现象比较复杂，一方面，电极/溶液界面上的吸附与在一般表面上的吸附都服从某些共同规律；另一方面，由于溶液相的存在，以及在电极/溶液界面具有可在一定范围内连续变化的电场而存在某些特殊规律。为此，有机表面活性分子在电极表面的吸附，除了与其本身的化学性质和浓度有关外，电极表面电荷密度和电极表面的化学性质也能影响其吸附行为。这样，同一有机表面活性分子在不同电极表面上及在不同电势下的吸附行为也可以极不相同。

研究吸附现象的基本方法是测定活性粒子在给定表面上的吸附等温线——活性粒子整体浓度与表面吸附量之间的关系曲线。根据吸附等温线的形式，就可以求出吸附平衡常数和吸附自由能，并判断存在哪些类型的相互作用。由于电极电势对其相互作用的性质及吸附自由能有很大影响，研究电极/溶液界面上的吸附现象时需要测定活性粒子的吸附电势范围，并在不同电势下分别测定吸附等温线。此外，还可以根据吸附引起零电荷电势 φ_0 的变化及界面电容值的变化来估计活性粒子在界面上的排列方式。

已经测定许多有机表面活性分子在电极表面上（特别是汞电极上）的吸附行为表明，在不带有剩余电荷或表面电荷密度很小的电极表面上，许多有机表面活性分子的吸附行为与它们在空气/溶液界面上的行为相似。例如，对于同一系列的化合物，如脂肪醇、酸、胺等，只要溶解度许可，表面活性总是随着碳氢链的长度而加大，并且每增减一节 CH_2

所引起的活性改变服从特劳贝（Traube）规律。此外，增加碳氢链的数目也总是有利于增大活性，如在 R 一定时各种胺类化合物的活性顺序为 $NH_3 < RNH_2 < R_2NH < R_3N < R_4N^+$。然而，在电极表面上，特别是当电极表面带正电时，芳香化合物和杂环化合物的表面活性要比在空气/溶液界面上大得多。这一现象可能是分子中的 π 电子云与表面电荷（或镜像电荷）相互作用的结果。当用氟取代芳环中的氢原子后，π 电子云密度大为降低，上述现象也就几乎消失。与此相似，离子型表面活性粒子，特别是半径较大的季铵阳离子，在电极表面上的活性也显著大于空气/溶液界面，这一情况大概也是离子电荷与镜像电荷相互作用的结果。在汞电极上，季铵阳离子的吸附电势范围可向负方向扩展到−1.6V 左右（图 3.10.7）。一些每段碳链不长而含有多个极性基因的有机分子（如多元醇、多乙烯、多元胺、聚醚等）在电极表面也具有较高的活性，其吸附自由能可能来自重复结构中各个单元的联合效应。

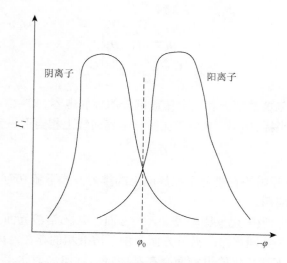

图 3.10.7　有机离子吸附电势范围示意图

一般，简单的脂肪族化合物、芳香化合物和杂环化合物只在零电荷电势附近一段电势区间内发生吸附，其宽度为 1V 左右。芳香化合物及杂环化合物在电极上有两种被吸附的方式。当电极表面带正电（$\varphi > \varphi_0$）时，由于 π 电子云与正电荷之间的相互作用，有机分子的平面趋向于和电极表面平行，形成平卧的吸附层。当电极表面带负电（$\varphi < \varphi_0$）时，则转变为芳环平面与电极表面垂直的吸附层。电势变化时吸附层结构也随之变化。脂肪族化合物在发生吸附的全部电势范围内，吸附层结构的变化不大。某些亲水基较多的活性分子，如多元醇、多乙烯、多元胺等，具有较高的相对介电常数，它们在电极上吸附的电势范围相当宽，在汞电极上的负电势一侧可延伸到−1.8V 以上。常用的聚乙烯醚非离子型表面活性剂，能在很负的电势区吸附，其吸附层结构随电势的变化有复杂的形式。各种类型的表面活性物质在电极表面上的吸附规律、在不同电极上的吸附能力，以及对各类电极过程的影响程度等，目前还不能完全用理论解决，还必须通过实验来确定。

　　电极材料的影响、电极材料性质和聚集状态不同，均对活性分子的吸附有影响。同一种有机化合物，在不同金属电极表面的吸附行为可以有很大区别。例如，脂肪醇在锌表面上强烈吸附，在镉表面只有微弱的吸附能力，而在银表面则完全不吸附。这主要是由不同金属表面的自由能不同、金属面与活性粒子的相互作用不同及金属表面的亲水性不同所造成的。当活性分子与电极表面相互作用的差别不大时，不同金属表面吸附程度的差异主要来自水分子吸附自由能的差别。例如，镉的亲水性很强（水的吸附能高），而苯胺在镉表面的吸附能力确实比在汞表面低；又如，己醇可以在较宽的电势范围内在汞表面吸附，而在铁表面却无明显的吸附现象，这也与水分子在铁表面的吸附自由能比在汞表面高是一致的。

　　实验表明，在负电荷的电极表面，表面活性物质的脱附电势往往差别不大。有人在研究 Pb、Cd、Hg、Zn 等金属电极上的吸附电势范围时发现，尽管这些金属电极的零电荷电势不同，差别可达 0.5V 以上，但是许多表面活性物质在这些电极表面负电荷区的脱附电势的差别却不超过 $0.1\sim0.2V$ 的范围，而且脱附电势越负，差别越小。因此，在实际工作中，作为一种粗略的估计，可以忽略金属本性的影响，而得到表 3.10.1 所列的各类表面活性物质的负电荷区脱附电势的范围。至于正电荷区的脱附电势则难以测量，原因是大多数电极材料在正剩余电荷密度较大时就会发生金属的阳极溶解和阴离子的强烈吸附，从而干扰了实验测定。

表 3.10.1　各类表面活性物质的负脱附电势范围

表面活性物质（按浓度 0.1% 估计）	负脱附电势(*vs.* SHE)/V
有机阴离子（磺酸、脂肪酸）	$-0.8\sim-1.1$
芳香烃、酚	$-0.8\sim-1.1$
脂肪醇、胺	$-1.1\sim-1.3$
有机阳离子（季铵盐）	$-1.4\sim-1.6$
多聚型活性物质（动物胶、"平平加"）	$-1.6\sim-1.8$

　　以上讨论只涉及了不参与电极反应的有机化合物的吸附行为及其规律，这种情况多半发生在汞电极或类汞金属电极上。对于一些具有催化活性的电极，如铂和铂族金属，有机分子可能会发生脱氢、自氢化、氧化和分解等化学反应，往往还生成一些吸附态的中间粒子。在这种情况下，有机化合物的吸附过程已经是不可逆的，因而本小节所讨论的研究方法和吸附规律已不适用。

习题与思考题

　　1. 一个电化学体系由哪些相间电势差组成？最重要的相间电势差是哪些？最少有哪些相间电势差？

2. 液体接界电势是如何产生的？如何消除液体接界电势？能消除到什么程度？

3. 带电粒子在两相中转移的判据是什么？

4. 电池在什么条件下为可逆电池？如何定义电池的正极、负极？电池的正极、负极与通常的阴极、阳极有什么联系和区别？

5. 电化学是如何与热力学联系的？写出两者之间的主要关系式。

6. 平衡电极电势是如何定义的，如何得到平衡电极电势？

7. 怎样由平衡电极电势计算可逆电池电动势？

8. 可逆电极有哪些类型？举例说明。

9. 可逆电池有哪些类型？举例说明。

10. 不可逆电极有哪些类型？举例说明。

11. φ-pH 图属于什么性质的图？它能说明什么问题？

12. 研究双电层结构的实验方法主要有哪些？依据什么原理？

13. 什么是理想极化电极？它有什么用处？

14. 如何利用电毛细曲线和微分电容曲线求电极表面的剩余电荷密度和零电荷电势？哪种方法得到的结果更精确些？

15. 零电荷电势说明什么问题？能否利用零电荷电势计算绝对电势？

16. "标准电极电势为零，就是电极表面的剩余电荷为零"的说法是否正确？

17. 目前主要有哪些双电层结构模型？说明其大意并比较其优缺点。

18. 写出下列可逆电池中各电极上的反应和电池反应。

（a）$Pb(s) + PbSO_4(s)|SO_4^{2-}\parallel Cu^{2+}|Cu(s)$

（b）$Hg(s) + HgO(s)|NaOH|H_2(g)$

（c）$Ag(s) + AgCl(s)|Cl^-\parallel I^-|AgI(s) + Ag(s)$

19. 试将下列反应设计成电池，并求 298K 时该反应的 $\Delta G^\ominus$ 和平衡常数 K_a。

（a）$Cu(s) + Cl_2(1atm) \longrightarrow Cu^{2+}(a = 1) + 2Cl^-(a = 1)$

（b）$Cd(s) + I_2(s) \longrightarrow Cd^{2+}(a = 1) + 2I^-(a = 1)$

20. 根据反应 $Fe^{2+} + Ag^+ \longrightarrow Ag + Fe^{3+}$ 设计一个电池。

（a）写出电池表示式和电动势表示式。

（b）计算上述反应平衡常数。

（c）设将大量细的银粉加到 $0.05mol\cdot L^{-1}$ 的硝酸铁[$Fe(NO_3)_3$]溶液中，反应达到平衡后 Ag^+ 浓度为多少？（设浓度等于活度）

21. 298K 时可逆电池 $Ag(s) + AgCl(s)|HCl(l)|Hg_2Cl_2(s) + Hg(l)$ 的 $E = 45.5mV$，温度系数$(dE/dT)_p = 0.338mV\cdot K^{-1}$。求 298K 下电池产生 1F 电流时，电池反应的 ΔG、ΔH 和 ΔS。

22. 25℃时，$0.1mol\cdot L^{-1}$ 的 $AgNO_3$ 和 $0.01mol\cdot L^{-1}$ 的 $AgNO_3$ 溶液中 Ag^+ 的平均迁移数均为 0.467，$0.01mol\cdot L^{-1}$ 和 $0.1mol\cdot L^{-1}$ $AgNO_3$ 溶液的 $\gamma_\pm$ 分别为 0.892 和 0.733。试计算：

（a）$Ag|AgNO_3(0.01mol\cdot L^{-1})\parallel AgNO_3(0.1mol\cdot L^{-1})|Ag$ 的电动势。

（b）$Ag|AgNO_3(0.01mol\cdot L^{-1})| AgNO_3(0.1mol\cdot L^{-1})|Ag$ 的电动势。

（c）求 $Ag|AgNO_3(0.01mol\cdot L^{-1})| AgNO_3(0.1mol\cdot L^{-1})|Ag$ 的液接电势。

23. 计算浓差电池 M，$O_2(0.1atm)|KOH(1mol \cdot L^{-1})|O_2(1atm)$，M 在 298K 时的电动势（M 是不活泼金属）。

24. 写出下述串联电池中各电极反应和各电池反应，并求总电池电动势。

$$Zn(s)|ZnCl_2(m = 0.02mol \cdot L^{-1}, \gamma_{\pm} = 0.642)|AgCl(s)|Ag-$$

$$-Ag|AgCl(s)|ZnCl_2(m = 1.50mol \cdot L^{-1}, \gamma_{\pm} = 0.290)|Zn(s)$$

25. 试计算 298K 时下面电池的电动势。

$$Ag(s), AgCl(s)|NaCl(1mol \cdot L^{-1})|Hg_2Cl_2(s), Hg(s)$$

已知 AgCl 和 Hg_2Cl_2 的 $\Delta G^{\ominus}$ 分别为 $-119.57kJ \cdot mol^{-1}$ 和 $-210.35kJ \cdot mol^{-1}$。

26. 已知 Zn 在水溶液中（$Zn-H_2O$ 体系）可能发生的反应（水本身的反应除外）有

$$Zn + 2e^- \Longrightarrow Zn \qquad\qquad \varphi^{\ominus} = -0.763V$$

$$Zn(OH)_2 + 2H^+ \Longrightarrow Zn^{2+} + 2H_2O \qquad lgK = 10.96$$

$$ZnO_2^{2-} + 2H^+ \Longrightarrow Zn(OH)_2 \qquad lgK = 29.78$$

$$Zn(OH)_2 + 2H^+ + 2e^- \Longrightarrow Zn + 2H_2O \qquad \varphi^{\ominus} = -0.437V$$

$$ZnO_2^{2-} + 4H^+ + 2e^- \Longrightarrow Zn + 2H_2O \qquad \varphi^{\ominus} = 0.44V$$

试建立 $Zn-H_2O$ 体系的 φ-pH 图，并说明当 Zn 在水溶液中的稳定电势为 $-0.82V$ 时，在什么 pH 条件下，Zn 有可能不被腐蚀？当电势为 $-1.00V$ 时，在什么 pH 条件下，Zn 有可能不被腐蚀？

27. 已知紧密层电容为 $0.18F \cdot m^{-2}$，紧密层的距离 $d = 3.0 \times 10^{-10}$，计算紧密层中水的相对介电常数，并说明原因。

28. 25℃时，汞电极浸在 $0.3mol \cdot L^{-1}$ 的 LiCl 溶液中，测得界面张力 σ 随电极电势 φ 变化的实验结果如下表，试绘制电毛细曲线并确定零电荷电势 φ_0（相对于甘汞电极）。

习题与思考题 28 附表（界面张力 σ 随电势 φ 变化的实验测定值）

$\varphi(vs. SCE)/V$	$\sigma/(N \cdot m^{-1})$	$\varphi(vs. SCE)/V$	$\sigma/(N \cdot m^{-1})$	$\varphi(vs. SCE)/V$	$\sigma/(N \cdot m^{-1})$	$\varphi(vs. SCE)/V$	$\sigma/(N \cdot m^{-1})$
-0.1	0.3860	-0.5	0.4224	-0.9	0.4090	-1.3	0.3641
-0.2	0.4011	-0.6	0.4252	-1.0	0.4006	-1.4	0.3488
-0.3	0.4134	-0.7	0.4225	-1.1	0.3898		
-0.4	0.4211	-0.8	0.4173	-1.2	0.3777		

29. 画出电极 $Cd|CdCl_2$（$a = 0.001$）在平衡电势时的双电层结构示意图和双电层内电势分布图。已知该电极的零电荷电势为 $-0.71V$。

30. 根据下图所给的实验数据，阐述该电极体系界面吸附现象的特征信息。图中，曲线 1 和 2 分别为汞电极在 $0.5mol \cdot kg^{-1}$ Na_2SO_4 和 $0.5mol \cdot kg^{-1}$ $Na_2SO_4 + C_7H_{15}OH$ 溶液中测出的曲线。

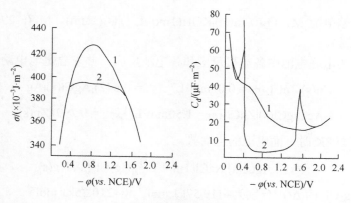

习题与思考题 30 附图

31. 某阳离子缓蚀剂对钢的缓蚀作用是它在钢表面吸附的结果。在 $1mol \cdot L^{-1}$ H_2SO_4 溶液中加入这种缓蚀剂时，发现几乎对钢没有缓蚀作用。但再加入一些食盐后，缓蚀效果良好。经实验测定，铁在 $1 \times 10^{-4} mol \cdot L^{-1}$ H_2SO_4 溶液中的微分电容曲线最低点的电势为 $-0.37V$，而钢在加有上述缓蚀剂的硫酸溶液中的稳定电势为 $-0.27 \sim -0.25V$，试分析出现上述现象的原因。

第4章 电极过程动力学及几种重要的电极过程

　　电极过程是指发生在电极与溶液界面上的电极反应、化学转化和电极附近的液层中传质作用等一系列变化的总和。电极过程动力学主要研究电极与电解质溶液接触时所形成界面的基本物理化学性质，特别是通过电流时在电化学界面上发生的各种过程。随着人们对电极过程中新概念及新实验手段认识的逐步深入，电极过程已在能源领域、材料科学和分析化学等众多领域中发挥了举足轻重的作用。

　　本章介绍电极过程动力学的理论，并定量地解释所观察到的电极动力学行为与电势和浓度的关系。这个理论将有助于理解各种情况下的动力学效应。首先，简要回顾一下物理化学中均相动力学的某些概念，因为这些概念既可提供熟悉的起始依据，又可提供通过类推方法建立电化学动力学理论的基础。

4.1　电化学动力学理论基础

　　电化学动力学的研究范围不但包括在电极表面上进行的电化学过程，还包括电极表面附近薄层液体中的传质过程及化学过程等。电化学动力学就是研究在不可逆情况下电极反应及电化学反应速率，即研究电极电势、电极表面浓度、电极表面状况对电流强度的相互关系。电极过程动力学在新能源、电镀、电解、铝阳极氧化等工业，以及金属保护、电分析等方面得到广泛的应用。

　　电极反应是伴有电极/溶液界面上电荷传递步骤的多相化学过程。电极反应虽然具有多相化学反应的一般特征，但也表现出自身的特点。首先，电极反应的速率不仅与温度、压力、溶液介质、固体表面状态、传质条件等有关，而且受施加于电极/溶液界面电势的强烈影响。其次，电极反应的速率还依赖于电极电解质溶液界面的双电层结构，因为电极附近的离子分布和电势分布均与双电层结构有关。因此，电极反应的速率可以通过施加的电势、电极表面状态及其他诸多因素的变化而改变。电极反应动力学的主要任务是确定电极过程的各步骤，阐明反应机理和反应速率历程，从而掌握电化学反应的规律。电化学反应的核心步骤是电子在电极溶液界面上的异相传递。要准确地认识整个电极反应的动力学规律，就必须首先知道电极反应速率控制步骤的有关动力学信息。任何动力学过程的准确的动力学描述，在极限平衡条件下必然能给出一个热力学形式的方程式，对于一个可逆的电极反应，平衡态可以用能斯特（Nernst）方程加以表达，即电极反应属于氧化还原反应。一般，电极过程是一个伴随着许多传质过程、电极反应等现象的复杂过程，其步骤主要包括以下内容。

　　（1）液相中的传质步骤：反应物活性物质向电极表面传递。

　　（2）前置表面转换步骤：反应物活性物质在电极表面上或表面附近进行的反应前转

换过程，如金属水化离子脱水、配离子在表面上吸附或发生化学变化。

（3）电化学步骤（电子转移步骤）：反应物活性物质在电极与溶液界面上得电子与失电子，实现电子在界面上的传递，生成反应产物。

（4）随后表面转化步骤：反应产物在电极表面上或表面附近液层中进行反应后转化过程，如从表面上脱附，或发生化学变化，如氢离子复合成氢分子。

（5）新相生成步骤或液相中的传质步骤：反应产物形成新相，或者产物向溶液内部疏散。

在这些反应步骤中，（1）、（3）、（5）是每一个电极反应不可或缺的，有些反应则包括（2）、（4）这两个没有电子参与的化学反应步骤，通常称为化学转化步骤。理解这些电极过程涉及的传质过程、电化学反应等步骤，对掌握电化学动力学的知识十分有益。

绝大多数计量反应并非由反应物的原子进行重排一步转化为产物，而是经由一系列原子或分子水平上的反应作用。反应中产生活泼组分并最终完全被消耗，从而不出现在反应计量式中。这种分子水平上的反应作用称为基元反应。

基元反应若按反应分子数划分可分为三类：单分子反应、双分子反应和三分子反应。绝大多数的基元反应为双分子反应；在分解反应或异构化反应中，可能出现单分子反应；三分子反应数目更少，一般只出现在原子复合反应或自由基复合反应中。

现在假设两种物质 A 和 B 之间进行着简单的单分子基元反应

$$A \underset{k_b}{\overset{k_f}{\rightleftharpoons}} B \tag{4.1.1}$$

两个基元反应始终都在进行。根据基元反应的质量作用定律，正反应的速率 $v_f (mol \cdot L^{-1} \cdot s^{-1})$ 为

$$v_f = k_f c_A \tag{4.1.2}$$

而逆反应的速率为

$$v_b = k_b c_B \tag{4.1.3}$$

基元反应的速率常数 k 是该反应的特征基本物理量，同一温度下比较几个反应的 k，可以大致知道它们反应能力的大小，k 越大则反应越快。速率常数 k_f 和 k_b 的量纲是 s^{-1}，它们分别是 A 和 B 平均寿命的倒数。从 A 转化为 B 的净速率是

$$v_{net} = k_f c_A - k_b c_B \tag{4.1.4}$$

反应系统的组成（化学反应物和产物的混合物）趋向于持续变化至达到平衡为止。当反应物和产物在平衡浓度时，正反应和逆反应的速率是相同的，在系统中没有反应物或产物的净增加。这时，反应体系处于动态平衡。平衡态反应物和产物的浓度定义了平衡常数 K。在平衡时净转化速率为零，所以

$$\frac{k_f}{k_b} = K = \frac{c_B}{c_A} \tag{4.1.5}$$

　　化学热力学研究一个过程进行的方向与限度，而不考虑该过程进行的快慢。而动力学则研究变化的快慢，即速率问题。因此，在体系达到平衡时，动力学理论和热力学一样，可预测出恒定的浓度比值。

　　热力学研究化学反应过程在一定条件下的可能性和限度，动力学则研究过程的变化速率和机理。具体来讲，动力学主要研究各种因素（如浓度、温度、催化剂、溶剂等）对化学反应速率的影响规律，以及化学反应所经历的具体步骤和反应机理。在平衡的极限处，动力学公式必须转变成热力学形式的关系式，否则动力学的描述就不准确。动力学描述了贯穿整个体系的物质流动的变化情况，包括平衡状态的达到和平衡状态的动态保持这两个方面，而热力学仅描述平衡态。

　　显然，热力学不能提供保持平衡态所需的机理的信息，而动力学可以定量地描述复杂的平衡过程。在上述例子中，平衡时从 A 转化为 B 的速率（反之亦然）并非为零，而是相等的。有时将它们称为反应的交换速率 v_0：

$$v_0 = k_f(c_A)_{eq} = k_b(c_B)_{eq} \tag{4.1.6}$$

交换速率的思想在处理电极动力学方面发挥重要作用。

　　当电极上无电流通过时，电极处于平衡状态，与之相对应的是平衡（可逆）电极电势，其值可由电极的能斯特方程算出。如果有电流通过电极，破坏了电极的平衡状态，使电极上进行的过程成为不可逆过程。随着电极上电流密度的增加，电极电势对平衡电极电势的偏离越来越远，电极的不可逆程度也越来越大。电流通过电极时，电极电势偏离平衡电极电势的现象称为电极的极化。某一电流密度下的电极电势与其平衡电极电势之差的绝对值称为超电势，以 η 表示。显然，η 的数值反映出极化程度的大小。

　　根据极化产生的原因，可简单地将极化分为两类，即浓差极化和电化学极化，并将与之相应的超电势分别称为浓差超电势和活化超电势。

　　（1）浓差极化：以 Zn^{2+} 的阴极还原过程为例说明。

　　当电流通过电极时，由于阴极表面附近液层中的 Zn^{2+} 沉积到阴极上，因而降低了它在阴极附近的浓度。如果本体溶液中的 Zn^{2+} 不能及时补充上去，则阴极附近液层中 Zn^{2+} 的浓度将会低于它在本体溶液中的浓度，因此电极电势将低于其平衡值。这种现象称为浓差极化。用搅拌的方法可使浓差极化减小，但由于电极表面扩散层的存在，故不可能完全消除浓差极化。

　　（2）电化学极化：仍以 Zn^{2+} 的阴极还原过程为例说明。

　　当电流通过电极时，由于电极反应的速率是有限的，因此当 Zn^{2+} 不能及时消耗掉外电源供给电极的电子时，阴极上会积累多于平衡状态的电子，这将导致阴极电极电势的降低。这种由于电化学反应迟缓而引起的极化称为电化学极化。

　　无论是哪种原因引起的极化，阴极极化的结果都会使阴极的电极电势变得更负。同理也可推出阳极极化的结果，都会使阳极的电极电势变得更正。实验证明电极电势与电流密度有关。描述电极电势与电流密度之间关系的曲线称为极化曲线。

　　当一个电极工作时，电极上有（净）电流流过，电极电势偏离其平衡值，此现象称为电化学极化。根据电流的方向又可分为阳极化和阴极化。极化是指腐蚀电池作用一经开始，其电子流动的速率大于电极反应的速率。在阳极，电子流走了，离子化反应赶不上补充；在阴极，电子流入快，取走电子的阴极反应跟不上，这样阳极电势向正移，阴极电势向负移，从而缩小电势差，减缓了腐蚀。在通常情况下，可以使用一些缓蚀剂添加到水溶液中促使极化的产生。这类添加的物质，能促使阳极极化的称为阳极性缓蚀剂，能促使阴极极化的称为阴极性缓蚀剂。

极化导致电池在接入电路以后正负极间电压的降低，也导致电镀和电解槽在开始工作以后所需电压的升高。这二者都是不利的，所以要尽量减少极化现象。阳极上的析出电势（正值）要比理论析出电势更正；阴极上的析出电势要比理论析出电势更负，将实际电势偏离理论值的现象称为极化，将实际析出电势与理论析出电势间的差值称为超电势或过电势。

4.2　电极过程的 Butler-Volmer 模型

4.2.1　电极反应的本质

实际过程中对于一个电极反应，平衡是由能斯特方程来表征的，它将电极电势与反应物种的本体浓度联系起来。对于一般的情况：

$$O + ne^- \underset{k_b}{\overset{k_f}{\rightleftharpoons}} R \tag{4.2.1}$$

该能斯特方程为

$$E = E^\ominus + \frac{RT}{nF} \ln \frac{c_O^*}{c_R^*} \tag{4.2.2}$$

式中：c_O^* 和 c_R^* 为本体浓度；$E^\ominus$ 为表观电势。

任何正确的电极动力学理论必须在相应的条件下预测出此结果，同时能够解释在各种环境下所观察到的电流与电势的依赖关系。电流经常全部或部分是由电反应物传输到电极表面的速率所决定，这种限制不影响界面动力学理论。对于低电流和有效搅拌的情况，物质传递并不是决定电流的因素。事实上，它是由界面动力学控制的。Tafel 公式表征了电化学极化电势与极化电流密度之间的关系，研究表明电流通常与过电势之间存在指数关系，即

$$i = a' e^{\eta/b'} \tag{4.2.3}$$

或者如 Tafel 在 1905 年所给出的那样：

$$\eta = a + b \lg i \tag{4.2.4}$$

由 Tafel 公式可以看出，过电势 η 不仅与电流密度有关，还与 a、b 有关。而 a、b 则与电极材料性质、表面结构、电极的真实表面积、溶液的组成及温度有关。一个成功的电极动力学的模型必须解释 Tafel 公式的正确性。

假设电化学反应为 $O + ne^- \underset{k_b}{\overset{k_f}{\rightleftharpoons}} R$，其有正向反应和逆向反应。正向反应以速率 v_f 进行，它必须与 O 的表面浓度成正比。将距离电极表面 x 处和在时间 t 时的浓度表达为 $c_O(x,t)$，因此电极表面（$x=0$）浓度为 $c_O(0,t)$。联系正向反应的速率和浓度 $c_O(0,t)$ 的正比常数是速率常数 k_f：

$$v_f = k_f c_O(0,t) = \frac{i_c}{nFA} \tag{4.2.5}$$

由于正向反应是一个还原反应，应有正比于 v_f 的阴极电流 i_c。同理，逆向反应的速率为

$$v_b = k_b c_R(0,t) = \frac{i_a}{nFA} \tag{4.2.6}$$

这里 i_a 是总体电流中的阳极部分。这样，净反应速率为

$$v_{net} = v_f - v_b = k_f c_O(0,t) - k_b c_R(0,t) = \frac{i}{nFA} \tag{4.2.7}$$

对于整个反应有

$$i = i_c - i_a = nFA[k_f c_O(0,t) - k_b c_R(0,t)] \tag{4.2.8}$$

应该注意到，异相反应的描述方法与均相反应是不同的。例如，异相体系的反应速率与单位界面面积有关，因此它们有 $mol \cdot s^{-1} \cdot cm^{-2}$ 这样的单位。如果浓度的单位是 $mol \cdot cm^{-3}$，那么异相反应速率常数的单位是 $cm \cdot s^{-1}$。由于界面仅受它所直接接触的环境的响应，在速率表达式中的浓度总是表面浓度，它可能与本体浓度不同。

4.2.2 Butler-Volmer 模型的建立

1889 年，阿伦尼乌斯（Arrhenius）研究了许多气相反应的速率，特别是对蔗糖在水溶液中的转化反应做了大量的研究工作。他提出了活化能的概念，并揭示了反应的速率常数与温度的依赖关系：

$$k = A\exp\left(-\frac{E_A}{RT}\right) \tag{4.2.9}$$

式中：E_A 为活化能；A 为频率因子。

Arrhenius 公式在化学动力学的发展过程中起了重要的作用，特别是活化分子的活化能概念的提出，极大地推动了反应速率理论的发展。

1905 年，Tafel 总结了大量的电化学反应实验数据，发现在低电流体系或者有效搅拌体系中，电流与过电势存在指数关系。电化学极化是指由于电极过程中，电化学步骤的速度缓慢，而引起电极电势偏离其平衡电极电势的现象。1930 年，Butler 和 Volmer 通过研究电极电势与电化学反应速率的关系，建立了 Butler-Volmer 电极动力学模型，结合 Arrhenius 的结论，从理论上建立了 Butler-Volmer 方程，实现了过电势与电流的关系通过电化学极化控制下的稳态极化曲线方程描述，并在特定条件下推导出 Tafel 经验公式。

研究表明，电极表面的反应动力学受到电极电势的极大影响。在一定电势下，氢析出反应的速率很快，但在其他电势区域并不如此。在一个确定的电势范围内，铜从金属样品上溶解，但此金属在该电势范围外稳定，所有的法拉第过程均如此。由于界面电势差可被用于控制反应性质，由此能够准确地预测速率常数 k_f 和 k_b 与电势的关系。

反应在势能面上沿着反应坐标从反应物构型到产物构型变化的进程可用示意图表示出来。这种思想也适用于电极反应，但其能量面的形状是电极电势的函数。

考虑一个简单的电化学反应，在汞滴表面 Na 变成 Na^+ 的过程，通过考虑该反应可以容易地看到此影响：

$$Na^+ + e^- \underset{Hg}{\overset{}{\rightleftharpoons}} Na(Hg) \qquad\qquad (4.2.10)$$

固体 Na(Hg) 和 Na$^+$ 有一个反应的界面，在该界面处二者都会有自己相应的自由能，电化学过程"抬高或降低"某一方的自由能，就可以促进反应向特定方向发生。图 4.2.1 以氧化分子与还原分子为例，氧化分子表示 Na$^+$，还原分子表示 Na(Hg)。左边的构型相当于钠原子溶解在汞中。在汞相中，能量仅与位置稍有关联，但如果钠原子离开汞液内部，随着有利的汞-钠相互作用的消失，其能量将上升。对应于这些反应物和产物构型的曲线在过渡态处交叉，氧化和还原的能垒的高度决定它们相对的速率。如图 4.2.1（a）所示，当两者速率相等时，体系处于平衡态，电势是 E_{eq}。

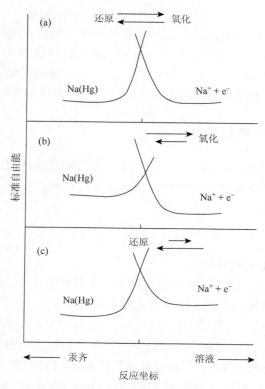

图 4.2.1　法拉第过程中自由能变化的简单示意图
（a）在平衡电势时；（b）在比平衡电势更正的电势时；（c）在比平衡电势更负的电势时

　　现在假设电势向正方向移动。主要的影响是降低"反应物"电子的能量，因此与 Na$^+$ + e$^-$ 有关的曲线相对于 Na(Hg) 降低，此情况如图 4.2.1（b）所示。由于还原的能垒升高，氧化的能垒降低，净转变是由 Na(Hg) 到 Na$^+$ + e$^-$。将电势移到较 E_{eq} 更负的值，电子的能量升高，如图 4.2.1（c）所示，对应于 Na$^+$ + e$^-$ 的曲线将移到较高的能量处。由于还原的能垒降低，氧化的能垒升高，相对于在 E_{eq} 的条件，有净阴极电流流过。这些讨论定性地显示电势影响电极反应的净速率和方向的过程。上述施加的电势对法拉第过程中自由能变化的影响，虽然是以汞滴表面 Na 变成 Na$^+$ 的过程为例，但是，相关的思路可以应用到其他氧化还原过程。

现在考虑可能的最简单的电极过程，在此 O 和 R 仅参与界面上的单电子转移反应，而没有其他任何化学步骤：

$$O + ne^- \underset{k_b}{\overset{k_f}{\rightleftharpoons}} R \qquad (4.2.11)$$

还假设标准自由能沿着反应坐标的剖面图具有抛物线形状，如图 4.2.2 所示，画出了从反应物到产物的全路径，图 4.2.2（b）是在过渡态附近区域的放大图。

电极电势的大小没有绝对值，它是相对于某一标准电极定义的电势差。按照国际纯粹与应用化学联合会的规定，采用标准氢电极作为标准电极，其电极电势定为 0。在发展一种电极动力学理论时，可以很方便地选择体系中有重要化学意义的某点作为电势的参考点，而不是一个绝对的外参比，如 SCE。有两个自然的参考点，即体系的平衡电势和在所考虑条件下电对的标准电势。在电对的两种物质均存在和平衡可定义时，采用平衡电势作为参比点。更加通用的参考点是 $E^{\ominus\prime}$。假设当电极电势等于 $E^{\ominus\prime}$ 时，图 4.2.2 的上部曲线适用于 $O + e^-$。这样，阴极和阳极的活化能分别是 $\Delta G_{0c}^{\neq}$ 和 $\Delta G_{0a}^{\neq}$。

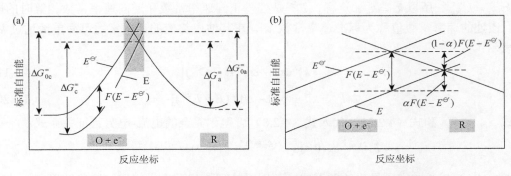

图 4.2.2　电势的变化对于氧化和还原的标准活化自由能的影响

（b）是（a）中阴影部分的放大图

在恒温、恒压条件下，系统所做的可逆电功即吉布斯（Gibbs）自由能减小，所以，$dG = -nFEd\xi$，其中，n 为反应电荷数，F 为 Faraday 常量，E 为原电池的电动势，$d\xi$ 为反应进度。故摩尔反应 Gibbs 自由能为

$$\Delta_r G_m = \left(\frac{\partial G}{\partial \xi}\right)_{T,P} = -nFE \qquad (4.2.12)$$

电化学中的自由能 ΔG 可表示为电极表面通过电荷与对应电势差 ΔE 的乘积。如果电势变化由 ΔE 到一个新值 E，电极上电子的相对能量变化为 $-F\Delta E = -F(E - E^{\ominus\prime})$；因此 $O + e^-$ 的曲线将上移或下移这一数值，如图 4.2.2（a）的下部曲线所示。显然氧化的能垒值 $\Delta G_{0c}^{\neq}$ 较 $\Delta G_{0a}^{\neq}$ 比总能量变化小一个分数，将此分数称为 $1-\alpha$，这里 α 称为传递系数，其值可从 0 到 1，与交叉区域形状有关。所以，

$$\Delta G_a^{\neq} = \Delta G_{0a}^{\neq} - (1-\alpha)F(E - E^{\ominus\prime}) \qquad (4.2.13)$$

图 4.2.2 也揭示在电势 E 处的阴极能垒 $\Delta G_c^{\neq}$ 应较 $\Delta G_{0c}^{\neq}$ 高出 $\alpha F(E - E^{\ominus\prime})$，因此，

$$\Delta G_c^{\neq} = \Delta G_{0c}^{\neq} + \alpha F(E - E^{\ominus\prime}) \tag{4.2.14}$$

现在假设速率常数 k_f 和 k_b 有 Arrhenius 公式的形式，可表示为

$$k_f = A_f \exp(-\Delta G_{0c}^{\neq}/RT) \tag{4.2.15}$$

$$k_b = A_b \exp(-\Delta G_{0a}^{\neq}/RT) \tag{4.2.16}$$

将式（4.2.15）和式（4.2.16）所表示的活化能代入，建立反应速率常数与电势差的关系，可得到

$$k_f = A_f \exp(-\Delta G_{0c}^{\neq}/RT) \exp[-\alpha f(E - E^{\ominus\prime})] \tag{4.2.17}$$

$$k_b = A_b \exp(-\Delta G_{0a}^{\neq}/RT) \exp[(1-\alpha) f(E - E^{\ominus\prime})] \tag{4.2.18}$$

式中：$f = F/RT$。在每个表达式中的前两项产生一个与电势无关的积，等于在 $E = E^{\ominus\prime}$ 时的速率常数。

现在考察一个特殊的情况，界面处于平衡状态，溶液中 $c_O^* = c_R^*$。在此情况下，$E = E^{\ominus\prime}$ 和 $k_f c_O^* = k_b c_R^*$，所以 $k_f = k_b$。这样，$E^{\ominus\prime}$ 是处于正向速率常数和逆向速率常数相等时的电势。该处的速率常数值称为标准速率常数 $k^{\ominus}$。在其他电势值的速率常数可简单地通过 $k^{\ominus}$ 来表示：

$$k_f = k^{\ominus} \exp[-\alpha f(E - E^{\ominus\prime})] \tag{4.2.19}$$

$$k_b = k^{\ominus} \exp[(1-\alpha) f(E - E^{\ominus\prime})] \tag{4.2.20}$$

将式（4.2.19）和式（4.2.20）代入式（4.2.8）可得到完全的电流-电势特征关系式：

$$i = FAk^{\ominus}\left[c_O(0,t)e^{-\alpha f(E-E^{\ominus\prime})} - c_R(0,t)e^{(1-\alpha) f(E-E^{\ominus\prime})} \right] \tag{4.2.21}$$

式（4.2.21）或通过它所导出的关系式，可用于处理异相动力学问题。这些结果和由此所得出的推论通称为 Butler-Volmer 电极动力学公式，以纪念此领域的两位开创者。Butler-Volmer 电极动力学公式表明，电极反应速率与电极电势关系密切。

在各类电池的建模中，Butler-Volmer 方程是其核心方程，它描述电极的动力学过程，是电化学系统的本构方程。电池系统模型由于包含的物理化学过程众多，一般非常复杂，难以获得解析解。但一些针对燃料电池特定部件的建模则相对简单，如气体电极模型或质子交换膜燃料电池中的电极催化层，这些模型在 Butler-Volmer 方程之外一般只包括气体或离子的扩散方程。扩散方程易于求解，因而，若解耦后的 Butler-Volmer 方程能够得到解析解，那么整个模型也很可能得到解析解，这对电池的电极过程动力学的研究具有重要价值。

4.2.3 传递系数和标准速率常数

速率常数 k 是化学动力学中一个重要的物理量，其数值直接反映了速率的快慢。标准速率常数 $k^{\ominus}$ 可以简单地理解为氧化还原电对对动力学难易程度的量度。一个具有较大 $k^{\ominus}$ 值的体系将在较短的时间内达到平衡，而 $k^{\ominus}$ 值较小的体系达到平衡将很慢。最大可测量的标准速率常数在 $1 \sim 10 \, cm \cdot s^{-1}$ 范围内，它们与特定的简单电子转移过程有关。

这些过程仅涉及电子转移和去溶剂化，分子形式没有大的变化。因此，一些电极反应过程相当快，但是，有些反应涉及与电子转移相关的分子重排的复杂反应，其反应过程可能非常慢，例如，将分子氧还原成过氧化氢或水。

应注意到，即使 $k^{\ominus}$ 值小，当施加相对于 $E^{\ominus'}$ 足够大的过电势时，k_f 和 k_b 能够相当大，也就是，可通过改变电势的方法改变活化能以驱动反应发生。

传递系数 α 是能垒的对称性的度量。这种想法可通过考察如图 4.2.3 所示的交叉区域的几何图形而加强。如果曲线在交叉区域是线性的，其角度 θ 和 ϕ 可分别定义为

$$\tan \theta = \alpha FE / x \tag{4.2.22}$$

$$\tan \phi = (1 - \alpha) FE / x \tag{4.2.23}$$

可得到

$$\alpha = \frac{\tan \theta}{\tan \phi + \tan \theta} \tag{4.2.24}$$

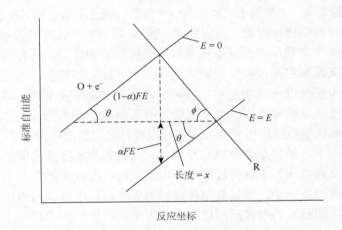

图 4.2.3　传递系数与自由能曲线相交角的关系

如果是交叉对称的，则 $\phi = \theta$，且 $\alpha = 1/2$。对于其他情况，$\alpha < 1/2$ 或 $\alpha > 1/2$（$0 \leqslant \alpha \leqslant 1$）则如图 4.2.4 所示。对于大多数体系，$\alpha$ 在 0.3～0.7 之间，在没有确切的测量时通常将其近似为 0.5。

自由能曲线受到电势的影响不是一直在反应坐标内保持线性关系，因而当反应物与产物的势能曲线的交叉区域随电势移动时，θ 和 ϕ 会发生变化。因此，α 一般认为是与电势相关的因子，通常因为得到动力学数据的电势范围很窄，可以将 α 视为恒定。在一个典型的化学体系中，活化自由能的范围只有几电子伏特，但可测量动力学的整个范围相应于活化能的变化而言仅为 50～200meV，或总活化能的百分之几。这样，交叉点仅在很小的区域变化，如图 4.2.3 所示。因为电子转移的速率常数随电势呈指数变化，在大多数体系中动力学可操作的电势范围是很窄的。当外加电势偏离检测范围时，物质传递变成了决速步骤，电子转移动力学不再是决速步骤。

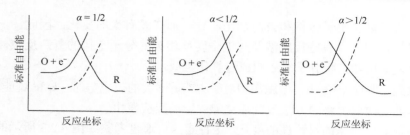

图 4.2.4　传递系数作为反应能垒对称性的标志

虚线显示对于 $O + e^-$ 随着电势变正，能量曲线的移动

4.2.4　交换电流密度

　　一个电极处于平衡电势时（电极上没有净电流流过），其阳极向反应（氧化反应）和阴极向反应（还原反应）的速率相等，阳极向反应电流密度和阴极向反应电流密度相同，称为交换电流密度（也简称交换电流）。对于一个给定的电极（材质、表面状态一定），在溶液的浓度和温度不变的情况下，交换电流密度是一个常数，表征平衡电势下电极反应的能力。

　　对于一个给定的电极（材质、表面状态一定），在溶液的浓度和温度不变的情况下，交换电流密度是一个常数，它表征平衡电势下电极反应的能力。具有较大交换电流密度的电极，其阳极向反应和阴极向反应的速率都较大，反之都较小。电极处于极化状态下时，阳极向反应电流密度（反应速率）与阴极向反应电流密度不同，即这两个相反方向的电极反应的极化电流密度不同，于是电极上有可测量的净电流（又称外电流）流过，其值等于阳极向和阴极向反应电流密度之差，电极反应表现出单向地（阳极向或阴极向）进行。在这种情况下，不管是哪个单向反应，凡交换电流密度很大的电极，都可在电极较小的极化电势（超电压）下获得较大的净电流密度，即较大的单向电极反应速率。相反，如果交换电流密度很小，则只有电极在相当大的极化电势（超电压）下才能获得较大的净电流密度，即较大的电极反应速率。利用电极极化电势或超电压与电流密度的关系来描述电极反应的动力学规律，是电极过程动力学的中心内容。

　　电极反应处于平衡状态时，净电流为零，电极电势与 O 和 R 的本体浓度的关系遵守能斯特方程。现在看一看该动力学模型能否得出一个热力学的特定关系。在电流为零时，正向反应速率等于逆向反应速率，则有

$$FAk^{\ominus}c_O(0,t)e^{-\alpha f(E_{eq}-E^{\ominus'})} = FAk^{\ominus}c_R(0,t)e^{(1-\alpha)f(E_{eq}-E^{\ominus'})} \qquad (4.2.25)$$

由于是在平衡态，O 和 R 的本体浓度与表面浓度相等，所以

$$e^{f(E_{eq}-E^{\ominus'})} = \frac{c_O^*}{c_R^*} \qquad (4.2.26)$$

它是能斯特方程的指数表达形式：

$$E_{eq} = E^{\ominus'} + \frac{RT}{F}\ln\frac{c_O^*}{c_R^*} \qquad (4.2.27)$$

这样，动力学理论验证了其实用性。

　　即使在平衡时净电流为零，仍能够认为其平衡时具有法拉第活性，它可通过交换电

流（exchange current）i_0 来表示，其大小等于 i_c 或 i_a，即

$$i_0 = FAk^{\ominus}c_O^* e^{-\alpha f(E_{eq}-E^{\ominus'})} \tag{4.2.28}$$

将式（4.2.26）两边同时乘 $-\alpha$ 幂次方，得到

$$e^{-\alpha f(E_{eq}-E^{\ominus'})} = \left(\frac{c_O^*}{c_R^*}\right)^{-\alpha} \tag{4.2.29}$$

将式（4.2.25）代入式（4.2.28），给出

$$i_0 = FAk^{\ominus}c_O^{*(1-\alpha)}c_R^{*\alpha} \tag{4.2.30}$$

因而交换电流与 $k^{\ominus}$ 成正比，在动力学公式中经常可用交换电流代替 $k^{\ominus}$。对于 $c_O^* = c_R^* = c$ 的特定情况，

$$i_0 = FAk^{\ominus}c \tag{4.2.31}$$

交换电流经常被标准化为单位面积上的电流，从而得到交换电流密度（exchange current density），$j_0 = i_0/A$。

4.3　单电子反应的电化学极化

在不可逆条件下，当有电流通过电极时，发生的是不可逆的电极反应，此时的电极电势与可逆电极电势会有所不同。电极的极化是指电极工作时随着电极上电流密度的增加其电极电势偏离可逆电极电势的现象，偏离程度的大小用超电势或过电势来衡量。电极极化的特征是：阴极电势比平衡电势更负（阴极极化），阳极电势比平衡电势更正（阳极极化）。

下面阐述电极的极化现象及其对电解的影响。

电极极化会使得电池实际做功比其可逆功小，而使得电解时需要比可逆电动势更大的电压。图 4.3.1（a）给出了原电池的极化曲线模型，正极和负极极化曲线分别位于数轴的正负端，正极极化曲线和负极极化曲线近似对称，相应地，电势都向数轴 0 点方向靠拢，

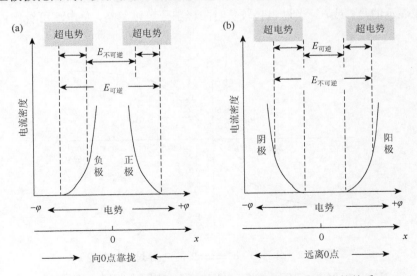

图 4.3.1　原电池（a）和电解池（b）的两极极化与电势的关系

电池可做的功 $zFE_{不可逆}$ 小于可逆电池做的功 $zFE_{可逆}$。对于电解池[图 4.3.1（b）]，正好相反，电极的极化导致电极电势由数轴中心向两边移动，导致实际需要比可逆电池电动势更大的电压。无论是原电池中的向 0 点靠拢，还是电解池中的远离 0 点，都是朝着超电势增大的方向。

假设电极反应是单步骤单电子过程。在此条件下，本节将建立一系列对于阐释电化学实验有用的关系式。

4.3.1　电化学极化下的 Butler-Volmer 公式

使用 i_0 取代标准速率常数 $k^{\ominus}$ 来表示电极反应的动力学过程，最大的好处是它将电流和过电势 η 联系起来。用电流-电势方程除以交换电流的表达式得到

$$\frac{i}{i_0} = \frac{c_O(0,t)e^{-\alpha f(E-E^{\ominus'})}}{c_O^{*(1-\alpha)}c_R^{*\alpha}} - \frac{c_R(0,t)e^{(1-\alpha)f(E-E^{\ominus'})}}{c_O^{*(1-\alpha)}c_R^{*\alpha}} \tag{4.3.1}$$

或

$$\frac{i}{i_0} = \frac{c_O(0,t)}{c_O^{*}}e^{-\alpha f(E-E^{\ominus'})}\left(\frac{c_O^{*}}{c_R^{*}}\right)^{\alpha} - \frac{c_R(0,t)}{c_R^{*}}e^{(1-\alpha)f(E-E^{\ominus'})}\left(\frac{c_O^{*}}{c_R^{*}}\right)^{-(1-\alpha)} \tag{4.3.2}$$

$\left(c_O^{*}/c_R^{*}\right)^{\alpha}$ 和 $\left(c_O^{*}/c_R^{*}\right)^{-(1-\alpha)}$ 的比值可容易地从式（4.2.24）和式（4.2.27）中导出，代入上式可得到

$$i = i_0\left[\frac{c_O(0,t)}{c_O^{*}}e^{-\alpha f\eta} - \frac{c_R(0,t)}{c_R^{*}}e^{(1-\alpha)f\eta}\right] \tag{4.3.3}$$

这里 $\eta = E - E_{eq}$。此公式称为电流-过电势公式，该式中第一项和第二项描述的分别是在任何电势下阴极电流和阳极电流的贡献。

图 4.3.2 描绘了式（4.3.3）所预测的行为。实线显示的是实际的总电流，它是 i_c 和 i_a 的总和，虚线显示的是 i_c 或 i_a。当过电势较负时阳极部分可以忽略，总电流可看作 i_c，同样地，

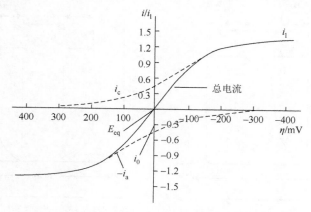

图 4.3.2　体系 $O + e^- \rightleftharpoons R$ 的电流-过电势曲线

条件：$\alpha = 0.5$，$T = 298K$，$i_{1,c} = -i_{1,a} = i_1$ 和 $i_0/i_1 = 0.2$；虚线表示电流中 i_c 和 i_a 的部分

当过电势较正时阴极部分可以忽略，此时的电流看作 i_a。电势从 E_{eq} 向正负两个方向移动时，电流值迅速增大，这是因为指数因子占主导地位，但对于极端的 η 值，电流趋于稳定，稳定的原因是这个区域内电流由物质传递过程决定，动力学的影响相对较小，而物质传递趋于稳态，因此电流保持为稳定。

当溶液被充分地搅拌或电流维持在很小值时，物质传递不是决定性的影响因素，电极表面浓度与本体浓度没有较大的差别，那么式（4.3.3）可表示为

$$i = i_0[e^{-\alpha f\eta} - e^{(1-\alpha)f\eta}] \tag{4.3.4}$$

此式称为单电子反应极化下的 Butler-Volmer 公式。

图 4.3.3 显示了交换电流密度对引发净电流密度所需的活化过电势的影响。对于每条曲线，交换电流密度为 $1\times10^{-6}\mathrm{A\cdot cm^{-2}}$。图 4.3.3 的一个显著特点是反映了在 E_{eq} 处电流-过电势曲线变形程度与交换电流密度的关系。

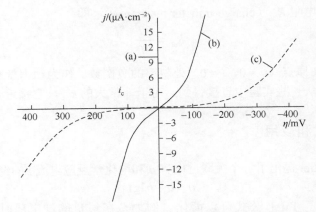

图 4.3.3　交换电流密度对引发净电流密度所需的活化过电势的影响

（a）$j_0 = 1\times10^{-3}\mathrm{A\cdot cm^{-2}}$（此曲线与电流坐标重叠）；（b）$j_0 = 1\times10^{-6}\mathrm{A\cdot cm^{-2}}$；（c）$j_0 = 1\times10^{-9}\mathrm{A\cdot cm^{-2}}$

上述情况均是针对反应 $O + e^- \rightleftharpoons R$ 而言，且 $\alpha = 0.5$ 和 $T = 298\mathrm{K}$

由于这里没有考虑物质传递的影响，在特定电流下的过电势仅用于提供异相反应过程进行所需的活化能。交换电流越小，动力学越迟缓，因此特定净电流下的反应活化过电势越大。

如图 4.3.3 中（a）所示，如果交换电流很大，在很小的活化过电势下，体系仍能够提供大的电流，甚至是传质极限电流。在这种情况下，任何所观察到的过电势均与 O 和 R 表面浓度的变化有关，它称为浓度过电势，可看作为支持此电流的物质传递速率所需的活化能。如果 O 和 R 的浓度相差不多，E_{eq} 将接近 $E^{\ominus\prime}$，在 $E^{\ominus\prime}$ 附近几十毫伏内就可达到阳极和阴极的极限电流。

如果 $k^{\ominus}$ 值很低，则交换电流非常小，如图 4.3.3 中（c）所示。在这种情况下，除非施加很大的活化过电势，否则没有显著的电流流动。在足够大的过电势下，异相反应过程可以足够快以至于物质传递控制电流，从而可达到一个极限平台电流。

4.3.2　线性极化公式

一个函数如能展开成幂级数，则必定展开为其泰勒级数或麦克劳林级数，所以函数的幂级数展开式又称为函数的泰勒级数展开式或麦克劳林级数展开式。

指数函数 e^x 的麦克劳林级数展开式为

$$e^x = 1 + x + \frac{1}{2!}x^2 + \cdots + \frac{1}{n!}x^n + \cdots \quad x \in (-\infty, +\infty) \tag{4.3.5}$$

对于小的 x 值，指数 e^x 可近似为 $1 + x$，所以对于足够小的 η，式（4.3.4）可根据麦克劳林级数展开，得到一个线性公式：

$$i = -i_0 f\eta \tag{4.3.6}$$

它表明在 E_{eq} 附近较窄的电势范围内，净电流与过电势有线性关系。$-\eta/i$ 有电阻的量纲，常被称为电荷转移电阻 R_{ct}（charge-transfer resistance），即

$$R_{ct} = \frac{RT}{Fi_0} \tag{4.3.7}$$

该参数是 i-η 曲线在原点（$\eta = 0$，$i = 0$）处斜率的负倒数。作为动力学难易程度的一个很方便的指数，它可从一些实验中直接得到。对于非常大的 $k^\ominus$，它接近于零。

4.3.3　Tafel 公式和应用

在 1905 年，Tafel 提出了一个关联过电势 η 和电化学反应电流 i 的经验公式：

$$\eta = a + b\lg i \tag{4.3.8}$$

对于较大的过电势，Tafel 公式可以简化。例如，在很负的过电势时，$\exp(-\alpha f\eta) \gg \exp[(1-\alpha)f\eta]$，式（4.3.4）变为

$$i = i_0 e^{-\alpha f\eta} \tag{4.3.9}$$

或

$$\eta = \frac{RT}{nF}\ln i_0 - \frac{RT}{nF}\ln i \tag{4.3.10}$$

因而，发现上述动力学处理的确给出一个 Tafel 形式的关系式，与在适当条件下所观察到的现象一致。Tafel 经验常数现在可从理论上证实为

$$a = \frac{2.303RT}{\alpha F}\lg i_0 \quad b = \frac{-2.303RT}{\alpha F} \tag{4.3.11}$$

当逆向反应的贡献小于电流的 1% 时，Tafel 形式是正确的，或

$$\frac{e^{(1-\alpha)f\eta}}{e^{-\alpha f\eta}} = e^{f\eta} \leqslant 0.01 \tag{4.3.12}$$

它表明在 25℃时，$|\eta| > 118\text{mV}$。如果电极动力学相当快，当施加这样大的过电势时，体系将达到物质传递极限电流，此时观察不到 Tafel 关系式，因为物质传递过程影响很大。当电极动力学较慢而需要较大的活化过电势时，可得到很好的 Tafel 关系。这说明了 Tafel 行为是一个完全不可逆动力学的标志。此类体系，除非在很高的过电势下，一般仅允许

小电流流动，其法拉第过程是单向的，因此化学上是不可逆的。

lg$i$ 对于 η 作图称为塔费尔曲线（Tafel plot），该曲线可以有效地解析动力学参数，导出传递系数 α 和交换电流 i_0。如图 4.3.4 所示，阳极分支斜率为 $(1-\alpha)F/2.3RT$，阴极分支斜率为 $-\alpha F/2.3RT$，两者的线性部分外推可得一个截距 lgi_0。

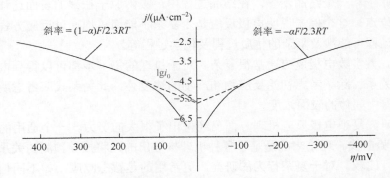

图 4.3.4　$O + e^- \rightleftharpoons R$ 在 $\alpha = 0.5$、$T = 298K$ 和 $j_0 = 1 \times 10^{-6} A \cdot cm^{-2}$ 时，电流-过电势曲线的阳极和阴极分支的塔费尔曲线

塔费尔曲线在电化学领域具有广泛的应用。对于较简单的电子传递过程，可以应用塔费尔曲线来分析，利用其线性部分计算电化学过程中传递的电子数量 n，并通过将线性部分延长至与 η 轴相交的方式得到交换电流密度。

塔费尔曲线常用于分析评估燃料电池的性能。稳态的塔费尔曲线能够评估在甲醇或氢基燃料电池中各种各样电极的电催化活性。例如，塔费尔曲线可以揭示甲醇燃料电池的双重或三重合金催化剂的甲醇氧化反应机理及速率控制步骤变化，还可在甲醇燃料电池运行过程中评估阳极和阴极的性能。除了评估燃料电池性能，塔费尔曲线还可用来监测氧气还原反应动力学，研究氧气放电机理和氢气-空气间质子交换膜燃料电池的持久能力测试。

4.4　多电子反应的电极动力学

上面讨论了简单的单步骤单电子反应的正向和逆向速率常数与电势之间的依赖关系，定性和定量地理解了电极动力学的一些重要特征。但是，许多电极过程的机理是多步骤的，这就需要多电子反应的电极动力学来进行解析。例如，最简单的析氢反应［式（4.4.1）］，也是由两个单电子转移步骤组成的：

$$2H^+ + 2e^- \rightleftharpoons H_2 \tag{4.4.1}$$

显然必须引入几个基元反应。氢核以氧化态形式独立存在，必须通过还原使其结合起来。在还原过程中，必须有一对电荷转移，并以某些化学方式使两个氢核连接起来。也考虑如下还原反应：

$$Au^{3+} + 3e^- \rightleftharpoons Au \tag{4.4.2}$$

该还原反应是一次得到三个电子吗？或者应该考虑经历了获得两个电子过程，其间生成了一个 Au^+ 中间体？另外的例子是从硝酸钾中沉积银：

$$Ag^+ + e^- \rightleftharpoons Ag \qquad (4.4.3)$$

这个反应看似简单，然而已有证据表明该还原过程至少包含一个电荷转移步骤，产生一个吸附的银原子和一个结晶步骤。在结晶过程中，吸附原子在银的表面迁移直到它找到一个空的晶位点。这个例子说明电极反应是否复杂不能简单地通过反应方程判断，看似简单的电极过程可能涉及复杂的传质过程及化学过程等。

事实上，大多数电极反应通常很复杂，对于机理的每一步都可以得到电流和电势间明确的理论关系。除了考虑初始反应物和产物的浓度外，此关系式应考虑所有步骤的电势关系与所有中间体的表面浓度。

人们在研究复杂电极反应机理方面已经付出了很大的努力。一个通用的方法是基于稳态电流-电势曲线。理论响应是基于各种机理推导出的，将推导预测的关系式与实验得到的行为进行比较。对于复杂行为的研究，更常用的是暂态响应，如不同扫描速度下的循环伏安法。

4.4.1　多电子反应中决速步骤的计算数

前文已经介绍，电极过程是一个复杂的过程，往往由大量的单元步骤（或电极基本过程）组成。电极过程中各个单元步骤进行的速率并不一样。如果单元步骤中有一个步骤的速率比其他步骤慢得多，则在稳态下电极过程的每个步骤的速率，都应与最慢步骤的速率相等，即这个最慢步骤控制着整个电极过程的速率，这个控制整个电极过程速率的单元步骤称为电极过程的速率控制步骤，也称为决速步骤（RDS），可以看作是电极过程的"瓶颈效应"。只有采取措施提高决速步骤的速率，才能提高整个电极过程的速率。

在电化学中一个被广泛接受的概念是一个真实的基元电子转移反应总是只涉及一个电子交换，这样，若整个过程中涉及 n 个电子的变化，则必须引入 n 个确切的电子转移步骤。当然，它也可能涉及其他基元反应，如吸附、脱附或远离界面的化学反应。因此，一个决速电子转移总是一个单电子过程，只是通常必须理解为中间体的浓度，前面所推导的有关单步骤单电子过程的结论能够适用于描述决速步骤的性质。

例如，考虑 O 经过多电子步骤还原为 R 的情况：

$$O + ne^- \rightleftharpoons R \qquad (4.4.4)$$

其机理具有以下特点：

$$O + n'e^- \rightleftharpoons O' （RDS之前步骤的净结果） \qquad (4.4.5)$$

$$O + e^- \underset{k_b}{\overset{k_f}{\rightleftharpoons}} R' （RDS） \qquad (4.4.6)$$

$$R'' + n''e^- \rightleftharpoons R （RDS之后步骤的净结果） \qquad (4.4.7)$$

显然有 $n' + n'' + 1 = n$。

电流-电势的特征方程可表示为

$$i = nFAk_{rds}^{\ominus} \left[c_{O'}(0,t)e^{-\alpha f\left(E-E_{rds}^{\ominus'}\right)} - c_{R'}(0,t)e^{(1-\alpha)f\left(E-E_{rds}^{\ominus'}\right)} \right] \tag{4.4.8}$$

这里的 $k_{rds}^{\ominus}$、α 和 $E_{rds}^{\ominus'}$ 适用于决速步骤。式（4.4.8）用以阐述决速步骤的电流-电势特征，容易知道，因为每转换一个 O′ 到 R′ 结果是有 n 个电子流动通过界面而不是一个电子。浓度 $c_{O'}(0,t)$ 和 $c_{R'}(0,t)$ 不仅由物质传递和异相电子反应动力学相互作用所控制，也与前置和后置反应的特性有关。

4.4.2　多电子反应的电化学极化

只有在某一电极反应的氧化态物质和还原态物质同时存在的情况下，电极上无电流通过时的电极电势才是它的平衡电势。当电极上有一定大小的法拉第电流通过时，由实验测量出来的电极电势将出现与平衡电势不同的数值。这种由于法拉第电流通过体系而使电极电势（或电化学池电势）偏离其平衡值的现象称为极化。如果整个过程存在一个真实的平衡，那么机理中的所有步骤均各自处于平衡。这样，表面浓度 O′ 和 R′ 分别与本体浓度 O 和 R 相对应，指定它们为 $(c_{O'})_{eq}$ 和 $(c_{R'})_{eq}$。认识到 $i=0$，可以通过推导公式得到 O 和 R 的浓度关系式：

$$e^{f\left(E_{eq}-E_{rds}^{\ominus'}\right)} = \frac{(c_{O'})_{eq}}{(c_{R'})_{eq}} \tag{4.4.9}$$

前置和随后的反应符合上述反应机理，遵循能斯特方程定义的平衡，可写为如下形式：

$$e^{n'f\left(E_{eq}-E_{pre}^{\ominus'}\right)} = \frac{c_{O}^{*}}{(c_{O'})_{eq}} \qquad e^{n''f\left(E-E_{post}^{\ominus'}\right)} = \frac{c_{R}^{*}}{(c_{R'})_{eq}} \tag{4.4.10}$$

满足 $n = n' + n'' + 1$，

$$E^{\ominus'} = \frac{E_{rds}^{\ominus'} + n'E_{pre}^{\ominus'} + n''E_{post}^{\ominus'}}{n} \tag{4.4.11}$$

简化可以得到：

$$e^{nf\left(E_{eq}-E^{\ominus'}\right)} = \frac{c_{O}^{*}}{c_{R}^{*}} \tag{4.4.12}$$

它是总反应的指数形式能斯特方程。

$$E_{eq} = E^{\ominus'} + \frac{RT}{nF}\ln\left(\frac{c_{O}^{*}}{c_{R}^{*}}\right) \tag{4.4.13}$$

这个方程的意义在于无论是对于电流为 0 的平衡电势还是过电势，通过 Butler-Volmer 模型都可以得到能斯特方程。此处的推导前提是反应符合净电荷转移的机理，但实际上对任意一个反应只要在化学上可逆并可建立一个真正的平衡，采用类似的方法都可得到同样的结果。

如果机理中所有步骤的速率都很快，那么所有步骤的交换速率与净反应速率相比都要大，即使有净电流流动，所有参与反应的物质的浓度在该区域本质上总是处于平衡状态。在这种能斯特（可逆）条件下，对于决速步骤的结论写成指数形式：

$$\frac{c_{O'}(0,t)}{c_{R'}(0,t)} = e^{f\left(E-E_{rds}^{\ominus'}\right)} \qquad (4.4.14)$$

前置和后置反应的平衡表达式将 O′ 和 R′ 的表面浓度与 O 和 R 的表面浓度联系起来。如式（4.4.9）～式（4.4.12）所示的机理中，如果这些过程涉及界面电荷转移，对于可逆体系，其表达式有能斯特形式：

$$e^{n'f\left(E-E_{pre}^{\ominus'}\right)} = \frac{c_O(0,t)}{c_{O'}(0,t)} \qquad e^{n''f\left(E-E_{post}^{\ominus'}\right)} = \frac{c_{R'}(0,t)}{c_R(0,t)} \qquad (4.4.15)$$

$$e^{nf\left(E_{eq}-E^{\ominus'}\right)} = \frac{c_O(0,t)}{c_R(0,t)} \qquad (4.4.16)$$

它可重排为

$$E_{eq} = E^{\ominus'} + \frac{RT}{nF}\ln\left[\frac{c_O(0,t)}{c_R(0,t)}\right] \qquad (4.4.17)$$

此关系式是一个非常重要的通用结果。它说明对于动力学上较快的体系，无论有无电流流动，反应全过程中电极电势与初始反应物和最终产物的表面浓度在该区域内都处于能斯特平衡状态。式（4.4.17）推导的背景是反应仅涉及净电荷转移，但是该式可以很容易推广开来，适用于其他反应条件，只需满足反应的所有步骤在化学上可逆且动力学较快。

如果一个多步骤过程既不是能斯特形式，也不处在平衡态，动力学将影响其在电化学实验中的行为，人们可以应用这些结果判断机理和得到动力学参数。正如研究均相动力学的那样，人们可以提出一个关于机理的假设，以此假设为基础预计实验行为，将预计的结果与实验结果进行对比。在电化学领域，预测反应特征的一个重要部分是根据可控制的参数发展电流-电势特征，如控制参与物的浓度。

如果决速步骤是一个异相电子转移步骤，那么电流-电势关系有特征方程的形式。对于大多数机理，该方程直接的用途是有限的，因为 O′ 和 R′ 是中间体，其浓度不能直接控制。电流-电势特征方程仍然可作为更实际的电流-电势关系式的基础，因为人们可以采用假定的机理根据更容易控制的物质浓度，如 O 和 R 的浓度来表示 $c_{O'}(0,t)$ 和 $c_{R'}(0,t)$。

但是在实际应用中，结果往往容易复杂化。总的能斯特关系式（4.4.12）将 O 和 R 的表面浓度与 O′ 和 R′ 的表面浓度联系起来。这样，电流-电势关系式可通过初始反应物 O 和最终产物 R 的表面浓度表达为

$$i = nFAk_{rds}^{\ominus}\left[c_O(0,t)e^{-n'f\left(E-E_{pre}^{\ominus}\right)} - e^{\alpha f\left(E-E_{rds}^{\ominus'}\right)} - c_R(0,t)e^{-n''f\left(E-E_{post}^{\ominus'}\right)} - e^{(1-\alpha)f\left(E-E_{rds}^{\ominus'}\right)}\right] \qquad (4.4.18)$$

式（4.4.18）可重写为

$$i = nFA\left[k_f c_O(0,t) - k_b c_R(0,t)\right] \qquad (4.4.19)$$

式中：k_f、k_b 分别对应表面浓度表达式中的指数因子。

这些结果的要点是解释在处理隐含一个决速步骤的多步骤机理时的一些问题。电势与速率常数的关系可不再用两个参数表示，其中一个可解释为内在动力学难易程度的量度。取而代之的是 $k^{\ominus}$ 的含义由于 k_f、k_b 而变得模糊，两者表示的是机理中的热力学关系。人们必须设法先求出 n'、n''、$E_{pre}^{\ominus'}$、$E_{post}^{\ominus'}$、$E_{rds}^{\ominus'}$ 值，然后才能完全定量地求出决速步骤的动力学参数。

4.4.3　多电子反应的 Butler-Volmer 公式

在多电子步骤反应平衡时，机理中的所有步骤都各自处于平衡，每个步骤有一个交换速率。电子转移反应的交换速率可采用已经看到的交换电流来表示。对于总过程也有一个可用交换电流表示的交换速率。正如现在所考虑的，在一系列机理中有唯一的决速步骤，总的交换速率是由决速步骤的交换速率所限制[27]。根据前面的推导可将决速步骤的交换电流写作

$$i_{0,\mathrm{rds}} = FAk_{\mathrm{rds}}^{\ominus}(c_{\mathrm{O}'})_{\mathrm{eq}}\,\mathrm{e}^{-\alpha f\left(E_{\mathrm{eq}}-E_{\mathrm{rds}}^{\ominus}\right)} \tag{4.4.20}$$

因为在决速步骤中每交换一个电子，前置和后置反应贡献 $n'+n''$ 个电子，总的交换电流是决速步骤电流的 n 倍，这样

$$i_0 = nFAk_{\mathrm{rds}}^{\ominus}(c_{\mathrm{O}'})_{\mathrm{eq}}\,\mathrm{e}^{-\alpha f\left(E_{\mathrm{eq}}-E_{\mathrm{rds}}^{\ominus}\right)} \tag{4.4.21}$$

可以应用这样的事实，即前置反应处于平衡，$(c_{\mathrm{O}'})_{\mathrm{eq}}$ 可用 c_{O}^{*} 来表示，将式（4.4.10）代入得

$$i_0 = nFAk_{\mathrm{rds}}^{\ominus}c_{\mathrm{O}}^{*}\,\mathrm{e}^{-n'f\left(E_{\mathrm{eq}}-E_{\mathrm{pre}}^{\ominus}\right)}\,\mathrm{e}^{\alpha f\left(E_{\mathrm{eq}}-E_{\mathrm{rds}}^{\ominus}\right)} \tag{4.4.22}$$

经过简化可以得到

$$i_0 = nFAk_{\mathrm{rds}}^{\ominus}\,\mathrm{e}^{n'f\left(E_{\mathrm{pre}}^{\ominus}-E^{\ominus'}\right)}\,\mathrm{e}^{\alpha f\left(E_{\mathrm{rds}}^{\ominus}-E^{\ominus'}\right)}c_{\mathrm{O}}^{*[1-(n'+\alpha)/n]}c_{\mathrm{R}}^{*[(n'+\alpha)/n]} \tag{4.4.23}$$

式（4.4.23）一般适用于前置反应与后置反应机理为净电荷转移，但对于其他反应，如机理为均相反应、正向和逆向反应的决速步骤不同时不适用。即便如此，只要其他体系反应的所有步骤在化学上可逆且处于平衡时，仍可推导出类似的表达式。总体来讲，可以用表观标准速率常数和各种反应参与物的本体浓度来表示总交换电流。对于一个给定的过程，如果其交换电流可以正确测量，所推导的关系式可洞察机理的细节。

对于一个多步骤的过程，表观标准速率常数 $k_{\mathrm{app}}^{\ominus}$ 通常不是一个简单的动力学参数。对这个问题进行更深入的探讨，可以建立准可逆过程的电流-过电势关系，经过较为复杂的推导后可以得到

$$\frac{i}{i_0} = \frac{c_{\mathrm{O}}(0,t)}{c_{\mathrm{O}}^{*}}\,\mathrm{e}^{-(n'+\alpha)f\eta} - \frac{c_{\mathrm{R}}(0,t)}{c_{\mathrm{R}}^{*}}\,\mathrm{e}^{(n''+1-\alpha)f\eta} \tag{4.4.24}$$

当电流较小或物质传递很有效时，表面浓度与本体浓度没有大的差别，这样

$$i = i_0\left[\mathrm{e}^{-(n'+\alpha)f\eta} - \mathrm{e}^{(n''+1-\alpha)f\eta}\right] \tag{4.4.25}$$

在较小的过电势下，此关系式可通过 $\mathrm{e}^{x}=x+1$ 近似为线性，即

$$i = -i_0 nf\eta \tag{4.4.26}$$

而对于多步骤体系的电荷转移电阻为

$$R_{\mathrm{ct}} = \frac{RT}{nFi_0} \tag{4.4.27}$$

讨论所得到的表达式是基于多电子步骤所假设的机理，这就是多电子反应下的 Butler-Volmer 公式，但对于任何准可逆机理采用同样的技术可得到类似的结果。事实上，

式（4.4.26）和式（4.4.27）对于准可逆多步骤过程是通用的，它们是如阻抗谱技术（基于对平衡体系的微扰动技术）测量 i_0 的理论基础。

4.5　几种重要的电极过程

电极上发生的反应可以分为两种，一种是由于电荷在电极/溶液界面上转移，电子转移引起氧化或还原反应发生。由于这些反应遵守法拉第定律（即因电流通过引起的化学反应的量与所通过的电量成正比），它们称为法拉第过程。发生法拉第过程的电极有时称为电荷转移电极。另一种是在某些条件下电极过程没有发生电荷转移但发生了像吸附脱附这样没有电子参与的过程，这些过程称为非法拉第过程。虽然电荷并不通过界面，但电势、电极面积和溶液组成改变时，外部电流可以流动（瞬时电流）。当电极反应发生时，法拉第过程和非法拉第过程两者均发生。虽然在研究一个电极反应时，通常主要的兴趣是法拉第过程（研究电极/溶液界面本身性质时除外），但在应用电化学数据获得有关电荷转移及相关反应的信息时，必须考虑非法拉第过程的影响。

4.5.1　电极过程与电极反应

无论外部所加电势如何变化，都没有发生穿过金属/溶液界面的电荷转移的电极，称为理想极化电极。实际上没有电极能够在所有电势范围内表现为理想极化电极。一些电极-溶液体系在一定的电势范围内可以接近理想极化，如电极铂、金、汞等，在一定的电势范围内不能发生有电子得失的电极反应，外加电势不能驱使电荷在电极界面迁越，只改变界面双电层的结构。另外的一个例子，汞电极与除氧的氯化钾溶液界面在 2V 宽的电势范围内，就接近于一个理想极化电极的行为。在很正的电势时，汞可被氧化，其半反应如下：

$$Hg + Cl^- \longrightarrow \frac{1}{2}Hg_2Cl_2 + e^- \quad （约 + 0.25V，相对于标准电极）\qquad (4.5.1)$$

当电势非常负时，K^+ 可被还原：

$$K^+ + e^- \xrightarrow{\ Hg\ } K(Hg) \quad （约 - 2.1V，相对于标准电极）\qquad (4.5.2)$$

在上述过程发生的电势范围区间，电荷-转移反应不明显。水的还原反应为

$$H_2O + e^- \longrightarrow \frac{1}{2}H_2 + OH^- \qquad (4.5.3)$$

该反应热力学上可以进行，但反应速率很慢。因此这样的体系如果有法拉第电流产生，也是源自少量杂质的氧化还原反应，这样的电流是很小的。

对于非法拉第过程，当电势变化时电荷不能穿过理想极化电极界面，此时电极/溶液界面的行为与一个电容器的行为类似。电容器是由介电物质隔开的两个金属片所组成的电路元件[图 4.5.1（a）]。它的行为遵守如下公式

$$\frac{q}{E} = C \qquad (4.5.4)$$

式中：q 为电容器上存储的电荷，单位是库仑（C）；E 为跨越电容器的电势，单位是伏（V）；C 为电容，单位是法拉第（F）。当电容器被施加电势时，电荷将在它的两个金属极板上聚集，直到电荷 q 满足式（4.5.4）。在此充电过程中，有充电电流产生。电容器上电荷由两个电极中一个电子过剩和一个电子缺乏构成[图 4.5.1（b）]。

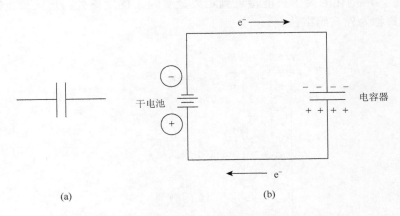

图 4.5.1 一个电容器（a）和由干电池给电容器充电（b）

实验证明，电极/溶液界面行为类似一个电容器，于是可以给出与一个电容器类似的界面区域模型。在给定的电势下，在金属电极表面上将带有电荷 q^M，在溶液一侧有电荷 q^S（图 4.5.2）。相对于溶液，金属上的电荷是正或负，与跨界面的电势和溶液的组成有关。一般认为 $q^M = -q^S$。金属上的电荷 q^M 代表电子的过量或缺乏，仅存在于金属表面很薄的一层中（<0.01nm）。溶液中的电荷 q^S，由在电极表面附近的过量的阳离子或阴离子构成。电荷 q^M 和 q^S 与电极面积比值称为电荷密度，$\sigma^M = q^M / A$，通常单位是 $\mu F \cdot cm^{-2}$。在金属/溶液界面上的荷电物质和偶极子的定向排列称为双电层。在给定的电势下，电极/溶液界面可用双电层电容 C_d 来表征，一般在 $10 \sim 40 \mu F \cdot cm^{-2}$ 之间。然而，与真实的电容器不同的是，C_d 通常是电势的函数，而电容器的电容与外加电势无关。

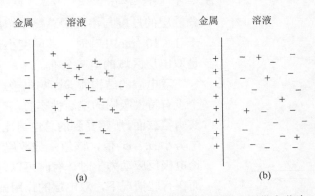

图 4.5.2 类似电容器的金属/溶液界面，金属上所带电荷为 q^M

（a）负电；（b）正电

　　双电层的溶液一侧，被认为是由若干"层"所组成。最靠近电极的一层为内层，包含溶剂分子及一些有时称为特性吸附的其他物质（图 4.5.3）。这种内层也称为紧密层、亥姆霍兹层（Helmholtz layer）或斯特恩层（Stern layer）。特性吸附离子中心的位置称为内亥姆霍兹面，它处在距离电极为 x_1 处。在此内面中，特性吸附离子的总电荷密度是 $\sigma^i(\mu C \cdot cm^{-2})$。溶剂化的离子只能接近到距离金属为 x_2 的距离处；这些最近的溶剂化离子中心的位置称为外亥姆霍兹面。

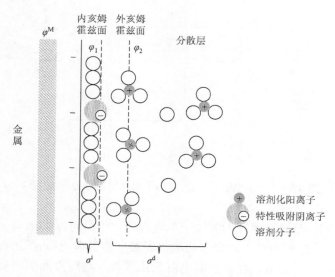

图 4.5.3　在阴离子特性吸附条件下所提出的双电层模型

　　溶剂化离子与荷电金属的相互作用仅涉及长程静电力，它们的作用从本质上讲与离子的化学性质无关，这些离子因此被称为非特性吸附离子。由于溶液中的热扰动，非特性吸附离子分布在一个称为分散层的三维区间内，它的范围从外亥姆霍兹面到本体溶液。分散层中的过剩电荷密度是 σ^d，因此，双电层的溶液一侧总的过剩电荷密度 σ^S 可由式（4.5.5）给出

$$\sigma^S = \sigma^i + \sigma^d = -\sigma^M \tag{4.5.5}$$

分散层的厚度与溶液中总离子浓度有关；当浓度大于 $1 \times 10^{-2} mol \cdot L^{-1}$ 时，其厚度小于 10nm。图 4.5.4 是双电层区域的电势分布。

　　双电层的结构能够影响电极过程的速率。考虑一个没有特性吸附的电活性物质，它只能靠近电极到外亥姆霍兹面，所感受到的总电势比电极和溶液之间的电势小 $\varphi_2 - \varphi^S$ 值，该值是分散层上的电势降。在讨论电极反应动力学时，有时可以忽略双电层的影响，而在有些情况下，双电层的作用就必须加以考虑。

　　在电化学实验中，通常不能忽略双电层电容或充电电流的存在。实际上，在电活性物质浓度很低

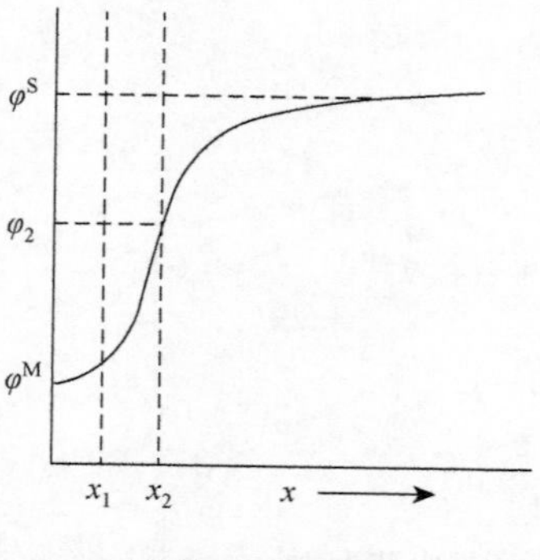

图 4.5.4　无特性吸附离子存在下双电层区域的电势分布图

的电极反应中，充电电流要比还原或氧化反应的法拉第电流大得多。由于这种原因，下面将简要讨论几种电化学实验中内亥姆霍兹面上充电电流的性质。

在电极过程中产生法拉第电流的过程就是法拉第过程，有法拉第电流流过的电化学池可分为原电池和电解池两种。原电池是当与外部导体接通时，电极上的反应会自发进行的电池，这类电池常用于将化学能转换成电能。商业上重要的原电池包括一次电池和二次电池。

一次电池是人们最早使用的电池，这类电池只能一次性使用，不可通过充电的方式使其复原，即反应是不可逆的。它的特点是小型、廉价、携带方便、使用简单、不需要维修，但放电电流不大，一般用于低功率到中功率放电，多用于仪器及各种电子器件。其多为圆柱型、纽扣型或扁圆型等。常用的一次电池有碱性锌锰电池、锌-氧化汞电池、锌-氧化银电池等。碱性锌锰电池是目前市场占有率最高的一次电池，具有自放电小、内阻小、电容量高、放电电压稳定、价格便宜等优点，已基本代替了以前所使用的盐类锌锰电池和具有污染性的锌汞电池。

二次电池在放电时通过化学反应产生电能，充电时则使电池恢复到原来状态，即将电能以化学能的形式重新储存起来，从而实现电池电极的可逆充放电反应，可循环使用。二次电池的应用已有 100 多年的历史。1859 年研制出第一个铅酸蓄电池，人们开始了对二次电池的使用，该电池仍是目前使用广泛的二次电池。镍氢电池是 20 世纪 80 年代随着储氢合金研究而发展起来的一种新型二次电池。它的工作原理是在充放电时氢在正负极之间传递，电解液不发生变化，如 MH_x-Ni 电池，其中 MH_x 为储氢合金；又如 $LaNi_5H_6$，氢可以原子状态镶嵌于其中。镍氢电池的优点是容量高、体积小、无污染、使用寿命长、可快速充电，所以一经问世就受到人们的广泛关注，发展迅速，目前已基本取代了传统的有污染的镍镉充电电池。不过镍氢电池是一种有记忆的充电电池，使用时应将电池的电全部用完后再进行充电。

锂电池是日本索尼公司于 1990 年开发推出的新型可充电电池，在此基础上人们很快又研制出性能更好的锂离子二次电池。锂离子电池以嵌有锂的过渡金属氧化物如 $LiCoO_2$、$LiNiO_2$、$LiMn_2O_4$ 等作为正极，以可嵌入锂化合物的各种碳材料如天然石墨、合成石墨等作为负极。电解质一般采用 $LiPF_6$ 的碳酸乙烯酯、碳酸丙烯酯与低黏度二乙基碳酸酯等烷基碳酸酯混合的非水溶剂体系。隔膜多采用聚乙烯、聚丙烯等聚合微多孔膜或它们的复合膜。该类电池内所进行的不是一般电池中的氧化还原反应，而是锂离子在充放电时在正负极之间的转移。电池充电时，锂离子从正极中脱嵌，到负极中嵌入，放电时反之。人们将这种靠锂离子在正负极之间转移来进行充放电工作的锂离子电池形象地称为"摇椅式电池"，俗称"锂电"。与同样大小的镍镉电池、镍氢电池相比，锂离子电池电量储备最大、质量最轻、寿命最长、充电时间最短，且自放电率低、无记忆效应，因此适合用于笔记本电脑、手机、液晶数码相机等小型便携式精密仪器，是目前性能最好的可充电电池。同时，电动汽车市场持续高速增长，储能市场爆发，全球锂电池行业发展十分迅猛。

电解池是指其反应是由于外加电势比电池的开路电压大而强制发生的一类电化学池。电解池实质上是将电能转化为化学能。涉及电解池的工艺过程包括电解合成（如氯气和铝的生产）、电解精炼（如铜）和电镀（如银和金）等。

虽然区分原电池和电解池很方便，但人们经常最关心的是在其中一个电极上所发生的反应，即半电池反应，这样可以使得问题简化。单个电极的行为及其反应性质与它作为一个原电池或电解池的一部分无关。例如，考察图 4.5.5 中所示的电池，如下反应的本质在两种电池中是相同的：$Cu^{2+} + 2e^- \longrightarrow Cu$。如果需要镀铜，可以在一个原电池（采用一个具有较 Cu / Cu^{2+} 电势负的半电池来组成一个原电池）中或者一个电解池（采用任何一个半电池并通过外加电源给铜电极提供电子构成电解池）中来实现。因此，电解是定义的一个较广泛的术语，包括伴有电解液中电极上法拉第反应的化学变化。对电池而言，人们称发生还原反应的电极为阴极，发生氧化反应的为阳极。电子穿过界面从电极到溶液中一种物质上所产生的电流称为阴极电流，电子从溶液中物质注入电极所产生的电流称为阳极电流。在一个电解池中，阴极电势相对于阳极较负，但在一个原电池中，阴极电势相对于阳极较正。

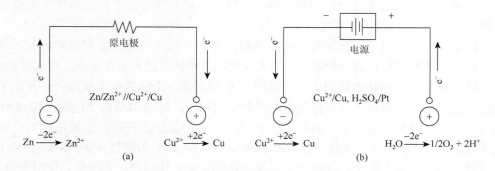

图 4.5.5　原电池（a）和电解池（b）示意图

4.5.2　电极反应的特点与种类

1. 非法拉第电流

在一个典型的锂/钠离子电池中（图 4.5.6），由正极、负极、隔膜及电解液组成，充放电过程中 Li^+/Na^+ 穿过隔膜来回迁移产生电流，其中发生于电极表面区域的吸附脱附反应过程没有氧化还原反应的发生，属于非法拉第电流。其电路模型可以简化为图 4.5.6（b）示意图，由电阻、电容串并联构成。

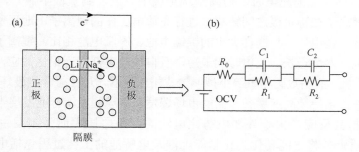

图 4.5.6　（a）锂/钠离子电池模型；（b）由线性电路元件组成的电池表示法

有关电化学体系的信息通常是通过对体系施加一个电扰动并观测所产生的体系特征的变化来获得。在此值得考虑的是，电极体系（用线路元件 R_s 和 C_d 串联代表）对几种常见电扰动的响应。

（1）电势阶跃：理想极化电极的电势阶跃结果类似于 RC 电路问题（图 4.5.7）。当施加一个数值为 E 的电势阶跃时，电流 i 与时间 t 的关系为

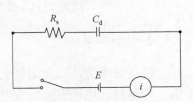

图 4.5.7　电势阶跃 RC 电路

$$i = \frac{E}{R_s} e^{-t/R_s C_d} \qquad (4.5.6)$$

式（4.5.6）是由电容器上的电荷 q 与施加的电压 E_C 之间函数的一般公式导出的：

$$q = C_d E_C \qquad (4.5.7)$$

在任意时间，电阻上的电压 E_R 和电容器上的电压 E_C 之和必然等于所施加的总电压，因此

$$E = E_R + E_C = iR_s + q/C_d \qquad (4.5.8)$$

注意到，$i = \mathrm{d}q/\mathrm{d}t$，整理得

$$\frac{\mathrm{d}q}{\mathrm{d}t} = \frac{-q}{R_s C_d} + \frac{E}{R_s} \qquad (4.5.9)$$

若假设电容器开始并不荷电（即 $t = 0$ 时，$q = 0$），则式（4.5.9）的解为

$$q = EC_d \left(1 - e^{-t/R_s C_d}\right) \qquad (4.5.10)$$

因此，施加一个电势阶跃，电流随时间呈指数衰减，如式（4.5.6）所示，其时间常数 $\tau = R_s C_d$。双电层电容的充电电流在 $t = \tau$ 时，下降至初始值的 37%，在 $t = 3\tau$ 时，下降至初始值的 5%。例如，如果 $R_s = 1\Omega$，$C_d = 20\mu\mathrm{F}$，则 $\tau = 20\mu\mathrm{s}$，那么在 60μs 内，双电层充电完成 95%。

（2）电流阶跃：当 $R_s C_d$ 电路通过一恒定的电流时，仍然可采用式（4.5.8）。由于 $q = \int i \mathrm{d}t$，且 i 是一个常数，则

$$E = iR_s + \frac{i}{C_d} \int_0^t \mathrm{d}t \qquad (4.5.11)$$

或者

$$E = i(R_s + t/C_d) \qquad (4.5.12)$$

因此对于电流阶跃，电势随时间呈线性增加。

（3）电压扫描：电压扫描是电势从给定的初始值开始（在此假设为零）以扫描速度 $v(\mathrm{V}\cdot\mathrm{s}^{-1})$ 随时间呈线性增加，即

$$E = vt \qquad (4.5.13)$$

如果在 $R_s C_d$ 电路加上一个这样的斜线上升电势时，式（4.5.8）仍然适用，因此

$$vt = R_s (\mathrm{d}q / \mathrm{d}t) + q/C_d \qquad (4.5.14)$$

如果在 $t = 0$ 时，$q = 0$，那么

$$i = vC_d [1 - \exp(-t/R_s C_d)] \qquad (4.5.15)$$

　　随着电势扫描的进行，电流从零达到一个稳态值 vC_d。由此稳态电流可估算 C_d 值。如果时间常数 R_sC_d 与 v 相比较小，暂态电流作为 E 的函数可用于测量 C_d。如果所加电势是一个三角波（即在某一电势 E_λ 处，线性电势扫描速度从 v 变到 $-v$），那么稳态电流将由正向（E 增加）扫描的 vC_d 变化到逆向（E 减小）扫描的 $-vC_d$。

2. 法拉第电流

　　法拉第电流，即在电极上进行氧化还原反应形成的电流；与之对应的为非法拉第电流，即保持在电极表面给双电层充电形成的电流。在一个法拉第电极反应过程中，施加一定的电压后将产生多少电流，是我们感兴趣的问题。因为电流对应每秒内电化学反应的电子数，或者每秒内流过的电量的库仑数，从本质上电流的大小体现了电化学体系的反应速率。式（4.5.16）和式（4.5.17）说明法拉第电流与电解速率的正比关系：

$$i(A) = \frac{dQ}{dt}(C \cdot s^{-1}) \tag{4.5.16}$$

$$\frac{Q}{nF} = N(电解物质的摩尔数) \tag{4.5.17}$$

式中：n 为参与电极反应的电子的化学计量数。

$$速率(mol \cdot s^{-1}) = \frac{dN}{dt} = \frac{i}{nF} \tag{4.5.18}$$

　　阐明一个电极反应往往比认识一个在溶液中或气相中的反应更复杂，后者称为均相反应，因为均相反应在介质中的任何地方反应均以相同的速率进行。相反，电极过程是一个仅发生在电极/电解质界面的异相反应。它的速率除受通常动力学变量的影响之外，还与物质传递到电极的速率及各种表面效应有关。由于电极反应是异相的，它们的反应速率通常以 $mol \cdot s^{-1} \cdot cm^{-2}$ 来表示，即

$$速率(mol \cdot s^{-1} \cdot cm^{-2}) = \frac{i}{nFA} = \frac{j}{nF} \tag{4.5.19}$$

式中：j 为电流密度（$A \cdot cm^{-2}$）。

　　一个电极反应的信息通常是通过测量电流（i）作为电势（E）函数而获得的。某些术语有时与曲线的特征有关。如果一个电化学池有一个确定的平衡电势，那么它是该体系的一个重要参考点。由于法拉第电流通过体系而使电极电势（或电化学池电势）偏离平衡电势的现象，称为极化。极化的大小由过电势 η 来表示

$$\eta = E - E_{eq} \tag{4.5.20}$$

电流-电势曲线，特别是那些在稳态条件下得到的曲线，有时称为极化曲线。曾看到当一个无限小的电流流过时，一个理想极化电极的电势将有很大的变化范围；这样理想极化性可由 i-E 曲线的一个水平区域来表征，如图 4.5.8（a）所示。一个理想非极化电极的电势不随通过的电流而变化，即它的电势是固定的，可以由一个 i-E 曲线上的垂直区域来表征，如图 4.5.8（b）所示。在小电流情况下，由一个大的汞池与一个 SCE 所构成的电池应当接近理想非极化性。

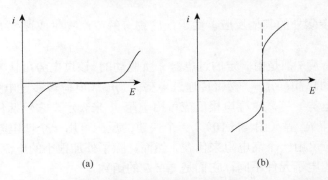

图 4.5.8　理想极化电极（a）和理想非极化电极（b）的电流-电势曲线

虚线表示实际电极在有限的电流或电势区间接近于理想电极的行为

4.5.3　电极过程的决速步骤

考察一个总电极反应 $O + ne^- \rightleftharpoons R$，它包含一系列影响溶液中溶解的氧化物 O 转化为还原态形式 R 的步骤（图 4.5.9）。一般，电流（或电极反应速率）是由如下序列过程的速率所决定的：

（1）物质传递（如 O 从本体溶液到电极表面）。

（2）电极表面上的电子转移。

（3）电子转移步骤的前置或后续化学反应。这些可以是均相过程（如质子化或二聚作用）或电极表面的异相过程（如催化分解）。

（4）其他表面反应，如吸附、脱附或结晶（电沉积）。

其中有些过程（如电极表面的电子转移或吸附过程）的速率常数与电势有关。

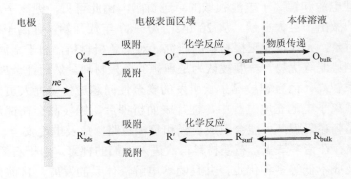

图 4.5.9　一般电极反应的途径

最简单的反应包括反应物向电极的物质传递、非吸附物质参与的异相电子转移和产物向溶液本体的物质传递。更加复杂的反应常常涉及一系列的电子转移和质子化、副反应、并行过程和电极表面的修饰。当得到一个稳态电流时，在此系列中所有反应步骤的速率相同。这个电流的大小通常是由一个或多个慢的反应所限制，它们称为速率决定步骤。除速率决定步骤外的其他反应，由于反应物分解或产物生成速率的缓慢而无法达到最大反应速率。

　　每一个电流密度 j 都是由一定的过电势 η 所驱动的。该过电势可认为是与各反应步骤相关的过电势值的总和：η_{mt}（物质传递过电势）、η_{ct}（电荷转移过电势）和 η_{rxn}（与前置反应相关的过电势）等。这样电极反应可用电阻 R 来表示，它包括代表不同步骤的一系列电阻，如 R_{mt}、R_{ct} 等（图 4.5.10）。一个快速的反应可用一个低电阻（或阻抗）来表示，而一个慢反应可用一个高电阻来代表。然而，除了外加很小的电流或电势的情况外，这些阻抗与真实的电子元件不同，它们是 i 或 E 的函数。

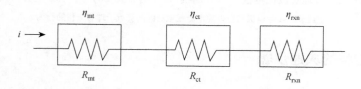

图 4.5.10　以电阻表示的电极反应过程

4.5.4　锂离子电池的电极过程与特点

　　锂离子电池充电和放电过程本质为锂离子在电池正极和负极之间脱出或嵌入，因此锂离子电池也被称为"摇椅电池"。在锂离子充电过程中，锂离子从正极脱出，经由电解液穿过隔膜，嵌入负极，于是，全电池充电过程分别对应正极半电池充电过程和负极半电池放电过程。

　　2019 年，瑞典皇家科学院将诺贝尔化学奖授予 Goodenough、Whittlingham 和 Yoshino，以表彰他们在锂电池和锂离子电池领域的卓越贡献，由此可见，锂离子电池对人类社会发展和环境保护做出了巨大贡献。从 20 世纪 70～80 年代开始，锂离子电池成了众多研究学者的研究对象，尤其是对正极材料的研究。对于负极材料，由于金属锂具有密度低、理论容量大及电势低等优势，一度被认为是理想的负极材料。然而锂金属本身过于活泼，对操作环境要求较高，而且锂枝晶生长引发的安全性问题迫使研究人员寻找更为合适的负极材料。在锂离子电池充电过程中，锂片表面析锂后，锂枝晶会在锂片表面局部位置生长，当锂枝晶刺穿隔膜，可能会造成正极和负极短路，危及电池安全。

　　因为锂金属存在诸多缺点，石墨材料再次进入人们的视野。由于石墨具有导电性好、理论容量较大及成本低等多种优点，并且随着电解液体系的发展，目前市面上大多数锂离子电池均以石墨作为负极材料。除常见的石墨负极外，部分电池以钛酸锂材料作为负极，由于钛酸锂对锂电势高，安全性好，因此，钛酸锂电池被广泛应用于轨道交通领域。此外，硅材料因为具有理论比容量高、对锂电势较高、价格低廉及丰富的储量等优势而被广泛关注，但是，其缺点是嵌锂过程中体积膨胀明显，电极易粉化及导电性差，因此，还需要进一步改善硅负极材料。

　　锂离子电池的充电和放电过程，本质上就是锂离子经过电解液在正极和负极活性材料之间转移，具体过程如下：电池充电过程中，锂离子从正极活性材料中脱出，经过正极/电解液界面，经由电解液，穿过隔膜，经过负极/电解液界面，嵌入负极活性材料中，而电子则经由外电路从正极流向负极；电池放电过程中，锂离子从负极活性材料中脱出，经过负极/电解液界面，经由电解液，穿过隔膜，经过正极/电解液界面，嵌入正极材料，同时电子从负极流向正极，以上过程还包括锂离子的溶剂化与去溶剂化（详细电极和电池反应见第 6 章）。

在分析锂离子电池的电极过程中，通常将其看作是内部含有大量孔隙的多孔电极，多孔电极的独特性主要体现在两个方面。其一，多孔固体骨架导电且一般具有电化学活性。因此，可以通过改变其电极电势（表面荷电状态）来调控界面反应和粒子输运过程。其二，液相网络中的电解质溶液含有溶剂、阴阳离子等多种组分，且离子浓度较高，组分间相互作用复杂。因此，除了速度、浓度、温度等传统多孔介质输运理论考虑的内容之外，多孔电极理论还要考虑电极电势、电场、溶液中粒子间相互作用等新因素。目前纽曼（Newman）理论为大多数研究者所接受用来研究多孔电极的电极过程，在这里对 Newman 理论进行简单介绍。

（1）Newman 理论将活性颗粒简化为球状，只考虑锂原子在球内的扩散，采用 Fick 第二定律描述活性颗粒内离子传输：

$$\frac{\partial c_s}{\partial t} = D_s \left[\frac{\partial^2 c_s}{\partial r^2} + \frac{2}{r}\frac{\partial c_s}{\partial r} \right] \tag{4.5.21}$$

式中：c_s 为锂离子固相浓度；D_s 为固相扩散系数；t 为时间；r 为活性颗粒半径。

（2）Newman 理论采用 Ohm 定律描述固相导电网络中的电子传输：

$$i_s = -\sigma_s \nabla \Phi_s \tag{4.5.22}$$

式中：i_s 为固相电流密度；σ_s 为固相电导率；Φ_s 为固相电势。

（3）Newman 理论采用基于过渡态理论和线性自由能关系的 Butler-Volmer 方程描述活性物质表面的电荷转移反应：

$$j_n = j_n^0 \left\{ \exp\left(\alpha \frac{F\eta}{RT} \right) - \exp\left[(1-\alpha)\frac{F\eta}{RT} \right] \right\} \tag{4.5.23}$$

式中：j_n 为电流密度；j_n^0 为交换电流密度；η 为过电势；α 为转移系数。

（4）Newman 理论的重点是浓溶液中物质传输的描述。对此，它采用了多组分 Stefan-Maxwell 方程：

$$c_i \nabla \mu_i = RT \sum_{j \neq i} \frac{c_i c_j}{c_T D_{ij}} (v_i - v_j) \tag{4.5.24}$$

式中：c_i 和 c_j 分别为粒子 i 和粒子 j 的浓度；$\nabla \mu_i$ 为粒子 i 的电化学势梯度；v_i 和 v_j 分别为粒子 i 和粒子 j 的速度；D_{ij} 为电解质联合扩散因子；c_T 为总组分的浓度。该方程与 Fick 扩散方程的不同之处在于，式（4.5.24）考虑了多组分耦合传输，而 Fick 扩散方程仅描述单一组分的扩散。从式（4.5.24）出发可以得到电解液等效扩散因子和正离子迁移数。这些方程组综合起来就是 Newman 多孔电极理论的基本方程。

习题与思考题

1. 估算直径为 0.25cm 的旋转圆盘电极在 25℃、0.1mol·L^{-1} NaCl 溶液中电阻大小。

2. 体积为 50cm^3 的 1.0mol·L^{-1} 的 HCl 溶液中含有 2.0×10^{-3}mol·L^{-1} Fe^{3+} 和 1.0×10^{-3}mol·L^{-1} Sn^{4+}。此溶液用一个面积为 0.30cm^2 的铂旋转圆盘电极进行伏安实验（在所采用的旋转速度下，Fe^{3+} 和 Sn^{4+} 的物质传递系数 m 为 1×10^{-2}cm·s^{-1}）。

（a）计算在上述条件下还原 Fe^{3+} 的极限电流。

（b）从 –0.40～+1.3V($vs.$ SHE)进行电流-电势扫描，定量地标出所得的 i-E 曲线。假设在此扫描过程中 Fe^{3+} 和 Sn^{4+} 的本体浓度没有变化，所有电极反应均为能斯特反应。

3. 0.1mol·L^{-1} KCl 溶液在 25℃时的电导率是 0.013Ω^{-1}·cm^{-1}。

（a）计算在此溶液中，面积为 0.1cm^2 相距 3cm 的两个铂平板电极之间的电阻。

（b）带有 Luggin 毛细管的参比电极离一个铂平板电极（$A = 0.1$cm^2）的距离分别为 0.05cm、0.1cm、0.5cm 和 1.0cm，计算每种情况下的未补偿电阻 R_u。

（c）对于一个具有相同面积的球形工作电极，重复在（b）中的计算[在（b）和（c）部分中，假设采用了一个大的对电极]。

4. 用泰勒级数对电势展开，得出 Tafel 区域中电荷转移电阻的关系式。

5. 用泰勒级数展开平衡电势，求出关于参数 $J = ni_0 F/\kappa RT$ 的电荷转移电阻的表达式。

6. 考虑电极反应：O + ne$^-$ $\rightleftharpoons$ R，在如下条件时：$C_R^* = C_O^* = 1$mmol·L^{-1}，$k^\ominus = 10^{-7}$cm·s^{-1}，$\alpha = 0.3$ 和 $n = 1$。

（a）计算交换电流密度，$j_0 = i_0 / A$，单位用 μA·cm^{-2}。

（b）当阳极和阴极电流密度达到 600μA·cm^{-2} 时，绘出该反应的电流密度-过电势曲线（忽略物质传递的影响）。

（c）在（b）所示的电流范围内，绘出 lg|j|-η 曲线（Tafel 曲线）。

7. 考虑 $\alpha = 0.50$ 和 $\alpha = 0.10$ 的单电子电极反应，计算在应用下列条件和公式时其电流相对误差。

（a）对于过电势为 10mV、20mV 和 50mV 时，采用线性 i-η 公式。

（b）对于过电势为 50mV、100mV 和 200mV 时，采用 Tafel（完全不可逆）关系式。

8. 根据 G. Scherer 和 F. Willig 的研究[J. Electroanal. Chem., 85, 77(1977)]，Pt/Fe(CN)$_6^{3-}$（2.0mmol·L^{-1}）、Fe(CN)$_6^{4-}$（2.0mmol·L^{-1}）和 NaCl（1.0mol·L^{-1}）体系在 25℃时交换电流密度 $j_0 = 2.0$mA·cm^{-2}，此体系的传递系数大约是 0.50。计算：

（a）k_0 值。

（b）两个配合物的浓度均为 1mol·L^{-1} 时，其 j_0 值。

（c）在铁氰化钾和亚铁氰化钾浓度均为 1×10^{-4}mol·L^{-1} 时，面积为 0.1cm^2 的电极，其电荷转移电阻值。

9. （a）说明对于一级均相反应 A $\xrightarrow{\ k\ }$ B，为什么 A 的平均寿命是 1/k_f?

（b）当物质 O 进行如下的异相反应时，请推导出其平均寿命的表达式：

$$O + e^- \xrightarrow{\ k_f\ } R$$

注意当此物种与表面的距离小于 d 时才能反应。考虑一个假设的体系，溶液相仅从表面扩展距离 d（大约 1nm）。

（c）寿命为 1ms 时 k_f 应有多大？寿命可能短到 1ns 吗？

10. 估算在 0.1mol·L^{-1} NaCl 溶液中，电极表面区域的电容是否等于 $120\mu F$。找出一个合理的置信区间。

11. 对于 $1\times10^{-2}\text{ mol·L}^{-1}$ Mn(III) 和 $1\times10^{-2}\text{ mol·L}^{-1}$ Mn(II)，根据图 4.3.4 中电流-过电势曲线 Tafel 曲线的数据估算 j_0 和 k_0。当 Mn(III) 和 Mn(II) 的浓度均为 1mol·L^{-1} 时，所预测的 j_0 是多少？

12. 对于一个平衡能量为 E_{eq} 的体系，如何从表示 $D_O(E,\lambda)$ 和 $D_R(E,\lambda)$ 的公式出发，推导出本体浓度 c_O^* 和 c_R^* 与 E_{eq} 之间类似于能斯特方程的表达式。该表达式与以 E_{eq} 和 E 表示的能斯特方程有哪些不同？如何解释此差异？

第5章　电化学研究方法

5.1　电化学测量仪器

电化学测量仪器通常由一个执行控制电极电势的恒电势仪（potentiostat）和一个产生所需扰动信号的信号发生器，以及测量和显示 i、E 和 t 的软件组成。恒电势仪及放大器和其他用于控制电流和电压的模块，是由运算放大器（operational amplifier）构建的模拟器件。模拟器件（analog devices）是能够处理连续信号（如电压）的电子系统。函数发生器也可作为一种模拟器件，但所需的信号常常是由计算机产生的数字信号通过数模转换器（digital-to-analog converter，DAC）转换后输入恒电势仪中。模拟信号通过模数转换器（analog-to-digital converter，ADC），经过单片机处理后传入计算机进行信号的处理和显示。

恒电势仪用于控制电极电势为给定的电势，以达到恒电势极化和研究恒电势暂态等目的。信号发生器模块产生各种信号波形（如方波、三角波和正弦波等，以及各种组合波形）施加于电化学体系，就可以研究电化学分析中的各种暂态行为。恒电势仪的设计原则是：较低的输出阻抗、较高的输入阻抗、低漂移、低噪声、低失调和快速响应等。

因为电化学主要的变量都是模拟量，实现模拟域控制和测量电压、电流和电量的核心元件之一是运算放大器。下面就电化学测量仪器涉及的一些基本电路，以及恒电势仪的设计思路做简单介绍。

5.1.1　电化学测量仪器涉及的基本电路

恒电势仪实质上是利用运算放大器进行运算，使参比电极与研究电极之间的电势差严格地等于输入的指令信号电压。用运算放大器构成的恒电势仪，在电解池、电流取样电阻及指令信号的连接方式上有很大灵活性，可以根据电化学测试的要求选择或设计各种类型的恒电势仪电路。

运算放大器是内含多级放大电路的电子集成电路，其输入级是差分放大电路，具有高输入电阻和抑制零点漂移能力；中间级主要进行电压放大，具有高电压放大倍数，一般由共射极放大电路构成；输出极与负载相连，具有带载能力强、输出电阻低特点。

在实际电路中，通常结合反馈网络共同组成某种功能模块，其输出信号可以是输入信号加、减或微分、积分等数学运算的结果。输入端一个很小的电压差将使实际放大器输出达到极限，因此，几乎不用放大器去处理一个未经精心设计的电路得来的输入信号。通过将输出部分反馈到反相输入端来稳定放大器，实现反馈的方式决定着整个电路的工作性质。

图 5.1.1 所示的电路是运算放大器组成的电流跟随器。电阻 R_f 是反馈元件，反馈电流 i_f 流过它。输入电流是 i_{in}，可以从一个工作电极引入。根据基尔霍夫定律（Kirchoff's law），所有进入加和点 S 的电流之和必须是零，以及两个输入端之间通过的电流小到可以忽略不计，所以

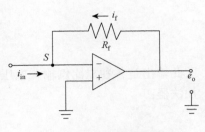

图 5.1.1　电流跟随器

$$i_f = -i_{in} \qquad (5.1.1)$$

根据欧姆定律，

$$\frac{e_o - e_S}{R_f} = -i_{in} \qquad (5.1.2)$$

并将式（5.1.1）代入，可得

$$e_o\left(1 + \frac{1}{A}\right) = -i_{in}R_f \qquad (5.1.3)$$

由于 A 值很大，括号中的值实际上等于 1，故

$$e_o \approx -i_{in}R_f \qquad (5.1.4)$$

于是输出电压与输入电流呈比例，比例因子为 R_f。这个电路称为电流跟随器或电流-电压转换器（i/E 和 i/V）。如果 i_{in} 是来自流经工作电极的电流，e_o 进入 ADC 芯片，经过单片机运算和处理，就可以构成电化学仪器的信号采集系统。

加和点的电压 e_S 是 $-e_o/A$，对于一个典型的组件其值是 $\pm 150\mu V$。换言之，S 是虚地点。它不是真正的"地"，因为没有直接的连接线，但是它与地有着实际上相同的电势。两个输入端实际总是处于相同的电势，因此很直观地看出 e_S 就是虚地。由式（5.1.4）可以立即写出最后的结果：

$$\frac{e_o}{R_f} = -i_{in} \qquad (5.1.5)$$

图 5.1.2 是比例器/倒相器电路，其输入电流是由电压 e_i 通过一个输入电阻引入的。电流大小由 e_i/R_i 决定，因此

$$e_o = -e_i\frac{R_f}{R_i} \qquad (5.1.6)$$

比例器电路的输出为反相输入乘以因子（R_f/R_i）。虽然对于单级变换实际的比例值为 0.01～200，但通过选择精密的电阻，R_f/R_i 可为任何需要的值。当 $R_f = R_i$ 时，该电路是一个倒相器。

图 5.1.3 中讨论这样一个电路，三个不同的电压源 e_1、e_2 和 e_3 通过各自的输入电阻将三个输入电流 i_1、i_2、i_3 施加到加和点 S，反馈电路同前，因此

$$i_f = -(i_1 + i_2 + i_3) \qquad (5.1.7)$$

并且由于加和点是一个虚地点，则

$$\frac{e_o}{R_f} = -\left(\frac{e_1}{R_1} + \frac{e_2}{R_2} + \frac{e_3}{R_3}\right) \qquad (5.1.8)$$

或

$$e_o = -\left(e_1 \frac{R_f}{R_1} + e_2 \frac{R_f}{R_2} + e_3 \frac{R_f}{R_3} \right)　　　　　　（5.1.9）$$

因此输出是各独立比例输入电压之和。如果所有的电阻都相等，就得到一个简单的反相加法器：

$$e_o = -(e_1 + e_2 + e_3)　　　　　　（5.1.10）$$

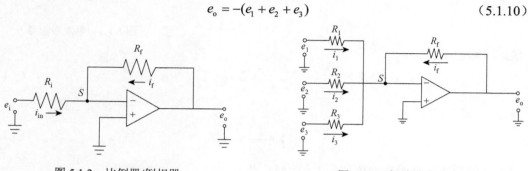

图 5.1.2　比例器/倒相器　　　　　　图 5.1.3　加法器电路

图 5.1.4 的反馈元件是电容 C。输入电流为 i_{in}，式（5.1.1）仍然适用，S 还是虚地点。因此代入式（5.1.1），可以写成：

$$C \frac{de_o}{dt} = -i_{in}　　　　　　（5.1.11）$$

或

$$e_o = -\frac{1}{C} \int i_{in} dt　　　　　　（5.1.12）$$

输出是一个与输入电流的积分成正比的电压，实际上此积分就是储存在电容上的电量。电流积分器在电量法和计时电量法实验中是很有用的。输入电压可以用图 5.1.5 所示电路积分，其中输入电流是由 e_i 通过电阻引入的。式（5.1.12）仍然有效，可以将其代入得到

$$e_o = -\frac{1}{RC} \int e_i dt　　　　　　（5.1.13）$$

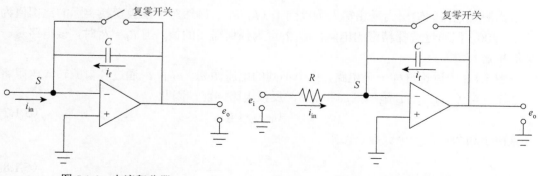

图 5.1.4　电流积分器　　　　　　图 5.1.5　电压积分器

斜坡发生器是一种特殊类型的电压积分器，它的 e_i 是恒定值。如果从复零状态开始实验，那么

$$e_o = \frac{-e_i}{RC}t \tag{5.1.14}$$

这样一个电路通常用来产生线性扫描实验的波形。扫描速度是由 e_i、R 和 C 联合控制的；扫描方向是由 e_i 的极性所决定的。

在图 5.1.6 中可以看到一个输入电容和一个反馈电阻，它们分别通过电流 i_{in} 和 i_f。照例从式（5.1.1）开始，并将电流取代得到

$$\frac{e_o}{R} = -C\frac{\mathrm{d}e_o}{\mathrm{d}t} \tag{5.1.15}$$

或

$$e_o = -RC\frac{\mathrm{d}e_i}{\mathrm{d}t} \tag{5.1.16}$$

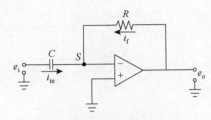

图 5.1.6 微分器

因此，输出是与 e_i 对时间的导数呈比例的。

5.1.2 恒电势仪和恒电流仪

1. 恒电势仪

恒电势仪是从事电化学研究的基本仪器，适用于电极过程动力学方面的基础研究，在电镀、电解、电冶金、金属腐蚀、化学电源等方面研究均有广泛应用。化学中常用的稳态研究法和暂态研究法均可借助于此仪器进行。

恒电势仪的工作原理是精确控制工作电极上电势的同时测量工作电极上产生的电流。根据电子学观点，一个电化学电解池可以看成图 5.1.7（a）所示的等效电路中的阻抗网络，图中 Z_c 和 Z_{wk} 分别表示对电极和工作电极上的界面阻抗，溶液电阻分成 R_Ω 和 R_u 两部分，它们与电流通路中参比电极尖端的位置有关。这种表示法可以进一步简化为图 5.1.7（b）。

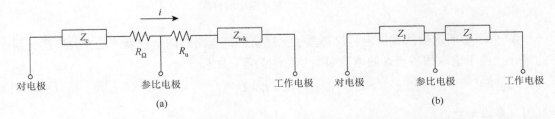

图 5.1.7 将电解池视为三电极连接的阻抗网络的示意图

可以看出放大器控制流经电解池的电流，使得参比电极对地的电势为$-e_i$。由于工作电极接地，这与Z_1和Z_2是否波动无关。

$$e_{erf}（相对参比电极）= e_i \tag{5.1.17}$$

图 5.1.8 所示恒电势仪说明了电势控制的基本原理，并将同其他一些设计一样能完成控制任务。它的缺点是对输入的要求。首先，没有一个输入端是真正接地的，因此用于控制电势提供波形的函数发生器必须具有差分浮动输出。

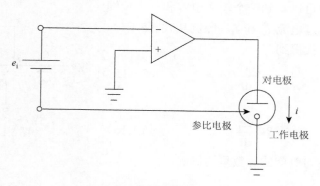

图 5.1.8　简单的恒电势仪

其次，恒电势仪还要考虑所需要控制函数的形式。例如，假设要做一个从–0.5V 开始扫描的交流伏安实验，所需的波形示于图 5.1.9 中。它是一个复杂的函数，不能简单地得到，必须将一个斜坡函数、一个正弦扰动和一个恒定偏置加在一起来合成此波形。通常，电化学波形是几个简单信号的合成，因此需要一个通用的装置，以接收并加和恒电势仪本身的基本输入。

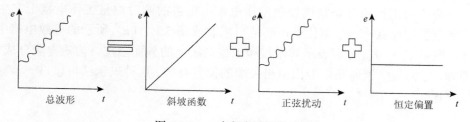

图 5.1.9　一个复杂波形的合成

图 5.1.10 所示加法式恒电势仪补救了上述所讨论电路的两个缺点，是一种广泛应用的设计。由于进入加和点 S 的电流必须是总和为零，所以

$$i_{erf} = i_1 + i_2 + i_3 \tag{5.1.18}$$

且因 S 是虚地点，

$$-e_{erf} = e_1 \frac{R_{erf}}{R_1} + e_2 \frac{R_{erf}}{R_2} + e_3 \frac{R_{erf}}{R_3} \tag{5.1.19}$$

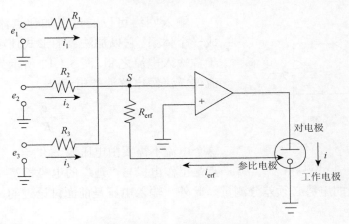

图 5.1.10　加法式恒电势仪

应当注意，如前所述的 $-e_{erf}$ 是工作电极相对于参比电极的电势。因此，电路使得工作电极维持在一个等于各输入电压加权和的电势。通常所有的电阻值都相等，故有

$$e_{erf}（相对参比电极）= e_1 + e_2 + e_3 \tag{5.1.20}$$

输入信号的加和装置能使复杂波形简单地合成，并且每一个输入信号都独立地相对于电路的"地"点。任何适当数量的信号都要在输入端相加，对每一个信号只是需要简单地用一个电阻引入加和点即可。

2. 恒电流仪

恒电流仪仅由电解池中两个部件工作电极和辅助电极组成，在恒电流实验中通常只需知道工作电极相对参比电极的电势，仅需测量它的值而不需要额外添加控制电路。

用上面讨论的运算放大器电路可以搭建恒电流仪。图 5.1.11 所示装置非常像上面讨论的比例器/倒相器。电解池代替了反馈电阻 R_f，在 S 点将电流加和，得到

$$i_{cell} = -i_{in} = \frac{-e_i}{R} \tag{5.1.21}$$

因此，电解池电流由输入电压支配。输入电压可以是恒定的或以任意方式变化的，而电解池电流将跟随它变化。这种设计使工作电极处于虚地，有利于实现参比电极和工作电极之间电势差的测量。电压跟随器 F 给出参比电极相对地的电势，即 $-e_{wk}$（相对参比电极）。

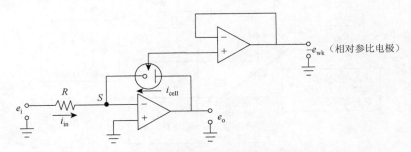

图 5.1.11　基于比例器/倒相器电路的简单恒电流仪

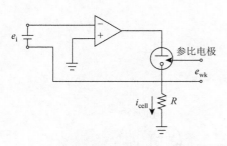

图 5.1.12　恒电流仪

输入网络可以通过在加和点添加电阻而扩展成一个体系，它以加法器的形式使电解池的电流等于各输入电流之和。图 5.1.12 所示为另外一种恒电流仪。流经电解池的电流是

$$i_{cell} = \frac{-e_i}{R} \qquad (5.1.22)$$

这个电流不需要由电压源 e_i 供给。该电路的一个缺点是工作电极与"地"的电势相差$-e_i$，因此工作电极相对参比电极的电势必须差分测量。此外，输入电压是前面讨论过的，是一个没有灵活性的量。

随着技术的不断革新，集成电路技术已经非常成熟。随着嵌入式系统、智能微控制器、无线通信技术及人工智能技术的不断发展，智能化和微型化的恒电势仪已经可以实现，这将使恒电势仪精度更高、稳定性能更好，同时还能最大幅度地减少器件的功耗。

5.1.3　电化学实验操作

电化学实验通常指控制电化学池中某些变量恒定而观察其他变量如何变化。例如，在电势法实验中，当 $i = 0$ 时，E 可作为浓度 c 的函数来测量。因为在此实验中无电流流过，无净的法拉第反应发生，故电势经常（但不总是）由体系的热力学性质决定。许多变量（电极面积、物质传递、电极的几何形状）并不直接影响电势。

进行电化学实验的另外一种方法是使研究的体系对一个扰动发生响应。对电化学池施加某个激发函数（如一个电势阶跃），在体系的所有其他变量维持恒定的情况下，测量其特定的响应函数（如图 5.1.13 中电流随时间的变化）。实验的目的是通过观察激发函数和响应函数及所了解的有关体系的恰当的模型，获得相关信息（热力学的、动力学的、分析的等）。

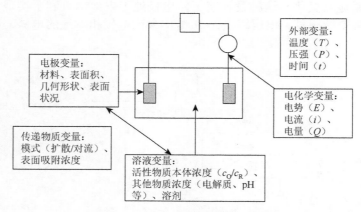

图 5.1.13　影响电极反应速率的变量

在建立电化学体系的模型之前，还应该考虑电化学池的电流和电势的实质。其一般原理是通过施加电压激励信号并观察响应来研究电化学体系性质。在电化学实验中，激发信号是所加的电势阶跃或其他电信号，响应信号是观察到的电流-时间曲线或电压-电流曲线。理想的三电极恒电势仪电路主要由运算放大器、三电极体系、样品溶液、反馈电阻四部分构成。其中三电极体系由工作电极、参比电极、辅助电极组成。工作电极的作用是在外加电势条件下，使待测溶液发生电化学反应，从而测定该电极上产生的电流；辅助电极和工作电极组成一个导通回路；而参比电极作为工作电极和辅助电极的基准电极。反馈电阻主要将工作电极产生的电流转换成电压，经过单片机采样后送达上述软件进行处理和显示（图 5.1.14）。

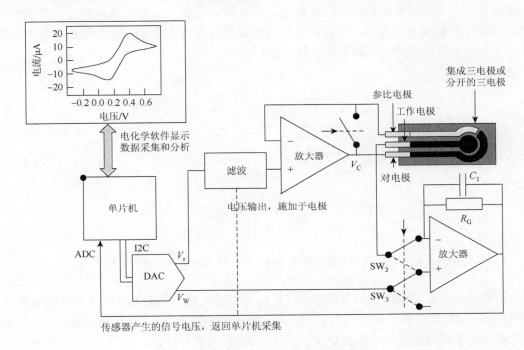

图 5.1.14　恒电位仪的工作原理图

5.2　电化学等效电路

在电化学极化过程中，由于暂态系统是随时间而变化的，因而相当复杂。因此常常将电极过程用等效电路来描述，每个电极基本过程对应一个等效电路的元件。如果得到等效电路中某个元件的数值，也就知道这个元件所对应的电极基本过程的动力学参数。这样，就将对电极过程的研究转化为对等效电路的研究。然后利用各电极基本过程对时间的不同响应，可以使复杂的等效电路得以简化或进行解析，从而简化问题的分析和计算。

通常，需要根据各个电极基本过程的电流、电势关系，来确定它们的等效电路及等效电路之间的关系。

5.2.1　等效电路模型的建立

电化学电解池对于小正弦激励就是一个阻抗。因此，能够用电阻和电容的等效电路来表示它的电化学性能，在此电路中流过的电流与给定激励下流过实际电解池的电流具有相同的幅值和相角。图 5.2.1（a）显示了一个常用的电路，称为 Randles 等效电路。引入并联的元件，是因为通过工作界面的总电流是法拉第过程 i_f 和双电层充电 i_c 分别贡献之和。双电层电容类似纯电容，因此它在等效电路中用元件 C_d 表示。法拉第过程不能采用线性元件，不能简单地采用不随频率变化的 R 和 C 来代表，所以法拉第过程必须作为一个一般性的阻抗 Z_f 来考虑。当然，所有的电流都必须通过溶液电阻，因此，R_Ω 作为串联的元件引入等效电路中，用来表示这一过程。

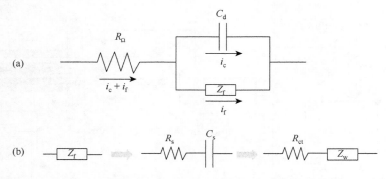

图 5.2.1　（a）电化学池的等效电路；（b）将 Z_f 分成 R_s 和 C_s 或 R_{ct} 和 Z_w

法拉第阻抗在文献中曾用不同的方式进行过讨论。最简单的表示法是由串联电阻 R_s 和假电容 C_s 组成的电阻-电容组合。另一种方法是将纯电阻 R_{ct}（即电荷转移电阻）和另一个表示物质传递电阻的一般阻抗 Z_w（即 Warburg 阻抗）分开，如图 5.2.1（b）所示。与近似理想电路元件 R_Ω 和 C_d 不同，法拉第阻抗的各分量是非理想的，因为它们随频率 ω 而变化。一个给定的等效电路表示给定频率下电解池的性能，而不是其他频率下的性能。实际上，法拉第阻抗实验的主要目的是揭示 R_s 和 C_s 的频率关系，然后应用理论将这些函数变为化学信息。

这里所讨论的电路是基于最简单的电极过程。为了说明更加复杂的情况还设计了许多其他电路，如包括反应物的吸附、多步骤电荷转移或均相化学等情况。很重要的一点是要理解绘出的电化学池的等效电路并不是独一无二的。另外，对于偶合均相反应或者中间体的吸附这样更复杂的过程，电化学池的等效电路可能由多种方式组合。

5.2.2　电化学反应电阻和解析方法

电化学反应电阻 R_s 表示的是法拉第电流对电化学极化过电势的关系。假定表示成 R_s

和 C_s 串联组合的法拉第阻抗是可从总阻抗中测量，现在考虑当正弦电流通过该阻抗时的行为。

由于 R_s 和 C_s 串联，总的电压降是

$$E = iR_s + \frac{q}{C_s} \tag{5.2.1}$$

因此

$$\frac{\mathrm{d}E}{\mathrm{d}t} = R_s \frac{\mathrm{d}i}{\mathrm{d}t} + \frac{i}{C_s} \tag{5.2.2}$$

如果电流是

$$i = I\sin(\omega t) \tag{5.2.3}$$

那么

$$\frac{\mathrm{d}E}{\mathrm{d}t} = (R_s I\omega)\cos(\omega t) + \left(\frac{I}{C}\right)\sin(\omega t) \tag{5.2.4}$$

这个方程式是从电化学意义上鉴别 R_s 和 C_s 的一个纽带。电极过程对电流激励的响应也给出式（5.2.4）形式的 $\mathrm{d}E/\mathrm{d}t$，即它将出现正弦项和余弦项，这样，R_s 和 C_s 可以通过将电的方程式和化学的方程式中这些项系数相等而定出。

5.2.3　溶液浓差阻抗和解析方法

溶液的浓差极化又分为暂态和稳态两种，这二者相差很大，因为扩散状况不同，暂态系统的扩散层内浓度分布未达到稳态，一直处于变化中，因此处理暂态系统的扩散问题必须用到 Fick 第二定律。对于 O 和 R 都是可溶的标准体系 $O + ne^- \rightleftharpoons R$，可以写出

$$E = E[i, c_O(0,t), c_R(0,t)] \tag{5.2.5}$$

因此，对时间 t 的全微分展开：

$$\frac{\mathrm{d}E}{\mathrm{d}t} = \left(-\frac{E}{i}\right)\frac{\mathrm{d}i}{\mathrm{d}t} + \left[\frac{E}{c_O(0,t)}\right]\frac{\mathrm{d}c_O(0,t)}{\mathrm{d}t} + \left[\frac{E}{c_R(0,t)}\right]\frac{\mathrm{d}c_R(0,t)}{\mathrm{d}t} \tag{5.2.6}$$

或

$$\frac{\mathrm{d}E}{\mathrm{d}t} = R_{ct}\frac{\mathrm{d}i}{\mathrm{d}t} + \beta_O\frac{\mathrm{d}c_O(0,t)}{\mathrm{d}t} + \beta_R\frac{\mathrm{d}c_R(0,t)}{\mathrm{d}t} \tag{5.2.7}$$

式中：

$$R_{ct} = \left(\frac{\partial E}{\partial i}\right)_{c_O(0,t), c_R(0,t)} \tag{5.2.8}$$

$$\beta_O = \left[\frac{\partial E}{\partial c_O(0,t)}\right]_{i, c_R(0,t)} \tag{5.2.9}$$

$$\beta_R = \left[\frac{\partial E}{\partial c_R(0,t)}\right]_{i, c_O(0,t)} \tag{5.2.10}$$

要获得 dE/dt 的表达式主要取决于能否求出式（5.2.7）右边的 6 个因子。其中，R_{ct}、β_O 和 β_R 3 个参数与电极反应的动力学性质有关。剩下的 3 个因子当电流流过时，通常可以按照式（5.2.3）计算。其中之一是：

$$\frac{di}{dt} = I\omega\cos(\omega t) \tag{5.2.11}$$

其他因子将通过讨论物质传递来算出。

假定半无限线性扩散，其初始条件为 $c_O(x,0) = c_O^*$ 和 $c_R(x,0) = c_R^*$，可以根据经验公式和 Laplace 变换得到：

$$\overline{c}_O(0,s) = \frac{c_O^*}{s} + \frac{i(s)}{nFAD_O^{1/2}s^{1/2}} \tag{5.2.12}$$

$$\overline{c}_R(0,s) = \frac{c_R^*}{s} - \frac{i(s)}{nFAD_R^{1/2}s^{1/2}} \tag{5.2.13}$$

经过一系列卷积变换得到：

$$c_O(0,t) = c_O^* + \frac{1}{nFAD_O^{1/2}\pi^{1/2}}\int_0^t \frac{i(t-u)}{u^{1/2}}du \tag{5.2.14}$$

$$c_R(0,t) = c_R^* - \frac{1}{nFAD_R^{1/2}\pi^{1/2}}\int_0^t \frac{i(t-u)}{u^{1/2}}du \tag{5.2.15}$$

现在，可以求出上面所要求的表面浓度的导数：

$$\frac{dc_O(0,t)}{dt} = \frac{I}{nFA}\left(\frac{\omega}{2D_O}\right)^{1/2}\left[\sin(\omega t) + \cos(\omega t)\right] \tag{5.2.16}$$

$$\frac{dc_R(0,t)}{dt} = -\frac{I}{nFA}\left(\frac{\omega}{2D_R}\right)^{1/2}\left[\sin(\omega t) + \cos(\omega t)\right] \tag{5.2.17}$$

再联立以上公式得到：

$$\frac{dE}{dt} = \left(R_{ct} + \frac{\sigma}{\omega^{1/2}}\right)I\omega\cos(\omega t) + I\sigma\omega^{1/2}\sin(\omega t) \tag{5.2.18}$$

式中：

$$\sigma = \frac{1}{nFA\sqrt{2}}\left(\frac{\beta_O}{D_O^{1/2}} - \frac{\beta_R}{D_R^{1/2}}\right) \tag{5.2.19}$$

与式（5.2.4）比较，可以容易地鉴别出 R_{ct} 和 C_s：

$$R_s = R_{ct} + \frac{\sigma}{\omega^{1/2}} \tag{5.2.20}$$

$$C_s = \frac{1}{\sigma\omega^{1/2}} \tag{5.2.21}$$

完全求出 R_s 和 C_s 取决于找出 R_{ct}、β_O 和 β_R 的关系式。

其中，R_{ct} 主要是由异相电荷转移动力学决定的，而 $\sigma/\omega^{1/2}$ 和 $1/\sigma\omega^{1/2}$ 来自物质传递效应。根据这一原则，可将法拉第阻抗分成电荷转移电阻 R_{ct} 和 Warburg 阻抗 Z_w。Warburg 阻抗可以看成是一个与频率有关的电阻 $R_w = \sigma/\omega^{1/2}$ 和假电容 $C_w = C_s = 1/\sigma\omega^{1/2}$ 的串联。

因此，总的法拉第阻抗 Z_f 可写为

$$Z_f = R_{ct} + R_w - j/(\omega C_w) = R_{ct} + \left[\sigma\omega^{-1/2} - j(\sigma\omega^{-1/2}) \right] \qquad (5.2.22)$$

5.2.4　锂离子电池等效电路的建立

在锂离子电池的电化学性能测试过程中，为了得到锂离子电池最大允许充电倍率，从而制定锂离子电池充电优化策略，通常需要建立电池模型。由于锂离子电池电化学模型计算复杂且参数难以辨识，而一阶等效电路模型精度较差，综合考虑模型精度和计算复杂度，可以采用二阶等效电路模型。如图 5.2.2 所示，锂离子电池二阶等效电路模型是由电压源、电阻和电容组成。图中，U_{OCV} 代表开路电压，R_Ω 代表欧姆内阻，R_{p1} 代表电荷转移内阻，C_{p1} 代表双电层电容，R_{p2} 代表扩散内阻，C_{p2} 代表扩散电容，U_O 代表电池端电压，I_1 和 I_2 代表充电和放电电流。

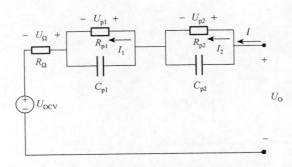

图 5.2.2　锂离子电池二阶等效电路模型

该模型的数学表达式为

$$U_O = U_{OCV}(t) + U_p(t) + U_\Omega(t) \qquad (5.2.23)$$

$$\begin{bmatrix} \dfrac{dU_{p1}(t)}{dt} \\[2mm] \dfrac{dU_{p2}(t)}{dt} \end{bmatrix} = \begin{bmatrix} \dfrac{-1}{R_{p1}(t)C_{p1}(t)} & 0 \\[2mm] 0 & \dfrac{-1}{R_{p2}(t)C_{p2}(t)} \end{bmatrix} \begin{bmatrix} U_{p1}(t) \\[2mm] U_{p2}(t) \end{bmatrix} + \begin{bmatrix} \dfrac{1}{C_{p1}(t)} \\[2mm] \dfrac{1}{C_{p2}(t)} \end{bmatrix} \qquad (5.2.24)$$

为了得到锂离子电池欧姆极化电压和电化学极化电压，建立电池充电能耗模型和充电时间模型，需要辨识模型所需参数，参数包括电池开路电压、欧姆内阻、电荷转移内阻、双电层电容、扩散内阻和扩散电容。在实际应用中需要根据实验结果，结合数学方法辨识得到电池模型参数。

（1）开路电压辨识：锂离子电池开路电压是指电池处于长时间静置状态时的端电压。开路电压与电池剩余容量有关，电池剩余容量越多，开路电压越高。根据图 5.2.2 所示锂离子电池二阶等效电路模型可以发现，电池充电和放电过程中，端电压表达式为

充电过程　　　　　　$U_{\text{O-cha}} = U_{\text{OCV}} + U_{\Omega\text{-cha}} + U_{\text{p-cha}}$　　　　　（5.2.25）

放电过程　　　　　　$U_{\text{O-dis}} = U_{\text{OCV}} - U_{\Omega\text{-dis}} - U_{\text{p-dis}}$　　　　　（5.2.26）

将式（5.2.25）和式（5.2.26）左右两项相加，求得锂离子电池开路电压与电池充放电端电压关系式：

$$U_{\text{OCV}} = (U_{\text{O-cha}} + U_{\text{O-dis}})/2 \qquad (5.2.27)$$

式中：$U_{\text{O-cha}}$和$U_{\text{O-dis}}$分别为 0.02C（1C 代表能用 1h 充满电池额定容量的充电倍率）倍率恒流充电时和放电时的电池端电压。

（2）欧姆内阻辨识：锂离子电池欧姆内阻包括电池极耳、集流体本身固有电阻属性及活性材料到极耳之间的连接内阻，其特点是符合欧姆定律。因此，根据欧姆定律辨识二阶等效电路模型中的欧姆内阻。以 50%电池荷电状态（state of charge，SOC）点施加的脉冲测试为例，电压、电流曲线如图 5.2.3 所示。

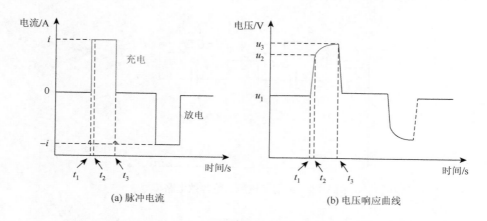

图 5.2.3　混合脉冲功率特性（HPPC）测试示意图

根据欧姆定律，欧姆内阻表达式为（以正极半电池充电脉冲为例）

$$R_{\Omega} = \left[u_2(t_2) - u_1(t_1) \right]/i \qquad (5.2.28)$$

根据式（5.2.28）即可得到不同倍率、不同 SOC 下的欧姆内阻，$t_2 - t_1$ 选为 0.1s，即加入脉冲后 0.1s 间隔内的电压差。

（3）极化参数辨识：锂离子电池电化学极化电压主要是由锂离子的扩散和电荷转移等电化学反应造成电池偏离平衡电势所致。二阶等效电路模型使用电阻和电容的并联来仿真电池充电和放电过程中的电化学反应。采用非线性拟合的方法辨识相应参数，根据式（5.2.28），通过求解微分方程得到电压和电流的关系：

$$U_{\text{O}} = U_{\text{OCV}} + IR_{\Omega} + IR_{\text{p1}} \times \left[1 - e^{(-t/R_{\text{p1}}C_{\text{p1}})} \right] + IR_{\text{p2}} \times \left[1 - e^{(-t/R_{\text{p2}}C_{\text{p2}})} \right] \qquad (5.2.29)$$

根据式（5.2.29），通过非线性拟合，得到不同倍率、不同 SOC 下锂离子电池各极化参数。

5.3　伏安测试与分析

控制电极电势按照一定的速度，从起始电势 E_i 变化到某一电势 E_λ，或者在完成这一变化后立即按照相同的速度再从 E_λ 变回 E_i，抑或是在二者之间多次循环往复变化，并同时记录对应的响应电流，这种控制电势的方法称为线性扫描伏安法（LSV）。电势变化率为一恒定值称为扫描速度，测量结果通常以 i-t 或 i-E 曲线表示，其中 i-E 曲线也称为伏安曲线。

采用线性扫描伏安法能在很短时间内观测到宽广电势范围内电极过程的变化，测得的 LSV 曲线完全不同于稳态的电流-电势曲线。通过 LSV 曲线进行数学解析，可以推得峰电流（i_p）、峰电势（E_p）与扫描速度（v）、反应粒子浓度（c）及动力学参数等一系列特征关系，为电极过程的研究提供丰富的电化学信息。

5.3.1　循环伏安法

循环伏安法（cyclic voltammetry，CV）是线性扫描伏安法的一种，指控制电极电势以不同的速度，随时间以三角波形一次或多次反复扫描，在电势范围内使电极上能交替发生不同的还原和氧化反应，并记录电流-电势曲线。根据曲线形状可以判断电极反应的可逆程度，中间体、相界吸附或新相形成的可能性，以及偶联化学反应的性质等。常用来测量电极反应参数，判断其决速步骤和反应机理，并观察整个电势扫描范围内可发生哪些反应及性质如何。对于一个新的电化学体系，首选的研究方法往往就是循环伏安法，可称之为"电化学的谱图"。

在某一时间 $t = \lambda$（或在换向电势 E_λ，switching potential），改变扫描方向就可以进行线性扫描伏安法的反向实验。这时，任一时间的电势可表示为

$$E = E_i - vt \quad (0 < t \leqslant \lambda) \tag{5.3.1}$$

$$E = E_i - 2v\lambda + vt \quad (t > \lambda) \tag{5.3.2}$$

应用式（5.3.2）到 Nernst 体系，得到

$$S(t) = e^{\sigma t - 2\sigma\lambda} \quad (t > \lambda) \tag{5.3.3}$$

反向扫描曲线形状取决于换向电势 E_λ，或者说取决于反向前扫描越过阴极峰多远。一般，只要 E_λ 越过阴极峰不少于 $35/n$ mV（其中 n 为电子转移数），反向峰就具有同样的形状，反向扫描曲线形状和正向 i-E 曲线基本相似，只是以阴极曲线的下降电流为基线，绘制在电流坐标的另一方向。图 5.3.1 示出用不同扫描方向电势得到的典型 i-t 曲线，时间作为横坐标。常用的基于电势记录的 i-E 曲线示于图 5.3.2。

循环伏安曲线上有两组重要的参数：①阴、阳极峰电流 i_{pa} 和 i_{pc} 及其比值 i_{pa}/i_{pc}；②阴、阳极峰电势差值 $|\Delta E_p| = E_{pa} - E_{pc}$。在循环伏安曲线上测定阳极的峰电流 i_{pa} 不如阴极峰电流 i_{pc} 方便，因为正向扫描时是从法拉第电流为零的电势开始，因此 i_{pc} 可以根据零电流基线得到；而在反向扫描时，E_λ 处阴极电流尚未衰减到零，因此测定 i_{pa} 时就不能以零电流作为基准来求算，而应以 E_λ 正向扫描之后的阴极电流衰减曲线为基线。

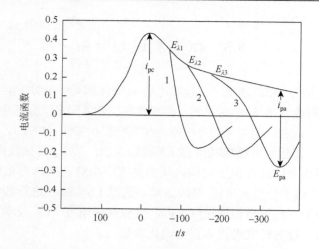

图 5.3.1　在不同 E_λ 反向的循环伏安曲线（基于时间坐标表示）

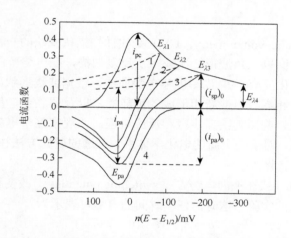

图 5.3.2　与图 5.3.1 条件相同的循环伏安曲线（基于电势坐标表示）

$E_{\lambda 1}$、$E_{\lambda 2}$、$E_{\lambda 3}$ 分别为 $E_{1/2}-90/n$（1）；$E_{1/2}-130/n$（2）；$E_{1/2}-200/n$（3）；电势保持在 $E_{\lambda 4}$ 直到阴极电流衰退到 0（4）；
曲线 4 是阴极 i-E 曲线对电势轴和过 $n(E-E_{1/2})=0$ 点的垂线的镜像

在循环伏安曲线上，比值 i_{pa}/i_{pc} 偏离 1，预示着电极过程中涉及均相动力学或可能存在其他复杂性。若难以确定测量 i_{pa} 的基线，可以用基于零电流基线的未校正阳极峰电流 $(i_{pa})_0$（图 5.3.2 中曲线 3）和换向电势 E_λ 处的电流 $(i_{sp})_0$，用式（5.3.4）计算出

$$\frac{i_{pa}}{i_{pc}} = \frac{(i_{pa})_0}{i_{pc}} + \frac{0.485(i_{sp})_0}{i_{pc}} + 0.086 \qquad (5.3.4)$$

在实际循环伏安曲线中，法拉第响应叠加在近似为常数的充电电流上，必须对 i_{pc}、i_{pa} 做出相应的校正。对于反向扫描，dE/dt 只是符号改变，大小不变，所以充电电流也只是改变符号，充电电流对正反向扫描基线的影响相同。

充电电流的校正一般不太容易准确，因而 CV 的峰电流测量不太容易精确。对于反向峰，由正向过程折回的法拉第响应（图 5.3.2 中曲线 1、2、3）一般不容易确定，电流

测量会进一步更不精确。所以若用峰高来求出如电活性物种浓度或偶合均相反应的速率常数等体系参数，CV 不是一种理想的定量方法，其强大用途在于定性半定量判断能力。一旦理解了体系的机理，常常使用更精确的其他方法测定体系参数。

峰电势 E_{pa} 和 E_{pc} 的差值常表示为 ΔE_p，它是检测能斯特反应的有用判据。ΔE_p 与 E_λ 略微相关，但一般总是接近 $2.3RT/nF$（25℃时是 59mV）。通过 ΔE_p 值可以判断电化学反应是否可逆。

5.3.2 可逆、准可逆与不可逆电化学体系的电流-电势曲线

下面分别对不同异相反应速率的电极反应，使用适当边界条件来求解扩散方程，并讨论扫描速度、浓度等实验变量如何影响电流。但在许多时候，特别是总反应较复杂时，需要使用数值模拟方法来计算分析伏安行为。

1. 可逆体系（能斯特）

初始时溶液中只含氧化活性物质 O，初始电极电势保持在不发生电极反应的电势 E_i，并使用半无限扩散条件，讨论简单反应 $O + ne^- \rightleftharpoons R$。电势以速度 v（单位为 $V \cdot s^{-1}$）进行线性扫描，任意时刻 t 时的电势为

$$E(t) = E_i - vt \tag{5.3.5}$$

假设电极表面的电子转移速度非常快，任意时刻物种 O 和 R 的浓度关系遵循能斯特方程。将浓度梯度关系式改写为时间的函数

$$\Lambda = \frac{k^\ominus}{\left(D_O^{1-\alpha} D_R^\alpha fv\right)^{1/2}} \tag{5.3.6}$$

由于与时间相关，不能对其进行 Laplace 转换，因而电势扫描问题的数学处理比较复杂，按照现有的理论将式（5.3.6）的边界条件设为

$$\frac{c_O(0,t)}{c_R(0,t)} = \theta e^{-\sigma t} = \theta S(t) \tag{5.3.7}$$

式中：$S(t) = e^{-\sigma t}$；$\theta = \exp[(nF/RT)(E_i - E^{\ominus'})]$；$\sigma = (nF/RT)v$。对扩散方程进行 Laplace 转换，并结合初始条件和半无限条件可导出

$$\bar{c}_O(x,s) = \frac{c_O^*}{s} + A(s)\exp\left[-\left(\frac{s}{D_O}\right)^{1/2} x\right] \tag{5.3.8}$$

电流变换为

$$\bar{i}(s) = nFAD_O \left[\frac{\partial c_O(x,s)}{\partial x}\right]_{x=0} \tag{5.3.9}$$

再经过一系列数学处理后，可以得到峰电流 i_p 的表达式：

$$i_p = (2.69 \times 10^5) n^{3/2} A D_O^{1/2} c_O^* v^{1/2} \tag{5.3.10}$$

对于能斯特可逆波，一个重要的判断依据是

$$|E_p - E_{p/2}| = 2.20 \frac{RT}{nF} = 56.5/n (\text{mV}) \quad (25℃) \qquad (5.3.11)$$

式中：E_p 为峰电势；$E_{p/2}$ 为半峰电流 $i_{p/2}$ 处的半峰电势。对于可逆波，E_p 与扫描速度无关，而 i_p 及任一点的电流则正比于 $v^{1/2}$。后一性质类似于计时电流法中，极限电流 i_d 与 $t^{-1/2}$ 的关系。在线性扫描伏安法中，$i_p / v^{1/2} c_O^*$（称为电流函数）取决于 $n^{3/2}$ 和 $D_O^{1/2}$。若已知 D_O，就可以确定电极反应的电子数 n。D_O 也可以从线性扫描伏安法中得到。

2. 准可逆体系

准可逆（quasireversible）体系是指需要考虑逆反应、电子转移动力学控制的体系。对于单步骤单电子反应

$$O + e^- \underset{k_b}{\overset{k_f}{\rightleftarrows}} R \qquad (5.3.12)$$

边界条件是

$$D_O \left[\frac{\partial c_O(x,t)}{\partial x} \right]_{x=0} = k^{\ominus} e^{-\alpha f \left[E(t) - E^{\ominus'} \right]} \left[c_O(0,t) - c_R(0,t) e^{f \left[E(t) - E^{\ominus'} \right]} \right] \qquad (5.3.13)$$

电流峰的形状及其有关参数可表示为 α 和参数 Λ 的函数，参数 Λ 定义为

$$\Lambda = \frac{k^{\ominus}}{\left(D_O^{1-\alpha} D_R^{\alpha} fv \right)^{1/2}} \qquad (5.3.14)$$

若 $D_O = D_R = D$，则

$$\Lambda = \frac{k^{\ominus}}{(Dfv)^{1/2}} \qquad (5.3.15)$$

电流为

$$i = FAD_O^{1/2} c_O^* f^{1/2} v^{1/2} \Psi(E) \qquad (5.3.16)$$

式中：$\Psi(E)$ 可查找手册得到。当 $\Lambda > 10$ 时，接近可逆体系的行为。

3. 不可逆体系

对于完全不可逆的单步骤单电子反应 $O + e^- \xrightarrow{k_f} R$，可逆体系中的能斯特条件可换用下式表示：

$$\frac{i}{FA} = D_O \left[\frac{\partial c_O(x,t)}{\partial x} \right] = k_f c_O(0,t) \qquad (5.3.17)$$

式中：

$$k_f(t) = k^{\ominus} \exp \left\{ -\alpha f \left[E(t) - E^{\ominus'} \right] \right\} \qquad (5.3.18)$$

同样，通过数值法求解积分方程，得到的电流为

$$i = FAc_O^* (\pi D_o b)^{1/2} \chi(bt) \qquad (5.3.19)$$

$$i = FAc_O^* D_O^{1/2} v^{1/2} \left(\frac{\alpha F}{RT} \right)^{1/2} \pi^{1/2} \chi(bt) \qquad (5.3.20)$$

式中：$\chi(bt)$ 为与电势有关的函数；i 仍然与 $v^{1/2}$ 和 c_O^* 成正比。

通过实验发现函数 $\chi(bt)$ 在 $\pi^{1/2}\chi(bt) = 0.4958$ 时有最大值，将此值代入式（5.3.20）得到峰电流为

$$i = (2.99 \times 10^5)\alpha^{1/2} A c_O^* D_O^{1/2} v^{1/2} \tag{5.3.21}$$

此外，在 25℃时，峰电势与半峰电势的差值为

$$|E_p - E_{p/2}| = \frac{1.857RT}{\alpha F} = \frac{47.7}{\alpha} \text{mV} \tag{5.3.22}$$

5.3.3　循环伏安法在锂离子电池研究中的应用

前面提到循环伏安法是一种强大的电化学分析方法，在锂离子电池中也有着广泛的运用。通过石墨薄膜电极的循环伏安实验，Levi 等观察到较低扫描速度下准平衡累积和较高扫描速度下半无限固态扩散两种极限传质行为，并建立了基于这两种极限行为的模拟模型，提取了包括锂离子通过石墨/溶液界面转移的有效非均相速率常数、半峰宽度和插层粒子扩散系数的定量信息。Davies 等通过对微圆盘电极阵列的线性扫描伏安法和循环伏安法模拟，发现了圆盘半径、氧化还原物种的扩散系数和扫描速度是影响圆盘电极排列的重要参数。Streeter 等用循环伏安法记录了亚铁氰化物在单壁碳纳米管修饰电极上的氧化过程，并通过模拟发现，仅用半无限平面扩散模型无法解释该电极表面的电子转移动力学，电流响应被解释为半无限平面向宏观电极表面扩散和被困在纳米管之间的电活性物质氧化的共同作用。Pérez-Brokate 等对圆柱型电极和薄膜电极分别进行循环伏安法模拟，并通过与实验、有限差分法结果的对比，证明了该模拟方法的可行性。

锂离子全电池主要由正负极、正负极之间的隔膜、正负极两侧的集流体及遍布结构的电解质溶液组成。隔膜的作用是避免正负极直接接触，允许电解质溶液中的离子通过；金属集流体的作用是为正负极提供电子通道，使得电子于外电路流通；活性物质分布在正负极中，在电极电势的作用下，锂离子可以嵌入和脱出活性物质。锂离子电池在放电过程中，锂自负极活性物质脱出，在其表面发生电化学反应生成锂离子和电子，锂离子随电解质溶液向正极方向扩散和迁移，而电子则随导电剂流向负极集流体，进而通过外电路流向正极集流体。正极活性物质接收来自溶液的锂离子和来自外电路的电子，同样在表面发生电化学反应，生成还原态的锂进入活性物质内部，由此构成回路。

蔡雪凡等建立电化学模型，通过改变边界控制条件来对锂离子电池进行循环伏安法模拟。电池中液固两相界面层中存在的电势差，电极电势是固相电极材料与电解质溶液之间的相间内电势之差，又称为"绝对电极电势"，表示为

$$\Delta_s\varphi_l = \varphi_s - \varphi_l \tag{5.3.23}$$

式中：φ_s 为固相电势；φ_l 为液相电势。

循环伏安法作为一种电化学研究方法应用于两电极体系时，实际上直接控制的是由工作电极和对电极构成的回路，即控制锂离子电池的端电压随时间以三角波的形式匀速变化。在两电极体系的全电池模型中，端电压表示为

$$\Delta V(t) = \varphi_s(\text{Le}, t) - \varphi_s(-\text{Le}, t) - R_c i_{app}(t) \tag{5.3.24}$$

式中：R_c 为锂离子电池总内阻；i_{app} 为工作电流密度。

　　实验时使用电化学工作站对锂离子电池进行循环伏安测量，应用的是三电极体系，包括工作电极、对电极和参比电极。其中工作电极与对电极构成极化回路，通过该回路可得到电流响应。此外，工作电极与参比电极构成测量回路，该回路没有电流经过，也不发生电化学反应。测量回路是三角波的载体，通过控制该回路可以在真正意义上控制电极电势，而非电池端电压。实验上由三电极体系测量的原因是固液界面电势差 $\Delta_s\varphi_1$ 需要靠参比电极控制，无法直接测量。而在模拟中 $\Delta_s\varphi_1$ 可以由电势的空间分布获得，因此在三电极体系的计算中可通过近似计算 $\Delta_s\varphi_1$ 来模拟实验体系，则工作电极集流体处的固相电势表示为

$$\varphi_s(\mathrm{Le},t) = E_{\mathrm{app}}(t) + \mathrm{RE}_\varphi(t) \tag{5.3.25}$$

式中：$\mathrm{RE}_\varphi(t)$ 为液相电势参考值。

　　陈飞等制备了锂离子电池的三元正极材料 $\mathrm{LiNi_{0.8}Co_{0.1}Mn_{0.1}O_2}$，通过对实验条件的控制得到微观形态为管状和颗粒状的两种材料，为了探究这两种不同形貌的材料在充放电过程中电化学行为有何不同，对这两种样品前 3 次的循环伏安曲线进行测定，测试条件为电压范围是 2.8～4.3V，扫描速度是 $0.1\mathrm{mV}\cdot\mathrm{s}^{-1}$，结果如图 5.3.3 所示。

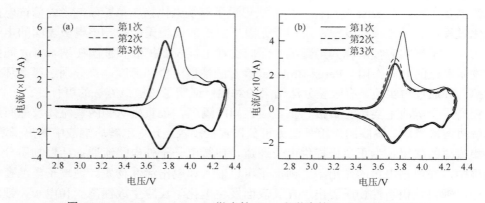

图 5.3.3　$\mathrm{LiNi_{0.8}Co_{0.1}Mn_{0.1}O_2}$ 微米管（a）和微米粒子（b）的 CV 图

　　在循环伏安曲线中，在较高电势所测出的峰是氧化峰，与锂离子电池充电过程相对应，在较低电势所测出的峰是还原峰，与锂离子电池放电过程相对应。氧化峰与还原峰之间电势差的大小可以定性地表明 $\mathrm{LiNi_{0.8}Co_{0.1}Mn_{0.1}O_2}$ 活性材料在充放电过程中结构可逆性的一个指标。如果它们之间的电势差越小，表明充放电过程中电池的极化越小，活性材料的结构可逆性越好。而氧化峰与还原峰的强弱可以作为电化学反应活性的指标，循环伏安曲线中氧化还原峰越尖锐，说明电化学反应活性越强。由图 5.3.3（a）可以看出，$\mathrm{LiNi_{0.8}Co_{0.1}Mn_{0.1}O_2}$ 微米管样品第 1 次循环过程中正电流区出现的氧化峰的位置为 3.85V，对应的负电流区还原峰的位置出现在 3.71V，相应的氧化峰和还原峰的电势差为 0.14V，该氧化还原电对与充放电曲线中的首次充放电曲线上所出现的平台相对应，该氧化还原峰对应于 $\mathrm{Ni^{3+}/Ni^{4+}}$ 氧化还原电对。此外，在较高的电势出现另外一对氧化还原电对，氧化还原峰的位置分别是氧化峰 4.25V 和还原峰 4.15V，这是因为高镍材料在高电压脱锂状态

下有一些晶体结构发生转化，同时由于该晶体结构变化的强度较弱在循环伏安曲线中峰强较弱，且在充放电曲线中没有出现相应较为明显的平台。在第 2 次和第 3 次循环过程中，$LiNi_{0.8}Co_{0.1}Mn_{0.1}O_2$ 微米管样品的循环伏安曲线表现出较好的重复性。图 5.3.3（b）为 $LiNi_{0.8}Co_{0.1}Mn_{0.1}O_2$ 微米粒子的循环伏安曲线图，在首次循环过程中，氧化峰和还原峰的位置分别在 3.83V 和 3.71V，氧化还原电势差为 0.12V。通过对比发现，$LiNi_{0.8}Co_{0.1}Mn_{0.1}O_2$ 微米管表现出更好的电化学稳定性。由这两个样品的循环伏安曲线图可以看出，与首次充放电相比，随后的两次循环曲线的氧化还原电势差降低了很多，即极化作用变弱，这是因为首次充放电过程对材料起到活化的作用，经过该过程，材料中的阳离子排布变得有序，有利于后续充放电过程中锂离子的嵌入和脱嵌。总之，通过循环伏安法可以研究锂离子电池在充放电过程中发生的电化学行为。

5.4　电化学阻抗谱技术

交流阻抗法（alternating current impedance method）是一种以小幅度的正弦波电势或电流为扰动信号的电化学测量方法，采用电化学仪器测量相应的系统电势（或电流）随时间的变化，或者直接测量系统的交流阻抗（或导纳），进而分析电化学反应机理、计算系统的相关参数。电化学阻抗谱技术已经广泛应用于新能源、腐蚀科学、生命科学等领域。

交流阻抗法包括两类技术，电化学阻抗谱（electrochemical impedance spectroscopy，EIS）和交流伏安法（alternating current voltammetry）。电化学阻抗谱是在平衡电势条件下，研究电化学系统的交流阻抗随频率的变化关系；而交流伏安法则是在某一选定的频率下，研究交流电流的振幅和相位随直流极化电势的变化关系。

阻抗通常采用锁相放大器或者频率响应分析仪进行测量，然后根据界面现象解释等效电阻和电容值。工作电极的平均电势（直流电势）简单地是由电对的氧化态和还原态的比所决定的平衡电势。在其他电势下的测定是通过制备不同浓度比的溶液来进行的。包括 EIS 在内的法拉第阻抗法有很高的精度，并常常用来计算异相电荷转移参数和研究双电层结构。

法拉第阻抗法的一个延伸是交流伏安法。在交流伏安实验中，工作电极上施加的电势程序是一个随时间慢扫描的直流平均值 E_{dc} 加上峰值约为 5mV 的正弦成分 E_{ac} 的合成。所测得的响应是在 E_{ac} 的频率下电流的交流成分的幅值和它相对 E_{ac} 的相角。图 5.4.1 是典型的测量电化学阻抗谱的恒电势仪。阻抗测量时，通过对电势产生小幅度的改变，在恒电势控制下进行测量。将恒电势仪引入电压加法器，对极化点对应的直流电势和频率分析仪发生器产生的交流电势求和。直流电势的作用是建立 O 和 R 的平均表面浓度。通常这一电势与真实的平衡值不同，因此，$c_O(0,t)$ 和 $c_R(0,t)$ 与 c_O^* 和 c_R^* 不同，故存在扩散层。然而应注意，由于 E_{dc} 实际上是稳定值，这个扩散层很快变得相当厚，以致使它的厚度大大超过了受 E_{ac} 快速扰动作用的扩散区域。这样，平均表面浓度 $c_O(0,t)$ 和 $c_R(0,t)$ 对实验的交流部分来说可看成本体浓度。通常从仅含有一种氧化还原态的溶液开始，并得到交流电流幅值及相角对 E_{dc} 的连续图形。

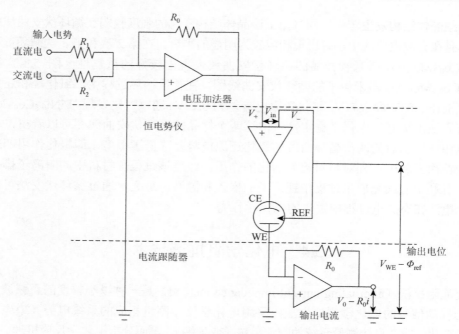

图 5.4.1　测量电化学阻抗谱的恒电势仪

5.4.1　复数和复数运算

复数的概念在数学和工程分析中被广泛使用，复数是数的序偶，其中虚数部分代表特殊类型方程的解。为了分析与频域相关的实验结果，如阻抗谱，那么必须了解并学会应用复数。

设有一对有序实数(a, b)，遵从下列基本运算规则：

（1）加法　　　$(a_1, b_1) + (a_2, b_2) = (a_1 + a_2, b_1 + b_2)$

（2）乘法　　　$(a, b)(c, d) = (ac - bd, ad + bc)$

则称这一对有序实数(a, b)定义了一个复数Z，记为

$$Z = (a, b) = a(1, 0) + b(0, 1) \tag{5.4.1}$$

式中：a 为复数 Z 的实部，$a = Z_{Re}$；b 为复数 Z 的虚部，$b = Z_{Im}$。

所谓两个复数相等，其含义是这两个复数的实部、虚部分别相等。复数不能比较大小。

复数可以用复平面上的点表示。$Z = a + ib$ 可以用横坐标为 a，纵坐标为 b 的点表示。复数和复平面上的点有一一对应的关系，对于任意一个复数，复平面上都有唯一的一个点与之对应；反之，对于复平面上的任意一点，也都有唯一的一个复数与之对应。

复数 Z 也可以用极坐标(r, θ)表示，如图 5.4.2 所示：

$$Z = r(\cos\theta + i\sin\theta) \tag{5.4.2}$$

式中：r, θ 分别为复数 Z 的模和辐角。由于三角函数的周期性，复数的辐角不是唯一的，还可以加上 2π 的任意整数倍。这个现象称为辐角的多值性。通常把$(-\pi, \pi)$的辐角值称为辐角的主值。

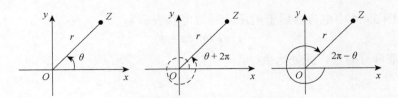

图 5.4.2　复数的模和辐角及辐角的多值性

复数还可以用指数表示。进一步定义复指数函数：

$$e^{i\theta} = \cos\theta + i\sin\theta \qquad (5.4.3)$$

复指数函数具有和实指数函数相同的性质，

$$e^{i\theta_1}e^{i\theta_2} = e^{i(\theta_1+\theta_2)} \qquad (5.4.4)$$

则复数 Z 可以表示为 $Z = re^{i\theta}$，因而复数的乘除运算可以利用复指数函数简单运算。

对于二次方程

$$az^2 + bz + c = 0 \qquad (5.4.5)$$

它的解为

$$z = \frac{-b \pm \sqrt{b^2 - 4ac}}{2a} \qquad (5.4.6)$$

如果判断，则方程的解为复数，并可表示为

$$z = z_r + z_j \qquad (5.4.7)$$

式中：z_r 和 z_j 是实数，分别代表 z 的实部和虚部。

一个纯正弦电压可以表示为

$$e = E\sin(\omega t) \qquad (5.4.8)$$

式中：ω 为角频率，它是 2π 乘以以 Hz 表示的常规频率值。将这个电压看成如图 5.4.3 所示的旋转矢量（或相量）比较方便。它的长度是幅值 E，旋转频率是 ω，观察到的电压 e 是任意时间投影在某一特定轴（通常在 0°）上相量的分量。

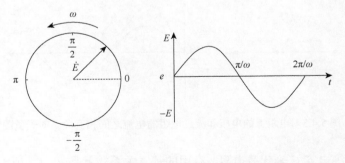

图 5.4.3　交流电压 $e = E\sin(\omega t)$ 的相量图

下面讨论两个有关联的正弦信号之间的关系，例如，电流 i 和电压 e 之间的相互关系。每一个信号都表示成以同样频率旋转的独立相量 $\dot{I}$ 和 $\dot{E}$。正如图 5.4.4 所示，它们通常不是同相的，于是其相量相差一个相角 ϕ。相量之一，通常是 $\dot{E}$，作为参考信号，ϕ 是相对

它测出的。图 5.4.4 中电流滞后于电压，通常可以表示为

$$i = I \sin(\omega t + \phi) \tag{5.4.9}$$

式中：ϕ 为带符号的量，此处为负。

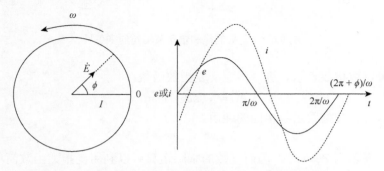

图 5.4.4 频率为 ω 的交流电流和电压信号之间相互关系的相量图

同一频率下两个相量间的相互关系，由于它们都在旋转而保持恒定，因此相角是常数。在相量图中去掉旋转的基准，并且简单地将它们绘成有同一原点并被适当的角分开的矢量来研究相量间的相互关系。

用这些概念来分析交流信号施加在电子元器件上的响应。在一个纯电阻 R 上，施加正弦电压 $e = E \sin(\omega t)$，由于欧姆定律始终是存在的，所以电流 $i = (E/R)\sin(\omega t)$，或以相量标记：

$$\dot{I} = \frac{\dot{E}}{R} \tag{5.4.10}$$

$$\dot{E} = \dot{I}\, R \tag{5.4.11}$$

相角为零，图 5.4.5 是其矢量图。

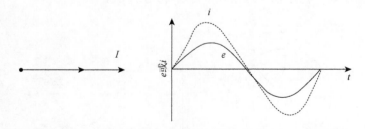

图 5.4.5 电阻上的电压和流过电阻的电流之间相互关系的矢量图

假如现在用纯电容 C 来代替电阻，有用的基本关系式就是 $q = Ce$ 或 $i = C(\mathrm{d}e/\mathrm{d}t)$，因此

$$i = \omega C E \cos(\omega t) \tag{5.4.12}$$

$$i = \frac{E}{X_{\mathrm{C}}} \sin\left(\omega t + \frac{\pi}{2}\right) \tag{5.4.13}$$

式中：X_{C} 为容抗，等于 $1/\omega C$。相角是 $\pi/2$，电压滞后于电流，如图 5.4.6 所示。由于矢量

图现在扩展成一个平面，用复数符号表示相量是方便的。规定纵坐标分量为虚部，并乘以 $j=\sqrt{-1}$，横坐标分量为实部。电流的相角是相对电压测量的，如图 5.4.6 所示，以横坐标画电流相量，得出：

$$\dot{E} = -jX_C\dot{I} \tag{5.4.14}$$

但实际上，不管 $\dot{I}$ 是否相对横坐标作图，这个关系必定成立，因为重要的只是 $\dot{E}$ 和 $\dot{I}$ 之间的关系，且 X_C 必然有电阻的量纲，但与 R 不同，它的值随频率的增加而下降。

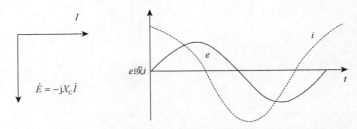

图 5.4.6　电容上的交流电压和流过电容的交流电流之间的关系

现在讨论电阻 R 和电容 C 串联的情况。在 R 和 C 施加电压 $\dot{E}$，其值无论何时都必须等于电阻和电容上的电压降之和。因此

$$\dot{E} = \dot{E}_R + \dot{E}_C \tag{5.4.15}$$

$$\dot{E} = \dot{I}(R - jX_C) \tag{5.4.16}$$

$$\dot{E} = \dot{I}Z \tag{5.4.17}$$

可以看到，电压和电流通过一个称为阻抗的矢量 $Z = R-jX_C$ 联系在一起。图 5.4.7 表示这些不同量之间的相互关系。通常情况下阻抗可表示为

$$Z(\omega) = Z_{Re} - jZ_{Im} \tag{5.4.18}$$

式中：Z_{Re} 和 Z_{Im} 分别为阻抗的实部和虚部。例如，这里 $Z_{Re}=R$ 和 $Z_{Im}=X_C=1/\omega C$。而 Z 的幅值写为 $|Z|$ 或 Z，由式（5.4.19）给出

$$|Z|^2 = R^2 + X_C^2 = (Z_{Re})^2 + (Z_{Im})^2 \tag{5.4.19}$$

相角 ϕ 由式（5.4.20）给出

$$\tan\phi = \frac{Z_{Im}}{Z_{Re}} = \frac{X_C}{R} = \frac{1}{\omega RC} \tag{5.4.20}$$

阻抗是电阻的一种通用化形式，相角表示串联电路中电容和电阻分量之间的配比。对于一个纯电阻，$\phi=0$；对于一个纯电容，$\phi=\pi/2$；而对于混合体，可观察到两者之间的相角。阻抗随频率的变化而发生变化，并且可以用不同的方法来表示。图 5.4.7（a）表示 RC 串联网络中串联 RC 电路的电流-电压关系图，图 5.4.7（b）是相量图导出的阻抗矢量图。在 Bode 图中 $\lg|Z|$ 和 ϕ 都是相对于 $\lg\omega$ 来作图的，串联 RC 电路的 Bode 图如图 5.4.8 所示。另一种表达方式是 Nyquist 图，即不同 ω 值下 Z_{Im} 相对于 Z_{Re} 作图，如图 5.4.9 所示。类似地，RC 并联的 Bode 图如图 5.4.10 所示。

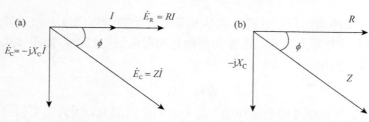

图5.4.7　（a）RC串联网络中串联RC电路的电流-电压关系图；（b）相量图导出的阻抗矢量图

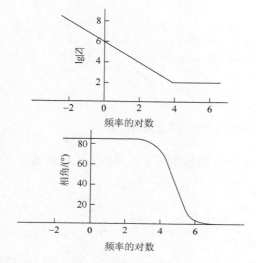

图5.4.8　串联RC电路（$R=100\Omega$，$C=1\mu F$）的 Bode 图

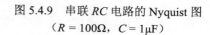

图5.4.9　串联RC电路的 Nyquist 图（$R=100\Omega$，$C=1\mu F$）

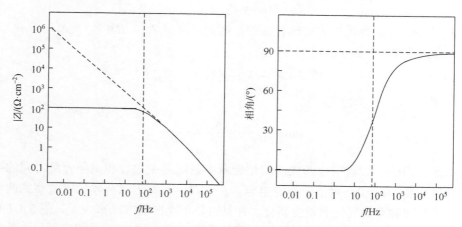

图5.4.10　并联RC电路（$R=100\Omega$，$C=1\mu F$）的 Bode 图

更复杂的电路可以根据类似于对电阻所运用的规则，通过合并阻抗来分析。对于串联阻抗，总阻抗是各个阻抗值（表示为复数矢量）之和；对于并联阻抗，总阻抗的倒数

是单个矢量倒数之和。

有时用导纳(admittance)Y，即阻抗的倒数 $1/Z$，来分析交流电路有时是很有利的，因而导纳代表一类电导。这样，普适化的欧姆定律式（5.4.10）可以改写成 $\dot{I} = \dot{E}Y$。这些概念在并联电路的分析中尤为有用，因为并联元件的总导纳简单地是单个导纳之和。后面将对 Z 和 Y 之间的矢量关系产生兴趣。如果 Z 写成极坐标形式：

$$Z = Ze^{j\phi} \tag{5.4.21}$$

那么导纳就是

$$Y = \frac{1}{Z}e^{-j\phi} \tag{5.4.22}$$

此处看到，Y 是幅值为 $1/Z$ 的矢量，它的相角与 Z 的相角相同，但符号相反。

5.4.2　拉普拉斯变换

拉普拉斯（Laplace）变换是一种积分变换，其核心是将时间函数 $F(t)$ 与复变函数 $f(s)$ 联系起来，将时域问题通过数学变换为复频域问题，将时域的高阶微分方程变换为复频域的代数方程，在求出待求的复变函数后，再作相反的变换得到待求的时间函数。由于解复变函数的代数方程比解时域微分方程较有规律且有效，所以拉普拉斯变换在电极过程动力学方程和阻抗模型的解析中得到广泛应用。

阻抗模型的推导需要求解微分方程。求解方法是，首先，通过求解普通微分方程得到一个稳态解；其次，得到正弦稳定状态下的解。求解的数学方法介绍如下。

电极过程主要由扩散传质、传荷过程及表面吸附/脱附步骤构成。电活性物质从溶液主体到电极表面的传质过程包括对流、扩散和电迁移三种基本形式。不同体系中通过以上一种或几种形式完成从溶液主体到电极表面的电活性物质传递过程。电化学最常遇到的偏微分方程（partial differential equation，PDE）是源于处理当电极上发生异相反应时电极附近的扩散问题。在电解池中对流、扩散及电迁移三种作用均存在，然而在通常情况下，体系条件决定了起主要作用的传质往往只有一种或两种。在支持电解质浓度足够大时，可以忽略电迁移项。在静止情况下的暂态扩散方程中，溶质浓度同时是时间 t 和距电极距离位置 x 的函数，用 $c(x, t)$ 表示。对于有支持电解质、溶液不搅拌的平板电极，通常浓度 $c(x, t)$ 服从 Fick 扩散定律的线性扩散方程，如

$$\frac{\partial c(x,t)}{\partial t} = D\frac{\partial^2 c(x,t)}{\partial x^2} \tag{5.4.23}$$

式中：D 为所研究物质的扩散系数。该方程仅含有 $c(x, t)$ 的一次或零次幂及其导数，是一个线性偏微分方程。最高导数次数是方程的阶数，所以该方程是二阶的偏微分方程。

在 n 阶线性微分方程的初值问题中，通常用常数变易法先求出其通解，再应用初值条件求出 n 个常数 $c_1, c_2, \cdots, c_n$ 的值，从而得到满足初值条件的特解。但是，这种方法计算量大，而且容易出错。利用拉普拉斯变换求解，使得相关计算简化。在零初始条件下，通常用拉普拉斯变换求解；在一般的初值条件下，通常用含参变量的拉普拉斯变换求解。

求解偏微分方程的困难之处在于其没有确定的解，甚至没有解的确定函数形式。有时，一个给定的偏微分方程往往有许多解，例如，对于方程

$$\frac{\partial z}{\partial x} - \frac{\partial z}{\partial y} = 0 \qquad\qquad (5.4.24)$$

下列函数都能满足该方程

$$z = A\mathrm{e}^{(x+y)} \qquad\qquad (5.4.25)$$
$$z = A\sin(x+y) \qquad\qquad (5.4.26)$$
$$z = A(x+y) \qquad\qquad (5.4.27)$$

　　偏微分方程的这个特点与单变量的常微分方程（ordinary differential equation，ODE）的性质相反。通常 OED 的解的形式由其自身决定。所以描述反应速率与反应物浓度的一次方成正比的一级反应，如丙酮的热分解反应、分子重排反应、异构化反应、放射性同位素的蜕变反应等，都可以用线性一阶 ODE 表示：

$$\frac{\mathrm{d}c(t)}{\mathrm{d}t} = -kc(t) \qquad\qquad (5.4.28)$$

有单一通解

$$c(t) = (\text{常数})\mathrm{e}^{-kt} \qquad\qquad (5.4.29)$$

针对特定问题的边界条件仅用于确定解中的常数项。

　　PDE 解的形式和求出 ODE 解常数项一样，一般也要取决于边界条件；而且同一 PDE 在不同边界条件下常常给出不同的函数关系。利用拉普拉斯变换，可以将问题转换到能用简单数学方法处理的域，这对于求解电化学中遇到的微分方程有很大应用价值。应用拉普拉斯变换求解线性微分方程也有规范的步骤，一般步骤如下：

　　（1）根据自变量的变化范围和方程及其初值条件的具体情况，决定对哪一个自变量进行拉普拉斯变换（含参变量），然后对线性微分方程中每一项取拉普拉斯变换，使线性微分方程变为 s 的代数方程。

　　（2）解复变函数的代数方程，得到有关 s 变量的拉普拉斯表达式，即复变函数。

　　（3）对复变函数取拉普拉斯逆变换，得到线性微分方程的解。

　　函数 $F(t)$ 对 t 的拉普拉斯变换以符号 $L\{F(t)\}$、$f(s)$ 或 $F(s)$ 表示，定义为

$$L\{F(t)\} = \int_0^\infty \mathrm{e}^{-st} F(t)\mathrm{d}t \qquad\qquad (5.4.30)$$

从式（5.4.30）中可以看出，拉普拉斯变换其实是一个广义积分变换。广义积分不一定存在，若它们的被积函数是收敛的，其广义积分才存在。对于拉普拉斯变换也不例外，其被积函数同样也要收敛。那么拉普拉斯变换的被积函数必须满足一定条件，下面给出了拉普拉斯变换存在的条件，具体要求是：①在区间 $0 \leqslant t < \infty$ 上的所有内部点，$F(t)$ 有界；②不连续点区域的数目有限；③有指数秩，即 $t \rightarrow \infty$ 时，对于某些 a 值，$\mathrm{e}^{-at}|F(t)|$ 必须有界，这要求 t 很大时，函数值的增长要慢于某 e^{-at} 指数函数。在实际应用中，条件①和③偶尔不能满足，②很少不满足。

　　由于拉普拉斯变换是一个广义无穷积分，对于简单函数可以求解，而对于较复杂的函数求解就比较麻烦。为了更好地求出复杂函数的拉普拉斯变换，利用拉普拉斯变换的性质，包括线性性质、相似性质、延迟性质和位移性质等，有助于更快地求出复杂函数的拉普拉斯变换。

拉普拉斯变换具有线性性质，即

$$L\{aF(t)+bG(t)\}=af(s)+bg(s) \tag{5.4.31}$$

式中：a 和 b 为常数。这一性质是直接从定义和积分运算的基本性质导出的。利用拉普拉斯变换的线性性质和欧拉方程（$e^i=\cos\omega t+i\sin\omega t$），可以求解 $\sin\omega t$ 和 $\cos\omega t$ 的拉普拉斯变换。

求解微分方程时，变换就是将某确定变量的导数转换为 s 的代数式。例如

$$L\left\{\frac{dF(t)}{dt}\right\}=L\{F(t)\}=sf(s)-F(0) \tag{5.4.32}$$

用分部积分可以证明这种转换：

$$
\begin{aligned}
L\left\{\frac{dF(t)}{dt}\right\} &=\int_0^\infty e^{-st}\frac{dF(t)}{dt}dt \\
&=\left[e^{-st}F(t)\right]_0^\infty+s\int_0^\infty e^{-st}F(t)dt \\
&=-F(0)+sf(s)
\end{aligned} \tag{5.4.33}
$$

类似可得到

$$L\{F''\}=s^2f(s)-sF(0)-F'(0) \tag{5.4.34}$$

通式为

$$L\{F''\}=s^nf(s)-s^{n-1}F(0)-s^{n-2}F(0)-\cdots-F^{(n-1)}(0) \tag{5.4.35}$$

因为对变换来讲，t 之外的变量当作常量处理，所以与 t 无关的微分算子不需要变换，则

$$L\left\{\frac{\partial F(x,t)}{\partial x}\right\}=\frac{\partial f(x,s)}{\partial x} \tag{5.4.36}$$

积分的变换和指数乘积的作用也是很有用的性质：

$$L\left\{\int_0^t F(x)dx\right\}=\frac{1}{s}f(s) \tag{5.4.37}$$

$$L\{e^{at}F(t)\}=f(s-a) \tag{5.4.38}$$

如

$$L\{\sin(bt)\}=\frac{b}{s^2+b^2} \tag{5.4.39}$$

$$L\{e^{at}\sin(bt)\}=\frac{b}{(s-a)^2+b^2} \tag{5.4.40}$$

卷积第一定理表明，两个函数卷积的拉普拉斯变换等于它们各自的拉普拉斯变换的乘积。若不能从表中列出的函数做逆变换，有时可以通过卷积积分进行逆变换：

$$
\begin{aligned}
L^{-1}\{f(s)g(s)\} &=F(t)*G(t) \\
&=\int_0^t F(t-\tau)G(\tau)d\tau
\end{aligned} \tag{5.4.41}
$$

注意，式中 $F(t)*G(t)$ 是卷积的表示符号，不是乘积。

拉普拉斯变换是将一个关于变量 t 的逐段连续函数 $F(t)$ 变换成一个变量 s 的复变函数 $f(s)$，经过求解之后，通过拉普拉斯逆变换，将复变函数 $f(s)$ 还原成原函数。

5.4.3 阻抗谱模型的等效电子电路

当电极系统受到一个正弦波形电压（电流）的交流信号的扰动时，会产生一个相应的电流（电压）响应信号，由这些信号可以得到电极的阻抗或导纳。一系列频率的正弦波信号产生的阻抗频谱，称为电化学阻抗谱（EIS）。

可以将电化学电解池理解成一个阻抗，因此，能够用电阻和电容的等效电路（equivalent circuit）来表示它的性能。图 5.4.11 表示常见的无源元件，相关电路可以由无源元件的串联、并联等各种组合组成。在不同电路组合中，不同电路具有同样多的时间常数，并能得出在数学上等价的频率响应。如图 5.4.12 所示，三个数学等效电路是由 3 个完全不同的物理模型得出的，但是同样具有相同的频率响应。图 5.4.13（a）显示了一个常用的电路，称为 Randles 等效电路。引入并联的元件，是因为通过工作界面的总电流是法拉第过程 i_f 和双电层充电 i_c 分别贡献之和。由于双电层电容像纯电容，因此它在等效电路中用元件 C_d 表示。法拉第过程不能采用线性元件来代表，也就是不能采用数值不随频率变化的 R 和 C 来代表，必须作为一个阻抗 Z_f 来考虑。当然，所有的电流都必须通过溶液电阻，因此，R_Ω 作为串联的元件引入等效电路中，用来表示这一影响。

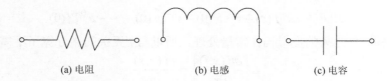

(a) 电阻   (b) 电感   (c) 电容

图 5.4.11 无源元件

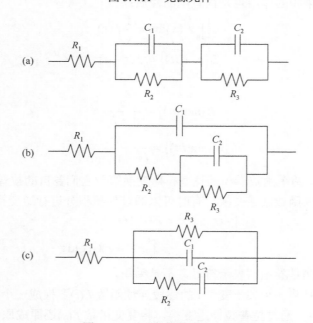

图 5.4.12 三个数学等效电路

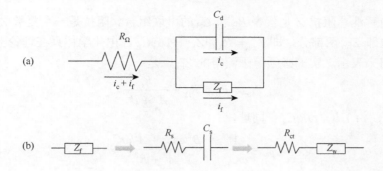

图 5.4.13　（a）电化学池的等效电路；（b）将 Z_f 分成 R_s 和 C_s 或 R_{ct} 和 Z_w

　　法拉第阻抗的解析，对分析电化学过程及其参数具有重要意义。图 5.4.13（b）表示的两种方式是等效的。一种方式是由串联电阻 R_s 和假电容 C_s 组成的电阻-电容组合，另一种方式是将纯电阻 R_{ct}（即电荷转移电阻）和另一个表示物质传递电阻的一般阻抗 Z_w（即 Warburg 阻抗）分开。与近似理想电路元件 R_Ω 和 C_d 不同，法拉第阻抗的各分量是非理想的，因为它们随频率 ω 而变化。一个给定的等效电路表示给定频率下电解池的性能，而不是其他频率下的性能。实际电化学测量时，法拉第阻抗实验的主要目的是揭示 R_s 和 C_s 的频率关系，然后应用理论将这些函数解析为对应的电化学信息。

　　图 5.4.13 讨论的电路是基于最简单的电极过程。实际的电化学过程可能更加复杂，如包括电反应物的吸附、多步骤电荷转移或均相化学等情况，显然，对应的等效电路也可能更加复杂。很重要的一点是，要理解绘出的电化学池的等效电路并不是独一无二的，对于同一个电化学阻抗谱实验，有时可以利用不同的等效电路进行解析。另外，仅在最简单的情况下才能够鉴别发生在电化学池中过程的各个电路元件。对于代表如偶合均相反应或者中间体的吸附这样更复杂的过程，上述两点尤其正确。

5.4.4　电化学阻抗谱的解析方法

　　法拉第阻抗可以理解为元件 R_s 和 C_s 组成的电阻-电容组合，而总阻抗中包括溶液电阻 R_Ω 和双电层电容 C_d。总电解池或电极阻抗是 ω 的函数，从结果可以提取法拉第阻抗 R_Ω 和 C_d。

　　交流阻抗技术就是测定不同频率 $\omega(f)$ 的扰动信号 X 和响应信号 Y 的比值，得到不同频率下阻抗的实部 Z'、虚部 Z''、模值 $|Z|$ 和相位角 θ，然后将这些量绘制成各种形式的曲线，就得到交流阻抗谱。在给定的频率下，电解池的等效电路可用图 5.4.13 理解，但是测量的阻抗是串联电路中的电阻 R_B 和双电层电容 C_d（或 $Z_{Re}=R_B$ 和 $Z_{Im}=1/\omega C_B$）。获得法拉第阻抗的方法是在相同条件下分别做实验测定电解池的阻抗，但必须没有电活性电对。由于法拉第路径是非活性的，因此测得的必定是 R_Ω 和 C_d 值。

　　电化学阻抗谱法是基于在电气工程电路分析中所用的方法，是由 Sluyters 及其合作者发展起来的，后经他人扩充。利用 Nyquist 图表示处理后复平面中总阻抗变化，可以将该方法用于标准体系中。

测量的电解池总阻抗 Z 是代表 R_B 和 C_B 的串联组合。阻抗是一个复数 Z_ω，可表示为实部 Z_{Re} 和虚部 Z_{Im} 两部分，即 $Z_{Re} = R_B$ 和 $Z_{Im} = 1/\omega C_B$。电化学体系在理论上用图 5.4.13 中的等效电路来表示。实部必须等于测得的 Z_{Re}，是

$$Z_{Re} = R_B = R_\Omega + \frac{R_s}{A^2 + B^2} \tag{5.4.42}$$

这里 $A = (C_d/C_s) + 1, B = \omega R_s C_d$。同理，

$$Z_{Im} = \frac{1}{\omega C_B} = \frac{B^2/\omega C_d + A^2/\omega C_s}{A^2 + B^2} \tag{5.4.43}$$

再经过处理可得

$$Z_{Re} = R_\Omega + \frac{R_{ct} + \sigma\omega^{-1/2}}{(C_d\sigma\omega^{1/2} + 1)^2 + \omega^2 C_d^2(R_{ct} + \sigma\omega^{-1/2})^2} \tag{5.4.44}$$

$$Z_{Im} = \frac{\omega C_d(R_{ct} + \sigma\omega^{-1/2}) + \sigma\omega^{-1/2}(C_d\sigma\omega^{1/2} + 1)}{(C_d\sigma\omega^{1/2} + 1)^2 + \omega^2 C_d^2(R_{ct} + \sigma\omega^{-1/2})^2} \tag{5.4.45}$$

式中：σ 为一个与物质转移有关的系数。

通过不同 ω 值绘制 Z_{Im}-Z_{Re} 图，可从中获取化学信息。为简化起见，首先考虑在高和低 ω 值时的极限行为。

（1）当 ω 趋近于 0 时（低频），函数（5.4.44）和函数（5.4.45）趋于其极限形式：

$$Z_{Re} = R_\Omega + R_{ct} + \sigma\omega^{-1/2} \tag{5.4.46}$$

$$Z_{Im} = \sigma\omega^{-1/2} + 2\sigma C_d \tag{5.4.47}$$

在式（5.4.46）和式（5.4.47）中消除 ω 得到

$$Z_{Im} = Z_{Re} - R_\Omega - R_{ct} + 2\sigma^2 C_d \tag{5.4.48}$$

因此，正如图 5.4.14 所示，Z_{Im} 相对于 Z_{Re} 作图是一条直线，斜率为 1。外推线与实轴的交点对应 $R_\Omega + R_{ct} - 2\sigma^2 C_d$。由上述推导可知，频率在此区域仅依赖于 Warburg 阻抗；因而，Z_{Re} 和 Z_{Im} 具有线性相关性是一个扩散控制电极过程的特性。随着频率的升高，电荷转移电阻 R_{ct} 及双电层电容将变成重要的组分，能够期望偏离式（5.4.48）。

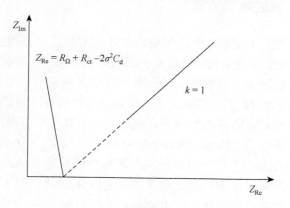

图 5.4.14　低频下的阻抗图

（2）当 ω 很大时（高频），变化的时间周期太短，以至于物质转移来不及发生，相对于 R_{ct}，Warburg 阻抗变得不重要了，也就是 Warburg 阻抗的作用消失，等效电路变为如图 5.4.15 所示的电路。阻抗是

$$Z = R_{\Omega} - j\left(\frac{R_{ct}}{R_{ct}C_d\omega - j}\right) \tag{5.4.49}$$

再经变化消除 ω 后得到

$$\left(Z_{Re} - R_{\Omega} - \frac{R_{ct}}{2}\right)^2 + Z_{Im}^2 = \left(\frac{R_{ct}}{2}\right)^2 \tag{5.4.50}$$

因此，Z_{Im} 相对于 Z_{Re} 作图应是一个中心在 $Z_{Re} = R_{\Omega} + R_{ct}/2$ 的圆形，如果 $Z_{Im} = 0$，半径则为 $R_{ct}/2$，具体如图 5.4.16 所示。

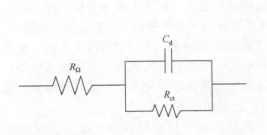
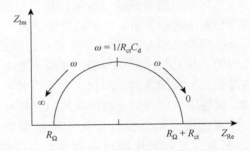

图 5.4.15　Warburg 阻抗不重要体系的等效电路　　　图 5.4.16　图 5.4.15 中等效电路的阻抗面图

　　图 5.4.15 中电路阻抗的虚部仅来自 C_d。因为它不能得到阻抗，所以在高频时贡献为零。所有的电流均为充电电流，所看到的阻抗是欧姆电阻。随着频率的降低，有限的阻抗 C_d 保持为 Z_{Im} 的重要部分。在非常低的频率时，电容 C_d 具有很高的阻抗；因此，电流流动主要是通过 R_{ct} 和 R_{Ω}，这样虚部阻抗再一次下降。通常，由于 Warburg 阻抗将变成很重要，因而在该低频区域，将期待着看到偏离该图的情况。

　　（3）基于以上两种趋势，就可以对一张交流阻抗谱进行基本分析：低频区为物质转移（mass-transfer）控制，而高频区为电荷转移（charge-transfer）主导。真实体系的应用如图 5.4.17 所示，一个实际的阻抗在复平面的作图，它结合了上述两种极限情况的特点。然而，对于任意给定的体系，两个区域很可能不是很好定义。决定因素是电荷转移电阻 R_{ct} 与 Warburg 阻抗的关系，这种关系是由 σ 控制的。如果化学体系动力学上较慢，它将显示有一个大的 R_{ct}，可能显示一个非常有限的频率区域，该区域中物质传递很重要。对于同一交流阻抗谱，可以找到不止一个等效电路进行拟合分析，因此依靠等效电路来推测电化学反应过程，对深入了解电化学过程十分有益，但是该分析是一个主观性较高的方法。

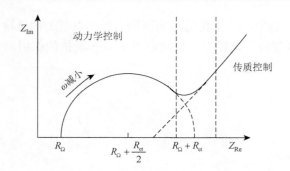

图 5.4.17　电化学体系的阻抗图

低频区和高频区分别存在动力学控制和传质控制

5.4.5　锂离子电池的阻抗谱综合分析方法

常用的电势阶跃法、线性扫描伏安法和循环伏安法等，都属于暂态分析，即在系统的非稳态下进行分析。交流阻抗谱学是一种在系统稳态下进行分析（稳态分析）的方法，具有高精度（相对）、简化分析和可分析系统长时表现的特点，在一定程度上弥补了暂态分析的不足。交流阻抗分析的主要思想是将复杂的电化学系统简化为一定的等效电路，通过电信号的输入输出对比，基于等效电路分析探知其内部电化学变化的具体参数。显然，交流阻抗谱在新能源领域的研究具有十分广泛的应用潜力。

对锂离子电池进行电化学阻抗谱研究，其目的就是探明在锂离子嵌入脱出过程（电极极化过程）中哪种阻力处于主导地位，即决定电池内阻的关键步骤是什么，以及在长期充放电循环过程中每种阻力增长的趋势，给出影响锂离子电池电化学性能（倍率、循环稳定性和容量等）的关键因素，进而提出改进电池电化学性能的方法，同时给出可用于分析荷电状态（SOC）、电池健康度（SOH）和安全状态（SOS）的电化学参数。

通常锂离子嵌入石墨电极过程交流阻抗图谱的 Nyquist 图由三部分组成：高频区域和中频区域各存在一个半圆，低频区域则为一条斜线。通常认为高频区域半圆应归属于锂离子通过石墨电极表面固体电解质界面（SEI）膜的扩散迁移，中频区域半圆与电荷传递过程相关，而低频区域的斜线则反映了锂离子在石墨电极中的固态扩散过程。

研究人员认为与多孔电极特性相关的谱特征是多孔电极的本质特征，理论上应该不会因为 EIS 测试体系（电解池）的不同而改变，运用 EIS 测试了开路电压下不同厚度石墨电极片的 EIS 特征，其结果如图 5.4.18 所示。可以看出，厚度 0.2mm 的阻抗谱特征与 0.1mm 的相比，在阻抗谱的中频区域即高频区域半圆与低频区域一段圆弧之间出现了一条与实轴近似呈 45°的直线，随着极片厚度的增加，中频区域与实轴近似呈 45°的直线的长度增大。如果不考虑高频区域的半圆，只看阻抗谱的中频区域和低频区域，极片厚度为 0.6mm 时的阻抗谱特征已与理论的阻抗谱特征非常接近。上述结果表明，在三电极研究体系中也能够测试到与多孔电极特性相关的谱特征。

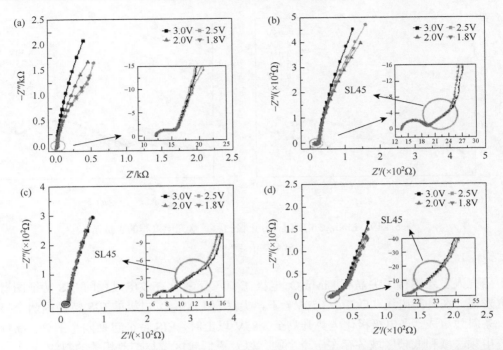

图 5.4.18　（a）0.1mm、（b）0.2mm、（c）0.4mm、（d）0.6mm 极片厚度石墨电极在首次放电过程的
电化学阻抗谱

SL45 表示斜率 45°

　　此外，还运用交流阻抗谱测试了相对较厚（约 0.15mm）的 $LiNi_{1/3}Co_{1/3}Mn_{1/3}O_2$ 电极的首次充电过程，结果如图 5.4.19 所示。发现在其阻抗谱中同样存在与多孔电极特性相关的谱特征，进一步证实在三电极研究体系中能够观察到与多孔电极特性相关的谱特征。可以预测，分析在首次充放电过程和循环过程中与多孔电极特性相关的谱特征，以及拟合等效电路所获得的表征参数随电极极化电势和充放电循环周数的变化，对于深入理解锂离子电池的容量和功率衰减机理有参考意义，对于发展基于厚电极的高比能量电池将起到关键性的指导作用。

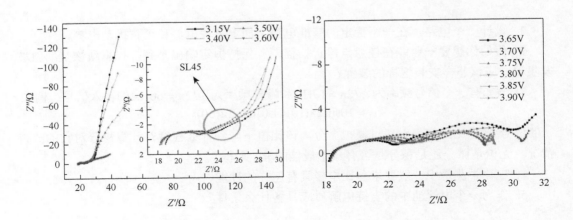

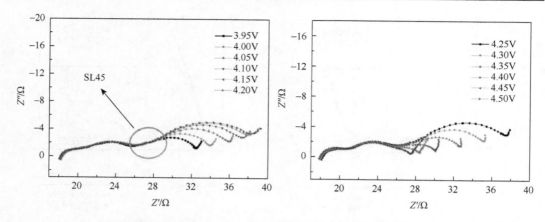

图 5.4.19　$LiNi_{1/3}Co_{1/3}Mn_{1/3}O_2$ 正极材料首次充电过程的阻抗谱

SL45 表示斜率 45°

　　研究人员还测得了尖晶石 $LiMn_2O_4$ 电极在 10℃下首次充放电过程的 EIS 特征图谱，研究发现，在开路电压（OCP，3.50V）下，尖晶石 $LiMn_2O_4$ 电极的 EIS 特征由两个半圆与一条斜线组成。当电极极化电势升高至 3.85V 以上时，EIS 特征包括四个部分：高频区域、中频区域和低频区域各存在一个半圆，以及更低频区域与扩散相关的斜线。

　　等效电路拟合结果表明，高频区域半圆与锂离子扩散迁移通过 SEI 膜的过程有关，中频区域半圆与尖晶石 $LiMn_2O_4$ 电极活性材料的电子电导率有关，低频区域半圆与电荷传递过程有关，而更低频区域的斜线则反映了锂离子在尖晶石 $LiMn_2O_4$ 电极材料中的固态扩散过程。上述研究结果与理论分析结果相一致，即尖晶石 $LiMn_2O_4$ 电极的 EIS 特征中同样存在与活性材料电子电导率相关的一个半圆。

　　交流阻抗谱在电池材料的研究中有着越来越广泛的应用，电极系统几乎所有参数及组成变化都将在电化学阻抗谱图中有所反映。交流阻抗法还可以对电子电导与离子电导分别进行研究，电池材料的合成条件、离子扩散、电导、电化学机理等，均可以通过电化学阻抗谱进行定性和定量分析。

习题与思考题

　　1. 设计一个电路，在一个稳定的基准电势上加上斜坡电势和正弦扰动电势。

　　2. 假如你想要一台能在任意点停止扫描，并保持恒定输出直到扫描重新恢复的斜坡发生器，应该怎样安装这样的装置？

　　3. 假如有一个信号频率为 $\omega/2\pi = 10Hz$ 和噪声频率为 $\omega/2\pi = 60Hz$ 的输入信号；例如

$$e_i = 10\sin 2\pi(10)t + 0.1\sin 2\pi(60)t$$

e_i 的信号/噪声比是多少？通过模拟微分，该比值下降到什么程度？计算积分对它的改善情况。无论是微分还是积分是否有一个最佳的 RC 乘积？

　　4. 电化学测量中一般要求参比电极具有怎样的性能？

　　5. 作为一个电解池中的支持电解质应具备什么条件？

6. 在 $n=1$，$c^*=1.00\text{mmol}\cdot\text{L}^{-1}$，$A=0.02\text{cm}^2$，$D=10^{-5}\text{cm}^2\cdot\text{s}^{-1}$ 条件下，计算 $t=0.1\text{s}$、0.5s、1s、2s、3s、5s 和 10s 及 $t\to\infty$ 时，平板电极和球形电极在扩散控制下的电解电流，并在同一图中绘制 i-t 曲线。需要电解多长时间，球形电极上的电流才能超出平板电极电流 10%？积分 Cottrell 方程导出电解中电量与时间的关系，并计算 $t=10\text{s}$ 时的总电量，用法拉第定律计算此时反应的物质摩尔数。如果溶液体积是 10mL，问电解改变了多少分数的样品？

7. 在 $1\text{mmol}\cdot\text{L}^{-1}$ Cd^{2+} 的 $0.1\text{mol}\cdot\text{L}^{-1}$ HCl 溶液中，使用面积为 0.05cm^2 的悬汞电极做恒电量实验。$Cd^{2+}/Cd(Hg)$ 的电势是 $-0.61\text{V}(vs.\ \text{SCE})$。设电极的初始电势保持在 $-0.40\text{V}(vs.\ \text{SCE})$，然后用足够的电量使其电势瞬间偏移至 $-1.00\text{V}(vs.\ \text{SCE})$。假定微分和积分电容是 $10\mu\text{F}\cdot\text{cm}^{-2}$，这样的电势变化需要多少电量？电量注入后，电势回落到 -0.90V 需要多长时间？取 $D_O=1\times10^{-5}\text{cm}^2\cdot\text{s}^{-1}$。

8. 求下面函数的拉普拉斯变换。

（a）常函数 $F(t)=1$；

（b）线性函数 $F(t)=t$；

（c）幂函数 $F(t)=t^n$，其中 n 为正整数；

（d）指数函数 $F(t)=e^{at}$，其中 a 为正整数。

9. 令 $z=1+j$，$\omega=5-2j$，求出下列表达式的值。

（a）$\omega+z$；（b）$\omega-z$；（c）ωz；（d）ω/z。

10. 什么是电化学阻抗法？其优点有哪些？

11. 在均匀表面上电化学反应的阻抗可以表示为

$$Z(\omega)=R_e+\frac{R_t}{1+j\omega R_t C_{dl}}$$

式中：R_e 为电解质电阻；R_t 为电荷转移电阻；C_{dl} 为双电层电容。

（a）求阻抗实部和虚部的表达式；

（b）求阻抗模量和相位角的表达式；

（c）求导纳实部和虚部的表达式。

12. 理想极化电极的阻抗可表示为

$$Z(\omega)=R_e+\frac{1}{j\omega C_{dl}}$$

式中：R_e 为电解质电阻；C_{dl} 为双电层电容。

（a）求阻抗实部和虚部的表达式；

（b）求阻抗模量和相位角的表达式；

（c）求导纳实部和虚部的表达式。

13. 推导将电阻-电容并联网络（R_p 和 C_p 并联）转换成串联等效电路（R_p 和 C_p 串联）的公式。

14. 电极的等效电路图由溶液电阻 R_L、电极反应电阻 R_r 和双电层电容 C_d 组成，如附图 1 所示。不同频率 ω 下测得此电路电极阻抗的复平面图（Nyquist 图）如附图 2 所示。试推导并说明如何由 Nyquist 图求等效电路的电化学参数 R_L、R_r 和 C_d 的值（提示：可先求交流电通过此电路时电路的总阻抗值，求出实部与虚部表达式后，通过化简等方式求得 Nyquist 图中圆的方程，然后求得各相关参数，假设 B 点处交流电角频率为 ω_B）。

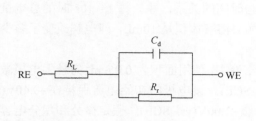

习题与思考题 14 附图 1　　　　　　　习题与思考题 14 附图 2

15. 有下列反应过程

$$M + A \longrightarrow MA_{ads}^+ + e^-$$

其中，MA_{ads}^+ 为吸附中间物，并进一步反应为

$$MA_{ads}^+ + A \longrightarrow MA_2^{2+} + e^-$$

当物质 A 受到传质过程控制时，推导出法拉第阻抗表达式。

第6章　化学电源概述与锂离子电池技术

自人类通过钻木取火获得能量开始，每次能源革命都伴随着人类文明的巨大进步。然而大量化石能源的消耗给人类环境造成了不可逆转的污染与破坏，因此，需要一场新的划时代的能源革命——以可再生能源替代化石能源，来使人类摆脱即将面临的能源危机和环境灾难。近年来，利用风能、太阳能、水能和潮汐能等可再生能源转换为电能的技术得到快速发展，但由于其产生的电能会受到自然条件的限制，具有随机性、间歇性和波动性的特点，如果将其产生的电能直接输入电网，会对电网产生巨大的冲击。新能源发电行业仍面临着严重的弃风和弃光等能源浪费问题。截至 2022 年底，可再生能源装机突破 12 亿 kW，达到 12.13 亿 kW，占全国发电总装机量的 47.3%。因此，迫切需要发展高效便捷的大规模储能技术，形成可再生能源储存系统-智能电网-用户端的"能源互联网"，才能大幅度提高可再生能源的利用效率，建立绿色低碳和高效节约的可持续发展社会。

目前，对电能的存储可以通过物理储能、化学储能和电化学储能等技术实现，其中物理储能包括抽水蓄能、压缩空气储能、飞轮储能和超导储能等；化学储能包括各类化石燃料和氢能等；电化学储能包括二次电池和超级电容器等。在众多的储能技术中，电化学储能具有能量密度高、能量转换效率高和响应速度快等优点，在能源领域具有广泛的应用前景，备受关注。基于此，从本章开始，选择现代应用广泛和目前发展迅速的电化学储能器件（化学电源），分类介绍其组成、工作原理及其在储能领域中的应用。

6.1　化学电源概述

6.1.1　化学电源的产生和发展

化学电源，又称为电池，是一种将氧化还原反应的化学能直接转变为电能的装置。化学电源作为一种独立的电源，是国民经济中不可缺少的组成部分，也是电化学实际应用的一个重要组成部分。化学电源的种类繁多，随着科学技术的发展，各种新型化学电源也不断出现。对于常用的、生产规模比较大的化学电源可以分为三种类型：一次电池（原电池）、二次电池（蓄电池）和燃料电池。仅能使用一次的电池属于一次电池，有时也简称原电池。一次电池的电能可以以一种或几种方式放出，但完全放电后就不能再使用而只得废弃。将电池放电后经充电（由外部供给与放电时方向相反的直流电）又能恢复工作能力的化学电源称为二次电池，也称蓄电池。燃料电池是将燃料（还原剂和氧化剂）直接氧化和还原而产生电能的电池装置。这种化学电源的正、负极只是个催化转换元件，当燃料不断输入时才将燃料的化学能转变为电能。电池的发展进程大致如图 6.1.1 所示。

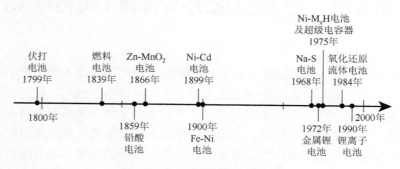

图 6.1.1　电池发展的历史进程

6.1.2　化学电源的组成及作用

化学电源可以是单个电池，也可以是由两个或多个电池连接起来（串联或并联）的电池组。化学电源对外电路供给电能的过程称为放电。化学电源的结构可以极不相同，但在原则上任何单个电池都是由被电解液层分隔的两个电极组成。电池放电时在电极与电解液之间的界面上进行的电化学反应（氧化还原）称为成流反应，而参加电化学反应的物质（氧化剂和还原剂）称为活性物质。提供电子的还原剂作为负极的活性物质，接受电子的氧化剂作为正极的活性物质。活性物质可以是固体、液体和气体（但是目前使用最多的是无机化合物/金属），在参与化学反应后变为非活性物质。这种非活性物质有一些可以通过外电源提供电能的方式恢复活性，这一过程称为充电。活性物质和电解质溶液组合起来形成电化学系统，可用下面形式表示：

$$(-)活性物质|电解质溶液|活性物质(+)$$

电极活性物质和电解质组成用化学式表示，如电极的导电物质对化学电源的性质起重要作用时，则在电化学系统中应该指出（用括号标注在活性物质旁边）。例如，带有铂电极催化剂的氢-氧燃料电池写成：

$$(-)(Pt)H_2|KOH|O_2(Pt)(+)$$

对于工业生产的单个电池而言，其主要组成部分包括两种不同活性物质的电极（正极和负极）、电解质、隔膜（或隔离板）、外壳及其他附件（如接线柱、导线等）。常见化学电源的正极、负极和电解质如表 6.1.1 所示。

表 6.1.1　常见化学电源的主要构成

电池名称	电池构成		
	正极活性物质	负极活性物质	电解质
锌-锰干电池	二氧化锰	锌	氯化铵
碱性锌-锰干电池	二氧化锰	锌	氢氧化钾

续表

电池名称	电池构成		
	正极活性物质	负极活性物质	电解质
锌-空气电池	空气（氧气）	锌	氢氧化钾
铅酸电池	二氧化铅	铅	硫酸
铁-镍电池	氧化镍	铁	氢氧化钾
氢-镍电池	氢氧化镍	储氢合金	氢氧化钾
锂-二氧化锰电池	二氧化锰	锂	高氯酸锂
锂-亚硫酰氯电池	亚硫酰氯	锂	四氯铝酸锂
锂硫电池	硫	锂	双三氟甲烷磺酰亚胺锂
锂-空气电池	空气（氧气）	锂	有机系电解液
	空气（氧气）	锂	水系电解液（如氢氧化钾）
锂离子电池	含锂化合物如钴酸锂	石墨等	六氟磷酸锂等

左侧跨行标题：锂电池

1. 正、负极活性物质

活性物质的作用是参与成流反应和导电。负极的活性物质通常采用电势较负的金属，如锌、镁、镉、铅、锂等。这些物质本身是还原剂而在成流反应中被氧化。正极的活性物质通常采用电势较正的金属氧化物，如二氧化锰、二氧化铅、钴酸锂等。这些物质本身是氧化剂而在成流反应中被还原。为了改善电极的工作性质，固体活性物质常常以所谓的活性物料的形式使用，这种物料是固体活性物质和使物料具有一定物理化学性质的某些物质的混合物。可作为活性物料组分的物质是导电添加剂（金属、碳、石墨粉末），各种黏结剂（羧甲基纤维素、含氟塑料、聚乙烯等），用作阻止活性物质微粒再结晶并同时能保持电极高度真实表面的膨胀剂，用于粉末状金属电极的缓蚀剂和能提高活性物质利用系数的活性添加剂等。在液态和气态物质组成的电池中，电极的金属不会消耗，只是加速电化学反应的进行，起着完成电流传导和催化剂的作用，也有些电池的电极只起导电作用。

2. 电解质

电池中的电解质除了保证电极之间离子的导电以外，有些还参与成流反应。某些电池（如碱性锌汞电池、镉镍蓄电池、铁镍蓄电池）在放电过程中并不消耗电解质，电解质只起导电作用。对于放电时消耗电解质的电池，在设计电池时应充分考虑到其用量以保证电池有足够的电容量。在工厂生产的和新研制的化学电源中采用的电解质，酸碱水溶液最为广泛。有些电池的活性物质在水溶液中稳定性差而使用某些非水溶剂——无机非水溶剂和有机溶剂。使人感兴趣的无机非水溶剂有三氯氧磷[$POCl_3$（熔点 1.15℃，沸点 108℃）]、氯化亚砜[$SOCl_2$（熔点-104.5℃，沸点 76.6℃）]和液氨。有机溶剂主要有碳酸酯、二甲基亚砜、四氢呋喃等。为了提高化学电源的工作电压和其他性能，有时也使用以对质子惰性的非水溶剂为基础的电解液、离子液体和熔融电解质。对质子惰性的电解液的最大比电导比电解质水溶液低 1～2 个数量级，所构成的电池放电电流密度不大。相反，熔融电解质的比电导超过酸碱水溶液电导率好几倍。为降低采用熔融电解质的化学电源的操作温度下限，使用两种或三种盐的低共熔混合物以改善化学电源单位质量的性能指标。固态时具有离子导电性的固体电解质在化学电源中也有应用。在某些燃料电池和锂离子电池中，离子交换膜既用作隔膜又作为电解质。

3. 隔膜

化学电源的两电极之间几乎都装备有隔膜（或隔离层）。隔膜的主要功能是防止正负电极之间的短路，将活性物料机械地固定在电极上以免碎裂和脱落，减慢某些类型蓄电池在充电时的金属枝晶生长，依靠毛细管张力在电极表面附近保持电解液载体的作用，减慢溶解活性物质向相反电极传递和减小化学电源的自放电。隔膜有微孔或大孔的薄膜和溶胀膜。锌-锰干电池常用糊状物隔膜，也有用纸板隔膜和高分子隔膜。隔膜要完成上述主要功能必须满足几点要求：①良好的化学稳定性，与电解液和电极之间无不良化学反应；②较好的机械强度，能耐受电极活性物质的氧化还原循环；③足够的孔隙率和吸收电解质溶液的能力，保证离子通过率，减小电池内阻；④电子的良好绝缘体，防止正负极间的电子传递；⑤能阻挡脱落的活性物质渗透和枝晶生长；⑥材料来源丰富且价格低廉。

4. 外壳和集流体

任何电池都必须有适合的外壳和集流体。外壳起容器作用，其材料必须不受电解质溶液腐蚀，同时又有较好的机械性能（如抗震、耐高温等）。集流体必须具有良好的导电性、化学稳定性和加工性能，便于加工成需要的形状。

6.1.3　化学电源的性能参数

1. 电极极化和过电势

只要有电流通过，化学电池或电解池中的电化学反应就是不可逆的，而组成电化学反应的两电极反应也是不可逆的，其电极电势也就会偏离平衡电极电势。电流通过电极时电极电势偏离平衡电极电势的现象在电化学中称为极化现象。对于单个电极过程而言，极化现象又分为阳极极化和阴极极化。发生阳极极化时电极电势偏离平衡电极电势正移，发生阴极极化时电极电势偏离平衡电极电势负移。对于同一电极体系，通过的电流密度越大，电极电势偏离平衡电极电势的程度就越大，即极化程度也越大。为了表示极化程度的大小，将某一电流密度下的电极电势 φ（也可用 E 表示）与其平衡电极电势 φ_r（也可用 E_r 表示）差值的绝对值称为该电流密度下的过电势（超电势），用符号 η 表示。如果阳极极化过电势为 η_a，阴极极化过电势为 η_k，其数学表达式为

$$\eta_a = \varphi_a - \varphi_r$$
$$\eta_k = \varphi_r - \varphi_k$$

　　过电势 η 也可以看作是电极反应的推动力。过电势 $\eta = 0$ 时，电极上没有净电流通过，电极处于平衡状态；过电势 $\eta \neq 0$ 时，电极上有净电流通过，发生净的氧化反应或还原反应，电极偏离平衡状态。对于同一电极体系，超电势 η 越大，通过的电流密度也越大，电极偏离平衡状态的程度也越大。

　　当电流通过电极时，电极上不仅发生极化作用使电极电势偏离平衡电极电势，与此同时也存在与极化相对立的过程，即力图恢复平衡的过程。以阴极过程为例，氢离子或金属离子从阴极上夺取电子的阴极还原就是力图恢复平衡而使电极电势不负移。这种与电极极化相对立的作用称为去极化作用。电极过程实际上也是极化与去极化对立统一的过程。如果没有去极化过程，那么从外电源流入阴极的电子就只能单纯地在阴极上积累；电极电势不断地急剧变负，这样的电极就是理想极化电极。如果电流通过电极时电极电势不发生任何变化，即极化作用等于去极化作用，这种电极就是参比电极。一般情况下，由于电子运动速率大于电极反应速率，其极化作用往往大于去极化作用，因而电极的性质偏离平衡状态出现极化现象。

　　对于化学电池和电解池中的单个电极而言，电流通过时的极化现象都是相同的，发生阴极极化电极电势变负，发生阳极极化电极电势变正，超电势都随电流密度增大而增大。然而，如果两个电极组成化学电池或组成电解池，则极化作用对其端电压的影响就完全不同。当两个电极组成电解池时，其阳极为正极，阴极为负极，电流密度增大时极化作用使电解池的端电压变大。当两个电极组成化学电池时，其阳极为负极，阴极为正极，电流密度增大时极化作用使化学电池的端电压变小，可参考图 4.3.1。

　　由图 4.3.1 可知，电解池和原电池通电后发生极化时，电解池的槽电压升高而电解能耗增大；化学电池的端电压降低而向外提供的有效电能减少。

　　根据电极上发生极化的作用方式不同，可将其分成电化学极化、浓差极化和欧姆极化三种类型。电化学极化是指在电极和溶液界面之间进行的，由各种类型的化学反应本身不可逆引起的极化；浓差极化是指电极表面参与反应物质被消耗而得不到及时补充，或产物在电极表面的积累，而导致的电极电势偏离平衡电极电势的极化；欧姆极化是指电解液、电极材料及集流体之间存在的接触电阻引起的极化。

　　将电极电势与电流密度的关系绘制成曲线称为极化曲线。由于电流密度直接表示电极反应速率的大小，极化曲线实际上也直观地显示了电极反应速率与电极电势的关系。极化曲线也是电化学中研究电极过程的常用方法之一，从极化曲线上不仅可求得任何电流密度下的超电势，也可看出在不同电流密度时电极电势的变化趋势，以及某一电极电势下电极反应速率的大小。在某一电流密度下极化曲线的斜率 $\dfrac{\Delta \varphi}{\Delta i}$（改变单位电流密度时电极电势的变化值）称为极化度或极化率。极化度的大小可以衡量极化的程度，也可判断电极反应过程进行的难易程度。极化度小，电极反应过程容易进行；极化度大，电极反应过程受到较大的阻碍而难以进行。在同一条极化曲线上，不同部位的极化度也可能不同，说明同一电极体系在不同电流密度下极化的程度不同。

　　极化曲线的形式根据自变量的选择而各不相同。目前常用的极化曲线主要有 $\varphi\text{-}i$、$i\text{-}\varphi$、$\eta\text{-}i$、$\eta\text{-}\lg i$、$\varphi\text{-}\lg i$ 等几种形式。

2. 电池内阻

电池内阻 $R_内$ 是指电流通过电池内部时受到的使电池电压降低的阻力。影响电池内阻的因素有活性物质组成、电解液浓度和温度等。电池内阻根据电池工作条件下的极化类型分为欧姆内阻 R_Ω 和极化内阻 R_p。通常认为欧姆内阻由电池的欧姆极化引起，极化内阻由电化学极化和浓差极化引起。电池内阻为欧姆内阻和极化内阻之和。

欧姆内阻由电极材料电阻、电解液电阻和隔膜电阻及各部分的接触电阻组成，与电池的尺寸、结构、电极的成型方式及装配的松紧有关。其中，隔膜电阻实际表征的是隔膜的孔隙率、孔径和孔的曲折程度对离子迁移产生的阻力，以及电流流过隔膜时微孔中电解液的电阻，因此在电池的生产中对隔膜材料都有电阻的要求。隔膜电阻与溶液比电阻及隔膜结构参数之间的关系可表示为

$$R_M = \rho_s \tau$$

式中：R_M 为隔膜电阻；ρ_s 为溶液比电阻；τ 为隔膜结构参数，表示隔膜的孔隙率、孔径及孔的曲折程度。

极化内阻是指由电化学反应引起的电极极化而产生的电阻，包括电化学极化和浓差极化。极化内阻与活性物质的本性、电极的结构、电池制造工艺、电池工作条件（放电电流、温度等）有关。极化内阻随电流密度的增加而增加，但一般是对数关系而非线性关系。降低温度对电池的电化学极化、离子扩散均不利，将导致极化内阻增加，从而使电池全内阻增加。

为了减小电极的极化，必须提高电极的活性和降低真实电流密度，而降低真实电流密度可以通过增加电极面积来实现。因此，绝大多数电极采用多孔电极，其真实面积比表观面积大很多倍，几十到几百倍，或更大。同时，开发高活性的电极材料也是降低电池内阻的有效途径。

总之，电池内阻是决定电池性能的一个重要指标，直接影响电池的工作电压、输出功率、工作电流等，因此对于一个实际应用的电池，其内阻越小越好。

3. 电池电压

电池电压包括开路电压、额定电压和工作电压。

（1）开路电压：指在开路状态下，电池正极与负极之间的电势差，一般用 $U_开$ 表示。开路电压的计算公式与电池电动势定义相似，但是电池开路电压并不等于电池电动势。

开路电压等于组成电池的正极混合电势与负极混合电势之差。由于正极活性物质析氧的过电势大，故混合电势接近于正极平衡电极电势；负极材料析氢的过电势大，故混合电势接近于负极平衡电极电势，因此开路电压在数值上接近于电池电动势。由于实际电池的两级电势并非平衡电极电势，因此电池的开路电压一般小于电池电动势。

电池开路电压大小取决于电池正负极材料的本性、电解质和温度条件，与电池的形状和尺寸无关。例如，铅酸电池开路电压约为 2.0V，与其体积容量的大小无关。但对于气体电极，由于受催化剂影响较大，电池开路电压与电池电动势不一定接近，如燃料电池，电池开路电压因催化剂种类和数量不同而有较大不同，常常偏离电动势较大。

　　电池开路电压一般由高内阻电压表测量。如果内阻不够大,如只有 1000Ω,电压为 1V 时,通过电池的电流为 1mA,这足以影响微小型电池的电极极化。

　　(2) 额定电压:指某一电池开路电压最低值或规定条件下电池的标准电压,又称公称电压或标称电压。用于简明区分电池系列,通常标注在出厂待售的电池上,供用户参考。

　　(3) 工作电压:指电池接通负荷后在放电过程中显示出来的电压,又称负荷电压或放电电压。由于欧姆电阻和过电势的存在,电池工作电压低于开路电压,也低于电池电动势,因此电池工作电压通常表示为

$$U = E - IR_{内} = E - I(R_\Omega + R_p)$$

或

$$U = E - \eta_+ - \eta_- - IR_\Omega = \varphi_+ - \varphi_- - IR_\Omega$$

式中:U 为工作电压,V;E 为电池电动势,V;I 为工作电流,A;R_Ω 为欧姆内阻,Ω;R_p 为极化内阻,Ω;φ_+ 为电流流过时正极电势,V;η_+ 为正极极化过电势,V;φ_- 为电流流过时负极电势,V;η_- 为负极极化过电势,V。如图 4.3.1 和图 6.1.2 所示,随着放电电流的增加,正极极化、负极极化及欧姆电阻逐渐增加,因此,电池的输出电压随电流密度的增加而不断降低。

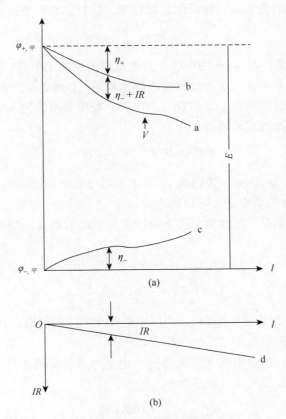

图 6.1.2　电池电压-电流特性曲线

(a) 电极极化曲线;(b) 欧姆极化曲线。其中曲线 a 为电池电压随放电电流的关系曲线;曲线 b 和曲线 c 分别为正、负极的极化曲线;直线 d 为欧姆内阻造成的欧姆电压降随放电电流的变化

电池的工作电压受放电条件（如放电时间、放电电流、环境温度、终止电压等）的影响。终止电压是指电池放电时，电压下降到不宜继续放电的最低工作电压。通常高速率、低温条件下放电时，电池的工作电压将降低，平稳程度下降。此时，电极极化大，活性物质得不到充分利用，因此终止电压应低些。相反，小电流放电时，电极极化小，活性物质利用充分，放电的终止电压应高些。

4. 容量和比容量

电池容量是指电池在一定放电条件下所能放出的电量，通常以符号 C 表示，常用单位为 A·h 或 mA·h。比容量是指单位质量或单位体积电池的放电容量，单位为 $mA·h·g^{-1}$ 或 $mA·h·L^{-1}$。

电池容量对应于电池电压可分为理论容量、实际容量、额定容量和标称容量。

（1）理论容量：是指假设活性物质全部参加电池的成流反应所能提供的电量，常用 C_0 表示。电量大小可依据活性物质的质量，按照法拉第定律计算求得。

根据法拉第定律，电流流过电解质溶液时，在电极上发生化学反应的物质的质量与通过的电量成正比，以相同电流通过一系列含有不同电解质溶液的串联电解池时，每个电极上发生化学反应的基本单元物质的质量相等。法拉第数学表达式为

$$m = \frac{MQ}{zF}$$

式中：Q 为通过的电量，A·h；m 为电极上发生反应的物质的质量，g；z 为电极反应中电子计量数；F 为法拉第常量；M 为反应物的摩尔质量，$g·mol^{-1}$。

上式中电极上通过的电量 Q，可理解为电极上物质的质量为 m 的活性物质完全反应后释放的电量，即电池的理论容量 C_0：

$$C_0 = zF \times \frac{m}{M} = \frac{1}{K} \times m$$

式中：K 为电化当量，$g·A^{-1}·h$，指通过 1A·h 电量时电极上析出或溶解物质的质量；单位的倒数 $A·h·g^{-1}$ 指每克物质理论上给出的电量。

（2）实际容量：指在一定放电条件下电池实际放出的电量，用符号 C 表示。实际容量的计算如下：

恒电流放电时：
$$C = I \times T$$

恒电阻放电时：
$$C = \int_0^t I dt = \frac{1}{R} \int_0^t V dt \approx \frac{1}{R} V_\text{平} t$$

式中：I 为放电电流；R 为放电电阻；t 为放电至终止电压的时间；$V_\text{平}$ 为电池的平均放电电压，即初始放电电压和终止电压的平均值。

化学电源的实际容量总是低于理论容量。由于内阻及其他各种原因，活性物质不能完全利用。活性物质的利用率可表示为

$$\eta_\text{利用率} = \frac{m_1}{m} \times 100\% \quad \text{或} \quad \frac{C}{C_0}$$

式中：m 为电极中活性物质的实际质量；m_1 为放出实际容量所应消耗的活性物质的质量。

在实际的电池中，采用薄型电极和多孔电极及减小电池内阻，均可提高活性物质的利用率，从而提高电池实际输出容量，降低成本。

（3）额定容量：指设计和制造电池时，按国家或有关部门颁布的标准，保证电池在一定放电条件下应该放出的最低限度的电量，又称为保证容量，常用 $C_{额}$ 表示。因此，电池的实际容量通常会在一定程度上高于电池的额定容量。

（4）标称容量：指用来鉴别电池适当的近似值（指电池 0.2C 放电时的放电容量），只表明电池的容量范围，没有确切的数值。根据实际条件才能确定电池的实际容量。

另外，一个电池容量就是其正极或负极的容量，而不是正负极容量之和。电池工作时正负极的电量总是相等的。实际电池设计和制造时，正负极容量一般不相等，电池容量由容量较小的电极来限制。很多实际电池设计时，通常为负极容量过剩。

电池的实际放电容量与放电方式、放电电流及终止电压有关。一般，低温或大电流放电时，终止电压可低些，此时活性物质容易利用不充分。小电流时电极极化小，活性物质利用得较充分，终止电压可高些。因此，谈及电池的容量与能量时，必须说明放电的条件，通常用放电率表示。放电率是指电池放电时的速率，常用时率和倍率表示。

时率以放电时间表示放电的速率，即以一定的放电电流放完额定容量需要的时间，用 C/n 表示，其中 C 为额定容量，n 为一定的放电电流。例如，电池容量为 60A·h，以 3A 电流放电，则时率为 60A·h/3A = 20h，称电池以 20h 率放电。即放电率表示的时间越短，所用的放电电流越大；反之，所用放电电流越小。

倍率是指电池在规定的时间内放出额定容量时所输出的电流值，其数值等于额定容量的倍数。例如，2 倍放电时，表示为 2C，若电池容量为 3A·h，则放电电流为 2×3 = 6A。换算成小时率则为 3A·h/6A = 0.5h 率。按照国际规定：放电率在 0.2C 以下的称为低倍率，0.2~1C 称为中倍率，1~22C 则为高倍率。

5. 能量和比能量

电池的能量，指电池在一定放电条件下对外所输出的能量，常用 W·h 表示，可分为理论能量和实际能量。

（1）理论能量：指电池放电时始终处于平衡状态，其放电电压保持平衡电池电动势（E）的数值，且活性物质利用率为 100%，此时电池的输出能量为理论能量（W_0）。可以表示为

$$W_0 = C_0 \times E$$

（2）实际能量：指电池放电时实际输出的能量，在数值上等于电池实际容量与电池平均工作电压的乘积，即

$$W = C \times U_{平}$$

由于活性物质不可能完全被利用，所以电池的工作电压总是小于电池电动势，即电池的实际能量总是小于理论能量。

比能量指单位质量或体积的电池所能输出的能量，分别对应质量比能量和体积比能量，一般分别用 W·h·kg^{-1} 或 W·h·L^{-1} 表示。电池的理论质量比能量可以根据正负极活性物质的理论质量比容量和电池的电动势直接计算出来。如果电解质参加电池的成流反应，

还需要加上电解质的理论用量。设正负极活性物质的电化当量分别为 K_+、K_-（单位：$g \cdot A^{-1} \cdot h$），则电池的理论质量比能量为

$$W_0' = \frac{1000}{K_+ + K_-} \times E \left(W \cdot h \cdot kg^{-1} \right)$$

式中：E 为电池电动势，V。

有电解质参加成流反应时：

$$W_0' = \frac{1000}{\sum K_i} \times E \left(W \cdot h \cdot kg^{-1} \right)$$

式中：$\sum K_i$ 为正负极及参加电池成流反应的电解质的电化当量之比。

例如，铅酸电池的电池反应（$Pb + PbO_2 + 2H_2SO_4 \longrightarrow 2PbSO_4 + 2H_2O$）中，正极 PbO_2、负极 Pb 及电解质 H_2SO_4 均参与其中，且三种物质的电化当量分别为 $3.866g \cdot A^{-1} \cdot h$、$4.463g \cdot A^{-1} \cdot h$ 和 $3.671g \cdot A^{-1} \cdot h$，电池的标准电动势 $E^\ominus = 2.044V$。因此，铅酸电池的理论比能量为

$$W_0' = \frac{1000}{3.866 + 4.463 + 3.671} \times 2.044 = 170.3 \left(W \cdot h \cdot kg^{-1} \right)$$

电池的实际比能量是电池实际输出的能量和电池质量（或体积）之比，即

$$W' = \frac{CU_{av}}{m} \quad \text{或} \quad W' = \frac{CU_{av}}{V}$$

式中：m 为电池质量，kg；V 为电池体积，L；U_{av} 为电池平均输出电压，V。

由于各种因素的影响，电池的实际比能量远小于理论比能量。实际比能量与理论比能量的关系为

$$W' = W_0' K_E K_R K_m$$

式中：K_E 为电压效率；K_R 为反应效率；K_m 为质量效率。

电压效率是指电池的工作电压与电池电动势的比值。电池放电时，由于存在电化学极化、浓差极化和欧姆极化，电池的工作电压小于电动势。改进电极结构（包括真实表面积、孔隙率、孔径分布、活性物质粒子的大小等）和加入添加剂（包括导电物质、膨胀剂、催化剂、疏水剂、掺杂等）是提高电池电压效率的两个重要途径。

反应效率即活性物质的利用率。由于副反应存在，如水溶液电池中置换析氢反应、负极钝化反应、正极逆歧化反应等，均使得活性物质利用率下降。副反应的发生也可以通过如前所述的改进电极结构和加入添加剂得以改进。

质量效率是指电池中包含的不参加成流反应但又是必要的物质，如过剩设计的电极活性物质，不参加电极反应的电解质，电极添加剂如膨胀剂和导电物质等，电池外壳、电极板栅、支撑骨架等，因而电池的实际比能量减小。电池的质量效率 K_m 可表示为

$$K_m = \frac{m_0}{m_0 + m_s}$$

式中：m_0 为假设电池反应式完全反应时活性物质的质量；m_s 为不参加电池反应的物质质量。

电压效率、反应效率与质量效率之间有着密切的联系。例如，在锌电极中添加植物纤维素和氯化汞（或锌粉汞齐化）时，减小电池质量效率的同时提高了电池的反应效率和电压效率。

比能量是电池性能的一个重要综合指标，反映了电池的质量水平，也表明生产厂家的技术和管理水平。提高电池的比能量，始终是化学电源工作者的努力目标。尽管许多体系的理论比能量很高，但电池的实际比能量却远远小于理论比能量。表 6.1.2 为目前一些投入工业生产的电池的电动势、理论比能量及实际比能量的数据。高比能量的电池，其实际比能量可以达到理论值的 1/5～1/3，因此，在研发新的高比能量电池时，研究目标的理论比能量要比实际要求的比能量高 3～5 倍。

表 6.1.2　电池的电动势、理论比能量及实际比能量

电池体系	电池反应	电动势 $(E^\ominus)/\mathrm{V}$	理论比能量/ $(\mathrm{W\cdot h\cdot kg^{-1}})$	实际比能量/ $(\mathrm{W\cdot h\cdot kg^{-1}})$
铅酸	$Pb + PbO_2 + 2H_2SO_4 \longrightarrow 2PbSO_4 + 2H_2O$	2.044	170.5	30～50
铁-镍	$Fe + 2NiOOH + 2H_2O \longrightarrow 2Ni(OH)_2 + Fe(OH)_2$	1.399	272.5	10～25
锌-镍	$Zn + 2NiOOH + H_2O \longrightarrow ZnO + 2Ni(OH)_2$	1.765	354.6	—
锌-银	$Ag_2O + Zn \longrightarrow 2Ag + ZnO$	1.721	270.2	60～160
锌-锰（干电池）	$Zn + 2MnO_2 + 2H_2O + 4NH_4Cl \longrightarrow (NH_4)_2ZnCl_4 + 2MnOOH + 2NH_4OH$	1.623	251.3	10～50
锌-锰（碱性）	$Zn + 2MnO_2 + H_2O \longrightarrow ZnO + 2MnOOH$	1.52	274.0	30～100
锌-空气	$2Zn + O_2 \longrightarrow 2ZnO$（$O_2$ 计算在内）	1.646	1084	100～250
锂-二氧化硫	$2Li + 2SO_2 \longrightarrow Li_2S_2O_4$	2.95	1114	330
锂-亚硫酰氯	$4Li + 2SOCl_2 \longrightarrow 4LiCl + S + SO_2$	3.65	1460	550
锂-二氧化锰	$MnO_2 + Li \longrightarrow MnOOLi$	3.50	1005	400

6. 功率和比功率

电池的功率是指在一定放电制度下，单位时间内电池输出的能量，单位为瓦（W）或千瓦（kW）。单位质量或单位体积电池输出的功率称为比功率，单位为 $\mathrm{W\cdot kg^{-1}}$ 或 $\mathrm{W\cdot L^{-1}}$。比功率的大小表征电池所能承受的工作电流的大小，是化学电源的重要性能参数之一。一个电池比功率大，表示它可以承受大电流放电。对同一电池，通常比功率随比能量增加而降低。电池理论功率 P_0 可表示为

$$P_0 = \frac{W_0}{t} = \frac{C_0 E}{t} = \frac{ItE}{t} = I \times E\,(\mathrm{W\cdot kg^{-1}})$$

式中：t 为放电时间，s；C_0 为电池的理论容量，$\mathrm{A\cdot h}$；I 为恒定的放电电流，A。

而电池的实际功率应为

$$P = I \times U = I \times (E - I \times R_内) = I \times E - I^2 \times R_内$$

式中：$I^2 \times R_内$ 为消耗于电池全内阻上的功率。

将上式对 I 微分，并令 $dP/dI = 0$，可求出电池输出最大功率的条件，即

$$E - 2IR_内 = 0$$

而

$$E = I(R_外 + R_内)$$

因此，

$$I(R_外 + R_内) - 2IR_内 = 0$$
$$R_外 = R_内$$

即 $R_外 = R_内$ 是电池功率达到最大的必要条件。

7. 自放电

电池的自放电通常用自放电速率（或自放电率）来衡量，表示电池容量下降得快慢，表示为

$$自放电率 = \frac{C_a - C_b}{C_a T} \times 100\%$$

式中：C_a、C_b 分别为储存前、后电池的容量；T 为储存时间，常用天、月或年计算。即，自放电率指单位时间内容量降低的百分数。

自放电是指电池储存（一定温度、湿度条件下）时正极和负极的自放电。首先，正极自放电主要是指电极上的副反应消耗了正极活性物质，而使电池容量下降。其次，从正极或电池其他部件溶解下来的杂质，其标准电极电势介于正极和负极之间时，会同时在正负极上发生氧化还原反应，消耗正负极活性物质，引起电池容量下降。另外，正极活性物质的溶解会在负极上还原，引起自放电。

电极的负极活性物质多为活泼金属，其标准电极电势比氢电极负，在热力学上不稳定，而且当有正电性的金属杂质存在时，杂质与负极活性物质形成腐蚀微电池。因此，负极腐蚀通常是电池自放电的主要原因。

减少电池自放电的措施，一般是采用纯度高的原材料或在负极中加入析氢过电势较高的金属，如 Cd、Hg、Pb 等；也可以在电极或电解液中加入缓蚀剂，抑制氢的析出，减少电极自放电。

8. 使用寿命

寿命是衡量二次电池的重要参数。蓄电池的寿命可以用循环寿命来表示。电池每经历一次充电和放电，称为一次循环或一个周期。在一定放电条件下，二次电池的容量降至某一规定值之前，电池所能耐受的循环次数称为二次电池的循环寿命。影响二次电池循环寿命的因素很多，除正确使用和维护外，还包括：①电池充放电循环过程，电极活

性表面积减小，使工作电流密度上升，极化增大；②电极上活性物质脱落或转移；③电极材料发生腐蚀；④电极上生成枝晶，造成电池内部短路；⑤隔离物的损坏；⑥活性物质晶形改变、活性降低等。

　　各种二次电池的循环寿命有一定差异，即使同一系列统一规格的产品也不尽相同。目前常用的二次电池中，锌-银蓄电池的循环寿命最短，一般只有 30～100 次；铅酸蓄电池的循环寿命为 300～500 次；锂离子电池循环寿命根据体系、放电倍率和深度的不同可达 500～10000 次不等。

6.2　锂离子电池

6.2.1　锂离子电池简介

1. 锂离子电池的发展历史

　　在所有元素中，锂是自然界中最轻的金属元素，同时具有最负的标准电极电势 [$-3.045V$(*vs*. SHE)]。这两个特征结合在一起使得该元素为负极的电化学储能器件具有很高的能量密度，其理论比容量达到 $3860mA\cdot h\cdot g^{-1}$。由于锂的标准还原电势很低，在水中热力学上是不稳定的，因此实际上锂电池及锂离子电池的应用主要依赖于合适的非水体系电解液的发展。

　　锂离子电池的研究起源于 20 世纪 60～70 年代的石油危机。它是在锂一次电池基础上发展起来的新型高比能量电池。1976 年，诺贝尔奖获得者 Whittingham 教授在 *Science* 杂志发表论文，首次介绍了 Li-TiS$_2$ 锂二次电池，其工作电压大约为 2.2V。此后，美国 Exxon 公司开发了扣式 Li-TiS$_2$ 二次电池，加拿大 Moli 公司在此基础上推出了圆柱式 Li-MoS$_2$ 电池，并于 1988 年后投入规模生产和应用。然而，锂的不均匀沉积会导致锂枝晶的产生，它可以穿透隔膜，引起正、负极短路，从而引发严重的安全性问题，1989 年 Moli 公司的爆炸事故几乎使锂二次电池的发展陷于停顿。

　　为了克服使用金属锂负极带来的安全隐患问题，Murphy 等建议使用插层化合物以取代金属锂负极。这种设想直接导致了 20 世纪 80 年代 Armand 提出的所谓"摇椅式电池"，即采用低插层电势的嵌锂化合物代替金属锂负极，与具有高插层电势的嵌锂化合物组成锂二次电池，彻底解决锂枝晶的问题。另外，为了解决嵌锂化合物代替金属锂引起的负极电极电势升高，从而导致电池整体电压和能量密度降低的问题，Goodenough 首先提出用氧化物替代硫化物作为锂离子电池的正极材料，并展示了具有层状结构的钴酸锂（LiCoO$_2$）不但可以提供接近 $4V$(*vs*. Li/Li$^+$) 的工作电压，而且在反复循环中可释放约 $140mA\cdot h\cdot g^{-1}$ 的比容量。1989 年，日本索尼公司以 LiCoO$_2$ 为正极材料、硬碳为负极材料、LiPF$_6$ 溶于 PC（碳酸丙烯酯）＋ EC（碳酸乙烯酯）混合溶剂后的溶液作为电解质，生产出历史上第一个锂离子电池，其工作电压达到 3.6V。该电池于 1990 年开始被推向商业市场。

在接下来的一段时间内，锂离子电池的科研工作者和生产技术人员共同努力，在提升能量密度、功率密度、服役寿命和使用安全性及降低其成本等方面做了大量的工作。在正极材料方面，开发了尖晶石型的 $LiMn_2O_4$、橄榄石型的 $LiFePO_4$、层状结构的 $LiNi_xCo_{1-2x}Mn_xO_2$ 和 $LiNi_{0.8}Co_{0.15}Al_{0.05}O_2$ 等实用型材料；在负极材料方面，除了各种各样的碳材料，还开发了钛酸锂（$Li_4Ti_5O_{12}$）、锡基和硅基材料；在电解质方面，除了开发出了多种提高电池综合性能的添加剂外，还制备出了具有应用前景的聚合物电解质和陶瓷电解质等固体电解质；在电池设计和电池管理等方面也逐渐成熟起来。基于此，在常见的液体锂离子电池（简称锂离子电池）的基础上，将其中的液体电解质改为凝胶聚合物电解质或聚合物电解质，诞生了聚合物锂离子电池。近年来，将其中的一些材料进一步改善，又诞生了水溶液可充电锂离子电池。

2. 锂离子电池的结构和工作原理

锂离子电池主要由正极、负极、电解液和隔膜四个关键部件组成。它利用锂离子在正极和负极之间形成嵌入化合物的锂状态和电势的不同，通过电子的得失来实现充电和放电过程。锂离子电池的典型化学表达式为

$$(-)C_n | LiPF_6，EC + DMC | LiCoO_2(+)；DMC 为碳酸二甲酯$$

以正极材料为 $LiCoO_2$、负极材料为石墨为例，发生的电极反应如下：

负极：
$$Li_xC_6 \underset{充电}{\overset{放电}{\rightleftharpoons}} xLi^+ + 6C + ne^-$$

正极：
$$xLi^+ + Li_{1-x}CoO_2 + ne^- \underset{充电}{\overset{放电}{\rightleftharpoons}} LiCoO_2$$

电池总反应：
$$Li_xC_6 + Li_{1-x}CoO_2 \underset{充电}{\overset{放电}{\rightleftharpoons}} 6C + LiCoO_2$$

图 6.2.1 列出了锂离子电池的工作原理。在充电过程中，Li^+ 和电子从正极脱出，产生一个电子空穴和一个锂空穴，产生的 Li^+ 经电解液，通过隔膜嵌入负极材料中，负极处于富锂状态，而正极处于贫锂状态，此时电子的补偿电荷经由外电路供给碳负极，以确保整个体系电荷的平衡。而放电过程情况则与之相反，即 Li^+ 从负极材料中脱出，经电解液，通过隔膜嵌入正极材料中，此时正极处于富锂状态。在锂离子电池正常充放电过程中，Li^+ 在层状结构的碳材料及氧化物的层间嵌入与脱出时，通常只引起材料层面结构间距的变化，并不会破坏其晶体结构。因而，从充放电反应的可逆性来看，锂离子电池反应实际上是一种理想的可逆反应。充电时，锂离子由能量较低的正极材料迁移到石墨材料的负极层间而成为高能态；放电时，锂离子由能量高的负极材料层间迁回能量低的正极材料层间，同时通过外电路释放电能。值得指出的是，锂离子在正负极材料嵌入和脱出的同时会引起材料中其他元素的氧化还原反应，也正是这种氧化还原反应完成了化学能和电能之间的转变，通过氧化还原电势差提供了正负极之间的电压。

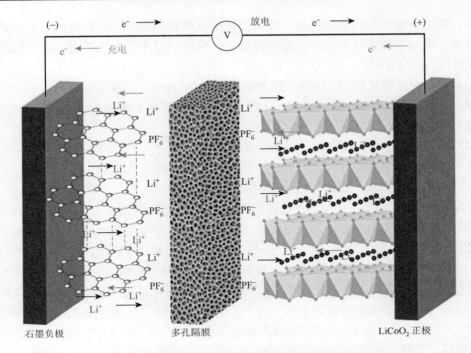

图 6.2.1　锂离子电池的工作示意图（$LiPF_6$ 作为电解质）

3. 锂离子电池的主要特点

与其他二次电池对比，锂离子电池的优点如下：

（1）工作电压和比能量密度高（通常的单电池的电压为 3.6V）。

（2）荷电保持能力强：在温度范围宽为(20±5)℃下，以开路形式储存 30 天后，电池的常温放电容量大于额定容量的 85%。

（3）具有优良的高低温放电性能：可以在–20～55℃工作，高温放电性能优于其他各类电池。

（4）循环使用寿命长：在连续充放电大于 1000 次后，电池的容量依然不低于额定值的 80%，远远高于其他各类电池。

（5）安全性较高且可安全快速充放电：与金属锂电池相比较，锂离子电池具有抗短路，抗过充、过放，抗冲击（10kg 重物自 1m 高自由落体），防振动、枪击、针刺（穿透），不起火，不爆炸等特点。

（6）环境污染较低：电池中不含有镉、铅、汞这类有害物质，是一种较洁净的"绿色"化学能源。

（7）无记忆效应：可随时反复充、放电使用（尤其在战时和紧急情况下更显示出其优异的使用性能）。

（8）体积能量密度高：与同容量镍氢电池相比，体积可减小 30%，质量可降低 50%，有利于便携式电子设备小型轻量化。

然而，锂离子电池也存在一些缺点，主要表现如下：

（1）锂离子电池的内部阻抗高：因为锂离子电池的电解液为有机溶剂，其电导率比镍镉电池、镍氢电池的水溶液电解液要低得多，所以，锂离子电池的内部阻抗比镍镉电池、镍氢电池约大 10 倍。

（2）工作电压变化较大：电池放电到额定容量的 80%时，镍镉电池的电压变化很小（约 20%），锂离子电池的电压变化较大（约 40%），这对于电池供电的设备是严重的缺点。

（3）成本较高。

（4）必须有特殊的保护电路，以防止其过充。

（5）与普通电池的相容性差：由于工作电压高，一般的普通电池用三节情况下才可用一节锂离子电池代替。

同其优点相比，锂离子电池的这些缺点都不是主要问题，特别是用于一些高科技、高附加值的产品中，因此其具有广泛的应用价值。世界上许多大公司竞相加入锂离子电池的研究、开发和生产行列中，如索尼、三洋、东芝、三菱、富士通、日产、TDK、佳能、贝尔、富士、松下、日本电报电话、三星等。近年来，我国在锂离子电池（特别是动力锂离子电池）生产和消费方面取得了很大进展，涌现了包括宁德时代新能源科技股份有限公司（以下简称宁德时代公司）、深圳比亚迪股份有限公司（以下简称比亚迪公司）和惠州亿纬锂能股份有限公司等一大批优质企业。目前，锂离子电池已经应用于便携式电子产品（如手机、笔记本电脑、微型摄像机、电翻译器等）、电动工具、电动自行车、电动汽车及规模储能等领域。

6.2.2　锂离子电池的设计

电池的结构、壳体及零部件、电极的外形尺寸及制造工艺、两极物质的配比、电池组装的松紧度对电池的性能都有不同程度的影响。因此，合理的电池设计、优化的生产工艺过程，是关系到研究结果准确性、重现性、可靠性的关键。

锂离子电池作为一类化学电源，其设计也需要适合化学电源的基本思想及原则。化学电源是一种直接将化学能转变成低压直流电能的装置，这种装置实际上是一个小的直流发电器或能量转换器。按用电器具的技术要求，相应地与之相配套的化学电源也有对应的技术要求。制造商们均设法使化学电源既能发挥其自身的特点，又能以较好的性能适应整机的要求。这种设计思想及原则使得化学电源能满足整机技术要求的过程，称为化学电源的设计。

化学电源的设计主要解决以下问题：

（1）在允许的尺寸、质量范围内进行结构和工艺的设计，使其满足整机系统的用电要求。

（2）寻找可行和简单可行的工艺路线。

（3）最大限度地降低电池成本。

（4）在条件许可的情况下，提高产品的技术性能。

（5）最大可能实现绿色能源，克服和解决环境污染问题。

电池设计传统的计算方法是在通过化学电源设计时积累的经验或实验基础上，根据要求条件进行选择和计算，并经过进一步的实验来确定合理的参数。

另外，随着电子计算机技术的发展和应用，也为电池的设计开辟了道路。目前已经能根据以往的经验数据编制计算机程序进行设计。预计今后将会进一步发展到完全用计算机进行设计，对缩短电池的研制周期有着广阔的前景。

1. 电池设计的一般程序

电池的设计包括性能设计和结构设计。性能设计一般是指电压、容量和寿命的设计；而结构设计，一般是指电池壳、隔膜、电解液和其他结构件的设计。设计的一般程序分为以下三步。

第一步：对各种给定的技术指标进行综合分析，找出关键问题。通常为满足技术要求，提出的技术指标有工作电压、电压精度、容量、工作电流、工作时间、机械载荷、寿命和环境温度等，其中主要的是工作电压（及电压精度）、容量和寿命。

第二步：进行性能设计。根据要解决的关键问题，在以往积累的实验数据和生产实际中积累的经验的基础上，确定合适的工作电流密度，选择合适的工艺类型，以期做出合理的电压及其他性能设计。根据实际所需要的容量，确定合适的设计容量，以确定活性物质的比例和用量。选择合适的隔膜材料、壳体材质等，以确定寿命设计。选材问题应根据确定要求，在保证成本的前提下，尽可能地选择新材料。当然，这些设计之间都是相关的，在设计时需要综合考虑，不可偏废任何一方面。

第三步：进行结构设计。包括外形尺寸的确定，单电池的外壳设计、电解液的设计、隔膜的设计及导电网、极柱、气孔设计等。设计电池组时还要进行电池组合、电池组外壳、内衬材料及加热系统的设计。

总之，设计中应着眼于主要问题，对次要问题进行折中和平衡，最后确定合理的设计方案。

2. 电池设计的要求

电池设计是为满足对象（用户或仪器设备）的要求进行的。因此，在进行电池设计前，首先必须详尽地了解对象对电池性能指标及使用条件的要求，一般包括以下几个方面：电池的工作电压及要求的电压精度；电池的工作电流，即正常放电电流和峰电流；电池的工作时间，包括连续放电时间、使用期限或循环寿命；电池的工作环境，包括电池工作时所处状态及环境温度；电池的最大允许体积和质量。

锂离子电池由于优异的性能，被越来越多地应用到各个领域，包括一些特殊场合使用的器件，因此，对于电池的设计有时还有一些特殊要求（如振动、碰撞、重物冲击、热冲击、过充电、短路等）。

同时还需考虑电极材料来源、电池性能、影响电池特性的因素、电池工艺、经济指标和环境问题等方面的因素。

3. 电池性能设计

在明确设计任务和做好有关准备后，即可进行电池设计。根据电池用户要求，电池设计的思路有两种：一种是为用电设备和仪器提供额定容量的电源；另一种则只是给定电源的外形尺寸，研制开发性能优良的新规格电池或异形电池。

电池设计主要包括参数计算和工艺制定，具体步骤如下。

（1）确定组合电池中单电池数目、单电池工作电压与工作电流密度。根据选定电池系列的"伏安曲线"（经验数据或通过实验所得），确定单电池的工作电压与工作电流密度。

$$单电池数目 = 电池工作总电压/单电池工作电压$$

（2）计算电极总面积和电极数目。根据要求的工作电流和选定的工作电流密度，计算电极总面积（以控制电极为准）。

$$电极总面积 = 工作电流/工作电流密度$$

根据要求电池外形最大尺寸，选择合适的电极尺寸，计算电极数目。

$$电极数目 = 电极总面积/极板面积$$

（3）计算电池容量。根据要求的工作电流和工作时间计算额定容量。

$$额定容量 = 工作电流 \times 工作时间$$

（4）确定设计容量。

$$设计容量 = 额定容量 \times 设计系数$$

其中设计系数是为保证电池的可靠性和使用寿命而设定的，一般取 1.1～1.2。

（5）计算电池正、负极活性物质的用量。计算控制电极的活性物质用量，根据控制电极的活性物质的电化学比容量、设计容量及活性物质利用率计算单电池中控制电极的活性物质用量。

$$电极活性物质用量 = （设计容量活性物质 \times 化学当量）/活性物质利用率$$

（6）计算非控制电极的活性物质用量。单电池中非控制电极活性物质的用量，应根据控制电极活性物质用量来确定，为了保证电池有较好的性能，一般应过量，通常取系数为 1～2。锂离子电池通常采用负极碳材料过剩，系数一般取 1.1。

（7）计算正、负极板的平均厚度。根据容量要求来确定单电池的活性物质用量，当电极物质是单一物质时，则

$$电极片物质的用量 = 单电池物质质量/单电池极板数目$$

$$电极活性物质平均厚度 = [每片电极质量/物质密度 \times 极板面积 \times （1-孔隙率）] + 集流体厚度$$

其中

$$集流体厚度 = 网格质量/（物质密度 \times 网格面积）$$

如果电极活性物质不是单一物质而是混合物时，则活性物质的用量与密度应换成混合物质的用量与密度。

（8）隔膜材料的选择与厚度、层数的确定。隔膜的主要作用是使电池的正负极分隔开来，防止两极接触而短路。此外，还应具有能使电解质离子通过的功能。隔膜材质是不导电的，其物理化学性质对电池的性能有很大影响。锂离子电池经常用的隔膜有聚丙烯和聚乙烯微孔膜。对于隔膜的层数及厚度，要根据隔膜本身性能及具体设计电池的性能要求来确定。

（9）确定电解液的浓度和用量。根据选择的电池体系特征，结合具体设计电池的使用条件（如工作电流、工作温度等）或根据经验数据来确定电解液的浓度和用量。

（10）确定电池的装配比及单电池容器尺寸。电池的装配比是根据所选定的电池特性及设计电池的电极厚度等情况来确定，一般控制为 80%～90%。

根据用电器对电池的要求选定电池后，再根据电池壳体材料的物理性能和力学性能，以确定电池容器的宽度、长度及壁厚等。特别是随着电子产品的薄型化和轻量化，给电池的空间越来越小，这就更要求选用先进的电极材料，制备比容量更高的电池。

作为一个整体的电化学系统，锂离子电池中正极、负极、电解质、黏结剂、集流体之间存在明显的相互作用，涉及固-固界面、固-液界面、无机-有机界面等。这种系统内部关键材料间的相互作用及其在电池循环过程中的演化是影响锂离子电池性能和寿命的重要原因。因此，锂离子电池及其系统的设计与优化是锂离子电池的一个复杂而重要的课题。目前，通过先进的三维原位成像技术及数值模拟方法从科学上给出系统优化的判据，正逐渐开始获得重视。

4. 电池保护电路设计

为防止锂离子电池过充，必须设计有保护电路。对锂离子电池保护器的基本要求如下：

（1）充电时要充满，终止充电电压精度要求在 ±1% 左右。

（2）在充、放电过程中不过流，需设计有短路保护。

（3）达到终止放电电压要禁止继续放电，终止放电电压精度控制在 ±3% 左右。

（4）对深度放电的电池（不低于终止放电电压）在充电前以小电流方式预充电。

（5）为保证电池工作稳定可靠，防止瞬态电压变化的干扰，其内部应设计有过充、过放电、过流保护的延时电路，以防止瞬态干扰造成不稳定。

（6）自身耗电省（在充、放电时保护器均应是通电工作状态）。单节电池保护器耗电一般小于 10μV，多节的电池组一般在 20μA 左右；在达到终止放电时，它处于关闭状态，一般耗电 2μA 以下。

（7）保护器电路简单，外围元器件少，占用空间小，一般可制作在电池或电池组中。

（8）保护器的价格低。

6.2.3 锂离子电池的关键材料

电极是电池的核心，主要由活性物质和导电骨架组成。正、负极活性物质是产生电能的源泉，是决定电池基本特性的重要组成部分。电源内部的非静电力是将单位正电荷从电源负极经内电路移动到正极过程中做的功。电动势是表征电源产生电能的物理量，其符号是 E，单位是伏（V）。电动势的大小与电源大小无关。对锂离子电池而言，其对电极活性材料的要求是：首先要求正、负极材料组成电池的电动势要高（以 $LiCoO_2$ 和石墨分别为正、负电极材料组成的锂离子电池为例，可以获得高达 3.6V 的电动势）；其次要求活性物质的比容量要大（$LiCoO_2$ 和石墨的理论比容量都较大，分别为 297mA·h·g^{-1} 和 372mA·h·g^{-1}）；再次要求活性物质在电解液中的稳定性高（可以减少电池在储存过程中的自放电，从而提高电池的储存性能）。此外，就是要求活性物质具有较高的电子导电性，以降低其内阻；当然从经济和环保方面考虑，还要求活性物质来源广泛、价格便宜、对环境友好。

1. 正极材料

锂离子电池正极活性物质的选择除上述通用要求外，还有其特殊的要求，具体来讲，锂离子电池正极材料的选择必须遵循以下原则：①正极材料具有较大的吉布斯自由能，以便与负极材料之间保持一个较大的电势差，提供电池工作电压（高比功率）。②离子嵌入反应时的吉布斯自由能改变小，即锂离子嵌入量大且电极电势对嵌入量的依赖性较小。这样确保锂离子电池工作电压稳定。③较宽的锂离子嵌入/脱出范围和相当的锂离子嵌入/脱出量（比容量大）。④正极材料需有大的孔径"隧道片结构"，以利于在充放电过程中，锂离子在其中有较快的嵌入/脱出速率。⑤正极材料的化学物理性质均一，其异动性极小，以保证电池良好的可逆性（循环寿命长）。⑥不溶于电解液且不与电解液发生化学或物理反应。⑦与电解质有良好的相容性，热稳定性高，来保证电池的工作安全。⑧具有质量轻，易于制作适用的电极结构，以便提高锂离子电池的性价比。⑨低（无）毒、价廉、易制备。

目前，广泛应用于商业化的正极材料按结构分成层状结构的钴酸锂（$LiCoO_2$）、尖晶石的锰酸锂（$LiMn_2O_4$）和橄榄石型的磷酸铁锂（$LiFePO_4$）三类。其中层状结构的材料又演化出三元材料（$LiNi_xCo_yMn_zO_2, x+y+z=1$, NCM）、镍钴铝正极材料（$LiNi_{0.8}Co_{0.15}Al_{0.05}O_2$）、富锂正极材料[$xLi_2MnO_3 \cdot (1-x)LiMO_2$；M = Co, Mn 和 Ni]；尖晶石锰酸锂衍生出高电压的镍锰酸锂尖晶石材料（$LiNi_{0.5-y}M_{x+y}Mn_{1.5-x}O_4$, M = Cr, Fe, Co）等；橄榄石型磷酸盐正极材料还包括磷酸锰锂（$LiMnPO_4$）、磷酸锰铁锂（$LiFe_xMn_{1-x}PO_4$）和磷酸钒锂[$Li_3V_2(PO_4)_3$]材料等。镍钴锰酸锂、镍钴铝酸锂等正极材料已经陆续产业化，并被拓展用于众多领域。随着新能源汽车对高能量密度锂离子电池的需求，高镍含量的镍钴锰酸锂有望成为最重要、占比最大的正极材料之一。我国在锂离子电池正极材料的开发和产业化方面具有得天独厚的优势，拥有完善的产业链和可持续发展的良好势头：Ni、Mn 矿产资源丰富，有色金属冶炼工艺成熟，正极材料及其前驱体产业化品种齐全，电池及其市场应用规模大、范围广，电池回收也具有一定规模。进入 21 世纪，国产正极材料已走出国门，部分产品处于世界领先地位，涌现了许多先进正极材料公司（深圳比亚迪股份有限公司、北京当升材料科技股份有限公司、湖南杉杉能源科技股份有限公司、湖南长远锂科股份有限公司、天津巴莫科技有限责任公司、青岛乾运高科新材料股份有限公司、厦门钨业股份有限公司等）。三种典型的正极材料的结构图如图 6.2.2 所示，主要正极材料的比容量-电压曲线及主要技术指标和性能如图 6.2.3 和表 6.2.1 所示。

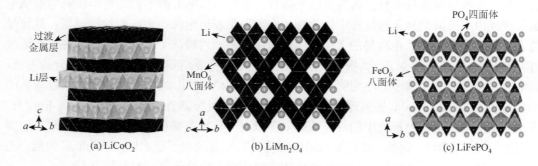

(a) $LiCoO_2$　　　　　　　(b) $LiMn_2O_4$　　　　　　　(c) $LiFePO_4$

图 6.2.2　锂离子电池正极材料的典型结构图

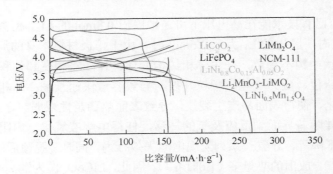

图 6.2.3 目前重要的锂离子电池正极材料比容量与电压曲线

表 6.2.1 常见商业化正极材料的有关性能数据对比

性能	钴酸锂	锰酸锂	NCM 三元材料	磷酸铁锂
平均电压/V	3.7	3.8	3.6	3.4
电压范围/V	3.0~4.4	3.0~4.3	2.5~4.6	3.2~3.7
理论比容量/(mA·h·g⁻¹)	274	148	273~285	170
实际比容量/(mA·h·g⁻¹)	130~200	100~130	155~220	140~160
振实密度/(g·cm⁻³)	2.8~3.0	2.0~2.4	2.6~2.8	1.0~1.5
压实密度/(g·cm⁻³)	3.6~4.6	约3.0	约3.4	2.2~2.3
理论质量能量密度/(W·h·kg⁻¹)	602	400~520	约600	约500
实际质量能量密度/(W·h·kg⁻¹)	180~260	130~180	180~240	130~160
理论体积能量密度/(W·h·m⁻³)	3073	2100	2912	1976
高温性能	一般	较差	一般	较好
低温性能	较好	较好	较好	较差
倍率性能	不好	较好	一般	较差
安全性能	较好	优良	较好	优良
价格	贵	便宜	较贵	较贵

  用于商品化的锂离子电池正极材料 $LiCoO_2$ 属于 α-$NaFeO_2$ 型结构, 空间群为 $R\bar{3}m$, Co 原子与最近的 O 原子以共价键的形式形成 CoO_6 八面体, 其中二维 Co-O 层是 CoO_6 八面体之间以共用侧棱的方式排列而成, Li 与最近的 O 原子以离子键结合成 LiO_6 八面体, Li 离子与 Co 离子交替排布在氧负离子构成的骨架中。在适度充放电过程中, CoO_2 层之间伴随着锂离子的脱离和嵌入, $LiCoO_2$ 仍能保持原来的层状结构稳定而不发生坍塌。关于 $LiCoO_2$ 的相关研究从未间断, 例如, 对其制备条件和方法的不断改善, 以提高其充放电比容量和倍率及安全性能。目前, $LiCoO_2$ 的制备方法主要有高温固相法、低温共沉淀法、溶胶-凝胶法、喷雾干燥法和水热法, 但是比较成熟的规模制备方法仍是高温固相法。

  钴是一种战略元素, 全球的储量十分有限, 其价格昂贵而且毒性大, 因此, 以 $LiCoO_2$ 作为正极活性物质的锂离子电池成本偏高; 另外, $LiCoO_2$ 中可逆脱嵌锂的量为 0.5~

0.6mol（尽管目前已有技术能在高电压下可逆地脱出 0.8mol 的 Li^+，但离实际应用还有一段距离），过充电时所脱出的 Li^+ 大于 0.6mol 时，由于正极材料本身的局限性，高电压下过量脱锂导致层状结构不稳定，产生体相结构变化，伴随着相变和体积变化，使得晶胞参数变化、晶界错位、应力变化、颗粒开裂，导致容量快速衰减；体相结构体积变化影响到表面结构变化，使得表面易产生裂纹，导致表面热稳定性减弱、金属溶解、析氧等；表面结构的变化伴随着界面副反应及氧的转移，使得电解液氧化、内阻增加、产气、热稳定及安全性能下降等，导致一系列宏观电池失效行为。同时，脱锂后的 CoO_2 起始分解温度低（约 240℃），放出的热量多（$1.0kJ\cdot g^{-1}$）。因此，$LiCoO_2$ 作为锂离子电池正极材料，在高压下使用时也存在严重的安全隐患。因此，需要结合有效掺杂、共包覆、高压电解液及新功能隔膜配套使用来缓解 $LiCoO_2$ 电池内部失效，从而改善钴酸锂的耐高压性能，以满足产品性能不断提升的迫切需求。

相对于金属 Co 而言，金属 Ni 要便宜得多，世界上已经探明 Ni 的可采储量约为 Co 的 14.5 倍，而且毒性也较低。由于 Ni 和 Co 的化学性质接近，$LiNiO_2$ 和 $LiCoO_2$ 具有相同的结构。这两种化合物同属于 α-$NaFeO_2$ 型二维层状结构，适用于锂离子的脱出和嵌入。$LiNiO_2$ 不存在过充电和过放电的限制，其自放电率低、污染小、对电解液的要求低，是很有前途的锂离子电池正极材料之一。然而，$LiNiO_2$ 在充放电过程中，晶体结构欠稳定，并且热稳定性差，存在较大安全隐患。同时，由于 Ni^{2+} 较难氧化为 Ni^{3+}，所以制作工艺条件较苛刻，不易制备得到稳定的 α-$NaFeO_2$ 型二维层状结构的 $LiNiO_2$。另外，由于 Ni^{2+} 与 Li^+ 的半径相差不大，容易造成晶体结构中的 Ni^{2+} 和 Li^+ 混排的现象。因此，采用掺杂 Co、Mn 和 Al 元素，制备已经商业化的镍钴锰三元材料（$LiNi_xCo_yMn_zO_2$，$x+y+z=1$，NCM）和镍钴铝正极材料（$LiNi_xCo_yAl_zO_2$，其中 $y+z<0.5$，NCA）是常用方法。虽然 NCM 材料与 $LiCoO_2$ 结构类似，但是由于 Ni 和 Mn 的替代，材料的电化学性能表现出明显的差别（与 $LiCoO_2$ 相比）。在低镍型 NCM 中，如 $LiNi_{1/3}Co_{1/3}Mn_{1/3}O_2$，Co 元素与其在 $LiCoO_2$ 中一样，表现为+3 价，而 Ni 和 Mn 元素则分别表现为+2 价和+4 价。在电化学充放电过程中，Mn 元素氧化数保持不变，主要起到稳定材料结构的作用，而电极材料的容量贡献主要来自低价态的+2 价的 Ni 和部分+3 价的 Co。而在富镍型的 NCM 中，如 $LiNi_{0.5}Co_{0.2}Mn_{0.3}O_2$、$LiNi_{0.6}Co_{0.2}Mn_{0.2}O_2$ 和 $LiNi_{0.8}Co_{0.1}Mn_{0.1}O_2$ 等，这类材料的 Mn 仍为+4 价，Co 为+3 价，但是 Ni 为+2/+3 价。在充电过程中，Ni^{2+}、Ni^{3+} 和 Co^{3+} 发生氧化，Mn^{4+} 不发生变化，在材料中起到稳定结构的作用。目前，工业上（主要采用共沉淀法制备前驱体并结合固相高温煅烧的路线）已经基本掌握了镍含量 60% 以下的 NCM 材料的制备技术，但更高镍含量的三元材料（比容量超过 $180mA\cdot h\cdot g^{-1}$）在空气中和电化学循环过程中结构还不够稳定，同时，材料的热稳定性也需要进一步提高（图 6.2.4），因此，需要通过掺杂、表面包覆或者两者协同的策略改善高镍 NCM 正极材料的综合性能。

对于 NCA 材料，由于 Al—O 键强于 Ni—O 键和 Co—O 键，又因为 Al_2O_3 相对于 Ni、Co 的氧化物而言，是一种更优良的热导体，因此，NCA 材料不仅弱化了对电解液的氧化能力，又有利于传导氧化电解液产生的热量，材料的热稳定性得到较大提升。在 NCA 系列材料中，最有代表性的材料为 $LiNi_{0.8}Co_{0.15}Al_{0.05}O_2$，目前，国外一些公司 [如德国巴斯夫（BASF），比利时优美科（Umicore），日本化学工业株式会社（JFE）、户田化学（TODA）

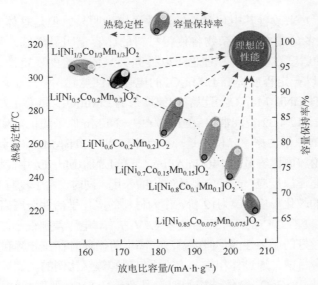

图 6.2.4　NCM 三元材料的组成与性能比较

和住友金属（Sumitomo）等]已经生产出高质量的 NCA 正极材料且被商业化应用，其中，美国特斯拉（Tesla）纯电动汽车中就使用了日本松下公司制备的 NCA 圆柱型电池。

尽管 $LiNi_{0.8}Co_{0.15}Al_{0.05}O_2$ 正极材料在比容量和热稳定性等方面基本上达到应用的要求，有望规模应用。但是，该材料仍然存在一些亟须解决的问题。第一，在 $LiNi_{0.8}Co_{0.15}Al_{0.05}O_2$ 材料中，仍然存在 Ni^{2+} 占据 Li^+ 位的现象，致使材料在充放电过程中容量发生损失，循环性能下降。第二，在充电状态下，Ni^{4+} 与电解液直接接触氧化产生的热量与氧气依然引起安全问题。第三，材料的高碱性本质致使材料容易吸附水和二氧化碳，从而导致材料储存后的电化学性能急剧下降。基于此，也需要通过进行掺杂改性、表面包覆等方法对材料进一步改善。

同锂钴氧化物和锂镍氧化物相比，锂锰氧化物具有安全性好、耐过充性好、原料锰的资源丰富、价格低廉及无毒性等优点，是有发展前途的正极材料之一。锂锰氧化物正极材料主要有四种，即尖晶石结构的 $LiMn_2O_4$ 和 $LiNi_{0.5}Mn_{1.5}O_4$、层状结构的 $LiMnO_2$ 和富锂锰基正极材料[$xLi_2MnO_3\cdot(1-x)LiMO_2$；M = Co, Mn 和 Ni]。

尖晶石型的 $LiMn_2O_4$ 属立方晶系，具有 $Fd\bar{3}m$ 空间群。其放电平台在 $4.0V(vs.\ Li^+/Li)$ 左右有两个平台，理论比容量为 $148mA\cdot h\cdot g^{-1}$，实际比容量为 $110\sim120mA\cdot h\cdot g^{-1}$。其中氧原子构成面心立方紧密堆积（ccp）。锂和氧分别占据 ccp 堆积的四面体位置（8a）和八面体位置（16d），其中四面体晶格 8a、48f 和八面体晶格 16c 共面构成互通的三维离子通道，适合锂离子自由脱出和嵌入。尖晶石型 $LiMn_2O_4$ 的制法有高温固相法、熔盐浸渍法、共沉淀法、喷雾干燥法，溶胶-凝胶法和水热合成法等。

在充放电过程中，$LiMn_2O_4$ 会因为在 Mn 的平均化合价接近或低于+3.5 时发生 Jahn-Teller 畸变，导致晶胞做非对称膨胀与收缩引起尖晶石结构由立方晶系对称向四方晶系的转变，同时，Mn^{3+} 的溶解和材料的氧缺陷等问题会导致其在循环过程中比容量衰减严重。研究表明，通过掺杂其他金属阳离子（Mg^{2+}、Al^{3+}、Co^{3+}、Ni^{2+}、Zn^{2+}等）和/或阴离子（F⁻、S²⁻和 I⁻）来改善其电化学性能，效果较为明显。但是总体来讲，这些掺杂元素的加入量不宜过多，过多的掺杂物将使得材料的比容量明显降低。另外，在化学计量的 $LiMn_2O_4$ 中添加适度过量的钾和锂也可以提高其晶体结构的稳定性。当然，通过表面包覆的策略，也可以一定程度提高 $LiMn_2O_4$ 的电化学性能。

高电压正极材料 $LiNi_{0.5}Mn_{1.5}O_4$ 可以看作镍掺杂的 $LiMn_2O_4$，属于立方尖晶石结构，有两种空间结构（$Fd\bar{3}m$ 和 $P4_332$ 空间群）。在 $Fd\bar{3}m$ 中，Ni/Mn 原子随机排列，在 $P4_332$ 中，Ni 原子占据 4a 位，Mn 原子占据 12d 位，是一种有序结构。$LiNi_{0.5}Mn_{1.5}O_4$ 具有 4.7V($vs.$ Li⁺/Li) 的放电平台，其理论放电比容量为 146.7mA·h·g⁻¹。在 $LiNi_{0.5}Mn_{1.5}O_4$ 中，锰是+4 价，在充放电过程中不发生氧化还原反应，起稳定晶体结构的作用。同时，由于没有 Mn³⁺ 的存在，避免了在充放电过程中的歧化反应。镍是+2 价，作为材料的电化学活性金属离子，在充放电过程中对应着 Ni²⁺/Ni³⁺ 和 Ni³⁺/Ni⁴⁺ 的两个平台处于 4.7V 左右，电压差别很小。该材料可以在碳酸酯类电解液中显示较好的循环性能，但电解液在高电势循环时存在分解和产气问题，给电池安全性能带来隐患。目前，通过体相掺杂、表面包覆和镍锰比例的微调等策略来改性。

层状 $LiMnO_2$ 与 $LiCoO_2$ 晶体结构类似，具有 α-$NaFeO_2$ 型层状结构，理论比容量为 286mA·h·g⁻¹，在空气中稳定，被认为是一种具有潜力的正极材料。然而，该材料很难采用常规方法制备（通常采用离子交换法制备），而且该材料在电化学循环过程容易由层状结构转变成尖晶石型的 $LiMn_2O_4$，造成可逆比容量降低。

富锂锰基正极材料是一种相对较新的正极材料，是在开发锰基氧化物作为锂离子电池正极材料的研发中发现的，可表示为 $xLi_2MnO_3·(1-x)LiMO_2$ 或 $xLi[Li_{1/3}Mn_{2/3}]O_2·(1-x)LiMO_2$（其中 1≥x≥0，M 为过渡金属的一种，也可以是几种过渡金属的固溶体，目前研究的 M 有 Mn、Cr、Co、Ni、Ni-Co、Ni-Mn、Ni-Co-Mn、Fe 和 Ru 等）。该材料中，Li_2MnO_3 的结构与 $LiCoO_2$ 类似，具有 α-$NaFeO_2$ 层状结构，但是，由于 $LiMn_2$ 层中 Li 和 Mn 原子的有序性，其晶格对称性与 $LiCoO_2$ 相比有所降低，空间群变为单斜的 $C2/m$。到目前为止，对该材料的结构认识还存在两种不同的观点，一种认为可以将该材料看成是两种层状材料 Li_2MnO_3 与 $LiMO_2$ 的固溶体，氧采取六方密堆积的方式排列，锂层和过渡金属/锂混合层交替排列；另一种观点认为该材料是 Li_2MnO_3 组分与 $LiMO_2$ 在纳米尺度上的两相均匀混合物（从现有实验结果分析，更多的证据支持这种观点）。通过选择合适的常规层状材料和优化固溶体材料中的成分比例，可制备出比容量超过 300mA·h·g⁻¹ 的正极材料，其能量密度超过 900W·h·kg⁻¹。

富锂锰基正极材料的电化学特征与传统的正极材料存在一定的差异性，主要在于首次充放电。通过典型的充放电曲线（图 6.2.5）可以发现，$xLi_2MnO_3·(1-x)LiMO_2$ 的首次充电会引起材料结构的变化，反映在曲线上有两个不同的区域：低于 4.45V($vs.$ Li⁺/Li)时的 S 型曲线和高于 4.45V($vs.$ Li⁺/Li)时的 L 型平台。电压低于 4.45V($vs.$ Li⁺/Li)时的反应机理类似于传统层状材料 $LiCoO_2$、$LiNiO_2$ 和 $LiMnO_2$，$LiMO_2$ 中的 Li⁺ 发生脱嵌的同时过渡金属发生氧化还原反应。对于充电电压到 4.45V($vs.$ Li⁺/Li)左右（L 型平台）的反应机理，最初有研究者认为是来自 $Mn^{4+} \longrightarrow Mn^{5+}$ 的氧化还原反应，后来有研究者在考察 $Li[Li_{1/3-2x/3}Ni_xMn_{2/3-x/3}]O_2$ 体系时，发现 4.5V($vs.$ Li⁺/Li)平台处过渡金属的价态并没有发生变化，因此提出了氧元素氧化机理；即 4.5V($vs.$ Li⁺/Li)平台处，Li⁺ 的脱出伴随着 O 元素发生氧化反应并脱出材料晶格进入电解液。这一解释得到了充放电容量实验数据的较好支持：电压 4.45V($vs.$ Li$^+$/Li）以下的容量对应于 Ni^{2+}完全氧化成 Ni^{4+}（对应于 2x 个 Li$^+$脱出）；而电压 4.45～4.7V($vs.$ Li/Li）的充电容量与脱出锂层中剩余的（1–2x）个 Li$^+$很好地匹配。后来，通过其他表征手段，在首次充电过程中检测到了 O$_2$ 的释放，并进一步提出，材料表面的氧发生氧化会引起结构的变化；混合层中的 Li$^+$会迁移到锂层中，留下八面体空位由体相的过渡金属元素通过协同作用扩散占据，因此，几乎所有的 Li$^+$均可以脱出。后来的第一性原理计算进一步支持了氧元素氧化理论。虽然关于富锂锰基正极材料的充放电机理相关研究还在继续，但材料的电化学性能近年来得到较大改善。目前，通过体相掺杂、表面包覆和非计量比等策略，或者多种方法的协同作用，可以获得比容量超过250mA·h·g^{-1}且循环性能比较稳定的富锂锰基正极材料。

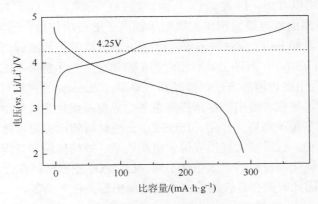

图 6.2.5　典型的富锂锰基正极的充放电曲线

除上述过渡金属氧化物作为锂离子电池正极材料外，目前关注的热点正极材料还有多元酸根离子体系 LiMXO$_4$ 和 Li$_3$M$_2$(XO$_4$)$_3$（其中 M = Fe, Co, Mn, V 等；X = P, S, Si, W 等）。

自 1997 年 Goodenough 报道锂离子可在 LiFePO$_4$ 中可逆脱嵌的事实以来，具有有序结构的橄榄石型磷酸盐（LiMPO$_4$, M = Fe, Mn, Co, Ni）材料就受到了广泛关注，且 LiFePO$_4$正极材料已广泛应用于商业电池中。与过渡金属氧化物正极材料相比，橄榄石型的LiFePO$_4$ 具有如下优点：

（1）较高的比能量。较高的放电电压和优良的平台保持能力，约为 3.4V($vs.$ Li$^+$/Li）；较高的比容量（170mA·h·g^{-1}）。

（2）稳定性好。在橄榄石结构中，O 与 P 原子通过强的共价键结合形成(PO$_4$)$^{3-}$，在完全脱离状态下，橄榄石结构不坍塌。

（3）安全性高。由于其氧化还原电对为 Fe^{2+}/Fe^{3+}，当电池处于充满电时与有机电解液的反应活性低。

（4）循环寿命长。当电池处于充满电时，正极材料体积收缩率为 6.8%，刚好弥补了负极材料的体积膨胀，循环性能优异。

（5）资源丰富且原料价格较低的独特优势。

LiFePO$_4$ 晶体结构属 $Pmnb$ 空间点群（正交晶系 D_{2h}^{16}），晶胞参数：a = 0.6011(1)nm，

$b = 1.0338(1)\text{nm}$，$c = 0.4695(1)\text{nm}$。每个晶胞含有 4 个 $LiFePO_4$ 单元（图 6.2.6）。在晶体结构中，O 原子以稍微扭曲的六方紧密堆积方式排列。Fe 与 Li 分别位于 O 原子的八面体中心，形成变形的八面体。P 原子位于 O 原子的四面体中心位置。LiO_6 八面体共边形成平行于[100]$Pmnb$ 的 LiO_6 链。锂离子在[100]$Pmnb$ 与[010]$Pmnb$ 方向上性质相异。这使得(001)面上产生显著的内应力，[010]（锂离子通道之间）方向的内应力远大于[100]（锂离子通道）方向的内应力。所以[100]$Pmnb$ 方向是最易于锂离子扩散的通道。同时，这种内应力对锂离子电池电化学性能产生直接影响，多次充放电循环后，颗粒表面可能会出现许多裂缝。充放电时，单相 $LiFePO_4$ 转变为双相 $LiFePO_4/FePO_4$，两相之间会出现尖锐的界面，界面平行于 $a\text{-}c$ 面。沿着 b 轴的高强度内应力导致裂缝的出现。裂缝使得电极极化，也使得活性材料或导电添加剂与集流体的接触变弱，从而造成电池容量损失。通过 $LiFePO_4$ 晶体结构可以看出，因为 FeO_6 八面体被 PO_4^{3-} 分离，降低了 $LiFePO_4$ 材料的导电性；O 原子三维方向的六方最紧密堆积限制了锂离子的自由扩散。近年来，有研究表明，当存在晶格缺陷时，如 Fe-Li 反位缺陷等，Li^+ 沿 c 轴方向的扩散减弱而沿 b 轴方向的扩散加强，进而使得 Li^+ 在 b、c 两轴上具有相近的扩散速度。为了提高 $LiFePO_4$ 材料的可逆比容量，Armand 等提出碳包覆的方法，提高其电导率；Yamada 等将材料纳米化，缩短锂离子扩散路径。随后，研究者指出，掺杂提高电子电导也是优化其电化学性能的重要方法。到目前为止，通过多种策略协同作用，$LiFePO_4$ 正极材料的比容量可接近理论比容量，倍率性能得到很大改善，已经被大规模应用于电动汽车、规模储能和备用电源等。需要指出的是，与过渡金属氧化物材料的合成条件不同，$LiFePO_4$ 正极材料在合成过程中的 Fe^{2+} 极易被氧化成 Fe^{3+}，因此需要在有较纯的惰性气氛保护等条件下制备。

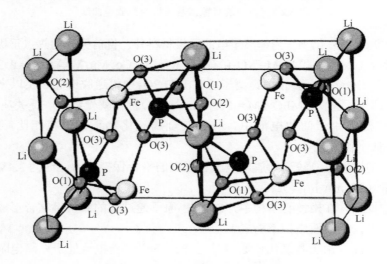

图 6.2.6　$LiFePO_4$ 晶体结构示意图

由于 $LiFePO_4$ 的放电平台较低，材料的能量密度不够高（理论上为 550W·h·kg^{-1}），因此，从 2001 年开始，用 Mn（部分）取代 $LiFePO_4$ 的 Fe，制备磷酸锰锂（$LiMnPO_4$）或者磷酸锰铁锂（$LiFe_xMn_{1-x}PO_4$，$0 < x < 1$）材料以提高能量密度的相关研究得到很大关

注。然而，由于纯相 $LiMnPO_4$ 的电导率（约 $10^{-14}S \cdot cm^{-1}$）和锂离子扩散系数（约 $10^{-14}cm^2 \cdot s^{-1}$）比 $LiFePO_4$ 更低，制备出高性能的 $LiMnPO_4$ 正极材料比较困难，目前在商业上还没有得到广泛应用。然而，由于 Mn、Fe 互掺杂可以形成均匀的固溶体，因此，$LiFe_xMn_{1-x}PO_4$ 正极材料既可以利用 Mn^{3+}/Mn^{2+} 在 4.0V 左右的高工作电压优势（提高能量密度），又可以利用 Fe^{3+}/Fe^{2+} 的电化学活性较高的优势，更兼具市场上通用电解液能够在 2.5～4.5V 电压范围内保持稳定不分解的优势，近年来得到重视，也取得了较好的研究进展。

目前，正极材料的主要发展思路是在商用钴酸锂、锰酸锂、三元材料和磷酸铁锂等材料的基础上，发展相关的各类衍生材料，通过掺杂、包覆、调整微观结构、控制材料形貌、尺寸分布、比表面积、杂质含量等技术手段来综合提高其比容量、倍率、循环寿命、压实密度、电化学和热稳定性等。最为迫切的仍然是提高材料的能量密度，其关键是提高正极材料的比容量或者放电电压，这种研究现状都要求电解质及其相关辅助材料能在宽的电势窗口下工作。实际上，下一代高比能锂离子电池正极材料的发展很大程度上还将取决于高压电解质技术的进步。除了上述提到的正极材料，其他聚阴离子正极材料［如 $Li_3V_2(PO_4)_3$、硅酸盐、硫酸盐和硼酸盐等］、基于相变反应的正极材料（如 FeF_3）及有机正极材料（如芘四酮和 2, 5-二羟基对苯二甲酸锂盐等），也得到了广泛关注和研究，但这些材料在循环和倍率性能、有效能量密度、价格和易得程度等方面还需要进一步优化。需要指出的是，在正极材料能量密度提高的同时，需要更加注意材料安全性能的提升。

2. 负极材料

一般，选择一种好的负极材料应遵循以下几个原则：①脱嵌锂反应具有低的氧化还原电势，以满足锂离子电池具有较高的输出电压；②锂嵌入的过程中，电极电势变化较小，这样有利于电池获得稳定的工作电压；③可逆比容量大，以满足锂离子电池具有高的能量密度；④脱嵌锂过程中结构稳定性好，以满足电池具有较长的循环寿命；⑤嵌锂电势如果在 1.2V（$vs.$ Li^+/Li）以下，负极表面应生成致密稳定的固体电解质界面（SEI）膜，从而防止电解质在负极表面持续还原，不可逆消耗来自正极的锂；⑥具有比较低的电子和 Li^+ 的输运阻抗，以获得较高的充放电倍率和低温充放电性能；⑦充放电后的材料化学稳定性好，以提高电池的安全性、循环性、降低自放电率；⑧环境友好，制造过程及电池废弃过程不对环境造成严重污染和毒害；⑨制备工艺简单，易于规模化，制造和使用成本低；⑩资源丰富。

锂离子电池最早采用金属锂作为负极，但是以金属锂作为负极时，电解液与锂容易发生反应，在金属锂表面形成锂膜，导致锂枝晶生长，容易引起电池内部短路和电池爆炸，存在很大的安全隐患。19 世纪 30 年代发现碳材料具有脱嵌锂性能，后来进一步发现当锂在碳材料中进行嵌入反应时，其电势接近锂的电势[0.001～0.25V（$vs.$ Li^+/Li）]，且与有机电解液反应后在电极表面形成稳定的 SEI 膜，表现出良好的循环性能，可作锂离子电池的负极材料。

碳材料可以分成石墨化碳材料和非石墨化碳材料两大类。其中，石墨化碳材料主要包括天然石墨、人造石墨和石墨化碳纤维。非石墨化碳材料包括软碳和硬碳两大类。石墨化碳材料作为锂离子电池的负极材料具有放电电压平台低、循环性能较好的优点，是目前商业锂离子电池中主要使用的负极材料。石墨化碳材料的充电过程是锂嵌入石墨层间形成插层化合物的过程。按照嵌入量的不同，可以分成一阶、二阶和三阶三种插层化合物（图 6.2.7），在这里，"阶"的定义为相邻的两个嵌入原子层之间所间隔的石墨层的个数。理论上，石墨化碳材料的嵌锂比容量为 $372mA\cdot h\cdot g^{-1}$。天然石墨成本较低，具有很高的商业价值。但是，天然石墨在充放电过程中层间距发生变化，容易造成石墨层剥离、粉化，影响电池循环性能。目前，通过改性，其可逆比容量达到 $360mA\cdot h\cdot g^{-1}$，循环寿命可达到 1000 次以上。

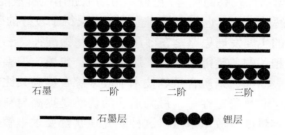

图 6.2.7　石墨阶结构示意图

　　人造石墨最重要的是中间相碳微球（mesophase carbon microbeads，MCMB）。MCMB 最早出现可以追溯到 20 世纪 60 年代，研究人员在研究煤焦化沥青中发现一些光学各向异性的小球体，实际上这些小球体就被认为是 MCMB 的雏形。1973 年，Yamada 等从中间相沥青中制备出微米级球形碳材料，命名为 MCMB，之后研究者对其进行了深入研究。1993 年，日本大阪煤气公司将 MCMB 用于锂离子电池的负极并且成功实现产业化。后来，我国上海杉杉科技有限公司和天津铁城科技有限公司单位相继研发成功并实现产业化。MCMB 的电化学性能优异（表 6.2.2），但其制备温度高且制造成本相对较高。目前，石墨类负极材料产量最大的企业是日本的日立化成有限公司（Hitachi Chemical）与我国的深圳贝特瑞新能源材料股份有限公司（BTR New Energy），较大的企业还有上海杉杉科技有限公司、日本吴羽化工（Kureha）、日本炭黑（Nippon Carbon Co.，Ltd.）和湖南摩根海容新材料股份有限责任公司等。为了满足石墨在动力电池中高倍率性能，人们又对纳米孔、微米孔石墨和多面体石墨进行进一步研究和开发，并取得了一定进展。

表 6.2.2　锂离子电池负极材料中间相碳微球（MCMB）的性能

项目	真密度度/ $(g\cdot cm^{-3})$	振实密度/ $(g\cdot cm^{-3})$	比表面积/ $(m^2\cdot g^{-1})$	平均粒径 $(D_{50})/\mu m$	比容量/$(mA\cdot h\cdot g^{-1})$		首次放电效率/%
					充电	放电	
控制指标	≥2.16	≥1.25	0.3~3.0	6~25	≥330	≥300	≥90

　　非石墨化碳是采用较低温方法制备，并具有高理论比容量的一类负极材料。非石墨化碳材料的制备方法较多，最主要有两种：①将高分子材料在较低的温度（<1200℃）下于惰性气体中进行热处理；②将小分子有机化合物进行化学气相沉积。制备非石墨化碳材料采用的原料有高分子材料和小分子有机化合物，其中高分子材料的种类比较多，如聚苯、聚丙烯腈、酚醛树脂等，小分子有机化合物如六苯并苯、酚酞等。非石墨化碳包括软碳（易石墨化碳）和硬碳（不易石墨化碳）两类。非石墨化碳的 X 射线衍射图中没有明显的(002)面衍射峰，为无定形结构，由石墨微晶和无定形区组成。在无定形区中，存在大量的微孔

结构。非石墨化碳材料的可逆比容量在合适的热处理条件下可以大于 $372mA\cdot h\cdot g^{-1}$，有的甚至超过 $1000mA\cdot h\cdot g^{-1}$，其主要原因在于这些微孔可作为可逆储锂的"仓库"。

Li^+ 嵌入非石墨化碳中，首先嵌入石墨微晶中，然后进入石墨微晶的微孔中。在脱嵌过程中，Li^+ 先从石墨微晶中发生脱嵌，然后才是微孔中的 Li^+ 通过石墨微晶发生脱嵌，因此，在发生脱嵌的过程中存在电压滞后现象。此外，由于没有经过超高温度处理，非石墨化碳材料中残留有缺陷结构，Li^+ 嵌入时会与这些缺陷结构发生反应，导致电池首次充放电效率低。同时，由于缺陷结构，在循环时也不稳定，使得电池容量随循环次数的增加而衰减较快。另外，该类材料的振实密度较小，充电电压平台较高，导致其组装的全电池比能量下降。尽管非石墨化碳材料具有高的比容量、倍率性能较好，但由于以上提到的这些不足还尚未完全解决，因此，除了一些特殊场景，非石墨化碳材料没有真正实现大规模应用。

在锂离子电池负极材料研究中，另外一个受到重视并且已经进入市场的负极材料是 Jonker 等在 1956 年报道的具有尖晶石型结构的钛酸锂（$Li_4Ti_5O_{12}$）。1983 年，Murphy 等首先对这种材料的嵌锂性能进行了研究，但是当时没有引起足够重视。1994 年，Ferg 等研究了其作为锂离子电池的负极材料。Ohzuku 小组随后对 $Li_4Ti_5O_{12}$ 在锂离子电池中的应用进行了系统研究，强调其零应变的特点。纯的 $Li_4Ti_5O_{12}$ 呈白色，密度为 $3.5g\cdot cm^{-3}$，为半导体材料，室温下电导率为 $1\times10^{-9}S\cdot cm^{-1}$。作为锂离子电池负极材料，$Li_4Ti_5O_{12}$ 的嵌锂相变电势为 1.55V（*vs.* Li^+/Li），理论嵌锂比容量为 $175mA\cdot h\cdot g^{-1}$。由于电解液在这个嵌锂区间内不分解，所以 $Li_4Ti_5O_{12}$ 电极表面不形成固体电解质界面（SEI）膜，首次库仑效率达到 98%以上。$Li_4Ti_5O_{12}$ 作为负极材料，其脱嵌锂后体积变化不到 1%，是少见的零应变材料，有利于电池和电极材料的结构稳定，能够实现长的循环寿命（日本东芝公司报道的材料循环寿命超过 20 万次）。尽管具有很多优点，但 $Li_4Ti_5O_{12}$ 在应用时也面临一个问题，即使用时嵌锂态 $Li_7Ti_5O_{12}$ 会与电解液发生化学反应导致胀气问题。这种情况在较高温度下特别突出。胀气问题会引起锂离子电池容量衰减、寿命缩短和安全性下降。另外，$Li_4Ti_5O_{12}$ 的电子电导率和锂离子迁移速度较低，需要对其进行碳包覆和纳米化，这给规模制备带来一定的困难且成本增加。目前，通过严格控制材料及电池中的水含量，并通过掺杂、表面修饰降低材料表面的反应活性和材料的电阻，优化电池工艺及优化 $Li_4Ti_5O_{12}$ 的一次颗粒与二次颗粒的大小等策略，很大程度上解决了 $Li_4Ti_5O_{12}$ 在使用过程中的胀气问题。

在目前的锂离子电池体系中，尽管商业化的石墨类材料的比容量比现有正极材料的比容量高出不少，但是，通过模拟计算，在负极材料比容量不超过 $1200mA\cdot h\cdot g^{-1}$ 的情况下，提高现有负极材料的比容量对整个电池的能量密度仍然有较大贡献。在电池的生产和制造过程中，负极材料的成本占到总材料成本 10%左右。制备成本低廉的同时兼具高比容量的负极材料是目前锂离子电池的重要研究方向。硅材料因具有高的理论比容量（$4200mA\cdot h\cdot g^{-1}$）、较低的电化学嵌锂电势[约 0.4V（*vs.* Li/Li^+）]、环境友好、储量丰富等特点，被认为是极具潜力的下一代高能量密度锂离子电池负极材料。

硅负极材料的充放电过程通过硅与锂的合金化和去合金化反应来实现，即合金化/去合金化机理，其可逆储锂可用反应式可表示为

$$x\mathrm{Li} + y\mathrm{Si} \underset{\text{去合金化}}{\overset{\text{合金化}}{\rightleftharpoons}} \mathrm{Li}_x\mathrm{Si}_y$$

在储锂过程中，硅与锂反应可形成一系列 Li_xSi_y 合金（如 LiSi、$Li_{12}Si_7$、Li_2Si、$Li_{13}Si_4$、$Li_{15}Si_4$、$Li_{22}Si_5$ 等），不同 Li_xSi_y 合金具有不同的微结构和嵌锂电势，同时呈现出不同的比容量和体积变化（表 6.2.3）。

表 6.2.3　硅及硅锂合金化合物的晶胞体积和对应的储锂比容量

硅的不同嵌锂状态	体积/$Å^3$	理论比容量/(mA·h·g^{-1})
Si	19.6	0
LiSi	31.4	954
$Li_{12}Si_7$	43.5	1635
Li_2Si	51.5	1900
$Li_{13}Si_4$	67.3	3100
$Li_{15}Si_4$	76.4	3590
$Li_{22}Si_5$	82.4	4200

Si 作为负极材料比容量高，具有很大的应用前景。但是，由于其本征特征（如电子和 Li^+ 传导系数都不大），Si 作为负极材料在实际应用时存在一些问题（如首次库仑效率低、充放电循环寿命短和倍率性能差等）。在嵌锂过程中，由于 Li^+ 不断插入，Si 的体积膨胀可高达 300%～400%。在脱锂过程中，随着 Li^+ 脱出，Si 的体积大幅收缩。Si 在脱嵌锂过程中体积大幅度膨胀与收缩所带来的应力，使电极材料产生大量微裂纹及活性物质间、活性物质与集流体间接触不良等问题，进而引起活性物质剥落和结构崩塌，最终导致电极活性物质无法完全参与电化学脱嵌锂反应，在充放电过程中产生不可逆的比容量，这种不可逆比容量是 Si 充放电效率低和循环稳定性差的主要原因之一。另外，活性物质间、活性物质与集流体间接触不良可导致 Si 电极的导电性降低、电池内阻增加，最终导致 Si 材料充放电倍率性能差。目前，通过材料的纳米化、多孔化、合金化、表面修饰、与其他材料复合、预锂化，以及采用添加电解液添加剂、优化集流体结构和黏结剂组成等策略能有效提高 Si 基负极材料的电化学性能，相关研究取得了一些重大进展。由于 Si 基材料的制备方法和结构不同，作为锂离子电池负极材料的电化学性能也不尽相同。因此，在探索材料制备技术的基础上，深入探究 Si 基材料的电化学作用机理、丰富材料和电极的测试手段、优化材料制备工艺、选择合适的规模制备方法，制备出具有高比容量、高倍率性能和循环性能优异的 Si 基材料，将是今后一段时间内需要关注的重点。

总之，负极材料目前的主要发展思路是朝着超高功率密度（如含孔石墨、软碳、硬碳、钛酸锂）、高能量密度、高循环性能和低成本的方向。高容量的合金负极（如硅负极材料）将会在下一代锂离子电池中逐渐得到应用，然而，合金类负极材料面临的问题是高容量伴随着体积变化。即便解决了循环和倍率性能等问题，由于实际应用时电池电芯体积不允许发生较大的体积变化（一般<5%，最大允许 30%），而合金类材料的容量和体积变化成正比，因此合金类负极材料在实际电池的容量发挥中受到限制。虽然其使用能在一定程度上提高现有锂离子电池的能量密度（如 20%～30%，与高能量正极材料匹配达到 300W·h·kg^{-1}），但达不到理论预期，特别是体积能量密度相对于石墨负极的优势远不如理论计算结果。

3. 电解质材料

电解质是电池的主要组成之一。电解质在锂离子电池中承担着通过电池内部在正、负电极之间传输离子的作用。它对电池的容量、工作温度范围、循环性能及安全性能等都有重要的影响。由于其物理位置是在正、负电极的中间，并且与两个电极都要发生紧密联系，所以当研发出新的电极材料时，与之配套电解质的研制也需同步进行。在电池中，正极和负极材料的化学性质决定着其输出能量，对电解质而言，在大多数情况下则通过控制电池中质量流量比控制电池的释放能量速度。

根据电解质的形态特征，可以将其分为液体和固体两大类。它们都是具有高离子导电性的物质，在电池内部起着传递正、负极之间电荷的作用。不同类型的电池采用不同的电解质，如铅酸电池的电解质都采用水溶液，而作为锂离子电池的电解液通常采用有机溶液体系，这是因为在水溶液体系中，水的析氢电压窗口较小，不能满足锂离子电池高电压的要求。此外，目前所采用的锂离子电池正极材料在水体系中的稳定性较差。因此，锂离子电池的电解液通常都是采用锂盐的有机溶液作为电解液，如 $LiPF_6/EC + DMC$，其中 EC 为碳酸乙烯酯，DMC 为碳酸二甲酯。但由于水溶液体系具有来源较为方便及电导率较高等优势，研究工作者也正在努力开发这方面的新型电解液。本节主要介绍非水溶液电解质体系。

选择锂离子电池电解液遵循的原则如下：①化学和电化学稳定性好：即与电池体系的电极材料，如正极、负极、集流体、隔膜、黏结剂等基本上不发生反应；②具有较高的离子导电性：一般应达到 $1 \times 10^{-3} \sim 2 \times 10^{-2} S \cdot cm^{-1}$，介电常数高、黏度低且离子迁移的阻力小；③沸点高、凝固点低：在很宽的温度范围内（$-40 \sim 70$℃）保持液态，适用于改善电池的高低温特性；④对添加在其中的溶质的溶解度大；⑤对电池正、负极有较高的循环效率；⑥具有良好的物理和化学综合性能：如蒸气压低、化学稳定性好、无毒且不易燃烧等。

锂离子电池电解质的溶剂主要包括有机醚和酯，这些溶剂分为环状的和链状的。对于有机酯，其中大部分环状有机酯具有较宽的液程、较高的介电常数和较高的黏度，而链状的溶剂一般具有较窄的液程、较低的介电常数和较低的黏度。所以，一般使用链状和环状有机酯混合物作为锂离子电池电解质的溶剂。对于有机醚，不管是链状还是环状，都具有比较适中的介电常数和较低的黏度。常见的锂离子电池电解质溶剂如表 6.2.4 所示。

表 6.2.4　一些锂离子电池常用有机溶剂的物理性质

类型		溶剂	熔点 (T_m)/℃	沸点 T_b/℃	介电常数 ε（25℃）	黏度 η（25℃）/cP
碳酸酯	环状	碳酸乙烯酯（EC）	36.4	248	89.78	1.90（40℃）
		碳酸丙烯酯（PC）	−48.8	242	64.92	2.53
		碳酸丁烯酯（BC）	−52	240	53	3.2
	链状	碳酸二甲酯（DMC）	4.6	91	3.107	0.59（20℃）
		碳酸二乙酯（DEC）	−74.3	126	2.805	0.75
		碳酸甲乙酯（EMC）	−53	110	2.958	0.65

类型		溶剂	熔点 (T_m)/℃	沸点 T_b/℃	介电常数 ε（25℃）	黏度 η（25℃）/cP
羧酸酯	环状	γ-丁内酯（γ-BL）	−43.5	204	39	1.73
	链状	乙酸乙酯（EA）	−84	77	6.02	0.45
		甲酸甲酯（MF）	−99	32	8.5	0.33
醚类	环状	四氢呋喃（THF）	−109	66	7.4	0.46
		2-甲基四氢呋喃（2-Me-THF）	−137	80	6.2	0.47
	链状	1,2-乙二醇二甲醚（DME）	−141	−29.5	5.02	—
		二甲氧基甲烷（DMM）	−105	41	2.7	0.33
		1,2-二甲氧基乙烷（1,2-DME）	−58	84	7.2	0.46
腈类	链状	乙腈（ACN）	−48.8	81.6	35.95	0.341

　　电解质中的锂盐是供给锂离子的源泉。合适的电解质锂盐应具有以下条件：①热稳定性好，不易发生分解，溶液中的离子电导率高；②化学稳定性好，即不与溶剂、电极材料发生反应；③电化学稳定性好；④其阴离子的氧化电势高而还原电势低，具有较宽的电化学窗口；⑤分子量低，在适当的溶剂中具有良好的溶解性；⑥能使 Li^+ 在正、负极材料中的嵌入量高和可逆性好等；⑦价格低廉。

　　目前，主要的锂盐是基于温和路易斯酸的一些化合物，常用的锂盐有 $LiClO_4$、$LiBF_4$、$LiPF_6$、$LiAsF_6$ 和某些有机锂盐，如三氟甲基磺酸锂、双三氟甲基磺酰亚胺锂及其类似物、双草酸硼酸锂等。一些常见锂盐的物理参数如表 6.2.5 所示。

表 6.2.5　一些常见锂盐的物理参数

锂盐	分子式	分子量	是否腐蚀铝箔	是否对水敏感	电导率 δ^*/(mS·cm⁻¹)
六氟磷酸锂	$LiPF_6$	151.91	否	是	10
四氟硼酸锂	$LiBF_4$	93.74	否	是	4.5
高氯酸锂	$LiClO_4$	106.40	否	否	9
六氟砷酸锂	$LiAsF_6$	195.85	否	是	11.1
三氟甲基磺酸锂	$LiCF_3SO_3$	156.01	是	是	1.7（在 PC 中）
双三氟甲基磺酰亚胺锂	$LiN(CF_3SO_2)_2$	287.08	是	是	6.18
双氟磺酰亚胺锂盐	$LiN(SO_2F)_2$	187.07	是	是	2～4
双草酸硼酸锂	$LiB(C_2O_4)_2$	193.79	否	是	7.5

* 20℃，1mol·L⁻¹，在 EC/DMC 中。

　　由于电解质的离子电导率决定电池的内阻和在不同充放电速率下的电化学行为，对电池的电化学性能和应用显得非常重要。一般而言，溶解有锂盐的非质子有机溶剂电导率最高可以达到 2×10^{-2} S·cm⁻¹，但是与水溶液电解质相比则要低得多。许多锂离子电池中使用混合溶剂体系的电解质,这样可以克服单一溶剂体系的一些弊端。当电解质浓度较高时,其导电行为可用离子对模型进行说明。

除了电解液的电导率影响其电化学性能外,电解液的电化学窗口及其与电池电极的反应对于电池的性能也至关重要。电化学窗口就是指发生氧化反应的电势 E_{ox} 和发生还原反应的电势 E_{red} 之差。作为电池电解液,首先必备的条件是其与负极和正极材料不发生反应。因此,E_{red} 应低于金属锂的氧化电势,E_{ox} 则须高于正极材料的锂嵌入电势,即必须在宽的电势范围内不发生氧化(正极)和还原(负极)反应。一般,醚类化合物的氧化电势比碳酸酯类的要低,因此醚类溶剂(如 DME)多用于一次电池中。二次电池的氧化电势较低,常见的锂离子电池在充电时必须补偿过电势,因此电解液的电化学窗口要求达到 5V 左右。另外,测量的电化学窗口与工作电极和电流密度有关。电化学窗口与有机溶剂和锂盐(主要是阴离子)也有关。部分溶剂发生氧化反应电势的高低顺序是:DME(5.1V)<THF(5.2V)<EC(6.2V)<ACN(6.3V)<PC(6.6V)<DMC(6.7V),DEC(6.7V),EMC(6.7V)。对于有机阴离子而言,其氧化稳定性与取代基有关。吸电子基团的引入有利于负电荷的分散,提高其稳定性。因此,发展氟代碳酸酯和氟化醚溶剂对提高电解液用溶剂的耐受高压是当今的热门方向之一。

在配制电解液的工艺中,取上述锂盐按照一定比例溶入溶剂体系来组成锂离子电池用电解液。经过多年研究,锂离子电池非水液体电解质的基本组分已经确定:主要是 EC 加一种或者几种线形碳酸酯作为溶剂,$LiPF_6$ 作为电解质。常用的电解液体系有:$1mol \cdot L^{-1}$ $LiPF_6$/EC-DEC(1:1),EC-DMC(1:1)和 EC-EMC-DMC(1:1:1)。但是这种体系的电解质也存在一些难以解决的问题:①首先是 EC 导致的熔点偏高的问题,这种电解液的电解质无法在低温下使用。②其次是 $LiPF_6$ 的高温分解导致该电解质无法在高温下使用。该电解液体系的工作温度为 $-20 \sim 50 ℃$,低于 $-20℃$ 时性能下降是暂时的,升高温度可以恢复,但是高于 60℃ 时的性能变化是永久性的。③电化学窗口不能满足 5V 正极材料的要求。为了提高电池的能量密度,锂离子电池的充电电压逐年提高,其关键是逐步研发能够耐受高压的电解质和溶剂。常用的高压添加剂主要有苯的衍生物(如联苯、三联苯)、杂环化合物(如呋喃、噻吩及其衍生物)、1,4-二氧环乙烯醚和三磷酸六氟异丙基酯等。

电解液与电极的反应,通常是指电解液与负极(如石墨化碳等)反应。从热力学角度而言,因为有机溶剂含有机型基团,如 C—O 和 C—N 等,负极材料与电解液会发生反应。例如,以贵金属为工作电极,PC 在低于 1.5V($vs.$ Li$^+$/Li)时发生还原,产生烷基碳酸锂。由于负极表面生成锂离子能通过的保护膜(SEI 膜),防止了负极材料与电解液进一步还原,因而在动力学上是稳定的。如果使用 EMC 和 EC 的混合溶剂,保护膜的性能会进一步提高。对于碳材料而言,结构不同,同样的电解液组分所表现的电化学行为也是不一样的;同样,对于同一种碳材料,在不同的电解液组分中所表现的电化学行为也不一样。例如,对于合成石墨,在 PC/EC 的 $1mol \cdot L^{-1}$ $LiN(CF_3SO_2)_2$ 溶液中,第一次循环的不可逆比容量为 $1087mA \cdot h \cdot g^{-1}$,而在 EC/DEC 的 $1mol \cdot L^{-1}$ $LiN(CF_3SO_2)_2$ 溶液中的第一次不可逆比容量仅为 $108mA \cdot h \cdot g^{-1}$。SEI 与水反应则生成 LiOH 等,有可能丧失保护膜的性能作用,从而引起电解液的继续还原。因此在有机电解液中,水分的含量要严格控制。

值得指出的是，近年来，在电解液中添加一些添加剂[如三(2, 2, 2-三氟乙基)亚磷酸酯（TFEP）、三苯基亚磷酸酯（TPP）、三(三甲基硅基)亚磷酸酯（TMSP）、亚磷酸三甲酯（TMP）、三(三甲基硅烷)硼酸酯（TMSB）、二草酸硼酸锂（LiBOB）及硼酸三甲酯（TB）等]，这类添加剂优先于溶剂分解，在正极材料表面形成正极电解质（CEI 膜），抑制电解液进一步氧化，有助于提升电池综合性能。

另外，由于目前尚未有任何一种电解质热力学窗口同时能够满足高电压正极和低电压负极，因此 SEI/CEI 膜的有效工作是实现电池稳定工作的基础。电解质体系与正/负极表面的 SEI/CEI 膜除了满足 SEI/CEI 膜的基本物理化学要求之外（如低的电子电导和高的离子电导、与正负极表面具有强的结合力），还需要满足能够自修复能力。当然，这一点也是对于任何电解质都必须满足的。

锂离子电池非水液体电解液未来的发展方向重点解决以下几个问题：①通过离子液体、氟代碳酸酯，加入过充添加剂、阻燃剂和高稳定性锂盐解决电解液的安全性；②通过提高溶剂的纯度，采用离子液体、氟代碳酸酯，添加正极成膜剂提高电解液的工作电压，从而提高电池的能量密度；③需要拓宽电解液工作温度范围，低温电解液体系需要采用熔点较低的醚、腈类体系；高温需要采用离子液体、新锂盐、氟代碳酸酯来提高；④需要添加添加剂，精确调控 SEI 膜和 CEI 膜的组成与结构，添加功能化合物捕获游离金属离子来延长电池的循环寿命；⑤需要降低锂盐和溶剂的成本，解决锂盐和溶剂纯度较低时如何提高电池性能的关键技术问题。

值得指出的是，离子液体电解质、高盐浓度电解质、凝胶电解质及固体电解质由于可以进一步提升锂离子电池的性能，其相关研究和应用在近年来得到广泛关注。

商用锂离子电池由于采用含有易燃有机溶剂的液体电解质，存在着安全隐患。虽然通过添加阻燃剂、采用耐高温陶瓷隔膜、正负极材料表面修饰、优化电池结构设计、优化电池管理系统（BMS）、在电芯外表面涂覆相变阻燃材料、改善冷却系统等措施，能在相当程度上提高现有锂离子电池的安全性，但这些措施无法从根本上保证大容量电池系统的安全性，特别是在电池极端使用条件下、在局部电池单元出现安全性问题时。发展全固态锂离子电池是提升电池安全性的可行技术途径之一。

固体电解质包括聚合物固体电解质、无机固体电解质及复合电解质。聚合物固体电解质中，锂盐通过与高分子相互作用，能够在高分子介质中发生一定程度的正负离子解离并与高分子的极性基团络合形成配合物。高分子链段蠕动过程中，正负离子不断地与原有基团解离，并与邻近的基团络合，在外加电场的作用下可以实现离子的定向移动，从而实现正负离子的传导。聚合物固体电解质的发现始于 20 世纪 70 年代。1973 年，Fenton 等发现聚环氧乙烷（PEO）能够溶解碱金属盐形成配合物。1975 年，Wright 测量了 PEO-碱金属盐配合物电导率，发现其具有较高的离子电导率。1979 年，Armand 等报道了 PEO 的碱金属盐在 $40\sim60{}^{\circ}\mathrm{C}$ 时离子电导率达 $10^{-5}\mathrm{S}\cdot\mathrm{cm}^{-1}$，且具有良好的成膜性能，可用作锂离子电池的电解质。之后人们采用不同的方法来提高聚合物固体电解质的电导率，包括两个方面：抑制聚合物结晶，提高聚合物链段的蠕动性；增加载流子的浓度。抑制聚合物结晶以提高聚合物链段蠕动性的方法包括：交联、共聚、共混、聚合物合金化、无机添加剂。增加载流子浓度的方法包括：使用低解离能的锂盐、增加锂盐的解离度。聚合物固体电解质采用的常见聚合物基体包括 PEO、聚丙烯腈（PAN）、聚甲基丙烯酸甲酯（PMMA）、聚偏氟乙烯（PVDF）等。目前采用 PEO 作为电解质，工作温度在 80℃的固态锂电池已被开发出来，法国 Bollore 及美国 SEEO 公司已尝试制造 Li/PEO/LiFePO$_4$ 电芯用于电动汽车、分布式储能。常用的与金属 Li 稳定的 PEO 聚合物固体电解质，电化学窗口小于 4.0V，因此 PEO 聚合物的全固态电池不能采用高电压电极材料。目前，正在开发复合型多层聚合物固体电解质，能够在高电压下工作，从而显著提高电池的能量密度。

无机固体电解质是一类具有较高离子传输特性的无机快离子导体材料，具有较高的机械强度，能够有效阻止锂枝晶穿透电解质造成内短路。可以采用原子层沉积（ALD）、热蒸发、电子束蒸发、磁控溅射、气相沉积、等离子喷涂、流延成型、挤塑成型、喷墨打印、冷冻干燥、陶瓷烧结等方法制备成不同厚度、不同形状的电解质层或薄膜。相对于聚合物固体电解质，无机固体电解质能够在宽的温度范围内保持化学稳定性，因此基于无机固体电解质的电池具有更高的安全特性。无机固体电解质主要包括氧化物无机固体电解质与硫化物无机固体电解质。氧化物无机固体电解质稳定性较好，但兼具高的离子电导率、宽的电化学窗口、成本较低、易于制造的材料尚未开发成功。硫化物无机固体电解质的晶界电阻较低，总的电导率高于一般氧化物无机固体电解质，最新开发的硫化物无机固体电解质 Li$_{10}$GeP$_2$S$_{12}$ 室温离子电导率已达到液体电解质的水平。因此相对于氧化物无机固体电解质，基于硫化物的全固态电池具有更加优异的电化学性能。由于目前的正极材料多为氧化物材料，研究发现氧化物正极/硫化物无机固体电解质的界面电阻较高，对电池容量利用率和高倍率性能有显著影响。改善氧化物正极/硫化物无机固体电解质的界面对提高硫基全固态锂离子电池电化学性能具有很重要的作用。常见无机固体电解质主要有 perovskite 型、NASICON 型、LISICON 型、garnet 型、Li$_3$N 等。

虽然固体电解质的本征电导率已经可以达到较高水平，但界面阻抗限制了 Li$^+$ 在全电池中的有效输运，成为制约其性能的瓶颈之一。全固态电池的界面问题主要包括：①固-固界面阻抗较大。一方面，与固-固接触面积较小有关；另一方面，在全固态电池制备或者充放电过程中，电解质与电极界面化学势与电化学势差异驱动的界面元素互相扩散形成的界面相可能不利于离子的传输。此外，固-固界面还存在空间电荷层，也有可能抑制离子垂直界面的扩散和传导。②固体电解质与电极的稳定性问题，包括化学稳定性，如某些电解质与电极之间存在界面反应；电化学稳定性，一些电解质有可能在接触正极或者负极的界面发生氧化或还原反应。③界面应力问题。在充放电过程中，多数正负极材料在脱嵌锂过程中会出现体积变化，而电解质不发生变化，这使得在充放电过程中固态电极/固体电解质界面应力增大，可能导致界面结构破坏，物理接触变差，发生界面副反应，进而造成内阻升高和活性物质利用率下降。界面问题已经受到广泛关注，并提出多种解决思路：①在电解质上和电极界面原位生长电极层，如在 Li$_{1+x+y}$Al$_y$Ti$_{2-y}$Si$_x$P$_{3-x}$O$_{12}$（LATSPO）电解质上生长出厚度为微米级的负极层，可以在一定程度上解决界面电阻问题；②在电极材料（尤其是正极材料）中混入电解质；③对电极材料进行包覆，如采用原子层沉积的方法，利用 Al$_2$O$_3$ 包覆正极，可以减小界面阻抗，有效抑制多次循环的容量衰减；④对电解质材料进行掺杂，如分别对电极 LiCoO$_2$ 进行表面包覆 LiNbO$_3$ 和对纯硫化物电解质

体系进行 Li_2O 掺杂，可以组装成电化学性能较为优良的 $LiCoO_2/Li_2O\text{-}Li_2S\text{-}P_2S_5/C$ 电池。

经过多年的研究，科研工作者对固态锂电池中的基础科学问题有了更深刻的认识，在发展固态锂电池方面也取得了长足进步。目前，科学家提出了固态锂电池中需要关注的性能参数，并提出了未来需要达到的目标，如表 6.2.6 所示。从固态锂电池电芯角度出发，固态锂电池的发展不仅在于电池材料，如正负极材料和电解质材料的筛选和优化，同时与电芯设计也密切相关。例如，集流体的种类和尺寸、铝塑膜的厚度、电芯的结构设计及尺寸等对固态电池的性能有着不可忽视的影响。虽然固态锂电池的商业化还需一定时间，但从长远来看，全固态电池在规模储能、电动汽车、地质勘探、石油钻井、航空航天和国防安全等领域中具有巨大的应用前景。

表 6.2.6　高能量高功率固态锂电池的研发目标

性能参数	当前水平	目标
电压	NCM 约 3.8V，LNMO 约 4.7V，Li_2S 约 2.2V	保证其他技术指标的前提下，提高插层及转换型正极材料的工作电压
比容量(q)	NCM 约 150($mA\cdot h\cdot g^{-1}$)，Li_2S 约 1600($mA\cdot h\cdot g^{-1}$)	实际比容量要接近理论值
活性材料在电极中的体积分数/%	40~60	>70
正极假想比能量（只考虑正极）(E_m)和面容量(Q_A)	大多数可做到 400$W\cdot h\cdot kg^{-1}$，2$mA\cdot h\cdot m^{-2}$	500$W\cdot h\cdot kg^{-1}$，5$mA\cdot h\cdot m^{-2}$（只考虑正极的质量，负极假设为锂金属）
电流密度(j)	实验金属锂负极时锂枝晶生成的临界电流密度为 1$mA\cdot cm^{-2}$	锂枝晶生成的临界电流密度为 5$mA\cdot cm^{-2}$
能量效率(ϕ_E)	插层型正极第二周开始可以达到 90%以上	长循环可以一直保持 90%以上
面电阻(R)	14$\Omega\cdot cm^2$	只有面电阻小于 40$\Omega\cdot cm^2$ 才能保证在 1C 倍率下能量效率大于 90%
锂箔厚度(l_{An})	20μm	理想情况不需要锂负极
固体电解质厚度(l_{SE})	30μm	仍需进一步降低，以减小内阻
复合正极厚度(l_{Ca})	<600μm	复合正极厚度的增加在增加比能量的同时，倍率性能需要提升，需要平衡两者
电池面积	无机固体电解质目前可以达到 200cm^2	提升无机电解质和有机-无机复合电解质膜的制备面积
外界压力(p)	目前循环时需要提供外压	实际应用时需要提供外压
添加剂	聚合物黏结剂和导电添加剂	添加剂的作用需要更深入研究
能量保持率	70℃时，$LiFePO_4/Li$ 固态聚合物电池循环 1400 周能量为 8.45$W\cdot h\cdot cm^{-2}$，能量保持率约 80%	在不低于 5$W\cdot h\cdot cm^{-2}$ 面容量的条件下，循环 1000 周仍有 80%以上保持率

　　4. 隔膜材料

　　隔膜本身既是电子的非良导体，同时具有电解质离子通过的特性。隔膜材料必须具备良好的化学、电化学稳定性，良好的力学性能及在反复充放电过程中对电解质保持高度浸润性等。隔膜材料与电极之间的界面相容性、隔膜对电解质的保持性均对锂离子电池的充放电性能、循环性能等有着重要影响。同时，隔膜在保证电池安全性方面起着关键作用。

　　锂离子电池用的隔膜材料要求如下：

　　（1）厚度：通常锂离子电池使用的隔膜较薄（<30μm），而用在电动汽车和混合动力汽车上的隔膜较厚（约 40μm）。一般，隔膜越厚，其机械强度就越大，在电池组装过程中穿刺的可能性就越小，但是同样型号的电池中，如圆柱型电池，能加入其中的活性物质则越少；相反，使用较薄的隔膜占据空间较少，则加入的活性物质就多，这样可以同时提高电池的容量和比容量（由于增加了界面面积）。薄的隔膜同样阻抗也较低。

　　（2）渗透性：隔膜对电池的电化学性能影响小，如隔膜的存在可使电解质的电阻增加 6～7 个量级，但对电池的性能影响甚小。通常将电解液流经隔膜有效微孔所产生的阻抗系数和电解液电阻阻抗系数区分开来，前者称为麦氏（MacMullin）系数。在商品电池中，麦氏系数一般为 10～12。

　　（3）透气率：对于给定形态的隔膜材料而言，其透气率和电阻呈一定比例。锂离子电池用的隔膜需要具有良好的电性能和较低的透气率。

　　（4）孔径：对于锂离子电池隔膜，由于最关键的要求是不让锂枝晶穿过，所以要求隔膜具有亚微米孔径且有均匀的孔径分布，以防止由于电流密度不均匀而引起的电性能损失。亚微米的隔膜孔径可防止锂离子电池内部正负极之间短路，尤其当隔膜厚度在 25μm 或者更薄时，短路问题更易发生。这些问题会随着电池生产商继续采用薄隔膜，增加电池容量而越来越受到重视。孔的结构受聚合物的成分和拉伸条件，如拉伸温度、速度和比例等的影响。在湿法工艺中，隔膜经过提炼之后再进行拉伸，这种工艺生产的隔膜孔径更大（0.24～0.34μm），孔径分布比经过拉伸再进行提炼的工艺生产的隔膜（0.10～0.13μm）要更宽。

　　（5）孔隙率：孔隙率和渗透性具有较紧密的关联，锂离子电池隔膜的孔隙率为 40% 左右。对于锂离子电池，控制隔膜的孔隙率是非常重要的。规范的孔隙率是隔膜标准不可分割的一部分。高的孔隙率和均一的孔径分布对离子的流动不会产生阻碍，而不均匀的孔径分布则会导致电流密度的不均匀，进而影响工作电极的活性，由于电极的某些部分与其他部分的工作负荷不一致，最终其电芯损坏较快。

　　（6）润湿性：隔膜在电池电解液中应具有快速、完全的润湿的特点。

　　（7）吸收和保留电解液：在锂离子电池中，隔膜能机械吸收和保留电池中的电解液而不引起溶胀，因为电解液的吸收是离子传输的需要。

　　（8）化学稳定性：隔膜在电池中能够长期稳定地存在，对于强氧化和强还原环境都呈化学惰性，在上述条件下不降解，机械强度不损失，也不产生影响电池性能的杂质。在高达 75℃ 的温度条件下，隔膜应能够经受起强氧化性的正极的氧化和强腐蚀性的电解液的腐蚀。抗氧化能力越强，隔膜在电池中的寿命就越长。聚烯烃类隔膜（如聚丙烯、聚乙烯等）具有对大多数化学物质有抵抗能力、良好的力学性能和能够在中温范围内使用的特性，是商品化锂离子电池隔膜的理想选择，相对而言，聚丙烯膜与锂离子电池正极材料接触具有更好的抗氧化能力。

（9）空间稳定性：隔膜在拆除时边缘要平整不能卷曲，以免使电池组装变得复杂。隔膜浸渍在电解液中时不能皱缩，电芯在卷绕时不能对隔膜孔的结构有负面影响。

（10）穿刺强度：用于卷绕电池的隔膜对于穿刺强度具有较高的要求，以免电极材料透过隔膜，如果部分电极材料穿透了隔膜，就会发生短路，电池也就报废了。用于锂离子电池的隔膜比一次性锂电池的隔膜要求具有更高的穿刺强度。

（11）机械强度：隔膜对于电极材料颗粒穿过的灵敏度用机械强度来表征，电芯在卷绕过程中在正极-隔膜-负极界面之间会产生很大的机械应力，一些较松的颗粒可能会强行穿透隔膜，使得电池短路。

（12）热稳定性：锂离子电池中的水分是有害的，所以电芯通常都会在80℃真空条件下干燥。因此。在这种条件下，隔膜不能有明显的皱缩。

锂离子电池隔膜的制备主要有熔融拉伸（MSCS），又称为延伸造孔法，或者干法和热致相分离（TIPS）或者湿法两大类方法。由于MSCS法不包括任何相分离过程，工艺相对简单且生产过程中无污染。目前世界上大多数采用此方法进行生产，如日本的宇部、三菱、东燃及美国的塞拉尼斯等。TIPS法的工艺比MSCS法复杂，需加入脱除稀释剂，因此生产费用相对较高且可能引起二次污染，目前世界上采用此法生产隔膜的有日本的旭化成，美国的Celgard、Akao和3M公司等。但随着2015年旭化成收购Celgard，日本成为锂电池隔膜制造业的领跑者。

当前，市场上商业化的锂电池隔膜是以聚乙烯（PE）和聚丙烯（PP）为主的微孔聚烯烃隔膜，这类隔膜凭借着较低的成本、良好的力学性能、优异的化学稳定性和电化学稳定性等优点而被广泛应用在锂电池隔膜中。实际应用中又包括单层PP或PE隔膜、双层PE/PP复合隔膜、双层PP/PP复合隔膜，以及三层PP/PE/PP复合隔膜。聚烯烃复合隔膜由Celgard公司开发，主要有PP/PE复合隔膜和PP/PE/PP复合隔膜。由于PE隔膜柔韧性好，但是熔点低为135℃，闭孔温度低，而PP隔膜力学性能好，熔点较高为165℃，将两者结合起来使得复合隔膜具有闭孔温度低、熔断温度高的优点，在较高温度下隔膜自行闭孔而不会熔化，且外层PP膜具有抗氧化的作用，因此该类隔膜的循环性能和安全性能得到一定提升，在动力电池领域应用较广。

聚烯烃材料本身的疏液表面和低的表面能导致这类隔膜对电解液的浸润性较差，影响电池的循环寿命。另外，由于PE和PP的热变形温度比较低（PE的热变形温度为80～85℃，PP为100℃），温度过高时隔膜会发生严重的热收缩，因此这类隔膜不适于在高温环境下使用，使得传统聚烯烃隔膜无法满足现今高性能3C产品（计算机类、通信类和消费类电子产品的总称）及动力电池的使用要求。针对锂离子电池技术的发展需求，研究者在传统聚烯烃隔膜的基础上发展了各种新型锂电池隔膜材料。

非织造隔膜通过非纺织的方法将纤维进行定向或随机排列，形成纤网结构，然后用化学或物理的方法进行加固成膜，使其具有良好的透气率和吸液率。天然材料和合成材料已经广泛应用于制备无纺布膜，天然材料主要包括纤维素及其衍生物，合成材料包括聚对苯二甲酸乙二酯（PET）、聚偏氟乙烯（PVDF）、聚偏氟乙烯-六氟丙烯（PVDF-HFP）、聚酰胺（PA）、聚酰亚胺（PI）、芳纶[间位芳纶（PMIA）、对位芳纶（PPTA）]等。

　　非织造隔膜的缺点是在生产过程中较难控制孔径大小与均一性，另外，非织造隔膜的机械强度较低，很难满足动力电池的需求。近年来，复合隔膜已成为动力锂离子电池隔膜的发展方向，该类隔膜是以干法、湿法及非织造布为基材，在基材上涂覆无机陶瓷颗粒层或复合聚合物层的复合型多层隔膜。在隔膜表面涂覆无机陶瓷材料能有效改善隔膜性能，首先，无机材料特别是陶瓷材料热阻大，可以防止高温时热失控的扩大，提高电池的热稳定性；其次，陶瓷颗粒表面—OH 等基团的亲液性较强，从而提高隔膜对于电解液的浸润性。主要的无机纳米颗粒有 Al_2O_3、SiO_2、TiO_2 和 $BaTiO_3$ 等。通过简单的涂覆复合会发生一系列问题，如将陶瓷颗粒涂覆在隔膜表面时会发生颗粒团聚分散不均，涂覆后陶瓷颗粒脱落及陶瓷复合隔膜易受潮等问题，在涂层浆料中加入特殊性质的添加剂能缓解这些问题。通常，在制备过程中添加表面活性剂可以改善涂层隔膜表面性质的均一性，提高电解液的润湿性，从而提高电池的倍率性能和循环性能。另外，对纳米颗粒进行表面接枝处理也可以提高涂层隔膜的性能。研究指出，将 SiO_2 颗粒氨基化后涂覆在 PE 隔膜表面（图 6.2.8），氨基与电解质高温分解产生的 PF_5 发生复合反应，从而避免电解液中 HF 的产生，因此抑制了高温环境下正极活性材料内过渡金属的溶解，且由于 SiO_2 陶瓷颗粒的热阻大，进一步提高了复合隔膜在高温下的稳定性和力学性能。

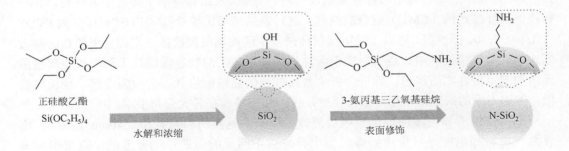

正硅酸乙酯
$Si(OC_2H_5)_4$

水解和浓缩

SiO_2

3-氨丙基三乙氧基硅烷

表面修饰

$N-SiO_2$

图 6.2.8　氨基化后 SiO_2 颗粒表面结构示意图

　　为了解决无机涂覆层会造成严重的孔洞堵塞和较大的离子转移电阻等问题，使用聚合物纳米颗粒或者聚合物纤维作为涂层材料来代替传统的致密涂层。高孔隙率的纳米多孔结构，不仅提高了对电解液的润湿性，也促进了离子电导率。另外，采用有机/无机杂化涂层修饰隔膜也是目前研究的新方向，该路线是在聚合物涂层浆料中加入无机粒子，混合均匀后涂覆在隔膜基材上。例如，研究者最近成功制备了一种聚多巴胺-SiO_2 改性聚乙烯隔膜。该隔膜的制备流程如下：首先将陶瓷颗粒涂覆在 PE 膜两侧表面，再用浸渍法将聚多巴胺（PDA）引入。其中，PDA 能包裹在陶瓷和 PE 外表面形成一个整体覆盖的自支撑膜，从而影响了复合隔膜的成膜特性，特别是在 230℃高温条件下此复合膜依然没有热收缩。同时，经过 PDA 处理后的隔膜对电解液润湿性更好，力学性能、热稳定性和电化学性能等综合性能提高。

5. 其他非活性材料

除了上述四种主要材料外，电池中还包括黏结剂、导电添加剂、集流体、电池壳、极柱（引线）热敏电阻等非活性材料。由于非活性材料的存在，电池的实际能量密度与理论能量密度必然有较大差距。目前，软包装 $LiCoO_2$/石墨电池实际能量密度达到 220～280$W·h·kg^{-1}$，而理论能量密度可达 370$W·h·kg^{-1}$，实际能量密度与理论能量密度之比（R）已经高达 60%～75%，远高于其他二次电池或一次电池。典型的电池电芯中负极活性物质占 20%（质量分数），正极活性物质占 44%（质量分数），集流体加隔膜占 17%（质量分数），黏结剂、导电添加剂、电解质、包装等其他材料占 19%（质量分数）。锂离子电池发展之初，实际能量密度为 90$W·h·kg^{-1}$，R 值为 24%。通过 20 多年在电池技术方面的发展，在不改变活性材料体系的情况下，能量密度提高到今天的 280$W·h·kg^{-1}$，一方面归因于材料的振实密度和质量比容量得到了显著提高，另一方面是活性物质利用率（R 值）不断提高，这是多方面材料物性控制与制作工艺提高的结果。

黏结剂的种类和用量影响电极片的电子导电性，从而影响电池的倍率充放电性能。储锂材料在电化学脱嵌锂过程中都会随着 Li^+ 的嵌入和脱出而不断膨胀和收缩，特别是高容量正负极材料。黏结剂必须能够承受充放电过程中较大的体积变化。锂离子电池的黏结剂包括油系黏结剂和水系黏结剂。油系黏结剂主要是聚偏氟乙烯（PVDF），稳定性好，抗氧化还原能力强，但杨氏模量高（1～4GPa）、脆性大、柔韧性不好，抗拉强度也不够大，以此为黏结剂制备的电极片容易出现"掉粉"现象。水系黏结剂主要是丁苯橡胶（SBR）和羧甲基纤维素钠（CMC）混合黏结剂。这种黏结剂杨氏模量低（0.1GPa），仅为 PVDF的 1/40～1/10，弹性好，可以承受电极循环过程中活性物质颗粒在一定程度上的膨胀与收缩。但这种黏结剂是通过点接触实现活性物质颗粒之间的物理黏结，无法在长距离范围连接和固定活性物质颗粒。综合分析来看，理想的黏结剂应具有抗拉强度高、杨氏模量低，但这方面的研究报道相对不够系统，技术秘密掌握在各大公司手中。

广泛使用的导电添加剂是导电炭黑或乙炔黑，这类材料粒径小（40nm 左右）、比表面积大、导电性好且价格低廉，但也存在以下明显的问题：①密度低，直接影响电极的体积比能量；②副反应显著，乙炔黑具有较大的比表面积，使负极在首次充放电过程中可逆性降低；③影响电极片的抗拉强度，容易引起电极片在加工和存储中的"掉粉"现象。除此之外，乙炔黑是零维点式导电剂，除非占有足够的体积，否则难以在电极中形成三维导电结构，这会在不同程度上影响电极的整体电化学性能。碳纳米纤维（CNF）、碳纳米管（CNT）及石墨烯（G）可改变乙炔黑颗粒零维点接触的情况，在电极内部形成"点-线-面"接触的三维导电网络，提高电极片的电子传输性能，同时可以降低导电添加剂和乙炔黑的用量，这对提高电极片单位面积活性物质的荷载量、提高电子导电性和倍率性能具有重要的意义。值得指出的是，有研究表明，CNT 和 G 由于表面形成 SEI 的原因，不太适合作为制备负极时的导电添加剂，所以一般在制备正极时添加使用。

除了黏结剂和导电剂，锂离子电池的非活性材料还包括集流体和电池外壳。一般，正极的集流体采用铝箔，负极的集流体采用铜箔；电池外壳采用钢壳和铝壳。

非活性材料的存在必不可少，显著影响电池的实际能量密度与理论能量密度之比。目前，锂离子电池技术的这一比例在所有二次电池中最高。而且，这一比例还在继续提高中，在满足其他电化学性能和确保安全的前提下，各类非活性材料轻量化、薄型化是发展趋势。

6.3　锂离子电池相关储能技术

6.3.1　储能技术的分类与发展程度

能量的不同存在形式（电磁能、机械能、化学能、光能、核能、热能等）具有不同的能级，再加上不同应用的驱动，导致储能技术发展的多样性（图 6.3.1），这些技术可以大体上分成三类：成熟技术、已发展技术、正在发展技术。到目前为止，抽水蓄能、压缩空气储能、铅蓄电池技术已成为比较成熟的技术，但是，近年来，其他电化学储能技术（锂离子电池、钠电池技术、超级电容器和液流电池技术等）发展非常迅速。另外，根据储能技术的储/放能的时间和功率范围（图 6.3.2），可大致分成功率型和能量型两大类（虽然目前业界对这个分类还存在一些争议，特别是它们之间的分界，但从应用层面有不少可取之处）。功率型储能技术的反应速率一般在毫秒到秒级（如电池、超级电容和飞轮储能技术等），可以参与一次调频；而能量型储能技术的反应速率在分钟级别（如储热、压缩空气储能及抽水蓄能等），可参与二次调频。

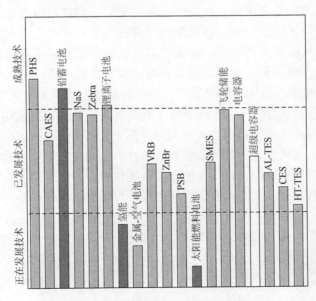

图 6.3.1　主要储能技术及其技术发展水平

PHS. 抽水蓄能；CAES. 压缩空气储能；NaS. 钠硫电池；Zebra. 钠-氯化镍电池；VRB. 钒液流电池；ZnBr. 锌-溴电池；
PSB. 多硫化钠-溴液流电池；SMES. 超导磁储能；AL-TES. 水/冰储热/冷系统；CES. 深冷（如液态空气）储能；
HT-TES. 储热系统

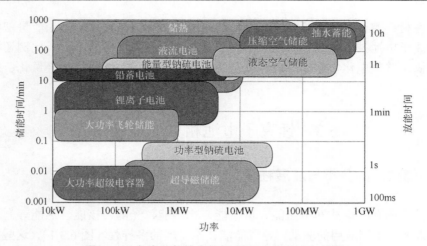

图 6.3.2　各类储能技术的储/放能时间及功率范围

6.3.2　储能技术的重要性及相关应用

　　储能技术其实是一种相对较为古老的技术，但近年来发展迅猛且技术多样化。储能技术发展的主要驱动力可以归结为全球致力于解决能源领域的"三难问题"——清洁能源供应、能源安全性好、能源经济性高。解决能源"三难问题"主要有四种途径，即先进能源网络技术、需求侧响应技术、灵活产能技术和储能技术。尽管储能技术只是四种解决方案的一种，但是考虑到其在能源网络需求侧响应技术和灵活产能技术的潜在巨大作用，储能技术是四种方案中最为重要的一种。另外，当前以可再生能源变革为基础的"第三次工业革命"正在发展中，储能作为"第三次工业革命"五大支柱技术之一，将在本次工业革命中发挥重要的作用。储能技术可以调节能量供求在时间、空间、强度和形态上的不匹配性，是合理、高效、清洁利用能源的重要手段，是保障安全、可靠、优质供电的重要技术支撑，是催生能源生产、消费和发展方式变革的重要促进因素。

　　储能技术所起的巨大作用，在不同领域（电力系统、光伏/风能发电、交通运输和核能等领域）表现形式有所不同。以电力系统为例（图 6.3.3），储能技术在解决电力负荷率较低、电网利用率低、可再生能源的间歇性和波动性、分布式区域供能系统的负荷波动大和可靠性低、大型核电厂调峰能力低等方面起着关键作用。同时，储能技术也是保证电网稳定性、工业过程降耗提效、关键设备使用寿命延长与降低维护成本等方面的关键手段。

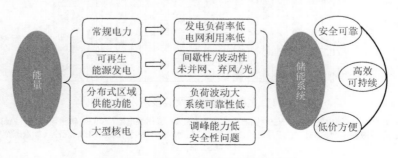

图 6.3.3　储能在电力系统中的重要性

根据电力系统对储能的应用功能需求，通常按照发、输、变、送、用及调度环节，分别对储能技术的应用场景进行划分，如表 6.3.1 所示。

表 6.3.1　储能技术在电力系统的应用场景

应用领域	应用场景	储能的功能或效应
发电领域	辅助动态运行	通过储能技术快速响应技术，在进行辅助动态运行时提高火电机组的效率，减少碳排放 避免动态运行时对机组寿命的损害，减少设备维护和更换的费用
	取代/延缓新建机组	可以降低/延缓对新发电机组容量的需求
辅助服务领域	二次调频	通过瞬时平衡负荷和发电的差异来调节频率的波动，通过对电网的储能设备进行充电及控制充放电的速率来调节频率的波动 减少对火电机组的磨损
	电压支持	电力系统一般通过无功的控制来调节电压。将具有快速响应能力的储能装置安装在负荷端，根据负荷需求释放或吸收无功功率，以调整电压
	调峰	在用电低谷时蓄能，在用电高峰时释放电能，实现削峰填谷
	备用容量	备用容量应用于常规发电资源无法预期的事故，在备用容量应用中，储能需要保持在线，并且时刻准备放电
输配电领域	无功支持	通过传感器测量线路中的实际电压，调整输出无功功率的大小，进而调节整条线路的电压，使储能设备能够做到动态补偿
	缓解线路阻塞	储能系统安装在阻塞线路的下游，会在无阻塞时段充电，在高负荷时段放电，从而减少系统对输出电容量的需求
	延缓输配电厂扩容	在负荷接近设备容量的输配电系统内，将储能安装在原本需要升级的输配电设备的下游位置来缓解或者避免扩容
	变电直流电源	变电站内的储能设备可用于开关元件、通信基站、控制设备的备用电源直接为直流负荷供电
用户侧	用户分时电价管理	帮助电力用户实现分时电价管理的手段，在电价较低时给储能系统充电，在高价时放电
	容量费用管理	用户在自身用电负荷低的时段对储能设备充电，在需要高负荷时利用储能设备放电，从而降低自己的最高负荷，达到降低容量费用的目的
	电能质量	提高供电质量和可靠性
分布式发电与微网	小型离网储能应用	提供稳定的电压和频率，备用电源
	海岛微网储能应用	提供稳定的电压和频率，备用电源
	商业建筑储能（储能多重利用）	解决可再生能源发电的间接性问题 降低用电侧用电成本 提供供电质量和可靠的备用电源
	家用储能系统（储能多重利用）	解决可再生能源发电的间接性问题 降低用电侧用电成本 提供供电质量和可靠的备用电源
大规模可再生能源并网领域	可再生能源电量转移和固化输出（可再生能源削峰填谷）	平抑可再生发电出力波动，跟踪计划出力 避免弃风，减少电路阻塞 进行电价管理 在电网负荷尖峰时向电网提供功率支持 减少其他电源的调峰压力和备用电源预留量

　　储能的作用时间是不同于电力系统传统即发即用设备的最主要标志，是储能技术价值最重要的体现，是最主要的技术特征。因此，选取储能作用时间作为技术划分依据则更能有效地把握储能本体技术与应用需求之间的关联，更能明确不同储能本体技术的应用空间，引导储能本体技术及应用技术的发展方向。根据电力系统的需求，将储能的作用时间划分为三类：分钟级以下、分钟至小时级、小时级以上，各时间尺度下的应用场景归类及对储能的技术需求如表 6.3.2 所示。其中，分钟级以下的应用包括提高系统的功率稳定性、支持风电机组低电压穿越、补偿电压跌落等，在这些场合下需要短时间的能量支持，要求储能能够根据系统的变化做出自动、快速的响应，并且具有较大功率的充放电能力，适用的技术包括超级电容器、超导磁储能、飞轮储能等。分钟至小时级的应用包括平滑可再生能源发电、跟踪计划出力、二次调频等。这些应用中，要求储能具有数分钟甚至小时级的持续充放电能力，并可较频繁地转换充放电状态，适用的储能技术主要为电化学储能。小时级以上的应用包括削峰填谷、负荷调整、减少弃风等。在这些应用中，储能以数小时、日或更长时间为动作周期，要求储能具有大规模的能量吞吐能力。应选择易形成可观规模、环境影响较小、经济性好的储能技术，包括抽水蓄能、压缩空气储能、熔融盐蓄热储能和氢储能等。

表 6.3.2　电力系统中的储能技术应用分类

时间尺度	应用场景	运行特点	对储能的技术要求	重要的储能技术
分钟级以下	提高系统的功率稳定性 支持风电机组低电压穿越 补偿电压跌落	运动周期随机 毫秒级响应速度 大功率充放电	高功率 快响应速度 长循环寿命 高功率密度及紧凑型的设备形态	超级电容器 超导磁储能 飞轮储能
分钟至小时级	平滑可再生能源发电 跟踪计划出力 二次调频 提高输配电设施利用率	充放电转换频繁 秒级响应速度 可观的能量	高安全性 较快的响应速度 一定的规模（MW/MW·h 以上） 长循环寿命（万次以上） 便于集成的设备形态	电化学储能
小时级以上	削峰填谷 负荷调整 减少弃风	大规模能量吞吐	高安全性 大规模（100MW/100MW·h 以上） 深充深放（循环寿命 5000 次以上） 资源和环境友好 成本低	抽水蓄能 压缩空气储能 熔融盐蓄热储能 氢储能

　　上述三个时间尺度，电网对储能需求的迫切性和必要性有所不同。

　　对于分钟级以下的应用，储能多用于与现有柔性交流输电系统（FACTS）设备结合，如静止同步补偿器（STATCOM）、统一潮流控制器（UPFC）等，利用有功和无功的双重控制以实现更好的效果。在该类应用中，变流器的控制是研究的重点，储能单元作为辅助元件，应用面较窄。另外，在一些应用中还面临着传统技术的竞争，如电力系统静态稳定器仍是阻尼系统振荡的最经济和有效的方法。

　　在分钟至小时级的应用中，储能用于平衡系统中变化周期在数小时及以内的不平衡功率，这些变化由负荷或可再生能源发电较快速的波动引起。目前我国电网主要通过要求火电、水电等机组保持一定的备用容量（一级备用及二级备用）来应对该时间尺度下系统的不平衡功率。除一定的功率和能量调整能力外，还需要具有较快的响应速度，以维持系统频率的稳定。随着负荷的快速增长及可再生能源发电比例的不断提高，系统面临备用容量不足、经济性降低等问题。储能技术可灵活快速地对系统不平衡功率做出响应，这是其他技术手段难以代替的。

对于小时级以上的应用，储能用于平衡系统中日级乃至季节时间尺度的功率变化。目前，只有抽水蓄能技术实现了该领域的成熟应用，并已成为电网运行的重要组成部分。但受限于地理条件、环境影响、设备成本、技术成熟度等因素，大规模储能在小时级以上的应用具有较大难度，受到较多限制，目前开展需求侧响应技术、增强水电等已有电源的调节能力等是当前可行的一些替代方法。

因此，分钟至小时级的应用将是未来储能利用的主要领域。该尺度下的辅助服务通常具有较高的价值，如二次调频市场。在该类应用中，可充分体现储能的功能和价值，促进储能的规模化发展。从当前储能技术的示范应用来看，也多集中于该时间尺度。

根据适合规模化应用的思想评价要素（电性能、安全性、经济性和工况适应性），并结合美国、日本和中国等国家关于储能技术的规划和技术路线图，电力系统应用重点关注的储能技术如图 6.3.4 所示。其中，锂离子电池应该重点攻关突破，液流电池和铅炭电池应该重点关注并开展相关研究，熔融盐蓄热和氢储能应积极关注并适时切入，钠硫电池和压缩空气储能、飞轮储能、超级电容器及超导磁储能应该跟踪并把握发展动态。实际上，到 2020 年为止，这些储能技术都已经广泛应用于国内外的储能示范项目中。此外，许多目前正处于实验室研究或探索阶段的钠离子电池、液态金属电池、新一代锂离子电池、全固态电池、锂硫电池和金属-空气电池等新技术或将可能成为未来的大规模储能技术。

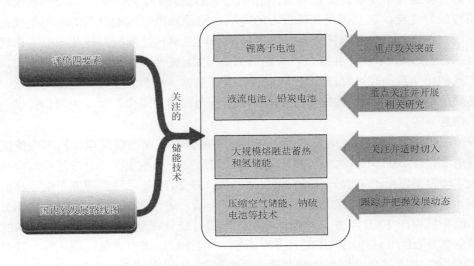

图 6.3.4　电力系统应用重点关注的储能技术

6.3.3　锂离子电池在储能技术中的应用

锂离子电池自 1991 年商业化以来，市场发展十分迅速，已在便携式电子设备、电动工具、电动汽车、通信和航空等多个领域广泛应用。2015～2020 年，我国锂离子电池的产量不断增长。到 2020 年，全国锂离子电池产量 188.45 亿只，同比增长 14.4%。近年来，3C 产品对锂离子电池的需求量稳定增加，以及随着新能源汽车的市场规模逐步扩大和储能电池需求增加，我国锂离子电池规模逐年扩大。随着技术的不断发展及市场不同层面的需要，电池企业需根据不同种类、不同特性的锂离子电池进行完善，配置应用到合理的场景，并不断促进电池技术的迭代升级，推动锂离子电池行业稳健发展。

1. 锂离子电池在交通运输方面的储能应用

现代交通运输主要包括铁路及城轨、道路、水路、航空及管道等方式。交通运输设备是实现交通运输职能的物质载体与保障手段。交通运输设备按照不同运输方式应用领域划分，可以分为铁路设备、道路设备、水路设备、航空设备和管道设备。在全球能源紧张、环境保护呼声不断高涨和实现"双碳"（碳达峰和碳中和）目标的大背景下，空中交通设备、水路交通设备、道路交通设备已经尝试使用储能系统作为动力源，尤其是道路交通领域。我国已将新能源和新能源汽车产业作为战略新兴产业加以重点扶持和发展，因此储能技术在道路交通设备的应用应成为重点，近年来也已得到广泛应用且前景越来越广阔。

电动汽车产业的发展被认为是 21 世纪汽车工业改造和发展的主要方向。电动汽车分为纯电动汽车（BEV）、混合动力汽车（HEV）和燃料电池汽车（FEV）三种。由于电动汽车具有行驶过程中能量转换效率高、无排放（或低排放）、噪声低，以及结构简单、运行费用较低等优点，越来越受到消费者的青睐。储能系统在电动汽车的应用主要为动力电池系统，关键技术包括电池一致性控制技术（电池单体性能的差异和电池工作状态的差异）、成组技术（串联、并联及串并结合）、电池组热管理技术（空气冷却方式、液体冷却方式和相变蓄热式热管理等）、电池箱体设计技术（碰撞安全性、绝缘与防水、通风与散热要求等）、电池管理系统（保障电池使用安全和使用寿命，以及为用户提供电池各种状态信息）等。

锂离子电池是可实用化电池中能量密度最高的体系，是当前纯电动汽车中使用最为普遍的电池。自 2011 年电动汽车商业化以来，在锂离子电池主要细分市场中，电动汽车用电池（动力型锂离子电池）市场快速发展壮大，在 2016 年已达到锂离子电池总需求量的 50%，并在 2015 年第一次超过了消费类电子产品，成为锂离子电池最大的细分市场。据国际能源机构在 2020 年 6 月对全球电动汽车进行统计得出，到 2019 年，全球的电动车已增至 720 万辆（纯电动汽车超过 479 万辆），其中，中国占有量达到 47%。同时，有 9 个国家超过 10 万辆电动汽车的拥有量，至少有 20 个国家的市场份额达到 1%以上。随着电动车（尤其是电动汽车）的进一步推广/普及，全球电动汽车市场对动力锂离子电池的需求量在持续增加。

将动力锂离子电池用于电动汽车中，应具有以下共性要求：

（1）高安全性需求。安全性是所有交通运输工具的基本要求，到目前为止，我国规定，电动汽车电源系统应满足《电动汽车安全要求》（GB 18384—2020），锂离子电池的安全性要满足《电动汽车用电池管理系统技术条件》（QC/T 897—2011）。

（2）高的能量密度要求。高的能量密度是电动车长续航里程和高车载量的前提，目前锂离子电池的能量密度（$200\sim250\text{W}\cdot\text{h}\cdot\text{kg}^{-1}$）也有待进一步提升，低的能量密度也是目前制约电动车发展的一个重要因素。

（3）高的功率密度要求。一般要求功率密度达到 $500\sim4000\text{W}\cdot\text{kg}^{-1}$，个别应用超过 $10\text{kW}\cdot\text{kg}^{-1}$。

（4）长寿命要求。电池的寿命影响电动汽车的使用成本，是影响电动汽车推广的主要因素之一，用户希望电池的寿命最好与整车相同。

（5）使用便捷性要求。便捷性是指电池在使用和维护方面的便携性，要求锂离子电池有良好的充电接受能力，充电时间短，便于维护。另外，电池能够实现深度放电（如80%放电深度）而不影响其使用寿命，在必要时能实现满负荷功率和全放电。

（6）工艺一致性要求。电池的一致性主要通过原材料一致性控制、电池生产线全自动化、生产过程工艺严格控制方面解决。

（7）价格合适。

动力电池系统一般包括电芯、电池模块、电池系统。电池模块中包括多个电芯、电池监控、基本接口、电路接口、封装与结构材料等单元；电池系统中包括多个电池模块、电路接口、电源管理系统、冷却系统、封装与结构材料等。一般而言，电池系统的能量密度是模块能量密度的 70%～80%，模块能量密度是电芯能量密度的 80%～90%。

车用动力锂离子电池分为能量型和功率型。能量型注重能量密度，功率型强调功率密度，前者主要用于纯电动汽车，后者用于插电式与混合动力汽车。到目前为止，能量型锂离子电池的电芯能量密度已经超过 $250\text{W}\cdot\text{h}\cdot\text{kg}^{-1}$，功率密度达到 $1.0\text{kW}\cdot\text{kg}^{-1}$，循环次数达到 1500～2000 次；功率型锂离子电池的电芯能量密度也达到 $200\text{W}\cdot\text{h}\cdot\text{kg}^{-1}$，功率密度达到 $2.5\text{kW}\cdot\text{kg}^{-1}$，循环次数达到 4000～6000 次。

材料体系上，目前动力锂离子电池正极一般选用磷酸铁锂材料、锰酸锂材料、三元（镍钴锰和镍钴铝）正极材料；负极材料多选用人造石墨和软碳材料等；隔膜采用改性聚烯烃隔膜（增加电池安全性和功率特性）。电极设计上一般采用较小颗粒的电极材料和薄层电极。

为了追求高功率特性，要求电极材料的动力学特性好，耐受大电流的能力强，电池的热稳定性、化学稳定性、电化学稳定性高，极柱的过流能力强，电池散热好。

电池成组还包括散热材料、冷却管、密封材料、模组封装材料、传感器；电池系统还包括电源管理系统、储能能量管理与监控系统。

到目前为止，国内外一些车企在不同的车型中使用了不同正极材料制备的锂离子电池用于电动汽车中。表 6.3.3 列举了近年来一些代表性纯电动汽车中使用的锂离子电池的基本情况。

表 6.3.3　代表性纯电动汽车基本概况及其锂离子电池类型

车型	尺寸 (长×宽×高)/mm	材料体系	电池厂家	电芯能量 密度/ (W·h·kg⁻¹)	百公里耗电 量/(kW·h⁻¹)	行驶里程 (工况 法)/km	最大车速/ (km·h⁻¹)
荣威 E50	—	磷酸铁锂	A123 系统 公司	76.0*	12.9	140	120
荣威 CSA6456BEV1	4554×1855×1686	三元	宁德时代 公司	201.48/135*	15.0	320	130
比亚迪 BYD7003BEV	4360×1785×1680	三元	比亚迪 公司	182.5/140*	13.7	305	101
北汽 BJ7001U5E2-BEV	4480×1837×1673	三元	宁德时代 公司	205.1/146.1*	16.2	415	150
特斯拉 TSLRoadster	—	钴酸锂	松下公司	120*	13.6	390	200
特斯拉 TSL7000BEVBR0	4480×1837×1673	三元	LG 化学 （南京）	273.26/161*	12.8	668	180
特斯拉 TSL6480BEVBA5	4750×1921×1624	三元	—	—	13.6	640	217
红旗 CA6520H0EVXH	5209×2010×1731	三元	—	206.0*	18.0	690	200
比亚迪 E6	—	磷酸铁锂	比亚迪 公司	86.8	21.1	300	140
比亚迪 BYD6490SBEV7	4900×1950×1725	磷酸铁锂 刀片电池	比亚迪 公司	150*	15.9	700	180
特斯拉 TSL6480BEVAR1	4750×1921×1624	磷酸铁锂	宁德时代 公司	126*	12.7	545	217
安凯 HFF6100E9EV21@	10450×2550×3250	磷酸铁锂	宁德时代 公司	161.27*	4.19#	835#	69

*系统能量密度；@城市客车；#等速法。

值得指出的是，近年来，磷酸铁锂和三元锂离子电池都常用于纯电动汽车中，而锰酸锂动力电池由于能量密度和循环性能相对较低，逐渐淡出了纯电动汽车市场。另外，由于比亚迪公司 2020 年成功推出磷酸铁锂刀片电池，磷酸铁锂电池相对于三元锂离子电池，表现出更高安全性和更长寿命的核心优势，同时，该电池系统的质量和体积能量密度也得到较大提升，推动了磷酸铁锂电池在电动汽车的进一步广泛应用。在《新能源汽车推广应用推荐车型目录（2021 年第 7 批）》中，新发布的 185 款车型中，仅有 31 款车型配套三元电池，占比 16.76%，149 款车型配套磷酸铁锂电池，占比高达 80.54%，其中，客车与货车基本上全部配套磷酸铁锂电池。

2. 锂离子电池在电力系统中的储能应用

由于锂离子电池响应时间快、能量和功率密度高、能量效率高，能够满足电力调峰调频、削峰填谷、平滑功率曲线等不同场景的应用需求，已成为目前电力系统储能最为关注的储能技术之一。实际上，锂离子电池储能技术从 2008 年开始就已经应用于电力系统领域。在应用早期阶段，美国处于领先位置。例如，美国 A123 系统公司（现在已被中国万向集团收购）于 2008 年就成功开发出 H-APU 柜式磷酸铁锂电池储能系统，主要用于电网频率控制、系统备用、电网扩容、系统稳定、新能源接入等的服务。同年 11 月，该公司联合 GE 公司，与美国 AES Gener 公司合作，于 2009 年在宾夕法尼亚州实施了 2MW 的 H-APU 柜式磷酸铁锂电池储能系统接入电网；接着，该公司为 AES Gener 在智利的阿塔卡马沙漠的 LosAndes 变电站提供了 12MW 的电池储能系统，并投入商业运行，主要用于调频和系统备用；2010 年，A123 系统公司将继续向 AES Gener 公司提供 44MW 的电池储能系统。南加利福尼亚州爱迪生电力公司（Southern California Edison）于 2009 年 8 月投资 6 千万美元（其中 2.5 千万美元由美国能源局补贴），利用 A123 系统公司的设备建设当时世界上最大的锂离子电站（32MW·h）。在美国采用锂离子电池用于规模储能的同时，其他国家也随即跟进。2009 年，韩国三星公司生产的锂离子电池也已经安装在济州岛智能电网示范工程几个试点中。随后，三星公司还建立一个 600kW/150kW·h 储能系统用于电网稳定和快速充电站，并于 2010 年 11 月开始运营。2011 年，三星公司还完成了一个 800kW/200kW·h 系统用于风电平滑和移峰输出。我国也是锂离子生产大国，以比亚迪公司为代表的电池企业十分注重锂离子电池储能的电力应用技术。2008 年，比亚迪公司开发出基于磷酸铁锂电池储能技术的 200kW×4h 柜式储能电站，并于 2009 年 7 月在深圳建成我国第 1 座 1MW×4h 磷酸铁锂离子电池储能电站，成功应用于削峰填谷和新能源的灵活接入。2011 年，国家电网有限公司在张北投资建设了集风力发电、光伏发电、储能电站、智能变电站一体化的"风光储输示范工程"。该系统中风力发电 100MW，光伏发电 40MW，储能 20MW。在该示范项目中，安装了磷酸铁锂储能装置 14MW（共 63MW·h）。整套磷酸铁锂装置共安装电池单体 27.456 万节。同年 10 月，中国电力科学研究院与国网福建省电力有限公司电力科学研究院合作研制开发移动式储能电站样机，这是国内首套接入配电网末端的、将有效提高配供电能力的、功率最大的移动式储能电站。2012 年 6 月，该移动式储能电站在福建安溪投入使用。2012 年 8 月，辽宁锦州塘坊储能型风电场 5MW×2h 锂离子电池储能系统示范项目开始正式启动。

近年来，随着国家产业政策的全面出台，给储能系统创造了巨大的市场发展空间，"十三五"期间进入了产业的快速发展时期，锂离子电池用于规模储能的发展势头更为迅猛。根据《储能产业研究白皮书 2022》，截至 2021 年底，全球新型储能的累计装机规模为 25.4GW·h，同比增长 67.7%，其中，锂离子电池占据绝对主导地位，市场份额超过 90%。中国电化学储能的累计装机规模为 2.4GW/4.9GW·h，其中锂离子电池的装机规模达到 89.7%。从电化学储能项目的应用而言，目前锂离子电池计划占据了垄断地位。表 6.3.4 列举了 2018~2020 年内锂离子电池储能技术在我国电力能源的发电侧、用户侧和电网侧的一些典型应用案例。

表 6.3.4　锂离子电池储能技术在电力系统中的应用典型案例

年份	地点	规模	应用场景	储能技术的主要作用
2018	西藏乃东	20MW/5MW·h	发电侧	光伏发电并网
2018	江苏苏州	2MW/10MW·h	用户侧	缓解电网夏季用电高峰压力，参与电网需求响应，为苏州协鑫光伏科技有限公司提供应急电源，提高供电可靠性
2018	广东深圳	5MW/10MW·h	电网侧	缓解电网建设困难区域的供电受限，提高供电可靠性、安全性

年份	地点	规模	应用场景	储能技术的主要作用
2019	青海共和县、乌兰县	55MW/110MW·h	发电侧	满足电站调频需求，进一步提升电网友好性，增加电站收入
2019	江苏江阴	17MW/38.7MW·h	用户侧	进行容量费用管理，降低企业的最高用电功率；为企业稳定供电，降低用能成本
2019	湖南长沙㮾梨	60MW/120MW·h	电网侧	缓解长沙局部地区高峰期供电压力，提升新能源供电稳定性
2020	广东佛山	20MW/10MW·h	发电侧	增强电网调度灵活性、支撑电网安全稳定运行
2020	广东广州	2MW/4MW·h	用户侧	调峰，进一步提高电网运行灵活性，提升区域供电可靠性
2020	福建晋江	30MW/108MW·h	电网侧	调峰，进一步提高电网运行灵活性，提升区域供电可靠性

从以上分析可以看出，在电力系统中，锂离子电池的应用场景包括发电侧、用户侧和电网侧，应用模式主要有各种类型的储能电站、备用/应急电源车及多种储能装置。在发电侧，锂离子电池储能技术的应用主要有风/光储能电站、自动发电控制（AGC）调频电站等；在用户侧，主要有光储充一体化电站、应急电源等；在电网侧，主要有变电站、调峰/调频电站等。不同的应用模式对锂离子电池性能的要求不同，一般锂离子储能电池应用于调峰、光伏储能时，采用能够较长时间充放电的容量型电池；用于调频或平滑新能源波动时，采用能够快速充放电的功率型电池；在既需要调频又需要调峰时，则采用能量型电池。另外，值得指出的是，锂离子电池用于储能电池时，主要需要提高电池的安全性和寿命及降低其成本。寿命、安全性和成本在很大程度上取决于其电极材料体系的选择和匹配。因此，进一步研制出长寿命、高安全、低成本的材料体系是当前和今后锂离子储能电池的重要技术方向。更为重要的是，研究表明，在优先确保安全条件下，车用动力电池使用之后可以进一步应用于储能电池，实现梯级利用。动力电池在储能系统中的再利用，会显著降低储能电池的成本。储能电站大规模锂离子电池的广泛使用，对最终的电池回收也提供了便利条件。因此，从锂的资源上解除了顾虑，并形成完整的产业链。

锂离子电池除了在交通运输和电力系统中的储能应用外，其模块化特点及集装箱的形式可以方便地实现从百瓦时级到百兆瓦时级的应用，而且既可以固定也可以移动，这使得锂离子电池也可以满足多种工业和家庭用储能的需求。

6.4 锂离子电池技术的发展方向和展望

随着消费电子、电动工具、交通工具、基于太阳能与风能的分散式电源供给系统、电网调峰、储备电源、绿色建筑、便携式医疗电子设备、工业控制、航空航天、机器人、国家安全等领域的飞速发展，迫切需要具有更高能量密度、更高功率密度、更长寿命的可充放储能器件。未来还将出现透明电池、柔性电池、微小型植入电池、耐受宽温度范围、各种环境的各类电池。无线充电技术、自充电技术或许将成为标配。各类不同的应用对电池的各方面性能要求不尽相同，需要有针对性地开发适合的电池体系。电池的能量和功率密度是最受关注的性能参数。与其他商业化的可充放电池比较,锂离子电池具有能量密度高、能量效率高、循环寿命长、无记忆效应、快速放电、自放电率低、工作温度范围宽和安全可靠等优点,因而成为世界各国科学家努力研究的重要方向。如今的小型商品锂离子电池的电芯能量密度可达到 $250W \cdot h \cdot kg^{-1}$ 以上,但还不能满足日益增长的不同产品的要求。例如,为了提高纯电动车及混合动力汽车电力驱动部分的续航里程,日本“新能源和工业技术发展组织”(NEDO)在 2008 年就制定了目标,希望在 2030 年将电池的能量密度提高到 $500W \cdot h \cdot kg^{-1}$,继而实现 $700W \cdot h \cdot kg^{-1}$ 的目标,以便在车载电池质量合适的条件下,达到或接近汽车、柴油车一次加油的行驶里程。

锂离子电池具有能量密度高的优点,实际上,由于同时需要考虑电池的功率、循环性、安全性、自放电和成本等因素,没有一种锂离子电池能同时满足所有技术的指标要求。可以通过选择多种材料,并通过调控材料的结构和形貌,控制电极与电池的结构,使电池某些性能指标突出。

提高电池的能量密度,首先要提高电池体系的理论能量密度。当正负极材料的化学组成和结构确定后,在规定的放电深度下,电池体系的理论能量密度就已经确定,可以通过能斯特方程计算获得。对于锂离子电池而言,提高能量密度的技术途径主要是在确保电池安全的前提下,提高正极材料的充放电可逆比容量和平均放电电压,提高负极材料的储锂可逆比容量及降低充电电压,并减少非活性物质(电解质、隔膜、黏结剂、导电剂、集流体等)在电池中的占比。目前,高能量密度锂离子电池的主要发展方向如下。

1. 高比容量 LiCoO₂

高比容量 $LiCoO_2$ 的目标比容量是 $220 \sim 240mA \cdot h \cdot g^{-1}$,相当于 $80\% \sim 87\%$(质量分数)的锂离子和电子从层状的 $LiCoO_2$ 中脱出,同时保持材料的结构稳定性、热稳定性、循环稳定性和高倍率性能。目前的改性方法通常是通过在锂位、钴位共掺杂,以及在材料表面包覆化学和电化学性质稳定的材料,防止氧的析出和电解液与处于高氧化状态下的固体氧化物之间的(电)化学反应。由于在商用的正极材料中,$LiCoO_2$ 具有最高的振实密度和压实密度,因此,$LiCoO_2$ 材料具有最高的体积能量密度(目前可达 $700W \cdot h \cdot L^{-1}$),这也正是满足消费电子用锂离子电池的长续航时间和高体积能量密度的要求。

2. 高电压正极材料

高电压正极材料的最重要的方向是发展尖晶石 $LiNi_{0.5}Mn_{1.5}O_4$ 材料,该材料的平均放电电压为 4.7V,可逆比容量一般可以达到 $130 \sim 140mA \cdot h \cdot g^{-1}$。由于该材料相对易于合成,不含较贵的 Co 元素,单位能量密度需要的锂的物质的量最低,非常有应用价值。但该类材料发展的关键是要开发出能在高电压环境下工作的电解质、黏结剂、集流体、导电添加剂材料。

3. 富镍基正极材料

富镍基正极材料一般是指三元材料中镍的摩尔分数高于60%的材料,特别是NCM811类、NCA 类和高镍无钴类三元正极材料。目前该类材料的可逆比容量已经达到

$200mA \cdot h \cdot g^{-1}$，还有一定的发展空间。该类材料的问题是空气敏感，需要干燥的生产线。目前，已经通过多种掺杂技术和表面修饰技术，使其可以兼容现有的多数生产线，降低制造工艺对环境湿度的要求。

4. 富锂富锰基正极材料

首先，该类材料的可逆比容量可以达到 $300mA \cdot h \cdot g^{-1}$，但充放电电压范围宽，对多数应用来讲，有效的比容量并不高；其次，该类材料由于 Mn^{4+} 在放电过程中还原，在循环过程中电压逐渐衰减；最后，该类材料电子电导率较低，脱嵌锂过程中伴随过渡金属元素的迁移，导致倍率性能较差。目前，通过改性电解质、表面修饰、梯度材料设计、掺杂等技术，很大程度地提高了这类材料的综合性能，但是存在的这些问题还没有得到完全解决，离商业化应用还有一定距离。

5. 高电压聚阴离子型化合物——磷酸钒锂和磷酸锰锂

单斜磷酸钒锂$[Li_3V_2(PO_4)_3]$具有较高的工作电压（$3.0 \sim 4.8V$，平均放电电压平台达到$4.0V$）及优良的热稳定性，理论比容量高达 $197mA \cdot h \cdot g^{-1}$；橄榄石型结构的磷酸锰锂（$LiMnPO_4$）具有较高的放电电压$[4.0V(vs. Li^+/Li)]$，理论比容量达到 $170mA \cdot h \cdot g^{-1}$。这两种正极材料具有很好的应用前景。然而，其电子导电性和锂离子扩散系数较低，限制了其规模应用。目前，采用不同制备方法和改性方法（掺杂、包覆、组成梯度设计等），调控材料的粒径、形貌、晶相、碳含量及设计耐高压电解质，改善材料的综合电化学性能，成为近年来的研究热点。

对提高负极材料比容量而言，石墨负极材料的比容量已经接近理论比容量，下一步公认的发展方向是硅基负极材料。硅基负极材料嵌锂后体积会发生膨胀，膨胀的比例与嵌锂的量成正比，锂离子电芯不能承受较大的体积变化，因此硅负极材料的理论比容量无法全部利用。目前大多数将少量的纳米硅碳复合材料、碳包覆氧化亚硅材料、硅合金材料与现有石墨负极材料混合使用，复合后的比容量一般为 $450 \sim 800mA \cdot h \cdot g^{-1}$。目前，主要需要解决这类材料的界面副反应和各向异性造成的体积膨胀等问题，其中，采用新型电解液添加剂和高强度黏结剂等技术对改善硅基负极材料的综合性能是非常有效的策略。

自 20 世纪 90 年代以来，EC 基电解液体系不错的抗氧化能力（约 4.3V）及与石墨负极良好的匹配性能奠定了目前商用锂离子电池大规模应用的基础。但随着近年来人们对电动汽车行车里程等的进一步渴求，该体系（石墨负极-EC 基电解液-NCM/LCO/LFP 正极）已经渐渐不能满足人们的期望。无论是开发更高电压体系的新型电池体系，还是基于目前的正负极材料构建更高电压、更高能量密度的电池，电解液较窄的电压窗口已经成为限制下一代高能量密度锂离子电池进一步发展的关键。因此，采用和开发更安全的氟代碳酸酯、其他耐高压溶剂、新型锂盐和/或离子液体，进而开发新型高电压电池体系或在目前的体系基础上进一步提升充电截止电势进而提高电池的能量密度，正成为高能量密度锂离子电池的研究重点。

在提高了电池的能量密度后，电池的安全性问题更为突出，耐受高电压和高温的陶瓷复合隔膜，能够降低内阻的涂碳铝箔、合金强化的铜箔、石墨烯、碳纳米管导电添加剂将逐步进入锂离子电池的电芯中。此外，锂离子电池电芯外的相转变吸热阻燃涂层材料，各种水冷、空冷等散热设计对提高电池安全性也具有非常重要的作用。

除了发展基于传统材料的高性能锂离子电池以外，以金属锂为负极，O_2、S 和 CO_2 等多电子反应为正极的可充放锂电池（在第 7 章介绍），由于理论能量密度高（图 6.4.1），具有很大的发展潜力。然而，这些电池体系，无论从科学还是技术方面来看，目前都还很不成熟，是追求的终极目标之一。从目前的研究进展看，在中短期内，Li-S 电池可获得较高的实际质量能量密度，非常具有竞争力。除此之外，基于锂金属的全固态电池也是一个热门的研究方向。

当然，除了提高锂离子电池的能量密度外，通过优化电池设计、优化生产工艺、加强制备过程中的产品质量检测等策略，进而提高锂离子电池的一致性、确保电池产品的安全性及降低电池的价格，也是今后需要重点关注的方向。

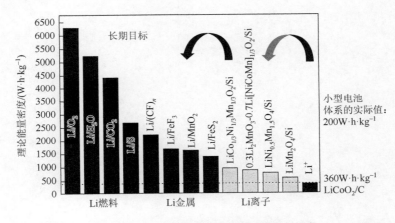

图 6.4.1　可充放电锂电池的可能发展体系

随着今后各种瓶颈技术的突破，产业链的逐步成熟和完善及动力锂离子电池的梯级利用、高效回收、能源互联网等技术的发展，锂离子电池在今后的储能领域将会得到更广泛的应用。同时，锂离子电池技术的不断进步和发展，也会提高可再生能源的利用率水平，促进能源互联网的发展及"双碳"目标的实现。据《中国电力行业发展报告 2022》发布的数据，到 2021 年 6 月，我国风能发电平均利用率达到 96.4%，较 2018 年相比提高了 3.4 个百分点；光伏发电平均利用率达到 97.9%，较 2018 年提高 0.9 个百分点。

习题与思考题

1. 简述单个电池的主要组成部分及其作用。
2. 电极电势是如何产生的？在实际电池中有哪些作用？如何理解电池的极化？
3. 容量、能量和功率分别表征电池哪些方面的性能？
4. 影响电池实际能量密度的重要因素有哪些？如何有效提高电池的实际能量密度？

5. 结合课本并查阅相关资料，简述锂离子电池的种类、生产过程及优缺点。

6. 结合课本并查阅相关资料，简述锂离子电池常用正极材料的优缺点及未来的发展方向。

7. 结合课本并查阅相关资料，简述锂离子电池用的硅基负极材料的优缺点，并举例阐述改善硅基负极材料的方法和策略。

8. 结合课本并查阅相关资料，简述液体电解质、高盐浓度电解质、凝胶电解质、固体电解质在锂离子导电机理上的差别。

9. 锂离子电池可能存在哪些安全问题？如何辩证地看待使用锂离子电池带来的一些负面效应？

10. 基于智能电网储能的发展要求，谈谈锂离子电池在智能电网中的应用前景。

11. 查阅相关资料，简述近 5 年来锂离子电池应用于电动汽车的发展趋势。

第7章 新型电池技术

7.1 新型电池概述

目前已开发和应用的电池种类非常多，根据其技术特点，适用于不同的应用场景。锂离子电池由于能量密度高和充放电寿命长等优势，一经问世，就在消费电子领域得到了广泛应用，并进入交通领域，成为支撑新能源汽车发展的支柱技术。然而，锂离子电池技术目前也存在一些问题，包括：①成本高，安全性需进一步提升；②低温及过充/过放性能差，充电时间长；③比能量低，续航不足等。另外，随着可再生能源技术如风能、太阳能等的快速发展，迫切需要发展新的电池技术实现高效、低成本的能源存储。本章将主要介绍目前研究较为关注的新型电池技术，包括锂硫（Li-S）电池、锂氧（Li-O$_2$）电池、锌-空气电池和钠离子电池（SIB）。

1. 锂硫电池

锂硫电池以硫为正极材料，锂金属为负极材料。硫的理论比容量高达 1672mA·h·g^{-1}，锂金属的理论比容量为 3861mA·h·g^{-1}，锂硫电池在放电过程中的平均电池电压为 2.15V，因此，其理论质量能量密度为 2510W·h kg^{-1}。硫是地壳中含量第 10 位的元素，资源丰富、成本低。在过去的十年里，锂硫电池在实验室取得了很大的进展，循环寿命从 50 次增加到 1000 次，然而，锂硫电池面向实际应用还存在诸多挑战，包括锂金属负极安全性、多硫化物穿梭、电解质消耗等。

2. 锂氧电池

锂氧电池以氧气为正极材料，锂金属为负极材料。锂氧电池由于高的理论比能量（约 3500W·h·kg^{-1}），远远超过了锂离子电池，近年来引起了广泛的关注。锂氧电池不同于锂离子电池，其通过氧分子和锂离子之间的可逆转换化学作用进行工作，不需要过渡金属或嵌入框架。氧分子和锂离子之间的转化反应比在锂离子电池中进行的插层反应每单位质量可以存储更多的电荷。此外，氧气具有成本低且环保的特点，使得锂氧电池作为未来的储能设备更具有吸引力。目前锂氧电池面临的问题主要是电解质的降解和空气电极的不稳定性导致的短能量效率和短循环寿命。

3. 锌-空气电池

锌-空气电池是以空气中的氧气为正极活性物质，金属锌为负极活性物质的一种清洁的能源转换和存储装置，具有成本低、安全性好、能量密度高等优点，在电动汽车、便携式电源及大型储能方面具有广阔应用前景，是发展绿色清洁能源的重要技术方向。锌-空气电池在充放电过程中空气电极发生的氧析出反应（OER）和氧还原反应（ORR）相对于负极锌更难进行，氧气在水中溶解度低，在空气电极表面吸附困难，且氧-氧键能很大（498kJ·mol^{-1}），很难断裂，从而造成正极动力学过程相对缓慢，是制约锌-空气电池性能的主要瓶颈。

4. 钠离子电池

钠离子电池（SIB）以钠离子嵌入化合物作为正极材料，以硬碳或软碳为负极材料，其工作原理与锂离子电池相似。钠离子电池的能量密度大于 100W·h·kg^{-1}，可与磷酸铁锂电池相媲美，且钠在地壳中储量高达 2.36%，资源丰富，成本低廉，具备大规模应用的潜力。此外，钠离子电池充电速度快、安全性高、高低温性能优异。目前，钠离子电池技术尚不成熟，其主要问题是钠离子的半径相对较大，在材料中嵌入、脱嵌时容易导致电极材料体积膨胀、材料破碎、嵌入的钠离子不易脱出，导致其能量密度较低且循环寿命较短。寻找合适的钠离子电池电极材料是钠离子储能电池实现实际应用的关键。

7.2　锂　硫　电　池

7.2.1　锂硫电池的原理和结构

Li-S 电池是采用硫或者含硫化合物作为正极，金属锂或储锂材料作为负极的一类新型化学电池。Li-S 电池结构与目前的锂离子电池较为类似，主要由金属锂负极、隔膜、电解液、硫基复合材料正极、集流体和外壳构成，其中电解液通常使用有机醚类电解液。Li-S 电池的工作原理与商业化的锂离子电池有很大不同，简单来讲是依靠 S—S 键的断裂和生成来转化电能与化学能。

Li-S 电池的充放电过程包括多步骤氧化还原反应和硫化物的复杂相转变过程。在放电过程中，负极锂在放电时失去电子发生氧化反应形成锂离子。正极的固相单质硫 S_8 首先溶解在醚类电解液中形成液相单质硫 S_8，然后得到电子发生还原反应形成中间产物 S_{8-n}（$4 \leqslant n \leqslant 8$），并继续与锂离子结合生成易溶于电解液的长链多硫化锂。长链多硫化锂进一步被还原为低价态多硫化物离子 S_2^{2-} 和 S^{2-}，最终与锂离子反应生成在电解液中溶解度极低的 Li_2S_2 和 Li_2S。充电为以上的逆反应过程。可见，Li-S 电池充放电过程经历了固相—液相—固相的复杂相转变过程。Li-S 电池的放电正极反应、负极反应和总反应可依次简化为

$$S + 2e^- + 2Li^+ \Longrightarrow Li_2S \qquad\qquad (7.2.1)$$

$$2Li \Longrightarrow 2Li^+ + 2e^- \qquad\qquad (7.2.2)$$

$$2\text{Li} + \text{S} \Longleftrightarrow \text{Li}_2\text{S} \qquad\qquad (7.2.3)$$

从式（7.2.1）~式（7.2.3）可见，正极单质硫发生的是两电子反应，如果完全转化为 Li_2S，其理论放电比容量可达 1675mA·h·g^{-1}。在图 7.2.1 中出现两个放电平台，由单质硫形成 Li_2S_4 的过程产生了一个在 2.3V 左右的放电平台，贡献了约 25%的理论比容量（419mA·h·g^{-1}）。中长链多硫化物进一步转化为固体 Li_2S_2 和 Li_2S 的过程产生另一个放电平台（2.1V 附近），放电比容量约 1256mA·h·g^{-1}。由于锂的理论比容量为 3861mA·h·g^{-1}，因此理论上 1.0g 硫参与反应只需要 0.434g 锂与之匹配。基于上述电化学反应和放电平台电压，可计算得到 Li-S 电池的理论比能量达到 2500W·h·kg^{-1}。

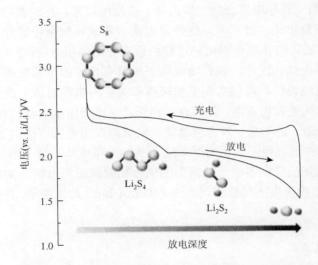

图 7.2.1　锂硫电池的充放电曲线与充放电过程反应产物

需要特别指出的是，多硫化锂的反应特性使得 Li-S 电池中存在一种特殊的扩散效应：硫正极生成的长链多硫化锂由于浓度梯度的存在，向金属锂负极扩散并与其发生反应，生成 Li_2S_2、Li_2S 及短链多硫化锂。Li_2S 和 Li_2S_2 会进一步与后续扩散到负极表面的长链多硫化锂发生反应，继续生成短链多硫化锂，这些短链多硫化锂会由于浓度梯度再次扩散回硫正极，被氧化成长链多硫化锂。这种多硫化锂在电池正负极间的迁移现象被称为"穿梭效应"。

7.2.2　正极材料

1. 碳载体硫正极

碳载体硫正极是解决 Li-S 电池问题的合适选择，因为碳载体的电导率高，可以有效提高硫的利用效率。此外，碳载体与硫分子之间的吸附力可以抑制多硫化物的穿梭现象。

在碳载体中，多孔碳材料被认为是负载硫最有效的基质材料。当硫分子渗入多孔碳的孔隙中时，这些多孔碳基体不仅可以阻止活性材料离开正极侧，而且碳网络可以促进复合材料中锂离子和电子的运动。研究发现，不同尺寸的孔隙对 Li-S 电池的性能有不同的影响。例如，多孔碳中尺寸较小的孔（微孔、中孔）可以作为硫分子的容器，从而使 Li-S 电池具有稳定的循环性能。多孔碳中较大尺寸的孔（中孔、大孔）可以作为电解质的通道，从而大大提高 Li-S 电池的倍率性能。因此，多孔碳材料研究在过去几年中受到了极大的关注。

2. 聚合物载硫正极

自从 1970 年第一种导电聚合物（聚乙炔）被发现以来，在过去的几十年里，一系列的导电聚合物被开发出来。近年来，这些导电聚合物被研究用作硫分子的载体材料。研究发现，导电聚合物可以在电化学循环过程中适应硫的体积效应，抑制多硫化物的溶解，提高复合电极的导电性。因此，聚合物载硫正极具有良好的可塑性和柔性，能够适应各种形状和尺寸的电池设计，可以实现更加轻薄和灵活的电池组装。此外，聚合物载硫正极还具有优异的耐久性和稳定性，能够在高电压、高电流密度下保持良好的电化学性能，延长电池的使用寿命。近年来，聚合物载硫正极材料在电池领域得到了广泛关注和研究。例如，湖南大学黄林副教授团队利用聚苯胺（PANI）和聚苯乙烯（PS）作为前驱体材料，通过原位聚合和硫黄反应制备出一种新型的聚合物载硫正极材料。实验结果表明，该正极材料在 $0.1C$ 的电流密度下能够实现高达 $1400mA\cdot h\cdot g^{-1}$ 的比容量，并具有优异的循环稳定性和倍率性能。

3. 氧化物载硫正极

氧化物材料也被广泛研究用于硫正极，可作为吸收剂或载体材料来限制硫。其具有以下优点：①增强电化学反应活性：硫的电化学反应活性较低，但是通过与高活性的氧化物载体相结合，可以显著提高其反应活性，从而提高电池的性能表现；②增加电池能量密度：氧化物载硫正极的设计可以使其具有更高的比容量和比能量密度，从而可以提高 Li-S 电池的总体能量密度；③提高循环稳定性：硫的电化学反应会导致 Li-S 电池的容量衰减和循环不稳定性，因此氧化物载硫正极的设计可以通过固定硫的化学反应路径提高电池的循环稳定性；④减少极化和电阻：由于氧化物载体的高导电性和高电化学活性，可以减少电池的极化和电阻，从而提高电池的效率和性能。例如，研究者设计了一种硫-TiO_2 核-壳结构，内部空隙适应硫的体积效应、抑制多硫化物溶解（图 7.2.2）。透射电子显微镜（TEM）图像显示，完整的 TiO_2 球直径约 800nm，壳层厚约 15nm。这种完整的 TiO_2 壳有效减少多硫化物溶解，TiO_2 壳与硫核之间的空隙承受硫的体积膨胀，避免电化学循环过程中破坏。此外，TiO_2 的亲水性 Ti-O 基团和表面羟基可与多硫化物结合，限制多硫化物溶解。因此，硫-TiO_2 核-壳电极表现出优异的稳定循环性能，在 $0.5C$ 下超过 1000 次电化学循环；倍率性能出色，在 $2.0C$ 下仍保持 $630mA\cdot h\cdot g^{-1}$ 高可逆比容量，证明了核-壳纳米结构良好的电子导电性。

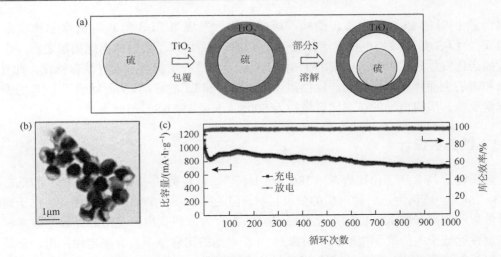

图 7.2.2　（a）硫-TiO$_2$ 核-壳结构合成过程示意图；（b）硫-TiO$_2$ 核-壳结构的 TEM 图像；（c）硫-TiO$_2$ 核-壳材料在 0.5C 倍率下的循环性能图

4. Li$_2$S 正极

近年来，在 Li-S 电池中使用硫化锂（Li$_2$S）作为正极材料已被证明是克服 Li-S 电池安全问题的有效选择。当使用 Li$_2$S 作为正极材料时，锂电池中使用的传统锂负极可以被 Si、Ge 或 Sn 等无锂负极替代，从而有效避免了枝晶锂带来的安全问题。Li$_2$S 的理论比容量为 1166mA·h·g^{-1}，这也是传统正极材料的数倍。然而，由于微米级 Li$_2$S 的电子电导率和离子电导率较低，需要较大的过电势（约 1V）来激活活性材料。此外，当 Li$_2$S 用作 Li-S 电池的正极材料时，会出现与传统 Li-S 电池类似的穿梭现象。研究发现，用含有 P$_2$S$_5$ 的电解质有效活化的块状 Li$_2$S 颗粒可以直接用作 Li-S 电池的正极材料（图 7.2.3）。P$_2$S$_5$ 与 Li$_2$S 颗粒之间的相互作用可以降低电池的电阻，增强 Li$_2$S 的表面氧化反应，从而降低初始充电过程的电压平台。通过研究在常规四（乙二醇）二甲醚（TEGDME）电解液中

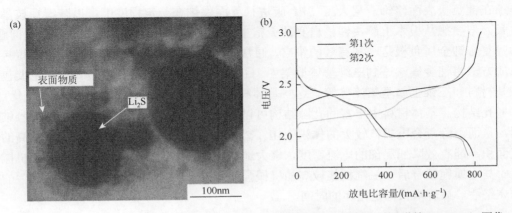

图 7.2.3　（a）Li$_2$S 和 P$_2$S$_5$ 摩尔比为 5∶1 的单个 Li$_2$S 颗粒的扫描透射电子显微镜（STEM）图像；（b）P$_2$S$_5$ 活化的 Li$_2$S 在 0.1C 下的充放电曲线图

不同含量 P_2S_5 的 Li_2S 的形态、结构和组成变化，发现当 Li_2S 和 P_2S_5 的摩尔比设定为 7 : 1 时，Li_2S 最有效的电化学活化发生在 Li_2S 表面形成厚的固体电解质层之前。当最有效的活化发生时，P_2S_5 活化碳/微尺寸 Li_2S 形成的核心结构可以很好地保持住。此外，含硫和磷的表面物质可以充当活性位点以促进电子和 Li^+ 的移动，从而增强了 Li_2S 的表面电化学反应。所得电池的可逆比容量约为 $800mA \cdot h \cdot g^{-1}$（$Li_2S$）。

7.2.3　锂负极设计

金属锂片具有高理论比容量（$3861mA \cdot h \cdot g^{-1}$）、低电势 [$-3.04V$（$vs.SHE$）] 和低密度（$0.53g \cdot cm^{-3}$），被认为是一种理想的负极材料。但是在 Li-S 电池的实际使用中，由于锂的化学性质和锂离子在其表面的电化学脱出、沉积行为，锂负极表现出的充放电效率和循环稳定性远低于人们的期望值。锂负极对 Li-S 电池的比容量不具有决定性作用，但是对锂负极材料进行改进，解决由锂负极引起的电池极化、锂损失和锂枝晶等问题，对提高电池的充放电效率和循环性能有重要意义。

1. 界面保护

在金属锂与电解液接触的表面修饰一层物理薄膜来保护锂金属是一种比较直接且应用广泛的手段。根据界面保护层的性质，大致可以分为无机化合物保护层和有机聚合物保护层两大类。其中，无机化合物保护层一般为硬质材料，具有很高的机械强度，可以有效抵挡锂枝晶的穿刺。2014 年，研究人员采用硬模板法在锂金属负极的表面修饰了一层由中空非晶态碳纳米球相互连接组成的保护层，这层薄的非晶态碳层具有约为 200 GPa 的杨氏模量，不仅能很好地抑制锂枝晶的生长，而且有助于在电极的上表面形成稳定的固体电解质膜。而有机聚合物层通常具有很高的化学稳定性和良好的机械柔韧性，可以保护锂金属免受电解液的侵蚀和较好地适应电极体在充放电过程中的体积变化，是另一种理想的人工保护层。

2. 构建复合锂金属负极

在锂负极表面修饰一层人工 SEI 膜进行界面保护在一定程度上可以减缓锂枝晶的生长，但要想从根本上解决锂箔自身的无宿主特性而导致其在循环过程中的粉化问题，构建复合锂金属负极是一种有效的策略，通常的做法是采用电沉积、熔融灌注或直接压入的方法将锂金属渗透到三维基体框架中。目前研究得比较多的三维基体材料主要包括碳基材料和三维金属基集流体等。这些基体材料使复合锂金属负极具备以下几个优点：①多孔结构。基体材料中丰富的孔隙结构可以为金属锂的沉积和剥离提供足够的容纳空间，从而消除复合电极体较大的体积变化。②高比表面积。三维框架一般具有很高的比表面积，能有效降低局部的电流密度，极大地减缓锂枝晶的生长速度。③较高的机械强度。与金属锂耦合后，三维框架较高的机械强度有助于维持复合电极在循环过程中的结构完整性，显著增长稳定循环的时间。

3. 电解液添加剂

由于锂金属具有极高的活泼性，与电解液之间会自发地进行化学反应在其表面生成一层 SEI 薄膜，因此通过选择适当的添加剂加入液态电解液中调节 SEI 的组分和物理化学特性，也是一种提高锂金属负极电化学稳定性的有效策略。$LiNO_3$ 是目前在锂硫电池中最常使用的电解液添加剂，它的作用原理就是作为一种高效的氧化剂，能与锂金属和电解液发生反应，从而在锂负极表面形成一层由无机化合物（如 LiN_xO_y 等）和有机化合物（如 ROLi、$ROCO_2Li$ 等）混合组成的钝化层。这样从正极溶解扩散而来的多硫化锂就会在钝化层上反应形成 Li_2S/Li_2S_2，防止其对锂负极进行腐蚀。

7.2.4　电解质材料

为了克服多硫化物因溶解造成的穿梭等问题，研究人员致力于开发具有抑制多硫化物溶解和促进氧化还原过程的新型电解质。

1. 常规电解质和添加剂

Li-S 电池的电解质通常会选择醚类，如 1,2-乙二醇二甲醚（DME）和四（乙二醇）二甲醚（TEGDME）。环醚 1,3-二氧戊环（DOL）因较低的黏度和开环聚合而在锂金属上形成保护性聚合物膜的能力被用作共溶剂。在 $1.0mol·L^{-1}$ 双（三氟甲烷）磺酰亚胺锂（LiTFSI）-TEGDME 电解质中，最多可溶解约 6.0mol 的 Li_2S_8（总原子 S 浓度）。与固-固反应相比，溶解的多硫化物中间体的优势在于它们为氧化还原反应提供了快速的动力学。然而，如果没有有效的截留，可溶性硫物质会扩散到锂负极表面，在负极没有保护的情况下，被化学还原形成厚的 Li_2S_2/Li_2S 不溶性绝缘层，导致高的表面阻抗 [图 7.2.4（a）]，且该绝缘层在充电循环中的部分电化学氧化导致"穿梭"效应和低库仑效率。大约在 2.4 V 的穿梭会产生显著的穿梭电流，而高硫负载电极会加剧这种情况。多硫化物的扩散是导致 Li-S 电池自放电和缩短电池寿命的原因。

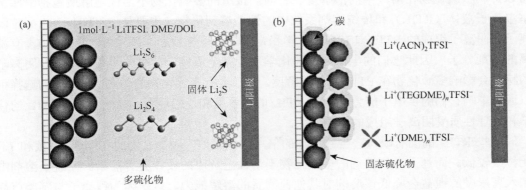

图 7.2.4　LiPS 不溶性电解质和常规醚类电解质的比较图

2. 氧化还原介质

控制放电时 Li_2S 在正极主体上的沉淀和降低充电时氧化的过电势都非常重要。两者都可以通过氧化还原介质来促进。氧化还原介质是具有可逆氧化还原对的分子，在电极处发生电化学还原或氧化并扩散到活性材料。即使活性材料没有直接的电子接触，它们也会使不溶性物质通过氧化还原反应的电化学方式耦合到电极表面。

硫在放电时有两个不同的电化学反应步骤发生，以约 2.3V 为中心的倾斜区域，对应于元素 S 转化为 Li_2S_4，随后是约 2.1V 的低电势平台，归因于不溶性 Li_2S 沉积物通过多硫化物（如 Li_2S_4）的液固转化从溶液中沉淀出来。如果作为内部氧化还原介质的可溶性多硫化物在放电时被完全消耗和/或如果向 Li_2S 沉积物的电子转移受到其大尺寸的限制，则氧化绝缘 Li_2S 需要足够的初始过电势。在使用块状 Li_2S 作为阴极以放电状态组装的电池中需要氧化还原介质，它必须具有刚好高于 Li_2S 的平衡电势，在放电初期，长链多硫化物被其还原为短链多硫化物。随后短链多硫化物经历扩散，最终发生氧化反应转化为 Li_2S。研究表明，茂金属（一类含有金属茂基的有机化合物，通常是指二茂铁和茂铁）可有效将 Li_2S 氧化成多硫化物，并提高活性材料的利用率。

为了控制 Li_2S 沉淀带来的不利影响，利用苯并苊酰亚胺（BPI）作为较低电压平台上的介质，在该平台上 Li_2S_4 还原为 Li_2S。由于 BPI 的还原电势略低于平台电压，它在电极表面被还原并扩散到远离表面的溶液中还原多硫化物，因此可以防止形成大面积的 Li_2S 绝缘膜，覆盖阴极并阻断后续放电过程。相反，Li_2S 优先沉积在预先存在的硫化物核上，有利于局部三维硫化物沉积并使容量加倍。

3. 多硫化物不溶性电解质

与其他锂盐一样，多硫化物的溶解部分依赖于锂离子的溶剂化。如果一个电解质溶液的供电子能力较低，它对锂离子的溶解能力就会较差。这意味着，在这种溶液中，锂离子很难溶解并与其他化合物反应。这种情况可以被用来抑制多硫化物的溶解度，因为多硫化物的溶解度通常依赖于它们与锂离子的反应。因此，通过选择适当的电解质溶液，可以抑制多硫化物在溶液中的溶解度。目前，报道的多硫化物不溶性电解质包括酰胺基室温离子液体（RTIL）和传统溶剂系统中的锂盐溶剂化物（主要是 LiTFSI）。由配位阳离子和阴离子组成的 RTIL 具有高电化学稳定性、不可燃性和非挥发性。RTIL 中没有游离的溶剂分子，因此它们的电荷传递和化学反应完全依赖于其中的阴离子组成。阴离子的特性会影响多硫化物在 RTIL 中的溶解度。对于含有多硫化物的体系，阴离子的选择可以通过影响它们的供电子能力来影响 RTIL 的溶解度和反应性质。换句话讲，RTIL 的化学和物理性质受阴离子组成的影响较大。

这些 RTIL 的固有缺点会导致电池的倍率性能变差，因为它们的 Li^+ 扩散系数和 Li^+ 迁移数较低。而基于有机溶剂的多硫化物不溶性电解质的设计更有前景。在醚类溶剂中加入高浓度的锂盐会降低该溶剂对其他锂物质的溶解能力。这是因为锂离子与醚类溶剂分子之间会发生溶剂化反应，形成溶剂化的锂离子。当加入高浓度的锂盐时，溶剂分子会优先与锂离子形成溶剂化层，导致剩余的溶剂分子数量减少，从而降低其对其他锂物质的溶解能力（包括多硫化物）。因此，基于这种机理，可以通过在醚类溶剂中加入高浓度的锂盐来设计多硫化物不溶性电解质。这种电解质可以减少溶解在电池中的锂离子数量，从而提高电池的能量密度和循环寿命。

　　最近报道了一种基于$(CH_3CN)_2$-LiTFSI 复合物的 Li-S 电池电解质，其中所有乙腈分子都通过络合锂盐阻止了电解质与锂金属的反应且抑制了多硫化物溶解。为了降低黏度并提高离子电导率，添加 1, 1, 2, 2-四氟乙基-2, 2, 3, 3-四氟丙基醚（HFE）作为共溶剂。由于 HFE 氟化程度太高，无法有效参与 Li^+ 的溶剂化，因此可以最大限度地降低多硫化物的溶解度。但由于它们具有较高的黏度和传质阻力，这些基于多硫化物不溶性的电解质表现出相对较低的离子电导率，因此降低了室温下循环过程中的倍率能力和能量效率。同时，它们也具有高盐浓度和高成本的缺点。开发新电解质的另一种方法是使用高供体数（DN）的溶剂，如二甲基乙酰胺和二甲基亚砜，甚至水，最大限度地提高多硫化物的溶解度。这些电解质具有快速反应动力学，可以促进 Li_2S 的催化氧化。

7.2.5　锂硫电池的特点及应用

　　Li-S 电池中硫正极的理论比容量比商业锂离子电池（LIB）中使用的锂化过渡金属氧化物和磷酸盐正极材料高出一个数量级。这是由于硫原子能够接受两个电子，从而在理想的电池中将元素硫转化为硫化锂（Li_2S）。此外，硫天然丰富、容易获得且相对便宜，所有这些都有利于其在电动汽车中的应用。根据图 7.2.5 的比较可以看出，Li-S 电池在这方面的优势是显而易见的。

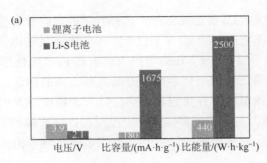

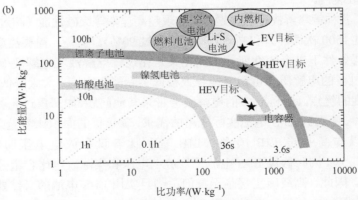

图 7.2.5　（a）锂硫电池与常规锂离子电池的理论质量比容量和能量比较图；（b）各种电化学能量存储和转换装置的 Ragone 图

　　然而，Li-S 电池存在一些问题阻碍了其实际应用。例如，当 Li-S 电池的 S 正极在充放电过程中发生化学反应时，其产生的 Li_2S_x（$x = 1 \sim 8$）放电产物通常表现出较差的离子和电子导电性，这会导致电池内阻的增加，从而降低电池的能量效率。此外，放电过程中 S 粒子表面会形成不溶性绝缘层（主要由 Li_2S_2 和 Li_2S 组成），这会导致导电性差，阻碍其进一步还原，从而导致活性物质利用率低。此外，Li-S 电池的电化学过程非常复杂，其中 S 正极和 Li 负极之间的主要电化学反应机理会导致 S 的体积变化，从而引起正极材料的剧烈体积变化。这种体积变化可能会导致电极与导电基材或集电器的接触失效，从而影响电池性能。因此，解决 Li-S 电池 S 正极存在的问题是实现其实际应用的关键。

　　Li-S 电池的锂负极也存在一些问题。第一个问题是锂的费米能量高于常用液体电解质的低 LUMO 轨道。因此，电解质可以在锂负极表面还原形成 SEI 层，在充电时导致显著的不可逆比容量损失和锂的低沉积效率。对于实际的 Li-S 电池，这种情况可能会降低系统的能量输出，因为需要过量的锂来匹配硫正极。第二个问题在于锂枝晶的生长，这源于锂的不均匀沉积会导致 Li-S 电池的安全问题。循环过程中产生的可溶性多硫化物可能与锂反应，这可能会抑制锂枝晶的生长。然而，在多硫化物溶解度低的电解质中循环的锂负极可能仍会产生枝晶。锂负极的第三个问题源于多硫化物的穿梭效应，分散在整个隔膜中的可溶性多硫化物可以与锂反应形成不溶性硫化物（Li_2S_2、Li_2S）。在电池运行过程中，锂负极上绝缘硫化物的逐渐生长可能会严重阻碍锂的快速进入，导致倍率性能变差。

　　电解质也是 Li-S 电池的重要组成部分，选择合适的电解质直接影响电池的性能。幸运的是，Li-S 电池的工作电压（约 2.1 V）位于大多数电解质的电化学窗口内，表明可以为 Li-S 电池选择多种电解质。然而，还应考虑电解质与 Li-S 电化学的兼容性。研究表明，醚类电解质在促进锂和硫之间的电化学反应方面具有很高的活性，然而，这些电解质还表现出最高的多硫化物溶解度，导致强烈的穿梭效应。碳酸酯类电解质已被证明与第一个平台（Li_2S_x，$x = 4 \sim 8$）上生成的多硫化物发生反应，导致硫的不完全还原。其他电解质，如离子液体电解质和固体电解质，也参与解除多硫化物穿梭，但由于其高黏度或固态性质，Li^+ 扩散缓慢。

　　目前提出了各种策略解决上述问题，已实现超高速率等突破性能（超过 $40C$）、出色的循环寿命（超过 1500 次循环）和高硫利用率（超过 90%）。但是，需要注意的是，这些结果通常是在理想条件下进行的性能评估，尤其是在过量电解液（电解液/硫比，即 $E/S >$ $10\mu L \cdot mg_s^{-1}$）。过多的电解质不可避免地导致极低实际能量密度，大大降低了 Li-S 电池的高理论能量密度的优点。此外，过多的电解质会带来其他问题，如严重过充和过量的 $LiNO_3$ 分解导致的气体。考虑到 Li-S 电池实际应用的需求，硫正极的面积比容量必须控制在 $4 \sim 8mA \cdot h \cdot cm^{-2}$，以与商业的 LIB 竞争（LIB 面积比容量和放电电压通常分别为 $2 \sim 4mA \cdot h \cdot cm^{-2}$ 和 3.5V，同时假设 Li-S 电池平均放电电压和实际放电比容量分别为 2.15V 和 $1000mA \cdot h \cdot g^{-1}$）。因此，高载硫正极毫无疑问是满足实用 Li-S 电池的必然要求。对于高面载量硫电极，实际测定能量密度时也需要充分考虑电池中每个组成部分，尤其是常规液态 Li-S 电池中电解质的体积。一般，对于 E/S 超过 $10\mu L \cdot mg_s^{-1}$ 的 Li-S 电池，电解质占整个电池质量的 50% 以上。研究表明，随着面载量的增加，E/S 对实际能量密度的影响变得占主导地位。大于 $5.0mg_s \cdot cm^{-2}$ 的高硫面载量和小于 $3.0mL \cdot mg_s^{-1}$ 的低 E/S 是在 Li-S 电池中实现超过 $500W \cdot h \cdot kg^{-1}$ 的实际能量密度的边界条件。此外,电池的使用寿命直接影响实际成本。考虑到商用 LIB 的使用寿命约为 1500 次循环,实际的 Li-S 电池应提供大约 $1000mA \cdot h \cdot g_s^{-1}$ 的放电比容量,至少循环 500 次。因此,在高硫面载量和低 E/S 的苛刻评估条件下,保持比容量和稳定性而不会严重衰减是至关重要的。

在过去的 30 多年中,LIB 凭借出色的性能在便携式电子产品和汽车应用中占据了主要市场。然而,LIB 的质量能量密度和体积能量密度已经接近顶峰,无法满足激烈的市场需求。幸运的是,与商用 LIB 相比,Li-S 电池因极高的理论能量密度和世界范围内丰富的硫作为正极活性材料而得到广泛研究。作为一种有前途的候选者,Li-S 电池克服了普通 LIB 的能量密度限制,有望在高比能量领域取代 LIB。然而,大多数研究集中在纽扣电池上而不是更接近实际应用的软包电池,多项研究已经证明纽扣电池和软包电池在化学反应过程和失效机理方面存在巨大差距。

目前,Sion Power 和 OXIS Energy 公司是国外两家最著名的 Li-S 电池研发公司。Sion Power 公司研发的 Li-S 电池主要涉及 4 个应用领域,分别是无人机、地面车辆、军用便携式电源和电动车。该公司在 2010 年将 Li-S 电池应用于大型无人机,打破了三项无人机飞行世界纪录(飞行高度 2 万 m 以上、连续飞行时间 14 天、工作温度最低–75℃)。2016 年,该公司公布了可用于无人机和电动车上的新一代 Li-S 电池(20A·h 电池的质量能量密度和体积能量密度分别达到 $400W \cdot h \cdot kg^{-1}$ 和 $700W \cdot h \cdot L^{-1}$,且在 $1C$ 倍率下可循环 350 周)。这对未来超长航时无人机的发展会起到极大的促进作用。

OXIS Energy 公司声称 Li-S 电池的设计、开发和生产将满足航空、国防和电动汽车三大领域的需求。从目前的客户来看,主要涵盖公交巴士、卡车和轻型商用车等领域。早在 2012 年,OXIS Energy 公司就宣布其开发的 Li-S 电池具有优良的循环性能(在放电深度达到 80%时,1000 多次循环后其容量保持率达到 80%)。2014 年,该公司单个电池容量高达 25A·h 的 Li-S 电池的能量密度达到 $300W \cdot h \cdot kg^{-1}$。为了实现 Li-S 电池的产业化,该公司积极寻求资金资助,并于 2019 年取得较大进展,到 2021 年时与其合作的公司(Bye Aerospace)发布了一款基于 Li-S 电池的小型电动飞机,其续航里程可达到 1000km。

国内各大科研机构近年在 Li-S 电池的研究和开发上也取得了较大进展,相继报道了比能量达到 $400W \cdot h \cdot kg^{-1}$ 和 $609W \cdot h \cdot kg^{-1}$ 的 Li-S 电池。同时,所研制的电池已通过了第三方安全性能测试(国用军标)且安全性满足使用要求。通过进一步提升 Li-S 电池的循环性能后,Li-S 电池在未来一段时间内有望用于电动汽车等领域。

7.3　锂氧电池

7.3.1　锂氧电池的原理和结构

$Li-O_2$ 电池是一种高能量密度的新型二次电池,其理论能量密度可以达到传统 LIB 的 5~10 倍。其原理是利用 Li^+ 与氧气在电极表面的反应,产生电流并释放能量。$Li-O_2$ 电池的正极由纯氧气构成，负极由锂金属或者锂离子化合物构成，电解质是锂盐溶液。

Li-O_2 电池的反应方程式如下：

正极反应：$$2Li^+ + O_2 + 2e^- \longrightarrow Li_2O_2$$

负极反应：$$Li \longrightarrow Li^+ + e^-$$

总反应：$$2Li + O_2 \longrightarrow Li_2O_2$$

在放电过程中，正极的氧气与负极的锂离子反应，产生锂过氧化物。锂过氧化物是一种高能量物质，能够在放电时释放出大量的电子和氧气。这些电子和氧气会在电解质中形成离子，从而产生电流。在充电过程中，电流反转，锂过氧化物还原成氧气和 Li^+，正负极的化学反应也会反转。

相对于传统的 LIB，Li-O_2 电池具有更高的能量密度和更低的成本，有望成为新一代的高能量密度电池。目前，四种类型的 Li-O_2 电池正在开发中，并由所使用的电解质类型分为：非水系、水系、固态和混合型（图 7.3.1）。对于所有类型的 Li-O_2 系统，都需要一个开放系统从空气中获取氧气，因为氧气是空气电极的活性材料。

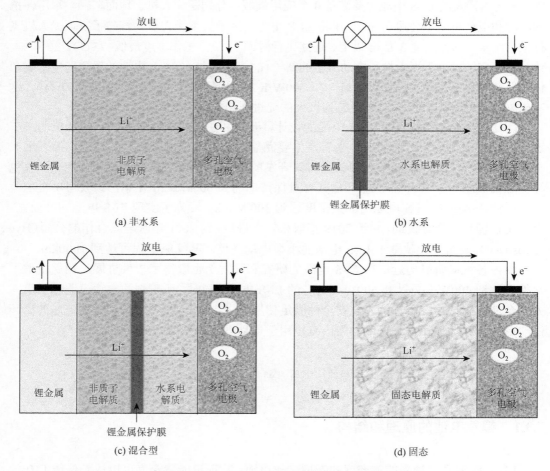

(a) 非水系　　　　　　　　　　　　　　(b) 水系

(c) 混合型　　　　　　　　　　　　　　(d) 固态

图 7.3.1　四种 Li-O_2 电池的配置示意图

1. 水系锂氧电池

水系 Li-O$_2$ 电池的反应一般发生在酸性或碱性的水系电解质中,目前研究较多的是碱性水系 Li-O$_2$ 电池。水溶液中的锂首先和电极表面的氧气及水发生反应后,在锂金属负极表面上形成一层氧化物/氢氧化物的膜,随后形成稳定的可溶于水的氢氧化锂。电池放电电压约 2.0V,电池的电流效率由两个竞争反应,即正极的氧析出反应和负极的氧还原反应共同决定,这层保护膜用于保护锂负极,防止形成最初产物后的快速腐蚀作用。这类电池的特点是放电产物可溶于水,不会造成产物堆积空气电极孔道。但电解质中的水溶液与锂很容易发生剧烈反应,需要性能更合适的隔膜保护锂负极,目前研发的隔膜都无法较好地满足这一需求,容易与锂片发生副反应,所形成的副产物会增加界面间的阻抗,增大过电势,不利于离子的传导,同时也会降低电池的容量。

2. 非水系锂氧电池

非水系 Li-O$_2$ 电池是 1996 年提出来的,其使用聚合物作为电解质,碳作为正极催化剂,并且在拉曼光谱中观察到催化剂中的放电产物过氧化锂。2006 年,研究人员对 Li-O$_2$ 电池的反应机理进行了研究,确认放电产物中氧的来源。非水系 Li-O$_2$ 电池的工作原理是多孔电极中穿梭的锂离子与大气中的氧气直接反应,为了避免空气中的水和二氧化碳、氮气等污染物参与发生副反应,通常情况下该系统都是在纯氧气中运行,如反应式所示:

$$2Li + O_2 =\!=\!= Li_2O_2$$

放电过程中锂金属负极发生氧化还原反应,锂离子进入导电的有机电解质中,穿过隔膜在多孔结构中与氧气反应,孔道结构中的氧气发生还原反应,形成绝缘不溶的过氧化锂。许多实验研究表明,该过程中 Li$^+$ 首先与氧气结合形成超氧化锂,为 4 电子转移过程,随后超氧化锂形成过氧化锂和氧气,为 2 电子转移过程。该过程发生可逆的氧化还原反应,充电过程反向进行:

$$2Li^+ + 2e^- + O_2 \longrightarrow Li_2O_2 \ [E_0 = 2.96V(vs.\ Li/Li^+)]$$

充电过程发生氧析出反应,正极催化剂的孔道结构中放电产物过氧化锂缓慢分解释放氧气。在充电和放电的过程中会产生电势差,称为过电势。任何电池系统的充电和放电电压都应当在电解质的分解电压范围之内维持稳定正常的充放电过程。有研究指出,过氧化锂的可逆吉布斯自由能是 Li-O 相中的最低值,超氧化锂的可逆吉布斯自由能比过氧化锂的负值小,因此,超氧化锂也有可能成为 Li-O$_2$ 电池系统中的主要放电产物,这将大幅度降低充电和放电过程的过电势。但由于超氧化锂在标准状态下不具有化学稳定性只能作为中间体,因此想要通过改变放电产物实现过电势控制还需要更加深入研究。

3. 固态锂氧电池

将固体电解质用于电池体系可以克服安全问题,不使用有机电解质及隔膜能防止发生电池内部穿刺、短路爆炸的危险。因此,固态 Li-O$_2$ 电池也是目前 Li-O$_2$ 电池体系的研究热点之一。同样,其负极为锂金属,正极为氧气负载于具有孔道结构的正极催化剂,而电解质是固态的。

固态体系的研究内容包括无机固体电解质和有机固体电解质。无机固体电解质主要由陶瓷组成，虽然具有很高的硬度，但脆性也很强，电池若发生碰撞容易失效。另一类为有机固体电解质，该类电解质用于 Li-O_2 电池有很强的韧性，较无机固体电解质有更好的导电性，但在不滴加电解液的情况下，固体表面有很强的界面阻抗，需要在较高的温度下才能降低过电势稳定循环，虽然安全性能提高，但是对温度有较强的依赖性。

4. 混合型锂氧电池

混合型 Li-O_2 电池的电解质主要由有机电解液和水溶液构成，作为电池在酸性或碱性溶液下的反应过程同水系 Li-O_2 电池一样，具体反应过程如：

$$2Li + 2H_2O = 2LiOH + H_2$$

放电过程中锂金属负极发生氧化反应，形成离子进入有机电解液一侧，随后进入水溶液一侧并与氧气反应最终生成氢氧化锂；充电过程中氢氧化锂缓慢分解释放氧气，锂离子从水溶液回到有机电解液中得电子成为锂金属。混合型的 Li-O_2 电池中，锂金属不会直接和水溶液接触发生剧烈反应生成氢氧化锂，而是先经过有机溶液，对锂金属负极起到很好的保护作用，同时放电产物氢氧化锂溶于水，不会堵塞催化剂的孔道结构。但是这类电池能量密度较低，同时制备通过锂离子而分隔水和有机溶液的隔膜的成本较高，限制了这类混合型 Li-O_2 电池的使用。

综上所述，Li-O_2 电池的应用过程面临三个方面的问题：首先，锂金属的负极保护过程，需要在锂金属的剥离和镀锂过程中减少死锂及锂枝晶；其次，需要研发性能更加稳定优异的电解质；最后，需要对正极的催化剂进行改造与设计，研发出具有优异的双功能催化性能同时微观结构合理的催化剂电极材料，使 Li-O_2 电池具有更好的循环性能及较低的过电势。

7.3.2　空气电极（正极）

Li-O_2 电池的充放电反应不同于传统"摇椅式"锂离子电池，而是基于氧和氧化产物在多孔电极界面上的氧还原反应（ORR）和氧析出反应（OER）。因此，电极上 ORR 和 OER 的动力学过程成为制约 Li-O_2 电池发展的重要因素之一。电极过程的动力学迟缓、催化形成的固态产物堆积，导致 Li-O_2 电池的容量下降、倍率性能差、充放电极化高等问题，从而引发电解液的副反应加剧，最终导致电池的可逆性下降甚至电池失效。因此，需要使用一种双功能催化剂来促进其还原/析氧反应，以提高电池效率。这种催化剂通常由碳基材料、过渡金属及其氧化物、贵金属及其氧化物和金属有机框架（MOF）及其衍生物等组成。

1. 碳基催化剂

自科学家对碳的 ORR 性能进行模拟研究开始，具有纳米微观结构的碳材料由于具有较低的制备成本、优良的导电性与极高的孔隙率、高的比表面积、可调节的形貌，开始进入 Li-O_2 电池电极材料研究领域。根据研究结果，在 1.2～1.4V 的电压下，锂金属和碳与氧气会发生反应,形成碳氧基团,这些基团在 1.8～2.3V 之间会通过形成的中间体超氧化锂发生反应,可以继续充当催化氧气还原的活性位点。非水系 $Li-O_2$ 电池体系中碳材料的催化活性高于水系 $Li-O_2$ 电池中碳材料的催化活性。早期研究工作中,为了研究碳材料的孔隙率、比表面积等因素对 $Li-O_2$ 电池的影响,制备出各种形貌、孔道结构的碳材料。孔道结构为放电产物的积累提供场所,防止电池因放电产物的累积而导致电阻增加,使电池失效。具有相同孔径的碳材料如果比表面积增大,那么电池的放电比容量将增大。比表面积虽然对电池容量影响较大,但不是唯一因素,由于制备方法的不同,合成出的碳材料也具有不同的孔容和孔径,三者综合决定了电池的放电比容量。具有微观结构的碳材料,根据维度分为以下四种:一维结构的碳纳米管、碳纳米纤维,二维结构的石墨烯纳米片,以及具有三维结构的天然碳材料等。其中,碳纳米管具有较高的化学和热稳定性、高的导电性被广泛研究。

2. 过渡金属及其氧化物

过渡金属价格低廉、催化性能优良、环保且种类较多,通过不同的合成方法可以制备出形貌各异结构不同的过渡金属氧化物,作为 $Li-O_2$ 电池的正极催化剂,也表现出优异的 ORR 和 OER 双功能催化性能,较为常用的有锰基氧化物,如 MnO_2、$MnOOH$、MnO、Mn_2O_3、Mn_3O_4、MnO。科研人员研究了各种具有不同晶体结构的锰基氧化物用于 $Li-O_2$ 电池,从研究结果来看,锰基氧化物作为电池正极催化剂可以有效地促进 Li_2O_2 的可逆形成和分解,并可以有效降低 OER 和 ORR 的活化能。其中,MnO_2 研究最多,因为它具有丰富的晶型结构,催化活性在很大程度上取决于形貌、晶体结构、结晶大小、孔及隧道结构,还有锰原子的表面氧化态和表面氧密度。从研究结果看,$\alpha-MnO_2$ 具有比其他相的 MnO_2 更好的催化活性。而其他晶型的氧化物如 MnO、Mn_2O_3、Mn_3O_4、$MnOOH$ 用于 $Li-O_2$ 电池催化剂的研究较少,但现有的研究结果中可以看出这些锰基氧化物也具有明显的催化作用。

钴基氧化物中研究较多的是 Co_3O_4,它的性能在众多过渡金属氧化物中较为突出,容量保持率最高且有较好的循环稳定性,同时具有成本低、制备简单、稳定性高等优点,因此受到广泛的关注。尖晶石相的 Co_3O_4 在作为 $Li-O_2$ 电池催化剂领域有很大的潜力,不同方法合成的 Co_3O_4 也有不同形貌,如纳米线、纳米片、正八面体、立方体等。研究方向有 Co_3O_4 与其他催化剂结合,也有基于 Co_3O_4 表面晶面的研究。有研究人员合成能暴露不同晶面的 Co_3O_4,并据此展开实验得出不同暴露晶面的催化剂催化活性,具有(111)晶面的 Co_3O_4 的 OER 催化活性最强,其次是(110)、(112)晶面,暴露(100)晶面的催化剂催化活性最低,但具有最好的循环稳定性。

3. 贵金属及其氧化物

贵金属种类对 ORR 和 OER 催化过程都有很好的促进作用,主要包括 Pd、Pt、Ru、Ir、Ag 等。研究证明,贵金属及贵金属氧化物应用于锂空气电池时,能明显降低 Li_2O_2 的表面吸附能从而降低电池过电势,促进产物生成和分解从而提高放电容量。Pt 和 Pd 具有最高的氧气吸附活化能,Au 和 Ag 对于氧气的吸附能力较小。研究发现,金属与氧气相遇后氧原子覆盖金属表面,锂金属参与反应后形成锂氧化合物,在金属表面成核形成 Li_2O_2。如果贵金属与氧的相互作用强，则氧与锂的成键能力会减弱，这种相互作用会促进氧气的活化最终促进Li—O 成键。Ru、Ir 具有较强的氧-金属相互作用，Au、Ag 则相互作用较弱。Pt 和 Pd 的中间氧-金属相互作用强度似乎使它们成为 Li-O$_2$ 电池电化学中金属电催化剂的最佳选择，但这些金属暴露在空气中时往往容易被氧化。利用贵金属氧化物作为催化剂的研究也有很多，但由于其昂贵的价格，一般研究人员会选择将贵金属氧化物与其他化合物结合使用。

4. 金属有机框架及其衍生物

金属有机框架（MOF）一般是以金属离子为中心，通过自组装形成具有周期性结构的晶体结构。该类材料起初主要用于气体分离、药物释放等领域，近来在能源存储与转换领域也渐渐得到应用。关于 MOF 及 MOF 衍生物在 Li-O$_2$ 电池中的应用主要分为三类：一类是将 MOF 前驱体直接用于 Li-O$_2$ 电池研究。2014 年 Li 首先将 MOF 前驱体用于 Li-O$_2$ 电池研究，主要利用 MOF 前驱体的高比表面积、开放的金属位点和规整的微孔结构，实现氧气分子的富集、吸附和转化，但因 MOF 前驱体导电性差，必须与导电碳材料相结合使用。另外两类分别是利用 MOF 前驱体为模板，在空气气氛下焙烧制备MOF 衍生金属氧化物催化剂，或在惰性气氛下热解，制备 MOF 衍生碳材料催化剂。研究人员利用 MOF 为牺牲模板，在空气气氛下焙烧制得尖晶石型钴锰氧化物，呈现前驱体纳米立方体的形貌。其首圈放电比容量为 7653mA·h·g^{-1}，高于 VX-72 碳电极的4644mA·h·g^{-1}，同时，放充电过电势也比 VX-72 碳电极低 0.2V。在 0.16mA·cm^{-2} 电流密度下，限容 500mA·h·g^{-1} 可稳定循环 10 圈。

7.3.3　电解质材料

电解液的选择目前在 Li-O$_2$ 电池中是一个研究热点。在电池体系中，电解液的主要作用是在两电极间传质。目前常用的电解液有碳酸酯类、醚类和砜类等。碳酸丙烯酯（PC）由于不易挥发、液态温度宽（−50～240℃）等优点被广泛应用于 Li-O$_2$ 电池中。然而在2010 年，研究人员发现，PC 在 Li-O$_2$ 电池体系中不稳定，易分解，从而导致放电产物是Li$_2$CO$_3$ 而不是 Li$_2$O$_2$，进而导致电池不可逆。图 7.3.2 是以碳酸酯类溶剂为电解液的 Li-O$_2$电池充放电过程及生成产物的示意图。因充放电反应不可逆，人们普遍认为以碳酸酯类溶剂为电解液的 Li-O$_2$ 电池不是真正的二次电池。

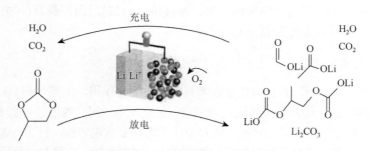

图 7.3.2　以碳酸酯类溶剂为电解液的 Li-O$_2$ 电池充放电过程示意图

醚类电解液因具有成本低、稳定性好、安全系数高等优点，是目前使用最多的电解液之一。McCloskey 等采用 DME 作为 Li-O$_2$ 电池的电解液，研究发现电池在放电时主要产物是 Li$_2$O$_2$，充电时 Li$_2$O$_2$ 分解为 O$_2$，说明电池的充放电过程是可逆的。此外，Bruce 等对四甘醇二甲醚、二甘醇二甲醚、三甘醇二甲醚等一系列醚类电解液进行了研究，结果显示电池在首次充放电时放电产物均是 Li$_2$O$_2$，且充放电过程可逆。然而，随着电池的运行，使用醚类电解液的 Li-O$_2$ 电池体系中依然有副产物产生，随着副产物的积累，最终导致电池失效。近年来。研究者对二甲基亚砜（DMSO）、乙腈（C$_2$H$_3$N）、N, N-二甲基甲酰胺（DMF）及 N, N-二甲基乙酰胺（DMA）等溶剂也进行了研究。Bruce 等用 DMSO 作电解液进行 Li-O$_2$ 电池测试，发现电池能稳定循环 100 多圈，且放电产物是 Li$_2$O$_2$，充电时 Li$_2$O$_2$ 分解。此外，该课题组还研究了用乙腈作为溶剂时电池的性能，结果显示 Li$_2$O$_2$ 也能可逆地生成和分解，但乙腈容易与锂发生反应。后来，研究人员还对 DMF 进行了研究，结果发现放电产物有 Li$_2$O$_2$、Li$_2$CO$_3$、CH$_3$CO$_2$Li 及 HCO$_2$Li 等，其中 Li$_2$CO$_3$ 的不断累积会导致电池性能下降。

7.3.4　锂负极的保护

1. 锂金属的替换

锂的替代品如石墨材料、锂合金等可以提高其在水、氧存在氛围中的稳定性。研究人员使用 Li$_x$Al-C 复合电极替代锂金属作为 Li-O$_2$ 电池的负极材料，在充放电过程中表现出更低的过电势和更长的循环寿命。另外，将 LiFePO$_4$ 应用于负极以替代锂金属，在电池放电和充电期间负极材料在 Li$_{1-x}$FePO$_4$ 和 LiFePO$_4$ 两种相态之间转换，发生的是锂离子的脱出和嵌入过程。这种负极不易与氧气发生腐蚀反应，并对电解液分解的产物有一定抵抗性，是一种较为安全的选择。

2. 锂金属预处理

锂金属的预处理是指在组装电池前将锂金属通过浸泡、电化学扫描等手段在其表面预先生成一层保护膜，以阻挡电池运行阶段水、氧等物质对锂电极的腐蚀。研究人员仅通过将锂箔放入二氧六环浸泡几分钟的简单方法，使得锂金属因与溶剂间的化学反应而形成一层保护膜。这层薄膜可以阻隔水及氧分子与锂的腐蚀反应，且在循环中可以保持较好的稳定性。

3. 电解液添加剂原位保护锂负极

锂金属与电解液间接触而生成的 SEI 膜常具有不稳定性，易发生断裂而继续不断生成，持续消耗锂金属和电解液。可在电解液中使用添加剂而在电池运行过程中原位生成稳定的 SEI 膜。研究表明，硼酸可作为添加剂以促进稳定 SEI 膜的形成，且硼酸的存在可以促使锂金属表面形成连续致密的保护层。该保护层可以传导离子，其主要成分包含碳酸盐、氟化物、硼酸盐及纳米晶硼酸锂。同时，该保护层的机械强度相比于天然形成的 SEI 膜的明显增强，因此，$Li-O_2$ 电池可延长超过六倍的工作寿命。

7.3.5 锂氧电池的特点及应用

（1）高能量密度：锂氧电池具有很高的能量密度，可以达到 $1000W·h·kg^{-1}$ 以上，比锂离子电池高出几倍。

（2）长循环寿命：锂氧电池的循环寿命相对较长，可以达到几百次以上，比锂离子电池更耐用。

（3）低成本：锂氧电池可以使用廉价的钴、铁等金属作为电极材料，使得其成本相对较低。

（4）环保：锂氧电池使用的是锂和氧气，不含有重金属等有害物质，对环境更加友好。

（5）高安全性：由于锂氧电池的氧气是从空气中获取的，在充电过程中不会产生氧气，避免了锂离子电池充电时容易出现的热失控等安全问题。

需要注意的是，目前锂氧电池仍处于研究阶段，其商业化还面临着很多技术挑战和困难，需要进一步的改进和研究。

1. 国内外锂氧电池产业化情况

美国的 Lockheed Martin 公司是锂氧电池的领先研发者之一，研发的锂氧电池已经取得了一些成果。此外，美国的麻省理工学院也在开展锂氧电池的研究，并获得了一些进展。日本的 Panasonic 公司在 2013 年推出了一款锂氧电池原型，该电池质量为 30g，可以为笔记本电脑提供约 10h 的电量。此外，日本东京大学的研究人员也在开展锂氧电池的研究。德国的 Fraunhofer 研究所在锂氧电池方面也有不少的研究成果。该研究所的研究人员已经成功制备出锂氧电池的原型，质量为 120g，可以为智能手机提供长达一周的电力。国内在锂氧电池领域的研究机构主要有清华大学、北京大学、中国科学院等。2019 年，广州汽车集团股份有限公司旗下品牌传祺和南京高科技园区联合发布了锂氧电池产业化战略，计划在未来五年内投入 100 亿元，建设年产 3GW·h 锂氧电池生产线。还有一些民营企业如鸿合科技股份有限公司、四方新能源科技有限公司、双鸽集团有限公司等也在积极探索锂氧电池的研发和产业化。总体来讲，目前国内外的锂氧电池产业化仍处于研究和开发阶段，但各方正在积极推动该技术的商业化进程。

2. 锂氧电池面临的挑战及解决方法

1）严重的极化现象和副反应

从催化正极角度考虑，完成可逆的锂氧电池电化学过程所产生的巨大能量损失来自实际充放电电势和热力学决定的可逆平衡电势之间较大的电势差，即过电势，较大的过电势严重影响了电池充放电反应的顺利进行。从微观上来说，放电产物 Li_2O_2 的独特性质是造成充放电极化和限制锂氧电池电化学性能提升的关键因素之一。首先，Li_2O_2 在非水系电解液中不可溶,产生固体 Li_2O_2 沉淀,堵塞了反应产物转移通道。其次,Li_2O_2 晶体的理论禁带宽度为 4.9eV,较高的带宽导致 Li_2O_2 具有较高的电阻率,在室温条件下,电导率为 $10^{-12} \sim 10^{-9} S \cdot cm^{-1}$,离子传导率为 10^{-10} 数量级,这阻碍了电荷由催化剂表面转移至反应位置。电阻率瓶颈对限制锂氧电池放电比容量影响更大。因此,由于放电产物 Li_2O_2 的绝缘特性和不溶于电解液特性,即使在较小的充放电电流密度下仍可导致锂氧电池产生严重的充放电极化。放电过程中持续累积的产物 Li_2O_2 堵塞 Li^+、O_2 传输通道,造成 Li_2O_2 沉淀钝化电极表面,增加电荷转移阻抗,直至电子传输无法匹配电流密度,造成放电终止。而且充电过程中绝缘性 Li_2O_2 较难分解,动力学性能较差,需要克服更高的势垒完成可逆分解,通常充电电压大于 4V 才能彻底分解 Li_2O_2,导致 OER 过电势较高。由此产生的锂氧电池充放电总体过电势 $\eta = \eta_{放电} + \eta_{充电}$;能量转换效率 $= V_{放电} / V_{充电}$。因此,充放电过电势和能量转换效率的大小直接反映正极侧催化剂的催化效果,是衡量锂氧电池催化剂性能的关键指标。

随着循环的进行,不能完全分解的 Li_2O_2 逐渐在催化剂表面沉积,造成活性位点钝化和孔道堵塞。同时过高的充电电压会导致其他电池组分的不稳定性,如碳正极基体和电解液,引发寄生反应,形成大量的甲酸锂($HCOOLi$)、乙酸锂(CH_3COOLi)和碳酸锂(Li_2CO_3)等副产物,副产物分解所需要克服的能垒比 Li_2O_2 更高。例如,Li_2CO_3 的标准氧化还原电势为 3.82V,其实际分解电压大于 4V。因而绝缘性副产物很难彻底清除,增加了 Li_2O_2/电极的界面阻抗,抑制了 Li_2O_2 分解的动力学,这是 Li-O_2 电池循环寿命缩短的重要原因。随着充放电反应的不断进行,过电势升高和副产物的产生形成恶性循环,即过电势的升高造成残留副产物数量的增加,这反过来诱发更大的过电势,最终造成表面催化活性位点堵塞和电池内阻的增大,导致 Li-O_2 电池较差的能量转换效率和快速的容量衰减,Li-O_2 电池夭折。因此,将充电电压降低至 4.0V 以下对于可充 Li-O_2 电池循环稳定性的提升及寄生反应的抑制具有重大意义。

综上所述,活性物质的传输、三相反应界面、放电产物的存储和分解均由氧气电极控制,因此正极结构和正极材料的催化效果对 Li-O_2 电池的能量转换效率、充放电比容量、循环稳定性和倍率性能等电化学性能起决定性作用。因此,如何构造结构优异的正极催化层和设计具有优异催化活性的正极催化剂组分,来改善氧的还原/析出过程动力学,促进 Li_2O_2 的有效形成和高效分解,降低 ORR/OER 极化,抑制副反应及 Li_2CO_3 的形成,是提高 Li-O_2 电池电化学性能的主要思路。

2)电解液稳定性较差

理想的 Li-O_2 电池电解液应具备以下特性:①电解液要有较低的挥发性、较高的沸点及不易燃特性。②在工作电压窗口内,电解液对含氧自由基亲核攻击应保持惰性,对金属锂和锂盐应保持化学/电化学稳定。③具有较高的氧溶解度和低的黏度,保障充放电过程中活性物质快速传输。常见的 Li-O_2 电池电解液溶剂类型包括:①有机碳酸酯类电解液:碳酸丙烯酯(PC)、碳酸乙烯酯(EC)、碳酸二甲酯(DMC)等。碳酸酯类电解液最早被用于研究 Li-O_2 电池,随着研究的深入科研人员发现由于其稳定性较差,容易被 O_2 亲核攻击导致电解液分解生成大量副产物,造成容量快速衰减,因此不适合用于 Li-O_2 电池体系。②砜类电解液:二甲基亚砜(DMSO)等。DMSO 由于具有较低的黏度、优异的氧扩散动力学、较高的离子传导率被广泛用于 Li-O$_2$ 电池。但是 DMSO 在活性氧条件下仍然会被分解，诱发寄生反应。Sharon 等发现在碳基正极条件下，DMSO 暴露于 O$_2^-$ 和 O$_2^{2-}$ 环境中时，LiO$_2$ 和 Li$_2$O$_2$ 能从 DMSO 的弱酸性甲基中获取一个质子形成 HOO$^-$，导致 DMSO 分解并产生大量 Li$_2$SO$_3$ 和 Li$_2$SO$_4$ 副产物。③酰胺类电解液：N-甲基吡咯烷酮（NMP）、N, N-二甲基甲酰胺（DMF）、N, N-二甲基乙酰胺（DMA）等。相比于酯类和砜类电解液，酰胺类电解液具有更好的稳定性，但仍无法避免寄生反应。Bruce 课题组发现 O$_2^-$ 攻击酰胺的 CO 基团，产生的四面体中间产物可以与 DMF 或者 O$_2$ 反应生成 Li$_2$CO$_3$、HCO$_2$Li、CH$_3$CO$_2$Li、CO$_2$、NO 等副产物。后来，Sharon 等也发现 LiO$_2$/Li$_2$O$_2$ 可以直接攻击 DMA 溶剂的羰基官能团造成电解液降解，因而不符合 Li-O$_2$ 电池电解液的要求。④醚类电解液 1, 2-乙二醇二甲醚（DME）、四（乙二醇）二甲醚（TEGDME）、2-甲基四氢呋喃（2-Me-THF）。醚类电解液由于较宽的电压窗口（高达 4.5V）、较低的挥发性、较高的氧扩散系数及相对锂金属较为稳定而被广泛用于 Li-O$_2$ 电池体系。但是醚类电解液仍然面临自氧化和质子介导失活问题。Bruce 等认为 O$_2$ 可以从醚中获取质子形成烷基，然后经历氧化分解反应或结构重组形成 H$_2$O、CO$_2$、甲酸锂、乙酸锂或聚醚/酯。因此，尽管有机电解液的改性工作取得一定进展，但目前还没有电解液能完全满足 Li-O$_2$ 电池对稳定性的苛刻要求。探索新型电解液及在现有电解液体系基础上采用官能团修饰、功能性添加剂改性等策略来抑制副反应、提升长周期循环稳定性是实现 Li-O$_2$ 电池实用性发展的关键课题。

3）金属锂负极腐蚀

与其他锂二次电池一样，负极侧锂沉积-剥离过程中严重的体积膨胀影响了电解液/电极界面处固体电解质界面（SEI）膜的机械稳定性，造成 SEI 膜开裂并暴露出新的锂表面，导致 SEI 膜反复形成。这不仅产生死锂，造成活性锂和电解液的不可逆消耗，降低库仑效率，同时不可控的枝晶生长，诱发有害的枝晶长大导致隔膜穿刺，造成电池短路和热失控，存在较大的安全隐患。而对于 Li-O$_2$ 电池，即使没有充放电进行，活性金属锂也会与溶解在电解液中的 H$_2$O、O$_2$ 发生化学反应。另外，在循环过程中除了溶解氧，放电中间产物包括超氧自由基阴离子和过氧自由基阴离子也会导致严重的锂负极腐蚀，由此产生的副产物（LiOH、Li$_2$O、Li$_2$CO$_3$ 等）沉积在锂表面，进一步影响 SEI 膜的形貌和组成，造成其有限的库仑效率和较差的可逆性，最终导致容量衰减和 Li-O$_2$ 电池失效。

7.4　锌-空气电池

7.4.1　锌-空气电池的原理和结构

锌-空气电池（ZAB）是一种以金属锌为负极，空气中的氧气为正极来储存或者提供能量的新型能源器件，主要由负极锌电极、隔膜、电解质、正极空气电极及外壳五部分组成（图 7.4.1）。锌负极由集流体和锌片组成。隔膜一般为玻璃纸、聚乙烯接枝膜、聚丙烯接枝膜等，主要作用是将锌负极和正极的空气电极隔开，避免电池发生短路。电解质分为两种，一种是固体电解质，一般为聚乙烯醇；另一种是液体电解质，以乙酸锌和 KOH 的混合溶液为主。空气电极由集流层、气体扩散层和催化活性层组成。集流层是催化剂的载体，通常由碳布、泡沫镍、泡沫铁、碳纸等导电材料充当，主要功能是收集电子并导流。气体扩散层是反应气体的传输通道，为催化活性层提供反应所需要的氧气。为保证气体扩散通道不被电解液迁移而淹没，气体扩散层必须具有透气疏水的特性。催化活性层一般指能发生氧还原反应/氧析出反应（ORR/OER）的双功能催化剂，决定着 ZAB 空气电极催化过程的快慢，对 ZAB 的性能起着关键性作用。外壳主要有聚乙烯、ABS 和改性尼龙等。ZAB 工作原理可以简要概括为，在放电过程中，负极的金属锌发生氧化反应生成 ZnO，正极的空气电极和来自大气中的氧气发生 ORR 生成 OH⁻，外电路形成由空气正极到锌负极的放电电流。在充电过程中，负极锌充当阴极，电解液中的锌离子发生还原反应生成金属锌电镀到电极上。空气电极则作为阳极，发生 OER 释放出氧气。电极反应方程式如下：

放电时，锌电极：$$Zn + 2OH^- \longrightarrow ZnO + H_2O + 2e^-$$

空气电极：$$O_2 + 2H_2O + 4e^- \longrightarrow 4OH^-$$

总反应：$$2Zn + O_2 \longrightarrow 2ZnO$$

充电时，锌电极：$$ZnO + H_2O + 2e^- \longrightarrow Zn + 2OH^-$$

空气电极：$$4OH^- \longrightarrow O_2 + 2H_2O + 4e^-$$

总反应：$$2ZnO \longrightarrow 2Zn + O_2$$

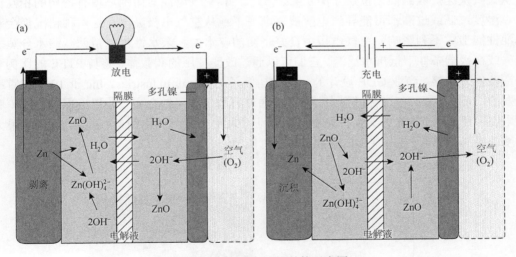

图 7.4.1　锌-空气电池结构示意图

评价锌-空气电池，主要包括以下几个参数：①开路电压：根据整体反应，锌-空气电池的理论开路电压为 1.6V。然而，空气阴极和锌阳极的极化不可避免地会导致电压损失，实际测得的锌-空气电池的开路电压一般为 1.4～1.5V。②功率密度：表示功率输出与阴极面积或催化剂质量之比，与催化剂活性和氧转移能力密切相关。③能量密度：表示放电比容量与消耗锌质量之比。④充放电极化：充放电过程中充放电电压与理论开路电压之差。

⑤倍率性能：锌-空气电池在不同放电电流密度下所能提供的电压。⑥稳定性：通常通过充放电循环次数或连续放电能力来评价。⑦往返效率：在一个工作过程中，充放电比容量之比被定义为往返效率，它代表了可充电锌-空气电池的能量利用效率。充电（OER）和放电（ORR）过程中复杂的三相反应环境导致的低动力学活性和传质阻力，锌-空气二次电池的往返效率通常限制在 55%～65%。

7.4.2　正极材料

1. 气体扩散结构

ORR 主要发生在电极与导离子电解质和气相密切接触的三相边界处。氧气通过气相的扩散速度明显快于通过电解质的速度，因为大多数溶剂的氧溶解度和扩散率都很低。传统的电极结构不能提供足够的三相边界来维持连续的、高电流密度的 ORR，因此作为空气电极效率很低。增加电催化电流密度的一种方法是制备多孔气体扩散电极（GDE）。当最早的锌-空气电池在 1878 年左右向公众推出时，它使用的是多孔镀铂碳空气电极。1932 年，Heise 和 Schumacher 制造了碱性锌-空气电池，其碳电极经过蜡处理以防水。从那时起，这种设计几乎没有改变。现代气体扩散电极由几个聚四氟乙烯（PTFE）键合的碳层组成，在集流体（通常是镍或碳）上具有亲水和疏水微通道。它们的亲水微通道被适当润湿，以提供液体电解质接触。疏水性旨在提供屏障以防止电解质渗透，并促进氧气从大气快速扩散到催化位点 [图 7.4.2（a）]。锌-空气电池与周围环境有密切的相互作用。湿度过低或过高都可能导致电解液逐渐变干或从空气电极溢出，这两种情况都会对电池性能造成不利影响。空气电极中良好平衡的疏水性和亲水性可以帮助减缓水分蒸发损失或在极端条件下抵抗水泛滥。它们可以通过改变使用的碳载体、碳与 PTFE 的比例和制造条件来调整。商业 GDE 设计的一个成功例子是 Toray Industries，Inc 于 1980 年首次开发的 Toray 碳纸。在这种材料中，碳纤维通过石墨化碳层结合在一起以确保高孔隙率和导电性，然后用 PTFE 作为防潮剂处理以用于不同的研究目的 [图 7.4.2（b）]。为了最大限度地提高氧气渗透率，GDE 通常必须尽可能薄。

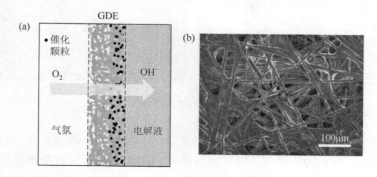

图 7.4.2　气体扩散电极的结构

（a）与液体电解质接触的载有催化剂的气体扩散电极的示意图，它允许氧气从周围大气中轻松渗透并随后在负载电催化剂上还原；（b）用疏水性 PTFE 处理的商用 Toray 碳纸的 SEM 图像

2. 空气阴极催化剂

1）碳材料催化剂

碳材料作为锌-空气电池一类重要的催化剂，主要包括炭黑、石墨烯、碳纳米管、碳纤维及三维多孔碳材料等。碳材料本身导电性能良好、化学性质稳定，但催化活性较低，通常采用掺杂其他元素的方法增加碳材料催化点，提高催化活性，其中氮掺杂是目前提高碳材料催化性能常用的方法。研究表明，氮在碳材料中以石墨氮、吡啶氮及吡咯氮等形式存在，但是目前哪种形式的掺杂氮更有助于提高碳材料的催化性能还未明确。另外，如何控制掺杂氮在碳材料中的存在形式是未来需要关注的关键工艺问题。在高比表面积碳材料中引入氮元素，在掺杂氮后的碳材料中同时发现了石墨氮和吡啶氮，作为锌-空气电池阴极催化剂时其功率密度在约 $220mA \cdot cm^{-2}$ 达到 $131.4mW \cdot cm^{-2}$，能量密度在 $4.5mA \cdot cm^{-2}$ 达到 $889W \cdot h \cdot kg^{-1}$，且这种掺氮碳材料作为催化剂具有很高的稳定性，可使锌-空气电池充放电次数达到 575 次。普通碳材料、碳纳米管及三维碳结构的碳材料进行氮掺杂，作为锌-空气电池阴极催化剂材料，基于碳材料自身的催化性能，经过氮掺杂后，催化性能具有显著的提高。分析认为，这种提高主要是由于氮与碳原子半径接近又存在差异，掺杂在碳材料中既可稳定存在，又可增加碳材料缺陷。另外，氮原子比碳原子多出 1 个电子，氮掺杂改变了碳材料的电子结构，有助于增加碳材料催化性能。氮元素除单独掺杂外，还可与其他元素，如非金属元素氧、硫、磷及过渡族金属铁、钴、镍等共掺杂，利用氮元素与其他元素之间的协同效应提高碳材料的催化性能。

2）金属及其合金催化剂

金属催化剂主要包括过渡族金属单质及贵金属单质两类，其中过渡族金属单质主要有铁、钴、镍、铜等，贵金属单质主要有银、铂、钯、铱等。贵金属单质催化剂是传统的氧化还原催化剂，催化性能高是其主要优点。常用在锌-空气电池中的贵金属催化剂主要有铂、银、钯、金等，通常是将这些贵金属单质粉体与炭黑、碳纳米管、碳纤维、石墨烯等碳材料或者过渡族金属化合物混合使用作为锌-空气电池阴极催化剂。例如，Co_3O_4/Ag 纳米材料用于锌-空气电池时，可使电池功率密度达到 $108mW \cdot cm^{-2}$。钯直接作为氧化还原剂催化性能较差，但发现其与铂复合使用则具有很好的催化活性和耐久性。贵金属单质催化性能良好，但价格昂贵，增加了锌-空气电池的材料成本，限制了这类电池的商业化推广使用。提高贵金属催化剂性价比是一个重要的研究方向，其中合金化是常用方法之一。将贵金属单质与过渡族金属复合作为锌-空气电池催化剂展现了良好的催化性能，甚至优于纯贵金属单质，这是由于其他元素的添加改变了贵金属原来的形貌特征、晶格排列、内部缺陷及电子结构，增强了材料的催化活性。通过贵金属与廉价金属的复合也降低了催化剂材料成本，使其具有推广的可能性。过渡族金属元素除与贵金属复合形成催化材料外，自身也具有良好的催化性能，可单独作为催化材料使用，实现彻底的去贵金属化。过渡族金属催化性能好，但是抗氧化性能差，其催化性能随氧化程度的加深会逐渐下降，而采用碳纳米管、石墨烯等碳材料进行包覆形成核-壳结构不仅可提高抗氧化性，也有助于提升催化性能。

3）金属化合物催化剂

金属化合物催化剂主要是过渡族金属氧化物、硫化物、碳化物、氮化物等，这类金属化合物种类繁多、价格低廉、对环境污染少、制备方法相对简单，作为催化剂材料具有独特的优势，引起人们的普遍关注。过渡族金属氧化物催化剂分为单一金属氧化物和复合金属氧化物。单一金属氧化物包括 MnO、Mn_2O_3、MnO_2、CoO 等，既可单独使用，也可多种金属氧化物混合使用。金属硫化物催化剂主要是过渡金属硫化物，如 FeS、CoS_2、NiS_2 等。研究表明，增加金属硫化物界面、空位及晶格缺陷有助于增加催化活性点，提高金属硫化物的催化性能。除了金属氧化物及硫化物外，金属氮化物及金属碳化物也可作为锌-空气电池催化剂材料。例如，Co_4N 与 N-C 纤维复合材料作为锌-空气电池阴极催化剂时，开路电压为 1.4 V，在约 $250 mA \cdot cm^{-2}$ 时功率密度达到 $174 mW \cdot cm^{-2}$，并且保证电池在 $1 mA \cdot cm^{-2}$ 时充放电循环次数可达 408 次。

7.4.3　锌负极设计

锌作为电池负极具有丰度高、成本低、环境友好、氧化还原电势低、在水溶液电解质中的可逆性好等优点。锌负极作 ZAB 的重要组成部分对其性能有很大影响。伴随着锌电极的溶解过程，电池运行过程中出现了四种主要的技术限制：枝晶、形变、钝化和析氢。改善锌负极性能的方法大致分为以下几种。

1. 添加剂

在 Zn 负极中加入某些添加剂是改善其性能的一种简便有效的方法。金属 Hg 是抑制 Zn 负极自腐蚀和析氢的有效添加剂，但由于其高毒性和对环境的影响，现在很少使用。BaO、Bi_2O_3、$In(OH)_3$、$Ca(OH)_2$ 等金属化合物也被认为是减少 Zn 负极枝晶、抑制 H_2 产生的有效方法。Brousse 等通过原位 X 射线衍射（XRD）技术证明了 Bi_2O_3 在 Zn 沉积之前可以还原为金属 Bi 并形成纳米级的导电网络，从而使电流均匀分布，促进了 Zn 的均匀沉积。此外，每个 Bi_2O_3 晶粒几乎转变为单个 Bi 晶粒，即使经过 50 个循环也不会出现团聚现象。研究表明，在 Zn 负极中引入活性炭（AC）可以显著提高 Zn 的可逆性，在 80 个循环后，在 Zn 负极中添加 12%（质量分数）活性炭的电池容量保持率为 85.6%，远高于使用未修饰的 Zn 负极的电池的 56.7%，还可抑制硫酸锌水合物的生成。另外，活性炭的孔洞能够容纳 Zn 枝晶和不溶性负极产物的沉积，有助于提高可充电 Zn/MnO 电池的循环稳定性。

2. 包覆处理

使用界面层进行包覆处理是阻隔枝晶生长的一种简单而直接的方法，主要有两种界面层：无机界面层和有机界面层。制造无机界面层技术工艺简单、成本低，主要依赖各种黏结剂。例如，$ZnO@TiN_xO_y$ 核-壳纳米结构的 Zn 负极中，小直径（<500nm）的 ZnO 可以抑制负极钝化并可以充分利用活性材料；TiN_xO_y 涂层可以减少 Zn 在碱性电解液中的溶解，维持纳米结构。与普通块状 Zn 箔和未涂覆的 ZnO 纳米负极相比，该负极具有更

高的放电比容量，为 $508\mathrm{mA\cdot h\cdot g_{Zn}^{-1}}$，并具有超过 7500 个循环的循环寿命，展现了出色的长期电化学性能。

3. 结构设计

传统的电池电极是平面型的，二维结构易发生成核，在平面结构中形成微小的锌突起，并以此为电荷中心逐渐生长成为锌枝晶。而通过对三维集流体负极锌沉积方式观察发现，在三维骨架内锌沉积量可调节程度越高，骨架表面形成枝晶的可能性越低。锌负极的结构设计对于减少锌枝晶的形成和形状变化及降低内阻起着重要作用。原则上，增大锌负极的比表面积可以降低锌沉积过电势，从而使锌枝晶形成的可能性和钝化的电势降到最低。另外，多孔结构和较大的比表面积有利于增强锌与电解质的界面接触，缩短离子的扩散路径，从而提高锌基材料的利用率。基于这一理论，研究人员在开发各种三维集电极来缓冲金属负极的枝晶生长，延长电池寿命方面取得了巨大成就。通过在化学蚀刻的多孔铜骨架上电沉积锌制备的高度稳定的 3D 锌负极中，3D 多孔铜骨架固有的优异电导率确保锌的均匀沉积/溶解。该电极减少了极化现象，并具有稳定的循环性能和几乎接近 100%的库仑效率，在持续 350h 的锌沉积/溶解过程中表现出较快的电化学动力学。

7.4.4　电解质材料

1. 水溶液电解质体系

水溶液电解质体系具有毒性小、离子电导率高、阻燃性好、价格低廉的特点，主要分为三种：碱性、中性和酸性电解质。

（1）碱性电解质。碱性电解质中离子电导率高、低温性能好、锌盐的溶解度高。常用于锌-空气电池的电解质是含有 KOH 和 NaOH 的碱性水溶液。KOH 与空气中的二氧化碳反应而产生不溶性碳酸盐（如 K_2CO_3 或 $KHCO_3$）的析出，会阻碍空气阴极的扩散途径，导致电池容量恶化。研究表明，可以通过将表面活性剂引入 KOH 电解质中提高充放电性能。研究表明，在 $2\ \mathrm{mol\cdot L^{-1}}$ KOH 溶液中加入 2%的十二烷基苯磺酸钠（SDBS），在 $40\mathrm{mA\cdot g^{-1}}$ 的适度放电速率下，锌负极的放电比容量从 $360\mathrm{mA\cdot h\cdot g^{-1}}$ 增加至 $490\mathrm{mA\cdot h\cdot g^{-1}}$，可使锌负极的放电比容量提高 36.1%。这是由于形成了疏松多孔的钝化膜，促进离子的扩散交换。应用 SDBS 后，形成的层从致密到疏松多孔不等。

（2）中性电解质。中性电解质有两个主要优点，一方面避免电解质的碳化，另一方面减少枝晶的形成。这两个因素都可以延长二次锌-空气电池的循环寿命。由于电解质的 pH 为"中性"，降低了锌的溶解度，CO_2 吸收非常低甚至几乎不存在。电解液的 pH 可以在 KCl、KNO_3、Na_2SO_4、K_2SO_4 等溶液中调到 7 左右，也可以在铵盐中调到 5 左右。中性电解质通常具有较低的离子电导率和较低的 OH 浓度。研究发现，由于缓冲物质（NH_3）的缓慢扩散，中性电解质 $ZnCl_2/NH_4Cl$ 呈酸性，影响催化剂的使用寿命。在低浓度 NH_4Cl 下，观察到无定形氯化锌一水化物，而在高浓度 NH_4Cl 下，观察到结晶二氨氯化锌的形成。Zn^{2+}可以与其他离子如 Cl^- 络合，这取决于电解质的 pH 和离子浓度。

（3）酸性电解质。酸性电解质很少用于可充电锌-空气电池，在酸性水溶液中，枝晶形成开始时的电流密度通常比碱性溶液中略高。此外，在酸性介质中没有成膜剂的存在，锌表面就不会发生钝化。在一种含有弱酸性三氟甲磺酸锌水溶液电解质构建的高性能可再充电锌-二氧化锰系统中，由于电解质能够形成保护性多孔氧化锰层，阴极具有 $225mA·h·g^{-1}$ 的高可逆比容量和长期可循环性，在 2000 次循环中具有 94% 的容量保持率，锌锰电池的总能量密度为 $75.2W·h·kg^{-1}$。由于出色的电池性能、水性电解质的高度安全性、便捷的电池组件及原材料的成本优势，该电池系统被认为在大规模储能应用中很有前景。

2. 凝胶电解质

凝胶电解质（GPE）具有良好的环境离子导电性，活泼的化学性质，高的热稳定性、电化学稳定性和机械稳定性。Santos 等通过浇铸法合成了一系列掺杂有 KOH 溶液的基于聚乙烯醇（PVA）的凝胶聚合物膜电解质。将膜浸入 $12mol·L^{-1}$ KOH 溶液中会导致大量 KOH 和水进入聚合物基质内部。XRD、热重分析（TGA）、X 射线光电子能谱（XPS）和衰减全反射-傅里叶变换红外光谱（ATR-FTIR）表征证实了 PVA 链的重组取决于膜内 KOH 和水的量。此外，这些 PVA-KOH 膜已在 Zn/PVA-KOH/空气电池中进行了测试，证实凝胶聚合物电解质中 KOH 和水的量的重要性。XRD 和 EDX 测量证明了在 ZAB 测试期间 Zn^{2+} 接近于 Zn 电极的局限性，导致 OH^- 在膜内部的移动。

3. 离子液体

除了碱性和非碱性水系电解质外，仅由离子（阳离子和阴离子）组成的离子液体（IL）已被提议作为可充电锌-空气电池（ERZAB）的另一种有吸引力的选择。由于其固有的高离子浓度，离子液体具有优异的热稳定性、极低的蒸气压、对金属盐的高溶解能力和宽的电化学窗口。这些特性可以潜在地克服与水性电解质相关的持续问题，如开放系统中的锌腐蚀、失水和 CO_2 吸收。此外，由于阳离子和阴离子组合的巨大（几乎无限）多样性，离子液体的物理和化学性质是高度可调的。离子液体的可调性是 ERZAB 电解质的一个有吸引力的特性，因为可以设计或优化电解质组合物以满足某些性能要求，如 Zn/Zn^{2+} 的氧化还原行为、工作电池电压和工作温度范围。

4. 固体电解质

固体电解质具有良好的机械强度和一定的变形能力，易于操作，降低电极/电解质界面处的内阻可消除电池漏液的问题。固体电解质分为固体聚合物电解质（SPE）和无机固体电解质。SPE 提高了能量、扩大了工作温度范围并延长了电池寿命。通过使用溶液流延法将不同质量分数的氧化铝（Al_2O_3）完全分散，将乙酸钠（CH_3COONa）掺杂在聚乙烯吡咯烷酮（PVP）的聚合物中制备纳米复合聚合物（NCP）薄膜。对获得的 NCP 膜进行了系统表征。所制备的 NCP 膜的晶体结构通过 XRD 确认。通过 SEM 分析了膜中的少量团聚和晶粒尺寸。FTIR 和拉曼光谱证实了主体、掺杂剂盐和纳米填料之间的化学键形成和交换反应。对于质量比为 80∶20 的 PVP + CH$_3$COONa 和 Al$_2$O$_3$ 所制备的膜，发现最高的离子电导率为 1.05×10^{-3}S·cm^{-1}。从电荷放电特性可以得出结论，与其他制备的薄膜相比，该质量分数的薄膜具有长的耐久性。陶瓷基固体电解质具有能量密度高、电解液漏量小、阻燃性好、可靠性好、电化学稳定性高、循环周期长、可用于大规模电池等优点。氧化物基电解质在环境条件下表现出良好的稳定性，固体电解质与电极之间的界面电阻较大。固体硫化物基电解质的热力学稳定性较低（在环境条件下，甚至在极性溶剂中）。当暴露在潮湿环境中时，硫化物的存在会导致有毒的 H$_2$S 的产生。然而，这些电解质在室温下的离子电导率约为 1×10^{-2}S·cm^{-2}。硫化物基团会腐蚀晶界，导致陶瓷和固体电解质出现裂纹。氮基电解质在室温下离子电导率小于 1×10^{-3}S·cm^{-2}，但较低的电化学分解电势和较差的稳定性阻碍了其实际应用。

7.4.5 锌-空气电池的特点及应用

（1）低成本特性：原材料负极锌、正极空气、水基碱性电解液都足够廉价，成本多产生在空气电极催化剂。相比氢燃料电池催化剂，空气电极催化剂应用在碱性电解质中，催化剂种类选择极其广阔。美国 EOS Energy Storage 公司公开信息显示，250kW·MW^{-1}·h^{-1} 系统全寿命周期成本为 212 美元·kW^{-1}·h^{-1}，与铅炭电池系统成本相当。

（2）高能量特性：正极使用空气中的氧气作为活性物质，容量无限，电池比能量取决于负极容量，可达到 $350 \sim 500$W·h·kg^{-1}。

（3）高安全性：不易燃水电解质、运输时无危险、不含有毒物质。此外，锌-空气电池还兼具环保、可以灵活定制等特点，可以打破多个蓄电池市场的现有竞争格局，是一项非常有市场竞争力和广阔市场空间的技术。

1. 锌-空气一次电池研究现状

锌-空气电池发展到现在，其相关技术已不断完善，各方面性能也有显著提高，主要产品形式分为锌-空气一次电池和锌-空气二次电池，可以满足多种用途的需求。与其他一次电池相比，锌-空气电池具有容量大、能量密度高、价格低廉、放电曲线平稳等优点。目前一次性电池产品除了常见的纽扣式电池外也日益多样化，应用领域相应扩大。

（1）纽扣式一次电池：早期的商品锌-空气电池仅限于纽扣式一次电池，安全性好且价格便宜，用于便携式电子产品中，主要是助听器。目前，这种电池的用途正在扩大，因为高能量密度逐渐可以满足各种用途的普遍要求，如电子手表、计算器、电子词典等便携式电子信息产品。

（2）其他结构的一次电池：随着圆柱型电池防漏问题的逐步解决，使实用圆柱系列锌-空气电池的生产与推广工作得以实现。此外，应用在手机上的方型电池的研究在国内一些研究单位也取得了不错的成果。先将锌-空气电池推向移动电话应用领域的是以色列 ElectricFuel 公司，针对于 Motorola 手机使用，实验阶段可以实现连续通话 6.2h，期望最终达到连续通话 10h 以上。这种电池与锂离子电池、MH-Ni 电池相比在价格、质量、通话时间等性能方面都显示出显著的优越性。武汉大学也研制出方型结构的用于移动电话的锌-空气电池，电池组比能量高达 $220W\cdot h\cdot kg^{-1}$，最大输出功率可达 3.6W，并且其综合性能完全满足移动电话的使用要求。另外，锌-空气储备电池也受到关注，这种电池相对体积小，储能大，广泛应用于军用装置、航海照明、野外勘探等方面。

2. 锌-空气二次电池研究现状

近年来电动车发展迅速，给锌-空气电池提供了广阔的发展空间。锌-空气电池具有能量高、零污染、不燃爆、可循环利用等特点，非常适宜用作城市电动车的动力电源，具有很大的开发潜能，使得人们对它的研究逐步转移到大功率动力电池上，锌-空气二次电池也成了各研究机构的开发重点。锌-空气二次电池主要有直接可再充式锌-空气电池、机械充电式锌-空气电池、锌-空气燃料电池等。

（1）直接可再充式锌-空气电池：直接可再充式锌-空气电池是直接对锌-空气电池的锌电极充电，在此过程中存在很多的问题。例如，锌在碱性溶液中的电化学活性很大，同时热力学性质不稳定，充电产物锌酸盐在强碱溶液中溶解度较高，因此电极容易出现变形、枝晶生长、自腐蚀及钝化等现象，导致电极逐渐失效。另外，空气电极可逆性差，且在大气环境中电解液容易碳酸化，而且，电解液受空气湿度的影响较大。当空气相对湿度较低时，电池将损失水分，导致电解液不足，电池失效；当空气相对湿度较高时，电解液变稀，电导率降低，还有可能淹没气体电极的催化层，降低电极活性，导致电池失效。因此，直接可再充式锌-空气二次电池的应用受到一定的限制。

（2）机械充电式锌-空气电池：鉴于直接可再充式锌-空气电池存在的问题难以得到解决，科研人员在研究过程中根据锌-空气电池的放电特征及自身的特点，建立了新的二次锌-空气电池充电理念——机械式"充电"。机械式"充电"是指在电池完全放电后，将电池中用过的锌电极取出，换入新的锌电极，或者将整个电池完全更换掉，整个过程所用的时间为 3～5min。使用过的锌电极或锌-空气电池拿到专门的锌回收利用厂进行回收再加工，可实现绿色环保无污染。

（3）锌-空气燃料电池：锌-空气燃料电池的概念是依据现有的燃料电池提出的，基本原理与机械式"充电"相似，都是更换锌极活性物质。锌-空气燃料电池是将配制好的锌膏源源不断地送入电池内，同时将反应完毕的混合物排出电池外，另外还要保证电池运行时有足够的氧气供应。这样电动车只需携带盛放锌膏的燃料罐，盛放足够的燃料便可实现连续行驶。然后按时更换燃料罐，取走反应生成物即可。锌-空气燃料电池在基本原理上已不存在问题，特别是在锌膏配制搅拌方面，而其关键在于整体结构的设计。这种设想所存在的问题主要是锌膏如何输送到电池中，反应完毕的生成物如何从电池中排出而又不损坏电池其他部分。由于锌膏的黏度大，不能像气体和液体那样采用泵来输送，只能采用挤压或其他方式。锌膏经放电反应后生成物的成分复杂，很难将其排出电池体外。正因为这些问题很难得到解决，锌-空气燃料电池至今一直停留在实验阶段。

7.5　钠离子电池

7.5.1　钠离子电池的原理和结构

钠离子电池的工作原理和锂离子电池相似,同样基于 Na^+ 在正负极中可逆嵌入/脱出的"摇椅电池"机理:充电过程中,Na^+ 在内电路中从正极脱出经过电解质嵌入负极,而电子在外电路中由正极到负极运动;放电过程则恰好相反。典型的钠离子电池构造如图 7.5.1 所示。钠离子电池的关键材料包括正负极材料、电解质材料和隔膜材料等。

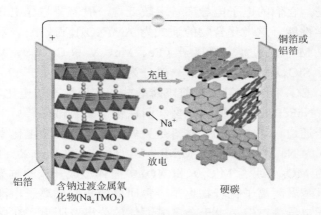

图 7.5.1　钠离子电池的结构及工作原理

7.5.2　正极材料

1. 过渡金属氧化物

钠离子电池中的过渡金属氧化物包括层状氧化物和隧道型氧化物。层状氧化物的结构通式为 Na_xTMO_2 (M = Fe、Mn、Ni、Co、Cr、Ti、V 或者它们中几种的组合)。Na_xTMO_2 化合物由 MO_6 八面体片组成,拥有可供 Na^+ 嵌入/脱出的 2D 迁移通道。钠离子电池中的层状氧化物包括 O 型堆积和 P 型堆积。层状 Na_xTMO_2 的多重叠加序列丰富了过渡金属氧化还原物质的选择,但同时也导致了复杂的相变,可能对钠离子电池性能产生不利影响。在四种堆积结构中,研究最多的是 P2 型结构和 O3 型结构,以及 P2 和 O3 混合型结构。P2 型 $Na_{0.72}[Li_{0.24}Mn_{0.76}]O_2$ 材料的初始放电比容量高达 $210mA·h·g^{-1}$(0.72Na)。在完全脱 Na 的情况下,这种材料的 P2 型结构可以保持且体积膨胀率仅为 1.35%。$Na_{0.72}[Li_{0.24}Mn_{0.76}]O_2$ 材料中与阴离子氧化还原反应相关的库仑斥力减小,且阴离子氧化还原反应具有稳定结构的作用,所以该材料展现出优异的电化学性能。O3 型 $NaNi_{0.5}Ti_{0.5}O_2$ 材料的可逆比容量为 $121mA·h·g^{-1}$,平均电势为 3.1V(*vs.* Na/Na^+)。在 5*C*

倍率下，该正极材料循环 100 次后的容量保持率超过 60%。在充放电过程中，Ni 离子作为氧化还原电对在二价和四价之间变换，而 Ti 离子一直保持四价不发生变化。与 O3 型材料相比，P2 型材料具有更高的钠离子导电性和结构完整性，所以具有更高的能量密度和循环稳定性。

除层状氧化物之外，隧道型过渡金属氧化物在钠离子电池中的应用也有报道。这种材料具有特殊的 S 型和六边形隧道，其中钠离子与过渡金属离子的比值一般较低（一般小于 0.5）。隧道型过渡金属氧化物与层状过渡金属氧化物相比，虽然特殊的结构使得其具有较好的循环性能，但是初始钠含量较低，导致其可逆比容量较低。

2. 聚阴离子化合物

聚阴离子化合物的结构稳定性较好，且工作电压与聚阴离子周围的环境有关，具备可调控性。但是，它们的电子电导率普遍较低，一般需要与导电介质形成复合材料从而改善其电化学性能。这类化合物的通式为 $AM(XO_4)_mY_n$，A 表示碱金属离子（如 Li、Na 和 K 等），M 代表过渡金属离子（Fe、Mn、V 和 Co 等），XO_4 代表聚阴离子基团（PO_4、SO_4、SiO_4 和 BO_4 等），Y 一般分为两类：一类是 F、N 和 O 等，另外一类是 P_2O_7、B_2O_5、CO_3 和 NO_3 等。目前，磷酸盐和焦磷酸盐的电化学性能较为突出。与 $LiFePO_4$ 不同，$NaFePO_4$ 分为橄榄石型和磷铁钠矿型。橄榄石型 $NaFePO_4$ 结构沿 b 轴形成一维钠离子通道。NASICON 材料是另外一种具有优异电化学性能的聚阴离子化合物，它的通式为 $Na_xMM'(XO_4)_3$（M/M' = V、Ti、Fe 和 Nb；X = P 或者 S，$x = 0 \sim 4$），其中角共享的 MO_6（或者 $M'O_6$）和 XO_4 多面体形成开放的框架结构，为 Na^+ 扩散提供了通道。钒基聚阴离子化合物也是一种研究较多的钠离子电池正极材料，这种材料具有高的离子电导率，但是由于金属多面体的分离及阴离子在聚阴离子结构中的强电负性，其电子电导率较低。

3. 普鲁士蓝类化合物

普鲁士蓝类化合物具有理论比容量较高、容易合成和低成本等优点。此外，普鲁士蓝类化合物还可以对其化学成分进行修改以得到满意的电化学性能。这类材料的通式为 $A_xM_{Ay}[M_B(CN)_6]_znH_2O$，$M_A$ 和 M_B 为 Mn、Fe、Co、Ni、Cu 和 Zn 等，A 为 Li、Na 和 K，虽然 M_A 和 M_B 可以是同一过渡金属，但是可以通过价态的不同来对二者进行区分。它们之间本质的区别是自旋状态不同，高自旋（HS）M_A 位于 M_AN_6 八面体，低自旋（LS）M_B 位于 M_BN_6 八面体，二者分别由弱 N 配位晶体场和强 C 配位晶体场形成。通过选用不同的过渡金属离子，如 Ni^{2+}、Cu^{2+}、Fe^{2+}、Mn^{2+}、Co^{2+}、V^{2+} 等，可以获得丰富的结构体系，表现出不同的储钠性能。

7.5.3 负极材料

1. 嵌入型负极材料

鉴于石墨负极在锂离子电池中的成功应用，可石墨化碳（软碳）率先获得了在钠离子电池的应用研究。然而，研究人员很快发现，Na^+插入石墨层间时存在明显阻力，同时还伴随着电解质和电极材料的副反应。第一性原理计算结果表明，Na-GIC（钠-石墨层间化合物）的形成能存在能量不稳定性，Na^+很难嵌入石墨中。硬碳材料具有更高的比容量，这类材料通常是在一定温度下对有机高分子进行热处理得到的。对于硬碳材料的储钠机理，目前被广泛接受的模型为：在充放电曲线倾斜区，Na^+从平行的石墨烯片层间嵌入/脱嵌；而在曲线的平台区，Na^+从无序碳结构的纳米孔中嵌入/脱嵌。除软碳和硬碳材料之外，石墨烯在 SIB 负极中也得到了广泛的应用研究。石墨烯具有高的比表面积、高的电子电导率和化学稳定性，可以有效缩短离子的转移通道，提供更多的插入路径。然而在对碳基材料负极的应用研究中，研究人员发现低的工作电压可能会导致钠离子电池的安全问题，如在负极表面形成钠枝晶等。于是，具有合适工作电压（0.5~1V），无毒易制备的钛基氧化物得到了广泛关注。

2. 转化型负极材料

某些过渡金属氧化物（TMO）、过渡金属硫化物（TMS）和过渡金属磷化物（TMP）可以通过转化反应吸收 Na^+。与金属原子可逆地穿梭进出主晶格的插层和合金化反应不同，转化反应涉及一种或多种原子物种化学转化为主晶格以形成新化合物，取决于过渡金属嵌入-脱出或合金-脱合金与转化反应相结合。类似于 LIB 中的反应，转换材料因高理论比容量而被认为是 SIB 的有潜力的负极材料。然而，钠化-去钠化过程中的较大体积膨胀/收缩加速了电极的损坏，导致电接触的丧失和随后的容量快速衰减。此外，由于离子尺寸大（1.02Å），Na^+的移动性缓慢，这仍然是充分利用其理论比容量的挑战。近年来，为了解决这些问题，纳米技术的引入和导电材料的开发促进了高性能转换材料作为 SIB 负极的开发。

3. 有机化合物负极材料

到目前为止，有机化合物作为锂离子电池和/或钠离子电池的潜在负极材料很少受到关注，主要是因为无机材料在研究和商业应用中都取得了成功。然而，伴随着二次电池的新要求，如柔韧性、生产成本低和环境友好，特别是对于便携式设备，达到了无机电极材料的极限。在这方面，有机化合物具有多种优势，包括它们的化学多样性、可调节的氧化还原性能、质量轻、机械灵活性和成本效益方面，从而为电池的应用提供了广泛的选择。最近，研究人员已将具有定制骨架和金属离子的碳酸盐作为可充电（Li、Na、K）电池的电极。最重要的是，对于 SIB，无机化合物的循环稳定性较差，主要是由于 Na^+的离子半径较大。相比之下，有机羧基材料的氧化还原反应由于柔软的性质而受碱离子的离子大小的影响较小。因此，主要的有机羧基化合物，包括共轭羧酸盐、酰亚胺和醌及席夫碱基团，被广泛研究为有前途的 SIB 替代负极材料。尽管有这些优势，与高性能碳基或无机化合物负极材料竞争仍然存在三大挑战：①极低的电子电导率导致反应动力学缓慢；②在 Na^+插入/脱出过程中大的体积变化引起的颗粒粉碎；③循环时有机溶剂中的化学不稳定性。这样的阈值会导致循环时严重的容量衰减和活性质量损失。

7.5.4　电解质材料

1. 碳酸酯基电解质

与 LIB 类似，碳酸酯一直是 SIB 主要采用的溶剂，因为它们具有更高的电化学稳定性和溶解碱金属盐的能力。使用最广泛的是环状碳酸丙烯酯（PC）和碳酸乙烯酯（EC），以及直链碳酸甲乙酯（EMC）、碳酸二甲酯（DMC）和碳酸二乙酯（DEC）。大多数钠离子电解质采用一种或多种溶解在两种或多种溶剂混合物中的钠盐，而单一溶剂配方非常少见。使用多种溶剂（有时是盐）背后的推动力源于电池电解质的各种且往往相互矛盾的要求，单一化合物/分子几乎无法满足这些要求。最近对研究人员报道电解质成分的统计分析表明，EC∶DEC 是最常用的，其次是 EC∶PC 和基于 PC 的系统，再次是 EC∶DMC 混合物。关于钠盐，使用最多的是 $NaClO_4$，其次是 $NaPF_6$，$NaCF_3SO_3$、NaTFSI 和其他盐类的报道相对较少。

2. 醚基电解质

乙二醇二甲醚基电解质在 SIB 领域受到关注，因为它们能够使 Na^+ 溶剂共嵌入石墨电极并构建稳定的 SEI 膜。除了用于激活石墨中的 Na^+ 嵌入之外，基于甘醇二甲醚的溶剂还显示出对钠金属剥离/沉积过程具有出色的可逆性。研究人员证明了甘醇二甲醚（单甘醇二甲醚、二甘醇二甲醚和四甘醇二甲醚）中的 $NaPF_6$ 可以在室温下实现钠金属阳极的高度可逆和非树枝状电镀-剥离。在 $0.5mA \cdot cm^{-2}$ 下进行 300 次电镀-剥离循环后，平均库仑效率高达 99.9%。研究发现长期可逆性源于形成均匀且富含无机化合物的 SEI 膜，该膜对电解质溶剂具有高度的渗透性，有助于非枝晶生长。韦斯特曼等详细研究了 $NaPF_6$ 在二甘醇二甲醚中的理化和电化学性质，证明了 Na 金属在 $NaPF_6$-二甘醇二甲醚电解质中作为对电极/参比电极的适用性。电解质显示出优异的电势窗口（ESW），在 $0 \sim 4.4V(vs. Na^+/Na)$ 范围内没有主要的还原或氧化分解。升高的 ESW 与没有副反应有关，这得到了二甘醇二甲醚与 Na^+ 和 PF_6^- 的各种复合物的氧化和还原电势的 DFT 计算的支持，GC/MS 分析也证明了这一点。

3. 离子液体

离子液体（IL）是由大有机阳离子（如咪唑鎓或吡咯烷鎓）和高电荷离域阴离子［如双（三氟甲磺酰基）酰亚胺（TFSI）］组合形成的室温熔盐。这类电解质具有独特的特性，包括高导电性、环境兼容性，尤其是高热稳定性。与高度挥发性和易燃的有机碳酸盐基电解质相比，基于 IL 的溶液通常稳定到 $300 \sim 400℃$。此外，IL 基本上由有机离子组成，允许无限的结构变化，可以调整 IL 的特性以满足特定要求。

基于 IL 的电解质的主要缺点之一是在室温下的高黏度和有限的离子电导率。克服这个问题的一个可能的解决方案，已经在基于锂的系统中得到广泛探索，是将 IL 电解质与（共）溶剂混合以提高电化学性能，同时保持足够的安全水平和有限的可燃性的电解质。

研究人员报道了使用 IL 和有机电解质作为参考的 SIB 混合电解质的理化性质和电化学性能的系统研究。当使用 $Na_3V_2(PO_4)_3$/碳为阴极，x[EC：PC(1：1，体积比)] + (1-x) Pyr$_{13}$TFSI 作为溶剂和 NaFSI 为溶质时构筑的钠离子电池表现出良好的电化学性能（x 表示体积分数，x = 0，0.25，0.5，0.75，1）。另外，IL 和甘醇二甲醚混合溶剂配制的电解液有望进一步提升 SIB 的性能。

4. 水系电解质

在电解质中使用水（H_2O）代替有机溶剂具有许多优势，如成本更低、固有安全性提高和环境友好。这一点，再加上钠的丰度高和成本低，使得水性钠离子电池（ASIB）极具吸引力和前景。然而，由于 H_2O 的电化学分解，正确选择电极材料可能是实际 ASIB 中最关键的挑战之一。水性电解质更加复杂，因为：①需要消除电解质中残留的 O_2；②保持水性电解质中的电极稳定性；③抑制 H_3O^+共嵌入电极；④O_2 和 H_2 的有效内部消耗，过（充电/放电）后在阴极和阳极侧产生。这些问题对于实现水性电池系统至关重要。

据报道，采用 λ-MnO_2 作为阴极，活性炭作为阳极及 $1mol \cdot L^{-1}Na_2SO_4$ 水溶液作为电解质，成功组装了一个 80V、$2.4kW \cdot h$ 的电池组。随后，使用相同的电解质，研究人员分别将 $NaTi_2(PO_4)_3$ 和 $Na_2NiFe(CN)_6$ 作为正极和负极，获得平均输出电压为 1.27V，能量密度为 $42.5W \cdot h \cdot kg^{-1}$，在 5$C$ 下 250 次循环后容量保持率为 88%的电池系统。另外，研究表明，在采用 $NaTi_2(PO_4)_3$ 为阴极材料的 ASIB 中，使用 Na_2SO_4 水溶液为电解质时具有更好的性能，在 $2.0mA \cdot cm^{-2}$ 电流密度下获得 $124mA \cdot h \cdot g^{-1}$ 的可逆比容量，平台期电压为 2.1V(vs. Na^+/Na)。

5. 聚合物电解质

离子导电聚合物的发现可以追溯到 40 年前，当时报道了碱金属盐与聚环氧乙烷（PEO）形成的复合物的电导率，后来被应用于电化学装置。聚合物电解质（SPE）将固态离子电导率与机械柔韧性相结合，由于它们能够与固体电极形成良好的界面，因此成为电化学电池中液体电解质的理想替代品。此外，SPE 具有成本效益、质量轻（即高能量密度）、更高的安全性、良好的可加工性（成型、图案化和集成）、高度灵活的电池设计、更容易操作（包括制造超薄膜）和增强在充电/放电过程中对电极体积变化的抵抗力。然而，它们通常的特点是在室温下的电导率（$10^{-7} \sim 10^{-5}S \cdot cm^{-1}$）有限，因此，采用 SPE 的电池通常在中等温度（60~90℃）下运行。

由于 Na 金属的熔点（即 98℃）非常接近 SPE 的工作温度，因此该温度对于钠金属电池可能非常关键。PEO 具有—CH_2CH_2O—（EO）重复单元，由于较高的溶剂化能力（DN = 22）和离子解离能力，是用于 SPE 制备的最广泛研究的聚合物。除了基于 PEO 的电解质之外，还研究了其他几种用于 SIB 电解质应用的聚合物，如聚乙烯吡咯烷酮（PVP）、聚氯乙烯、聚乙烯醇（PVA）、聚丙烯腈（PAN）和聚碳酸酯。West 等报道了 PEO 与 $NaClO_4$ 盐混合的性质，结果显示，在 80℃，EO/Na = 12 的 PEO/$NaClO_4$ 的离子电导率为 $0.65mS \cdot cm^{-1}$。后续研究表明，PEO 与不同 Na 盐（如 $NaClO_3$、$NaLaF_4$、$NaClO_4$、NaFSI、

NaFNFSI 和 NaTFSI)混合后的离子电导率与钠盐的种类有关,如在 PEO/NaPF$_6$ 混合物中,当 EO/Na = 15 时,其室温下和 70℃ 的电导率分别为 $5×10^{-6}$S·cm^{-1} 和 $1×10^{-3}$S·cm^{-1}。特别值得指出的是,氟化阴离子作为 PEO 基电解质的增塑剂,可降低聚合物的结晶度,从而提高其在室温下的离子电导率。

6. 无机固体电解质

用于室温 SIB 固体电解质的无机化合物的研究主要集中在玻璃材料上,而钠超离子导体（NASICON）和 Na-β-氧化铝通常被研究用于中高温应用。Na-β-氧化铝可分为两种不同晶体结构:β-Al$_2$O$_3$(六方晶系:$P63/mmc$;a_0 = 0.559mm,c_0 = 2.261mm)和 β″-Al$_2$O$_3$(菱形:$R3m$;a_0 = 0.560mm,c_0 = 3.395mm)。其中,β″-Al$_2$O$_3$ 相比 β-Al$_2$O$_3$ 相具有更高的离子电导率。在电导率方面,β″-Al$_2$O$_3$ 单晶在室温下可以达到 0.1S·cm^{-1},在 300℃ 时可以达到 1S·cm^{-1},而多晶 β″-Al$_2$O$_3$ 的电导率则降低了 80%。

NASICON 通常具有较高的离子电导率,可用作 SIB 的固体电解质。NASICON 具有通式 Na$_{1+2x+y+z}$M$_x^{(II)}$M$_y^{(II)}$M$_{2-x-y}^{(IV)}$Si$_z$R$_{3-z}$O$_{12}$,其中 M 被二价、三价或四价阳离子替代,R 可以是 Si 或 As。NASICON 结构最早由 Hagman 等研究。1960 年后,初步研究表明,NASICON 的离子电导率可以高于 $1×10^{-3}$S·cm^{-1}。由于其良好的离子电导率,NASICON 被提议作为用于高温 Na-S 电池的 β″-氧化铝的替代品。

玻璃态材料是固体电解质非常有趣的候选者,与结晶态电解质相比,具有多种优势,如成分选择范围广、各向同性、减少晶界问题和易于成膜。它们通常具有低熔点（T_m）和/或低玻璃化转变温度（T_g）的特点,因此可以模塑成所需的形状,从而与小颗粒阴极的整个表面积有良好的接触。此外,它们通常不需要像 β″-氧化铝或 NASICON 那样的高温烧结工艺;相反,室温下的等静压通常足以确保电极和电解质之间良好的相间相互作用,尤其是对于硫化物基材料。由于所谓的开放结构,非晶材料的离子电导率一般也较高。此外,可以实现单离子传导,因为玻璃材料属于解耦系统,其中离子传导弛豫模式与结构弛豫模式解耦。

7.5.5　钠离子电池的特点及应用

钠是地球上第四丰富的元素,其分布似乎是无限的。含钠前驱体的供应量很大,仅在美国就有 23 亿 t 纯碱。与碳酸锂（2023 年每吨约 35000 美元）相比,生产碳酸钠的天然碱资源丰富且成本低得多（2023 每吨 213 美元）,为开发 SIB 提供了令人信服的理由,被用作 LIB 的重要补充。由于需要锂的替代品来实现大规模应用,SIB 近年来引起了相当多的研究关注。早在 20 世纪 70 年代末期,SIB 与 LIB 几乎同时得到研究,但由于 LIB 的发展和商业应用的快速进展,SIB 的研究曾一度处于缓慢甚至停滞状态,直到 2010 年后 SIB 才迎来它的发展和复兴。近年来,随着对可再生能源利用的大量需求和对环境污染问题的日益关注,迫切需要发展高效便捷的大规模储能技术。与 LIB 具有类似的工作原理,资源丰富和综合性能较优的 SIB 在这样的背景下再次获得广泛关注。SIB 相关材料和技术报道层出不穷,截至 2020 年,全球已有 20 多家企业致力于 SIB 的研发,SIB

正朝着实用化进程迈进。

1. 国内外钠离子电池产业化情况

全球主要的 SIB 代表性企业有英国 FARADION 公司、法国 Tiamat、日本岸田化学、美国 Natron Energy 公司等，以及我国的北京中科海钠科技有限责任公司、浙江钠创新能源有限公司和辽宁星空钠电电池有限公司等。不同企业采用的材料体系各有不同，其中正极材料体系主要包括层状氧化物（如铜铁锰和镍铁锰三元材料）、聚阴离子型化合物（如氟磷酸钒钠）和普鲁士蓝（白）类等，负极材料体系主要包括软碳、硬碳及复合型的无定形碳材料等。

英国 FARADION 公司较早开展 SIB 技术的开发及产业化工作，其正极材料为 Ni、Mn、Ti 基 O3/P2 混合相层状氧化物，负极材料采用硬碳。现已研制出 10A·h 软包电池样品，比能量达到 140W·h·kg^{-1}。电池平均工作电压 3.2V，在 80% 放电深度（DOD）下的循环寿命预测可超过 1000 周。美国 Natron Energy 公司采用普鲁士蓝（白）材料开发的高倍率水系 SIB，2C 倍率下的循环寿命达到了 10000 周，但普鲁士蓝（白）类正极材料压实密度较低，生产制作工艺也较复杂，其体积比能量仅为 50W·h·L^{-1}。由 CNRS、CEA、VDE、Saft、Energy RS2E 等多家单位共同参与成立的法国 NAIADES 组织开发出了基于氟磷酸钒钠/硬碳体系的 1A·h 钠离子 18650 电池原型，其工作电压达到 3.7V，比能量为 90W·h·kg^{-1}，1C 倍率下的循环寿命达到了 4000 周，但是其材料电子电导率偏低，需进行碳包覆及纳米化，且压实密度低。此外，丰田公司电池研究部在 2015 年 5 月召开的日本电气化学会的电池技术委员会上也宣布开发出了新的 SIB 正极材料体系。

国内 SIB 技术研究也取得了重要进展，其中浙江钠创新能源有限公司制备的 Na[Ni$_{1/3}$Fe$_{1/3}$Mn$_{1/3}$]O$_2$ 三元层状氧化物正极材料/硬碳负极材料体系的钠离子软包电池比能量为 100～120W·h·kg^{-1}，循环 1000 周后容量保持率超过 92%。依托中国科学院物理研究所技术的北京中科海钠科技有限责任公司已经研制出比能量超过 145W·h·kg^{-1} 的 SIB，电池平均工作电压 3.2V，在 2C 倍率下循环 4500 次后容量保持率为 83%，现已实现了正、负极材料的百吨级制备及小批量供货，钠离子电芯也具备了兆瓦·时级制造能力，并率先完成了在低速电动车、观光车和 30kW/(100kW·h)储能电站的示范应用。

2. 目标应用市场

SIB 拥有原料资源丰富、成本低廉、环境友好、能量转换效率高、循环寿命长、维护费用低和安全性好等诸多独特优势，可广泛应用于包括各类低速电动车（电动自行车、电动三轮车、观光车、四轮低速电动汽车和物流车）、大规模储能（5G 通信基站、数据中心、后备电源、家庭储能和可再生能源大规模接入）等，可以预计在未来将首先取代铅酸电池并逐步实现低速电动车、后备电源和启停电源等领域的无铅化。即使面对大规模储能的国家战略需求及智能电网覆盖下的家庭储能市场的崛起，SIB 技术作为 LIB 的有益补充同样会占据一席之地，甚至会扮演更重要的角色。

根据现有 SIB 技术成熟度和制造规模，将首先从各类低速电动车应用领域切入市场，然后随着 SIB 产品技术的日趋成熟及产业的进一步规范化、标准化，其产业和应用将迎来快速发展期，并逐步切入各类储能应用领域（5G 通信基站/数据中心→家庭/工业储能→可再生能源方向/智能电网）。

3. 钠离子电池产业化面临的挑战及解决方案

SIB 技术和产业的发展在一定程度上可以借鉴 LIB，可谓是"站在了巨人的肩膀上"。然而，在 SIB 产品研发和实现其产业化的过程中，依然面临着一些挑战。

（1）目前 SIB 处于多种材料体系并行发展的状态，而其中一些正、负极材料体系加工性能等还有待进一步提高。其中，负极无定形碳材料还有首周库仑效率偏低、储钠机理尚未明确等问题。此外，与正、负极材料相匹配的电解液体系的研究和开发也不足。

（2）虽然目前 SIB 的大部分非活性物质（集流体、黏结剂、导电剂、隔膜、外壳等）可借鉴 LIB 成熟的产业链，但是对于核心的正、负极材料和电解液等活性材料的规模化供应渠道依然缺失，其来源稳定性无法保证，进而影响生产工艺过程和产品质量的稳定性。

（3）相比于 LIB，现有的 SIB 体系能量密度还较低，单位能量密度下的非活性物质用量和成本占比会有一定的增加，致使其活性材料的成本优势无法完全发挥出来。

（4）SIB 可参照 LIB 设计及生产工艺技术，但却无法完全照搬，如 SIB 负极使用铝箔集流体带来的产品设计、电极制作及装配工艺等的变化。

（5）由于 SIB 工作电压上、下限与其他成熟电池体系的差异，以及较强的过放电忍耐能力等，现有的电池管理系统无法完全满足 SIB 组的使用要求，需要重新设计开发。

（6）目前有关 SIB 的标准和规范还很不完善，影响其制造工艺的规范化及产品质量的一致性，也会导致不同企业之间产品难以统一和标准化，不利于产品的市场推广和成本降低。

接下来，SIB 的发展将会更加注重于解决产业发展过程中的工程技术问题和开发符合目标市场需求的产品，其相关技术和产业的发展趋势可以从以下几个方面进行考虑。

（1）进一步提高正、负极材料体系的综合性能，提高材料稳定性并优化其生产制备工艺。优化电解液体系，构筑更加稳定的正极电解质和负极电解质界面等。

（2）根据不同应用场景逐渐形成对应的主流 SIB 体系，同时优化电池设计及生产制造工艺，降低非活性物质的用量，继续提高电池能量密度、循环寿命及安全性能。

（3）结合 SIB 特点针对性发展并优化适用于 SIB 的相关技术体系，包括电芯设计、极片制作、电解液/隔膜选型、化成老化及电芯评测等技术。

（4）根据 SIB 的特性针对性开发相应的电池管理系统，以进一步提升电池组整体寿命及安全性，同时优化 SIB 成组技术，如开发 SIB 的无模组电池包（CTP）技术、双极性电池技术等。

（5）联合更多的科研单位及企业共同攻关，打通 SIB 上下游供应链，尽早完成针对 SIB 的相关必要标准的制定。

（6）调整生产规模，优化销售环节，降低 SIB 的单位成本，提高市场的接受程度。

习题与思考题

1. 结合课本并查阅相关资料，总结各种新型电池的原理、优势及短板。

2. 结合课本并查阅相关资料，总结锂电池与钠电池的共同点和区别。

3. 结合课本并查阅相关资料，总结锂-空气电池和锌-空气电池在工作原理上的相似之处。

4. 锂硫电池为什么不太合适使用酯类电解液？其使用醚类电解液的优势有哪些？

5. 锂硫电池与锂-空气电池中使用氧化还原介质的目的有什么不同？

6. 结合课本并查阅相关资料，总结锂硫电池中穿梭效应的形成原因及解决办法。

7. 在电池设计上，钠离子电池的电池组件材料选取与锂离子电池的区别及原因。

8. 查阅相关资料，阐述钠离子电池正、负极材料的最新研究进展。

9. 查阅相关资料，阐述钠离子电池在规模储能应用中的优势和挑战。

第 8 章　电化学电容器技术

荷兰莱顿（Leyden）大学的物理学家 Musschenbroek 于 1746 年发明的"莱顿瓶"（Leyden jar）开始了人类使用电容器的历史。在 20 世纪 50 年代以前，人类对电容器的研究主要限于电解电容器，电解电容器被广泛用于电子、通信等产业的电子产品中。微电子技术和集成电路的出现使得更大容量、更小体积的电容器成为迫切需求，传统电容器在该领域凸显了其应用的局限性。因此，对电化学电容器（electrochemical capacitor）的研究应运而生。

电化学电容器用来储存电能是 1957 年美国通用电气公司 Becker 提出的，但其真正进入应用领域开始于 20 世纪 80 年代。电化学电容器同传统的电容器、蓄电池一样，在军事领域、公共交通、绿色能源、智能电网、工业机械等领域都有着广泛而重要的应用，这是由其特性决定的。

电化学电容器的特点是储能密度高、放电比功率高、快速充放电能力强、循环寿命长，其能量较传统的静电电容器高很多，介于静电电容器和蓄电池之间。

8.1　电化学电容器的产生和发展

早在 1879 年，Helmholz 就提出了第一个金属电极表面离子分布的模型，该模型描述了电极/电解质界面的双电层电容性质，而后不断有学者对此进行了修正和补充。

利用该原理，通用电气公司的 Becker 于 1957 年申请了第一个由高比表面积活性炭为电极材料的电化学电容器专利，他提出可以将小型电化学电容器（AqSC）用作储能器件。该专利描述了将电荷存储在充满水性电解液的多孔碳电极的界面双电层中，从而达到存储电能的目的。由于其水电解质的窄电压和碳材料的低电容，该种 AqSC 尚未实现商业化。1968 年，标准石油公司（SOHIO）申请了利用高比表面积碳材料制作双电层电容器的专利。由于非水电解质具有较宽的分解电压，这类电容器的工作电压可达到 3.0～4.0V，因此，其能量密度得到较大提升。随后，该技术转让给日本 NEC 公司，该公司从 20 世纪 70 年代末开始生产商标化的产品——超级电容器。与此同时，日本松下公司发明了以活性炭为电极材料，以有机溶剂为电解液的"金电容器"（gold capacitor）。20 世纪 80 年代，日本公司实现了双电层电化学电容器的大规模产业化，并推出系列化的产品用于后备电源和能量回收装置。在电化学电容器的相关研究中，经过了一系列发展，又出现几个重要的里程碑，并衍生出了赝电容器（pseudo-capacitor）、非对称混合电容器（asymmetric hybrid capacitor，AEHC）和锂离子电容器（lithium-ion capacitor，LIC）等。

20 世纪 70 年代后，学者们陆续发现贵金属氧化物（如 RuO_2）和导电性高分子（如聚苯胺）的电化学行为介于电池电极材料和电容器电极材料之间，这些材料构成的非极化电极具有典型的电容特性，能够存储大量的能量。

　　1975～1981 年，加拿大渥太华大学 Conway 研究小组同加拿大大陆集团（Continental Group）合作开发出一种以 RuO_2 为电极材料的"准电容"体系。Pinnacle Research 公司一直在 Continental Group 的实验室中持续进行有关 RuO_2 体系的研究，并开发了其在激光武器和导弹定向系统等军事方面的应用。1990 年，Giner 公司推出了以这种具有法拉第准电容性材料作电极的新型电容器，称为准电容器或赝电容器，其能量密度远大于传统双电层电容器。然而，对于大规模电容器的生产而言，使用 RuO_2 材料过于昂贵，难以实现民用商业化，目前仅在航空航天、军事方面有所应用。此外，相关的研究机构开始研究新体系的电化学电容器机理，且尝试更广阔的应用领域，尤其是近年来对电动汽车的开发及对功率脉电源的需求，更加激发了人们对电化学电容器的研究。

　　1995 年，Evans Capacitor Company 的 Evans 发表了关于混合电容器的论文，他以贵金属氧化物 RuO_2 为正极，以 Ta 为负极，以 Ta_2O_5 为介质，构成了电化学混合电容器。该混合电容器既能发挥出准电容性电极 RuO_2 较高能量密度的特点，同时又能保留双电层电容器功率密度较高的优点。俄罗斯科学家 Burke 以铅或镍的氧化物为正极、活性碳纤维为负极，使用水性电解液得到了一种混合装置。相对于两电极均使用同一种储能材料的"不对称"装置，俄罗斯人定义该混合装置为非对称混合电容器，并申请了专利。1997 年，俄罗斯 ESMA 公司揭示了以蓄电池材料和双电层电容器材料组合的新技术，公开了 NiOOH/AC 混合电容器的概念。

　　2001 年，美国 Amatucci 首次报道了使用锂离子电解液、锂离子电池材料和活性炭（AC）材料组合的新型体系 $Li_4Ti_5O_{12}/AC$ 混合电容器，其正、负极分别依靠双电层电容和锂离子嵌入/脱嵌的机理储能，能量密度达到了 $20W·h·kg^{-1}$。2004 年，日本富士重工陆续公开了一种以 AC 为正极，经过预嵌锂处理的石墨类碳材料为负极的新型混合型电容器的制造专利，并将其命名为 LIC。相比双电层电容器，LIC 的能量密度可得到大幅提升。2008 年，日本的 JM Energy 公司率先生产该类电容器。同年，日本东京农工大学的 Naoi 教授首次报道了以 AC 为正极，纳米 $Li_4Ti_5O_{12}$ 与碳纳米纤维（CNF）复合材料为负极的混合型电容器，并将其命名为纳米型混合电容器（nano hybrid capacitor，NHC）。该 NHC 体系与 LIC 体系类似，都是通过 AC 与锂离子电池材料的混合使用实现了器件的高能量密度。

　　近年来，随着对电动汽车研究的深入，电化学电容器的应用优势越来越明显。经过多年的发展，随着电化学电容器材料与工艺关键技术的不断突破，出现了不同的电化学电容器体系。人们对电化学电容器的研究愈发活跃，其市场前景日趋繁荣。

8.2　电化学电容器的结构和工作机理

8.2.1　电化学电容器的结构

　　电化学电容器是基于注入多孔碳和一些金属氧化物这样的高比表面积材料的电极/电解液界面上进行充放电的一类特殊电容器。图 8.2.1 展示了电化学电容器的结构示意图。与电池类似，电化学电容器的内部由正极、负极、电解液和防止两极相互接触的隔膜组成。其中，电化学电容器的正极和负极使用的是活性储能材料，引出集流体为导电金属箔；中间用多孔绝缘材料作为两个电极的隔膜，在除了引出集流体、活性储能材料和隔膜外的所有空间均填充电解液。下面对这几种关键组件进行说明。

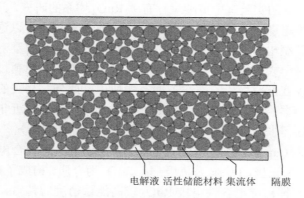

电解液 活性储能材料 集流体　　　隔膜

图 8.2.1　电化学电容器的结构示意图

1. 电极

电极通常包括活性物质、导电剂、黏结剂和集流体等。

1）活性物质

活性物质对电极起着决定性的作用，是电荷存储的载体，直接影响电化学电容器储能的重要性能指标。一般活性物质材料需要具备优异的导电性、高的比表面积、高的理论比容量和高的稳定性。但是，实际情况下很难找到同时满足这些条件的电极材料。例如，最早使用的碳材料虽然能够满足高导电、高比表面积和稳定性好的条件，但是它的理论比容量由于受到双电层储能机理的限制往往较低。后来人们又寻找到了依靠法拉第反应，具有较高理论比容量的金属化合物等材料，但是，该类材料却面临着功率密度下降和稳定性变差的问题。因此，开发高性能的新型电极材料仍是亟待解决的关键问题。目前，用于构建电化学电容器的活性物质主要有碳材料、金属化合物和导电聚合物等。

2）导电剂

导电剂对电极的性能也承担着重要的角色。导电剂用于在电化学过程中促进电子的传输速率，降低电化学电容器的内阻，从而有利于提升快速充放电的速率。如今常用的导电剂主要有炭黑、乙炔黑、碳纳米管和石墨烯等。

3）黏结剂

黏结剂主要是使电极活性物质材料和导电剂能够更紧密的接触并与集流体黏结到一起，防止在电化学反应过程中活性物质发生脱落。常用的黏结剂主要包括聚四氟乙烯、聚乙烯醇、聚偏四氟乙烯等。

4）集流体

集流体主要用于承载电极材料并汇集电流，对电化学电容器的性能也起着至关重要的作用。集流体同样要求具有高的导电性和稳定性，不能与电解质和活性物质材料发生化学反应。常使用碳纸、碳布、泡沫镍、钛箔及不锈钢网等作为集流体。随着对电极材料的深入研究，目前已经出现了一些自支撑电极而不需要导电剂和黏结剂，直接由活性物质与集流体一体化构成电容器的电极。当电极材料活性物质有足够好的导电性并且可以自支撑时，活性物质自支撑材料可以独立作为电化学电容器的电极，这样不但能够减轻整体设备的质量，达到便携性的目的，而且由于电极活性材料与集流体的一体化可以进一步提升器件的电化学性能。

2. 电解质

在电化学电容器中，电解质对电容器的性能同样起到了关键作用。电解质一般要求电导率要高，避免腐蚀集流体和包装材料等，从而延长电化学电容器的使用期限，适用温度范围越宽越好，并且最好安全、廉价、无毒、对环境友好等。电解质可分为液体电解质和固体电解质，也可分为无机和有机两大类。水系电解液的电导率高、浸润性好、成本低、安全可靠、应用广泛。根据溶液 pH 的不同，水系电解液可分为中性电解液、酸性电解液和碱性电解液。常用的中性电解液主要有钠盐、钾盐和锂盐等。酸性电解液主要有稀释的 H_2SO_4 溶液等。碱性电解液主要有 KOH 和 NaOH 水溶液等。另一种是有机系电解液，其电化学稳定性好、电化学窗口宽、适用温度范围广，但是成本高、离子电导率低、易燃，在高功率和高安全性要求的应用中受到限制。常用的有机系电解液的电解质主要包括离子液体阳离子季铵盐、季鏻盐等，阴离子 BF_4^- 和 PF_6^- 等。常用的有机溶剂主要有乙腈（ACN）、碳酸二甲酯（DMC）、碳酸丙烯酯（PC）、碳酸乙烯酯（EC）和碳酸甲乙酯（EMC）等。固体电解质在使用过程中不会出现电解液泄漏问题，安全性得到提高，因此受到广大研究者的青睐。但是其离子电导率低，会对电极材料的性能有所影响，还在进一步深入研究中。

3. 隔膜

电化学电容器隔膜的作用是避免两个电极直接接触造成短路并吸附储存的电解液和导通离子，从而形成电源电动势。隔膜一般要求浸润性好、稳定性好且不能与电极材料和电解液等发生反应。同时，隔膜一般具有孔隙率高、机械强度高和韧性好等特点。为了使隔膜与电解液之间能够更好地匹配，一般可以将其分为水系和有机系两大类。玻璃纤维纸、无纺布、聚丙烯膜和高分子半透膜等都是用于电化学电容器比较常见的隔膜材料。

4. 电化学电容器的外部封装形式

电化学电容器的封装类型由它们的类别、尺寸及最终用途决定。同电池一样，电化学电容器有纽扣式、卷绕式、方型、软包式等几种不同的封装形式。根据需求，将电芯放入不同材质的外壳（如铝塑膜、铝壳、钢壳等），再分别封装成产品，电芯通常有叠片式、圆柱型卷绕式、扁平卷绕式三种制作方式。

纽扣式和小型电化学电容器常常用于工程塑料聚碳酸酯板的焊接模式中，如图 8.2.2 (a) 和 (b) 所示。卷绕软包产品和大型圆柱型产品的电极通过卷绕方式形成卷芯，然后将电极箔焊接到引流端子，使外部的承流能力得到扩展，如图 8.2.2 (b) 和 (c) 所示。叠片软包产品和方型产品的内部是基于极片的堆叠，集流体从每片电极中引出并被连接到引出端子，从而扩展电容器的承流能力，如图 8.2.2 (c) 和 (d) 所示。

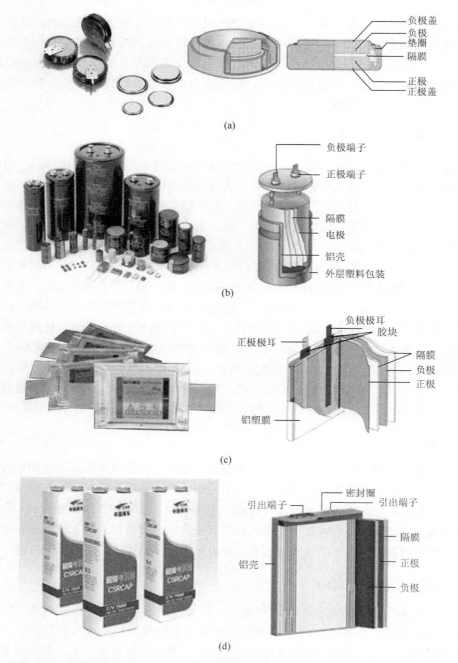

图 8.2.2　（a）纽扣式电容器；（b）圆柱型电容器；（c）软包式电容器；（d）棱柱型/方型电容器

一般，圆柱型电容器结构设计简单，工艺比较成熟，适宜大批量连续化生产，且成组散热性好。但是圆柱型产品形状复杂，多个电容器单元串并联时困难较大，对电容器进行管理时较为困难。方型电容器的单体容量大，封装结构简单，而且其形状和结构便于多个电容器的串并联以满足对高电压的需要，但是生产工艺复杂，制造过程投入资本高。

8.2.2　电化学电容器的工作机理

如图 8.2.3 所示，电化学电容器有双电层电容［EDLC，图 8.2.3（a）］和赝电容［图 8.2.3（b）～（d）］两种电荷储能机理。其中，法拉第赝电容又可分为欠电势沉积赝电容、氧化还原赝电容和插层赝电容。

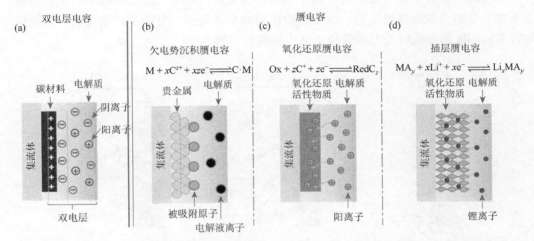

图 8.2.3　EDLC（a）和不同类型的赝电容［(b)～(d)］电极的电荷存储机理示意图

1. 双电层电容储能机理

双电层电容器的电荷存储是依靠电解质中的离子与存在于电极表面的电荷之间的静电吸引，在电解质/电极界面处形成相反的电荷层，即界面双电层，其物理基础是双电层理论。早在 1853 年，德国物理学家 Helmholtz（亥姆霍兹）就提出了双电层结构的模型。在电化学电容器电极/电解液界面上所形成的具有相反电荷的带电层又被称为 Helmholtz 层，如图 8.2.4（a）所示。该模型双电层是由两个相距为分子尺寸的带相反电荷的电荷层构成，正负离子整齐地排列于电极/溶液界面的两侧，电荷分布情况类似于平板电容器，双电层的电势分布为直线分布，双电层的微分电容为一定值而与电势无关，只与溶液中离子接近电极表面的距离成反比。该双电层模型完全是从静电学的角度出发来考虑，两种相反的电荷靠静电引力存在于电容器的两侧，其间距约为一个分子的厚度。但该模型过于简单，与实际情况多有矛盾。1910 年和 1913 年，Gouy 和 Chapman 在这种比较原始的双电层模型理论的基础上进行了进一步的补充和修改，他们认为介质中的反离子受静电吸引和热运动扩散的双重作用，因此是逐渐向介质中扩散分布的，在紧靠界面处具有较大的反离子密度，在远离界面处反离子密度小，这样形成一个扩散双电层［图 8.2.4（b）］，其扩散厚度远远大于一个分子的大小。这个理论相较 Helmholtz 模型有了一定的进步，可以解释零电荷电势处出现电容极小值和微分电容随电势变化的关系，但未考虑反离子与界面的各种化学作用，仍是从静电学的观点考虑问题。1924 年，Stern 提出了进一步的修正模型，即将 Helmholtz 模型和 Gouy-Chapman 模型结合起来，提出了 GCS 分散双电层模型。他认为双电层同时具有类似于 Helmholtz 层的紧密层（内层）和与 Gouy-Chapman 扩散层相当的分散层（外层）两部分［图 8.2.4（c）］，内层的电势呈直线式下降，外层的电势呈指数式下降。Stern 双电层模型认为电势也分为紧密层电势和分散层电势。当电极表面剩余电荷密度较大和溶液电解质浓度很大时，静电作用占优势，双电层的结构基本上是紧密的，其电势主要由紧密层电势决定；当电极表面剩余电荷密度较小和溶液电解质浓度很稀时，离子热运动占优势，双电层的结构基本上是分散的，其电势主要由分散层电势决定。这个理论比前两个理论已大有进步，能说明一些电势与电极电势的区别，电解质对溶胶稳定性的影响等问题。

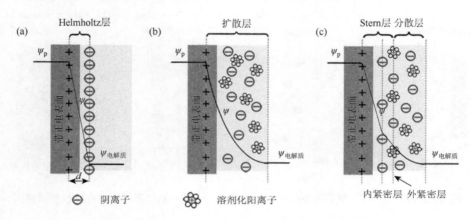

图 8.2.4　EDLC 模型及其相应电极电势的演变说明

（a）Helmholtz 模型；（b）Gouy-Chapman 模型；（c）Stern 模型

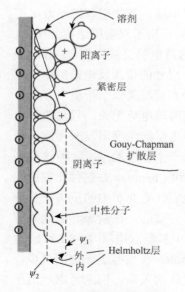

图 8.2.5　Grahame 模型

1947 年，Grahame 进一步发展了 Stern 的双电层概念，将内层再分为内 Helmholtz 层（IHP）和外 Helmholtz 层（OHP），如图 8.2.4（c）和图 8.2.5 所示。内 Helmholtz 层由小尺寸的未溶剂化离子和中性小分子组成，并紧紧靠近界面，相当于 Stern 模型中的内层；而外 Helmholtz 层由一部分溶剂化的离子组成，与界面吸附较紧并可随分散相一起运动，也就是 Stern 模型的外层（分散层）中反离子密度较大的一部分。外层就是扩散层，由溶剂化的离子组成，不随分散相一起运动。按 Grahame 的观点，经分散相界面到分散介质中的电势分布如下：由分散相表面到内 Helmholtz 层，电势是呈直线状迅速下降的；由内 Helmholtz 层到外 Helmholtz 层，以及向外延伸到扩散层，电势分布是按指数关系下降的。

EDLC 的工作原理图如图 8.2.6 所示。电极与电解液接触，电极表面存在的电荷在溶液的界面处由于受到静电引力的作用会与电解液中相反电荷的离子吸附形成双电层，即在界面处会形成电荷数与电极表面的电荷数相等但是符号相反的电荷层，也就是形成了双电层。图 8.2.6 展示了 EDLC 的充放电原理，当充电时，电解液中的离子向电极表面移动，在电极与电解液的界面处形成双电层；放电时，界面处的异性电荷会可逆地迁移到电解液中；电荷的移动会使外电路中有电流的产生。由于 EDLC 在充放电过程只是电荷的吸脱附作用，是电荷物理迁移的非法拉第过程，所以在储能过程一般不会发生电解液的分解失效，能够长时间地稳定存在，从而实现超长的循环寿命，但是理论容量偏低。

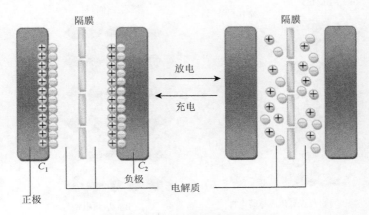

图 8.2.6　双电层电容器的工作原理图

2. 赝电容储能机理

法拉第赝电容最早是由 Conway 提出的，主要是通过法拉第过程进行储能，也就是在电极表面或者靠近电极表面的电活性物质发生快速、高度可逆的化学吸附脱附或氧化还原反应，产生与电极充电电势有关的电容，如图 8.2.3（b）～（d）所示。欠电势沉积是在外电场的作用下，将重金属元素/氢离子沉积在异金属电极的表面，形成单原子层或多原子层（如 Zn^{2+} 在 Au 电极上沉积，H^+ 在 Ag 电极上析出）。因为沉积金属原子间的相互作用力小于沉积金属原子与电极金属原子之间的相互作用力，所以只有功函数较小的金属原子向功函数较大的金属原子沉积才会发生欠电势沉积。例如，当 H^+ 在铂电极上沉积时，可以获得高的比电容（约 $2200\mu F\cdot cm^{-2}$）。然而，由于操作电势范围通常很小（0.3～0.6V），因此，与其他赝电容器相比，其能量密度是有限的。对于氧化还原赝电容，以典型的二氧化钌（RuO_2）基电化学电容器为例，如图 8.2.7（a）所示，当充电时，电解液中的 H^+ 迁移到电极表面并与电极材料快速地发生法拉第反应，电荷储存到 RuO_2 电极中；当放电时，储存在 RuO_2 中的电解液离子又返回到电解液中，在 RuO_2 中储存的电荷可以经过外电路释放产生电流。对于插层赝电容，以五氧化二铌（Nb_2O_5）为例，如图 8.2.7（b）所示，它储存电荷的过程主要是依靠电解液中的 Li^+ 在充放电过程中嵌入和脱出 Nb_2O_5 体相的层状结构，从而将电荷储存在电极中。与常见的锂离子电池的插层不同，这种赝电容形式并没有产生材料的相变。尽管赝电容的比电容和比能量密度要比双电层电容高得多，但其功率密度有所下降，且电极材料往往在充放电过程中容易引起结构破坏，导致循环稳定性较差，这限制了它们进一步的商业化应用。常见的赝电容材料主要有过渡金属氧化物（如 RuO_2、MnO_2、Co_3O_4、NiO、Fe_2O_3、MoO_3 和 MoO_2 等）和导电聚合物 [如聚苯胺（PANI）、聚吡咯（PPy）和聚噻吩（PTH）等]。

$$RuO_x(OH)_y + \delta H^+ + \delta e^- \rightleftharpoons RuO_{x-\delta}(OH)_{y+\delta}$$

$$Nb_2O_5 + xLi^+ + xe^- \rightleftharpoons Li_xNb_2O_5$$

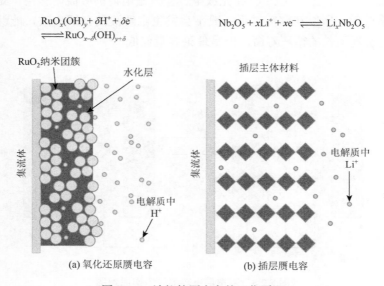

(a) 氧化还原赝电容　　　　　　(b) 插层赝电容

图 8.2.7　法拉第赝电容的工作原理

值得指出的是，除了以上两种典型的电容储能机理外，最近的研究表明，离子在纳米多孔材料中的储存还与其他因素有关。例如，2005 年，Aurbach 课题组有了不同的发现，即在纳米孔中存在更有效的电荷存储机理。2006 年，Gogosti 等报道了当碳化物衍生碳的孔径＜1nm 时，它们的电容显著增加。2008 年，Huang 等报道了基于表面曲率的双圆柱状电容器（electric double cylindrical capacitor，EDCC）和圆筒式电容器（electric wire in cylinder capacitor，EWCC）模型，可以更好地描绘碳材料的界面行为。随后，研究者又发现，在石墨化碳材料中出现电子电容的现象。随着新观点的不断呈现，人们越来越意识到电极材料不仅比表面积起到关键作用，而且孔径和材料的纳米结构等都对其电化学性能有着非常显著的影响。

8.3　电化学电容器的分类

随着技术的发展和进步，电化学电容器产生了不同的类别，目前主要按照工作原理、电解液类型和电极构成三种方式划分。

8.3.1　按照工作原理划分

根据上面讲述的双电层电容、赝电容两种不同的储能机理，通常可将电化学电容器分为以下三类：基于高比表面积电极材料与溶液间界面双电层原理的 EDLC，基于电化学欠电势沉积或氧化还原反应的赝电容器/准电容器及两种过程兼有的混合型电容器。尽管有许多潜在的材料和器件构造，EDLC 是目前电化学电容器中发展最快的，并且已经占领了市场。

1. 双电层电容器

EDLC 的正、负极为对称结构，均为双电层储能电极，电极活性材料选用高比表面积的碳材料（如活性炭、活性碳纤维、碳气凝胶、石墨烯、碳纳米管等），其中活性炭使用最为广泛。双电层电容器主要是基于碳/电解液界面的双电层储能，基本为物理过程，因而具有超长的循环使用寿命，现已成熟商业化应用，也是目前市场上的主流。

近年来，在对双电层电容器的研究过程中，人们逐渐认识到高比表面积碳材料所表现出的电容某种程度上是源自于法拉第效应而非静电作用。也就是说，碳基双电层电容器中也存在一定的赝电容成分，碳材料中可提供氧化还原活性的含氧官能团可能正是形成赝电容的原因。该法拉第准电容所占的比例在 1%～5% 范围内（5% 的电容量是在低频下可测量的全部电容量的最大值），而高比表面积碳材料上的表面官能团很大程度上取决于碳的制备方法及预处理方式。

2. 赝电容器

赝电容器正、负极均为赝电容储能电极。赝电容的材料多种多样，各种各样的金属氧化物和导电聚合物材料的赝电容行为被研究者深入研究。相对于双电层电容器发生在材料表面的离子吸附脱附，赝电容器的快速氧化还原反应可以发生在材料的近表面，对材料的利用率高，单位质量的材料可以发挥出更大的容量，因此深受学术界的研究者的青睐。在产业界由于赝电容多采用水系电解液，其电压窗口较低，实际器件的能量密度只能做到双电层电容器的 2～3 倍，同时由于材料的导电性较差，氧化还原反应的循环寿命也受到限制，因此器件的功率特性及寿命特性差强人意。虽然氧化钌、氧化铱等贵金属氧化物以其固有的赝电容性和赝金属导电性成为制备高性能准电容器的理想电极材料，但由于贵金属资源稀缺、价格昂贵、污染环境，其产业化应用的前景受到限制，因此赝电容在产业界并没有得到大量应用。

双电层电容与赝电容的形成机理不同，但两者并不相互排斥。大比表面积赝电容器电极的充放电过程会形成双电层电容，双电层电容器电极（如多孔碳）的充放电过程也往往伴随有赝电容氧化还原过程发生。研究发现，碳基双电层电容器呈现的电容量中可能有 1%～5% 是赝电容，这是由碳材料表面含氧官能团的法拉第反应引起的。另外，赝电容器也总会呈现 5%～10% 的静电双电层电容，这与电化学上可以利用的双电层界面面积成正比。

3. 混合型电容器

近年来，人们为了提高电化学电容器的性能并降低成本，经常将二次电池的电极材料和双电层电容的电极材料混合使用，制成新型的混合型电容器。混合型电容器可分为两类，一类是电容器的一个电极采用电池电极材料，另一个电极采用双电层电容器电极材料，制成非对称型电容器，这样可以拓宽电容器的工作电压范围，提高能量密度；另一类是电池电极材料和双电层电容器电极材料混合组成复合电极，制备电池电容器。混合型电容器既有双电层储能电极，也有赝电容储能电极，目前研究中的体系主要有 $AC//PbO_2$、$AC//MnO_2$、$AC//Ni(OH)_2$、$AC//$预嵌锂石墨和 $AC//Li_4Ti_5O_{12}$ 等。

　　三种电化学电容器的对比见表 8.3.1。

表 8.3.1　按照储能机理分类的电化学电容器

项目	双电层电容器	赝电容器	混合型电容器
主要电极材料	正负极均为 AC、活性碳纤维（ACF）、CNT、碳气凝胶等，其中 AC 使用最广	金属氧化物或导电聚合物	既有 AC 材料，也有二次电池材料
储能机理	物理储能，利用多孔碳电极/电解液界面双电层储能	电极和电解液之间有快速可逆氧化还原反应	物理储能 + 电化学储能
单体电压/V	0～3.0（有机系）0.8～1.8（水系）	0.8～1.6	由正负极材料体系决定，一般为 1.5～4.0
工作温度/℃	−40～65（有机系）−20～55（水系）	−20～55	−20～55
循环寿命	>50 万次	几万次	几万次
是否商业化	已大批量商业化应用	无大规模产业化应用	研制与小规模试用

8.3.2　按照电解液类型划分

　　电化学电容器的最大可用电压一般由电解液中溶剂的分解电压所决定。溶剂可以是水溶液，也可以是有机溶液，近年来还开发出了具有更高耐压值的离子液体。按照使用的电解液类型，目前所研究的电化学电容器又可分为水系电化学电容器、有机系电化学电容器、离子液体体系电化学电容器，其特点如表 8.3.2 所示。值得指出的是，近年来，基于凝胶电解质和固体电解质的电化学电容器也在探究中。

表 8.3.2　按照电解液类型分类的电化学电容器

项目	水系电化学电容器	有机系电化学电容器	离子液体体系电化学电容器
电解质盐	酸、碱、中性盐，如 KOH、H_2SO_4、Na_2SO_4 等	季铵盐类，如四氟硼酸四乙基铵（TEA-BF₄）、四氟硼酸螺环季铵盐（SBP-BF₄）等	咪唑类、吡咯类、季铵盐类、季鏻盐类等
溶剂	水	PC、ACN	无
优点	内阻低	单体电压高、功率大	单体电压更高
缺点	单体电压低，低温性能差且易腐蚀设备	有机溶剂易挥发，工作电压提高困难，价格较高	黏度大，功率密度较低，低温性能差、循环较差
现状	只在小型电容上使用	成熟，当前的主流	处于初步研究应用阶段

　　水系电解液的优点是电导率高、电解质分子直径较小，因此容易与微孔充分浸渍，单体内阻低，是最早应用于电化学电容器的电解液。目前水系电解液主要用于一些涉及电化学反应的准电容及小型双电层电容器中，但缺点是容易分解，电化学窗口窄。新型高浓度水系电解液可提高电容器的工作电压，目前这个方面的相关研究比较热门。

　　有机系电化学电容器具有较高的耐压值（其有机溶剂分解电压比水溶液的高），从而可获得高的比能量。由于电化学电容器的能量密度与工作电压的平方成正比，工作电压越高，电容器的能量密度越大，因此，大量的研究工作正致力于开发电导率高、化学和热稳定性好、电化学窗口宽的有机电解液。

　　与传统的电解液相比，离子液体具有热稳定性好、电化学窗口宽等独特的物理化学性质。作为一种新颖的介质，室温离子液体在扣式双电层电容器领域得到了一些应用，离子液体体系电化学电容器具有稳定耐用、电解液无腐蚀性、工作电压高等特点。但是，温度会影响离子液体的电导率、黏度等参数，因此使用温度对离子液体体系电化学电容器的性能有着较大影响。

8.3.3　按照电极构成划分

　　根据电极结构及发生的反应，电化学电容器又可分为对称型电化学电容器和非对称型电化学电容器两类，其分类见表 8.3.3。

表 8.3.3　按照电极构成分类的电化学电容器

项目	对称型电化学电容器	非对称型电化学电容器
电极组成	正、负极相同	正、负极不同
典型体系	碳-碳系（如 AC//AC 和 ACF//ACF 系）、RuO_2//RuO_2 系贵金属氧化物电容器	NiO//AC 体系、AC/$Li_4Ti_5O_{12}$ 体系和 LIC 体系等

　　若电化学电容器的两个电极组成相同，而电极反应方向相反，则称为对称型电化学电容器。碳电极双电层电容器即为对称型电容器。如果两电极组成不同或反应方向不同，则称为非对称型电化学电容器。非对称型超级电容器有四种可能的电极匹配：双电层电容正极/赝电容负极、赝电容正极/双电层电容负极、双电层电容正极 A/双电层电容负极 B（A≠B）、赝电容正极 A/赝电容负极 B（A≠B）。对称型和非对称型电化学电容器的材料均为纯电容行为材料，其能量密度受到储能机理的限制而得不到快速发展，材料的发展又十分缓慢，因此电容行为材料和电池行为材料混合而组成的混合电容器成为提高电化学电容器能量密度的有效手段。目前研究较多的有 NiO/AC 体系、AC/$Li_4Ti_5O_{12}$ 体系和锂离子电容器（LIC）体系等。

8.4　双电层电容器

　　通常将既具有高能量密度又具有高功率密度，且具有大的单体容量的双电层电容器称为动力型双电层电容器。其综合性能需要考虑以下性能参数。

8.4.1 双电层电容器的性能参数

1. 电压特性

双电层电容器与电池在储能机理上存在根本的区别。双电层电容器主要通过极化电解液离子，从而达到能量储存的目的，在整个能量储存过程中，理论上不存在化学反应和相变过程，而大多数电池性储能器件则通过发生氧化还原反应或者相变过程来达到能量存储的目的。反映到电压特征曲线方面，即可表现为双电层电容器在恒定电流密度的条件下，电压的增加与充电时间呈近似线性关系（图 8.4.1），其中，由于电容器仍存在内阻，电容器在充放电开始的瞬间总存在一定电压转变滞后现象［内阻电压降（IR-Drop）］。将这一部分电压降除以电流值后即可得到该电容器的等效串联电阻（equivalent series resistance，ESR）。相反，一般电池在充电或者放电过程，除了接近 100%充电状态［充电顶峰（TOC）］和接近 0 的状态［放电截止电压（EOD）］以外，在充放电曲线上一般都存在一个较为明显的充放电平台，即具有一个恒定的电压。

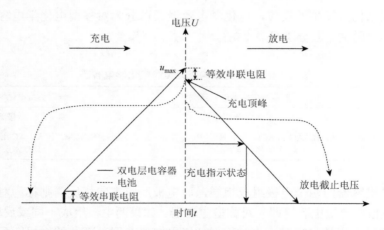

图 8.4.1　理想的双电层电容器和电池的充放电曲线对比图

在实际研究和生产过程中受制于电极材料、电解液及隔膜体系等不同组成部分，双电层电容器单体的工作电压常常小于 2.7V。这是因为双电层电容器电极材料在实际工作过程中正负电极所处的工作电压区间不同，一般正极材料所处的工作电压较高，其稳定的工作电压范围通常为 $3\sim4.5V$($vs.$ Li^+/Li)，而负极材料处于低电势环境，工作电压主要集中在 $1.5\sim3.0V$($vs.$ Li^+/Li)。正是由于正负电极材料所处的电势存在较大的差异，工业上双电层电容器的生产过程通常采用正负电极厚度不同的方式来缓解长期高电势环境对电容器产品循环使用性能的影响。通过在不同电压条件下收集双电层电容器正负电极的产气进行分析得出，随着电压的升高，正负电极材料的稳定性逐渐下降，电容器产品性能的稳定性也逐渐降低。当工作电压大于 2.7V 时，正负电极稳定性逐渐降低，电极材料表面依次产生大量的不可逆氧化还原反应，最终以 H_2、CO、CO_2 等气体的方式进行释放。这也是目前商用双电层电容器工作电压一般限制在 2.7V 以下的原因。同时，由于双电层电容器的能量储存公式 $E = CV^2/2$，其在工作电压方面的限制也直接导致最终产品能量密度偏低。

2. 电容量

电容量是表征电容器储存电荷多少的物理量，即额定电压条件下电荷存储量。根据应用场合的不同，电容量通常会基于单体质量、单体体积及电极材料的比表面积进行表示，并分别称为质量比电容（$F \cdot g^{-1}$）、体积比电容（$F \cdot cm^{-3}$）和面积比电容（$\mu F \cdot cm^{-2}$）。其中，质量比电容一般是针对不同电极材料的比电容进行对比研究与表征的，在水系条件下，碳材料的质量比电容值较高，达到了 $180 \sim 500 F \cdot g^{-1}$，而在有机体系中，受制于电解液离子尺寸、孔径分布等因素的影响，碳材料的质量比电容一般在 $80 \sim 160 F \cdot g^{-1}$ 之间。随着电容器应用市场的开拓，人们在关注电容器电极材料质量比电容的同时，越来越多地关注在有限空间内部电容器或者电极材料存储能量的多少，即单体或电极材料的体积比电容。结合现有商品化电极材料和制造技术，双电层电容器的电极体积比电容一般在 $10 \sim 30 F \cdot cm^{-3}$ 之间。上述两种电容量的表达方式主要集中在电容器的应用技术研究方面，在实际过程中基础研究也非常重要。目前公认的观点是双电层电容器用活性炭一般仅有 20%～30% 的孔道可供电解液离子真正进入和浸润，相当于活性炭电极材料仅 20%～30% 的比表面积进行电荷储能。所以，有必要对电极材料的面积比电容进行研究。不同于质量比电容和体积比电容，面积比电容是单位表面积下的比电容，活性炭基 EDLC 的面积比电容一般为 $15 \sim 50 \mu F \cdot cm^{-2}$。对于对称型双电层电容器，整个电容器的电容按照式（8.4.1）进行计算，单电极电容按式（8.4.2）进行计算。在双电层电容器中，由于电极材料具有很高比表面积（$800 \sim 3000 m^2 \cdot g^{-1}$），电极材料与电解液离子之间距离仅为几埃，所以这种电容器具有非常大的电容量。

$$\frac{1}{C_{\text{cell}}} = \frac{1}{C_1} + \frac{1}{C_2} \tag{8.4.1}$$

$$C = \frac{A(\varepsilon_r \varepsilon_0)}{d} \tag{8.4.2}$$

式中：C_{cell} 为电容器的电容值；C_1 与 C_2 分别为两对电极的电容值；C 为单电极的电容值；ε_r 为电解液介电常数；$\varepsilon_0 = 8.84 \times 10^{-12} F \cdot m^{-1}$，为真空中的介电常数；$A$ 为电解液可以浸润到的多孔电极的比表面积；d 为极片间隔距离。

由式（8.4.1）可知，双电层电容器的电容值取决于电极材料的性能（如比表面积、孔径分布、孔道特性及导电性能等）与电容器的结构设计。一般，微孔型电极材料在小电流密度下能够具有较大比电容值，而中孔含量较高的电极材料则具有较好的倍率性能。

此外，在双电层电容器的实际生产过程中，受制于电解液离子和电子传输速率间扩散差异的影响，在不同电流测试条件下，同一个电容器单体的电容量大小不同（图 8.4.2）。根据定义：

$$C = \frac{1}{\mathrm{d}V/\mathrm{d}t} \quad \text{或} \quad C = I\left(\frac{t_2 - t_1}{V_1 - V_2}\right) \tag{8.4.3}$$

式中：公式下方的 1 和 2 指的是放电器件的两个时间点。

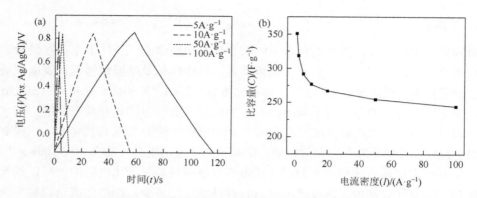

图 8.4.2　多孔碳材料在不同电流密度下的充放电曲线（a）和比电容变化曲线（b）

对于双电层电容器的大批量生产而言，往往高电容值（电容量≥7000F）和低电容值（电容量≤0.01F）的产品非常难实现批量化生产，这是因为单体容量越高后，产品的影响因素就越多，最终使得产品之间的一致性受到较大限制；另外，单体容量较小时要求电容器具有极小的极片尺寸和极片厚度，意味着单体的制备难度显著增大。目前市场上大容量双电层电容器以功率型 3000F 以上产品为主。

3. 内阻

从内阻的定义出发，结合器件的构成分析内阻可能产生的因素。

内阻指电容器的内部电阻，主要包括电子阻抗和离子阻抗。电子阻抗与集流体、电极材料、导电剂材料的电导性相关；离子阻抗与隔膜孔径、电极材料孔径结构、电解液的电导率及电解质的离子尺寸等相关。根据测试过程电流种类选取的不同，又可将内阻分为直流等效串联电阻（ESR）和交流（AC）阻抗两种。目前，ESR 主要采用公式 $\mathrm{ESR} = \Delta U/I$ 进行计算，其中，ΔU 表示内阻电压降，I 表示电容器恒流充放电过程中的电流值。交流电阻主要是从电极动力学角度考察电容器及其电极材料的性能，根据实验数据可以得到电极阻力、传质阻力等方面的信息。

尽管同一款产品不同厂家在容量上基本能够保持相似，但是在内阻方面表现出较大的差异。这主要与电极材料、极片制作方式、电解液注入量及产品结构设计有关。目前，主要从以下几个方面降低电容器直流内阻：①采用近晶体化和介孔发达的碳材料作为电极材料；②采用多种导电剂进行浆料配置，从而获得一个稳定的极片导电网络，如采用"导电炭黑 + 碳纳米管 + 石墨烯"组成的三维导电结构；③适当的结构连接方式，如焊接连接圆柱型结构的低内阻性，铆接连接方型叠片结构的高能量性；④尽可能降低电极厚度；⑤预先在集流体上涂布导电胶层。

4. 额定电流与短路电流

双电层电容器在不同电流密度下具有不同的容量特性，即对于电容器产品而言，测试电流的不同将会导致同一个电容器产品具有不同电容值。通常，不同厂家会通过实验规定一个特定的电流值作为额定电流，而在此电流下进行连续充放电时，单体温度会稳定在 40～60℃之间，产品没有安全性问题，通过散热可解决产品寿命问题，这个电流值一般可定义为额定电流，如现阶段市场应用范围最为广泛的 3000F 有机系电容器的额定电流通常为 150A。而其他不同型号电容器，根据应用场合分别规定了相应的额定电流。

理论上有人定义的额定电流为 5s 放电至单体半电压；峰电流为 1s 放电到单体半电压，通过计算可知其数值相当大，而实际上，电子通路受连接面积与导电性的制约使得电容器不可能在理论计算的额定电流与峰电流下工作，否则将造成电容器使用寿命的极速衰减。

5. 能量密度与功率密度

能量密度，又称为比能量，包括质量比能量和体积比能量，分别指单位质量和单位体积的电容器所能释放的全部能量。对双电层电容器而言，单体的质量比能量一般为 3～10W·h·kg^{-1}，同时，由于双电层电容器所用碳材料的堆积密度一般为 0.3～0.5g·cm^{-3}，所以同一电容器单体体积比能量一般稍大于质量比能量。从能量的计算公式 $E = CV^2/2$ 可以得出，要提高电容器单体或电极材料能量密度则需要提高工作电压或提高电容量，其中与工作电压的平方成正比，因此相对而言电压工作区间的提升能更大程度提高产品的能量密度。

其中，电容器的能量密度计算公式为

$$E_m = \frac{CU^2}{7200m} \tag{8.4.4}$$

$$E_L = \frac{CU^2}{7200V} \tag{8.4.5}$$

式中：E_m 为质量能量密度，W·h·kg^{-1}；C 为单体容量，F；U 为单体额定电压，V；m 为电容器质量，kg；E_L 为体积能量密度，W·h·L^{-1}；V 为电容器体积，L。

通常情况下，电容器的能量密度都是在特定的功率密度条件下表现出来的，其中功率密度主要用来表征双电层电容器所能承受电流的大小，是指单位质量或单位体积的电容器所能给出的功率。由于功率密度的应用场合不同，可将其分为最大功率密度（即工业界通常所指的功率密度）和平均功率密度，两者分别按照下式进行计算：

$$P_{\max} = \frac{V^2}{4Rm} \tag{8.4.6}$$

$$P_{平均} = \frac{E^2}{\Delta tm} \tag{8.4.7}$$

式中：$P_{\max}$ 和 P 分别为最大功率密度和平均功率密度；V 为放电开始时的工作电压；R 为

等效串联电阻；E 为单体的能量密度；Δt 为放电时间；m 为电容器的整体质量。

在上述两个参数的实际运用过程中，考察对象的不同通常会导致参数指标的差异。通常，学术上 m 主要代表电极活性物质、电极材料或者单体总重三者中的一个，而工业上 m 均针对整个电容器系统。就两者的关系而言，一般电极材料能量密度的 1/4～1/3 即可表示为以该材料作为活性物质的电容器单体的能量密度。因此，在实际数据对比过程中需要特别注意 m 值所指的对象。

6. 自放电

自放电现象是指在充电时阻碍电容器电压的升高、放电时加速电压下降的那部分非正常电流，是电容器在充放电过程中不可避免的特征现象。产生的根本原因是：电极/溶液界面双电层由紧密层和分散层所构成，双电层上的离子受到电极上异性电荷的静电吸引力和向溶液本体迁移力两个作用力的共同作用。分散层中离子受到的静电吸引力小，因此其向溶液本体中的迁移趋势更大，而紧密层中的离子也会因为自身的振动脱离紧密层进入分散层，最终导致电容器的漏电。自放电现象不仅会导致产品储存能量的流失，还会引起电容器模组寿命的急剧衰退，因为电容器模组中往往存在"短板效应"，一个单体漏电流值的偏大将导致最终模组电路控制板的高负荷工作。因此，在实际生产过程中需要重点关注"自放电现象"。目前，自放电现象主要由漏电压（leakage voltage，LV）和漏电流（leakage current，LC）两者进行表征。一般，电容器生产厂家都会根据产品的特性及应用范围规定电容器的 LV 和 LC 的检测方法与标称值。通常情况下，漏电流大的产品一般具有较大的漏电压，近似呈线性关系，两种参数指标的选用也与产品的应用市场相关。由于漏电压与产品的放置环境及时间息息相关，难以进行标准化设置，因此现阶段对于自放电现象的表征主要以漏电流为主、漏电压为辅的方式进行。自放电现象对于电容器而言尽管是一个不可避免的现象，但是通过合适的材料和工艺技术条件是能够对其进行有效控制的。目前常用的 3000F 的电容器漏电流值一般小于 5mA（常温，72h 条件下检测）。

7. 长期使用寿命

理论上基于双电层吸附理论的电容器具有无限次循环使用寿命，但是实际情况下受材料及匹配方式的影响，使用寿命有一定程度的限制。

双电层电容器的一次充放电过程称为一个循环，其能够反映电容器电容的稳定性和实用性。理论上，由于双电层电容器采用纯物理吸脱附方式进行能量存储，整个储存过程中不涉及任何化学反应，但是在实际研究与生产过程中，不可避免地会引入一些杂质或水分而导致氧化还原反应的发生，最终使得电容器的使用寿命受到很大程度的限制。双电层电容器的实际使用寿命一般会大于 10 万次，在特定工作条件（工作电压控制在 1.5～2.5V，工作温度维持在 25～35℃）下甚至可以做到 100 万次。目前，根据国家行业标准《车用超级电容器》（QC/T 741—2014）中的规定，当能量型/功率型超级电容器在长期使用后单体容量下降 20%/10%、内阻上升 100%/50%时，表示该产品的实际使用寿命终结。

双电层电容器的理论循环寿命与实际使用寿命存在差距，主要是电极材料的选取、电极平衡工艺优化、电解液盐的消耗和工作环境的不同引起的。双电层电容器的电极材料主要由活性炭、黏结剂、导电剂、分散剂组成，由于各组分材料在制备过程中不可避免地存在一些表面官能团，电容器在长期的高工作电压条件下与电解质盐发生反应，进而使得活性炭孔隙表面产生大量绝缘性物质，最终导致产品容量衰减和电解液离子移动阻力增加。因此，制备长循环使用寿命双电层电容器单体需选用表面官能团含量低、电化学性能稳定的电极材料。

当然电容器实际使用过程中，工作环境、工作电压及电解质盐的消耗也对产品的性能产生重要影响。其中，电容器在高工作温度和高电压应用条件使得电极材料长期处于高温的高电势条件下，最终在引起电解质盐消耗的同时堵塞大量的微孔孔道，降低电容器的实际使用寿命。尽管电容器的实际使用寿命受各方面条件的限制，但是该器件仍然具有 10 万次以上的循环寿命，如果仍然按照全寿命实验（常温条件下恒流充放电）对于单体的循环稳定性进行测试，往往非常困难，一般采用加速寿命测试实验。

8. 工作温度

双电层电容器在工作过程中看似与使用温度没有直接的关系，但是实际上却息息相关，因为温度越高，单体内部不稳定的化学反应越激烈，越容易加速产品寿命的衰减。同时受制于液态电解液凝固点和沸点的影响，如常用的乙腈溶剂凝固点为$-42.5℃$，沸点为 $83.5℃$，温度过低时容易引起电解液凝固，从而降低电容器产品的容量，并提高产品的内阻。另外，当工作温度过高时，在诱发电极材料发生不可逆反应的同时容易导致产品内部因为压力过高而产生漏液或爆炸现象，因此产品工作过程温度的控制显得尤为重要。商用电容器的性能测试与工作温度通常限制在$-40\sim65℃$之间，同时应该尽可能降低电容器的使用温度，延长电容器的使用寿命。

9. 存储性能

一般，存储时需要将电容器单体或者模组进行"短路"连接处理，防止产品长期处于高电势条件下而发生不可逆反应。另外，由于商用的双电层电容器单体或模组均采用金属材料作为外壳，因此产品需要放置在湿度较小的常温环境中。

8.4.2　双电层电容器的关键材料

近年来，关于 EDLC 原材料的物理特性和集成器件方面有了广泛的研究，特别是动力型双电层电容器的大规模应用加速了对原材料的进一步研究与开发。在 EDLC 的充放电过程中，电极材料是储存电荷的场所，电解液是提供离子电荷的源泉，隔膜是隔绝两个电极形成电源电动势的绝缘体，集流体是汇集电流对外输出的工具，黏结剂是固定和稳定电极状态以提高循环稳定性的物质，导电剂对提高电极的倍率性能起到重要作用。因此，这些关键材料的性能提升对动力型双电层电容器的综合性能提升非常关键。下面就这些材料进行介绍。

1. 双电层电容器用碳电极材料

电极材料是储存电荷的场所，因此作为双电层电容器的电极材料必须具有的条件有：①高电导率，有利于电子的传输，有助于双电层电容器内阻的降低；②高比表面积和发达的孔隙结构，有利于较多电荷的储存和双电层电容器质量比能量的提高；③高电极体积密度，有利于提高双电层电容器的体积比能量；④合理的孔径尺寸，有利于电解液离子的传输和双电层电容器比功率的提高。碳基多孔碳因具有高电导率、高比表面积（$>1000m^2 \cdot g^{-1}$）、发达的孔道结构及优良的耐热性能、良好的化学惰性、高安全性能和高稳定性等优点，因此是目前组成商业化双电层电容器电极材料的重要部分。到目前为止，应用于双电层电容器的碳基多孔碳电极材料种类繁多，主要有活性炭、活性碳纤维、介孔碳、碳气凝胶、碳纳米管、石墨烯、碳基复合材料等。

1）活性炭

活性炭具有高的比表面积、良好的孔结构和吸附性能、较高的电导率及其表面表现化学惰性、生产工艺简单且价格低廉，一直受到人们的关注，是目前已经商业化的超级电容器电极材料之一。制备活性炭的原材料有：化石燃料，如煤沥青、石油焦；生物类材料，如椰壳、杏仁壳等；高分子聚合物材料，如酚醛树脂、聚丙烯腈等。前驱体的结构影响活性炭的生产工艺和性能。一般而言，前驱体在制备活性炭之前需要预处理，如炭化、除灰分等，确保前驱体的含碳量和生产的得率，因此选择合适的原材料是重要的环节之一。活性炭生产过程中最关键的是活化工艺，因为活化过程实质就是活化剂与前驱体在一定条件下发生复杂的化学反应而造孔的过程，而活化剂与前驱体及活化工艺直接影响产品的比表面积和孔径分布，进而影响双电层电容器的性能。活化剂的活化作用主要通过三步完成：①打开前驱体中原有的封闭的孔隙；②扩大原有的孔隙；③形成新的孔隙。根据活化方式可知，物理活化法和化学活化法是活性炭的主要制备方法，两种制备方法的区别如表 8.4.1 所示。物理活化具有生产成本低、不需要后处理等优点，但同时具有活化时间长、微孔孔径分布较难控制、比表面积（S_{BET}）偏低（很难制备超过 $1500m^2 \cdot g^{-1}$ 的高比表面积活性炭）等缺点。相比于物理活化，化学活化需要的温度较低，一般在 $600 \sim 900$℃范围内，制备的活性炭比表面积也高，但是具有对设备的腐蚀性大、废液多、需要进行额外的去除官能团工艺、制备成本高等缺点。值得指出的是，近年来的研究中，常在制备过程引入 N、O、P 和 S 等杂原子，以提升碳材料的界面浸润性、电子电导率及提供赝电容特性。

表 8.4.1　物理活化法和化学活化法制备活性炭的区别

方法	活化剂	温度 CT/℃	产品		
			比表面积/($m^2 \cdot g^{-1}$)	孔道结构	收率/%
物理活化法	水蒸气、CO_2、O_2 等	$700 \sim 1200$	约 1500	微-中孔为主	约 70
化学活化法	$ZnCl_2$、H_3PO_4、KOH、Na_2O、K_2CO_3、$CaCl_2$ 等	$600 \sim 900$	可达 3000	微孔为主	约 15

根据不同的制备方法可制得不同物理参数的活性炭，而活性炭的 S_{BET}、孔径分布（PSD）、碳元素含量、表面官能团含量、灰分等影响双电层电容器器件的比能量、比功率、内阻和循环次数等，因此工业上对双电层电容器用活性炭的要求是非常严格的，其指标对于活性炭是否能应用于双电层电容器非常关键。

活性炭基双电层电容器主要依靠活性炭发达的孔道结构在充电时吸附电解液离子而进行的储能，因此理论上活性炭的孔道越发达、比表面积越高，其比电容越高。但有研究表明，在 KOH 电解液中，不同比表面积的碳材料的比电容随着比表面积的增大呈现先增大后减小的趋势，这说明比表面积与比电容并没有线性的关系，并且活性炭的比电容与电流密度或扫描速度相关。

活性炭的比表面积为微孔比表面积和外部孔比表面积的总和。研究已表明，微孔是储能电荷的主要部位，中孔是提供电解液离子穿梭的通道，大孔是储存电解液的场所。当电流密度或扫描速度较大时，电解液离子不能快速进入孔道，导致活性炭的比电容下降。为了提高比电容，普遍认为提高活性炭的中孔率有助于提高高倍率条件下的比电容和功率性能。

根据 $E = CV^2/2$（C 为比电容）可知，双电层电容器器件的比容量与其比电容成正比。活性炭材料的比电容与双电层电容器器件的比电容并没有线性关系，因为双电层电容器器件是由电极、电解液、隔膜、包装等组装而成的，而不同的活性炭形成双电层所需的电解液量不同。在实际应用中，活性炭材料的比电容仅仅是衡量双电层电容器性能的基本参数，而组装的双电层电容器器件的比能量和比功率才是活性炭应用的关键参数。活性炭的比表面积越高，双电层电容器器件的电极密度越小，器件的体积比容量越小；活性炭的中孔率越高，吸附电解液越多，双电层电容器器件的质量比能量越小；活性炭的中孔率越低，电解液离子的穿梭速度慢，大电流下双电层电容器器件的比功率较差。总之，活性炭的比表面积、孔道结构与其器件的电极密度、比能量和比功率是相互制约的。另外，活性炭的粒径大小影响电极的密度，合适的粒径分布有利于提高电极密度，进而提高双电层电容器器件的体积比能量。因此一般而言，双电层电容器用活性炭的比表面积高于 $1500m^2 \cdot g^{-1}$，粒径分布于 $5 \sim 12 \mu m$，电极密度高于 $0.5g \cdot cm^{-3}$，比电容高于 $120F \cdot g^{-1}$（有机体系），而对于活性炭的孔道结构并没有统一的指标，需要根据器件的指标进行设计。

另外，活性炭的表面官能团和表面水分在有机电解液中，充电时极易生成气体，且活性炭难以在高电压下工作，造成器件内阻变大，影响器件的功率特性和循环寿命，因此动力型双电层电容器用活性炭的碳含量要高于 99.5%（质量分数）、官能团少于 $0.50meq \cdot g^{-1}$，减少器件内部气体的产生，延长器件的使用寿命。另外，为提高动力型双电层电容器的安全性能，可设计动态调节结构，有利于内部产生的微量气体排出，起到安全性和延长电容器寿命作用。对于活性炭的含水量要求低于 0.40%（质量分数），一般要求密封包装与运输，这样有利于动力型双电层电容器制造过程中水分的脱除。与此同时，活性炭中金属元素的存在在高电势下会引起电解液的分解，尤其是铁、钴、镍，影响双电层电容器的寿命和漏电流，因此金属元素含量是动力型双电层电容器用活性炭的重要指标之一。总体而言，生物类前驱体的分子结构中存在较多的金属元素，而化石燃料类衍生的碳材料具有较低的金属含量。为提高动力型双电层电容器的性能，活性炭的金属元素一般要少于 10×10^{-5}。

虽然双电层电容器用活性炭的大体生产工艺相同，但是具体生产过程中对于产品纯度、粒径分布及表面官能团数量等的控制却十分复杂，这也使得目前这些高性能的活性炭制备技术均掌握在日本、韩国等少数发达国家。目前，国内很少有厂家能够提供性能稳定、年产量 100t 以上的双电层电容器用活性炭。

表 8.4.2 列出了目前国外与国内主要几家公司的生产情况（相关产品的基本参数可参考相关资料）。相比于国外企业，国内的双电层电容器用活性炭的生产规模仍较小，但其优点则在于具有一定的价格竞争力。

表 8.4.2　双电层电容器用活性炭生产厂商及产品情况

厂商名称	产能/ (t·a⁻¹)	活化方式	原材料	生产方式	价格竞争力
Kuraray Chemical（日本）	400 以上	水蒸气	椰壳	非连续装置	上
Power Carbon Technology（韩国）	300 以上	碱活化	石油焦	连续自动化	中上
河南省滑县活性炭厂	—	碱活化	石油焦	非连续装置	上
浙江富来森竹炭有限公司	50	碱活化	树脂	非连续装置	上
深圳市贝特瑞新能源材料股份有限公司	30 以上	碱活化	杏壳	连续装置	上
上海合达炭素材料有限公司	50 以上	—	石油焦	—	上

2）介孔碳

双电层电容器用活性炭的孔道主要由微孔组成，微孔是储存电荷的主要场所，然而在大电流充电时，电解液离子不能快速进入微孔孔道，导致比电容下降。中孔是提供电解液离子穿梭的通道，因此提高中孔率有利于提高高倍率条件下的比能量和功率性能。介孔碳材料就是一种有别于活性炭的以中孔为主的多孔碳，其具有规整的孔道结构、高中孔结构和高孔容量，因此作为双电层电容器电极材料有利于电解液离子的快速运输。介孔碳材料按照是否有序可分为两类：无序介孔碳和有序介孔碳。最典型的制备介孔碳的方法为模板法，其又可分为硬模板法和软模板法。硬模板法是指将某种模板剂（SiO_2、Al_2O_3、ZnO 等）引入前驱体孔道中，经过处理后模板剂在前驱体形成孔道结构，采用强酸除去硬模板后制备出相应的介孔材料。理想情况下所得介孔材料的孔道形貌保持了原来模板剂的形貌。而模板剂通过非共价键作用力，再结合电化学、沉淀法等技术，在纳米尺度的微孔或层间合成具有不同结构的材料，并利用模板剂的调节作用和空间限制作用对合成材料的尺寸形貌等进行有效控制，这种方法称为软模板法。介孔碳的特殊孔道结构使其电极在大电流工作时更易表现出良好的电容特性，但是由于模板法制备复杂、成本高且制备过程中会使用大量的无机酸进行模板的去除，因此工业上还没有可行的办法进行大规模的生产。另外，介孔碳的高孔容易导致其碳粉密度较低，影响双电层电容器的体积比容量。目前，介孔碳还没有应用于动力型双电层电容器的实例。但随着制备工艺的不断改进与成熟，介孔碳应用于动力型双电层电容器的前景是比较乐观的。

3）碳气凝胶

碳气凝胶是一种具有高比表面积、高导电性、耐酸碱腐蚀、低密度等优点的新型纳米碳材料，拥有可控的纳米多孔结构，其网络胶体颗粒直径为 3～20nm，孔隙率高达 80%以上。更重要的是，碳气凝胶与活性炭和介孔碳相比具有更好的导电性和更高的碳纯度，能有效降低双电层电容器的内阻。另外，经过活化后的活化碳气凝胶比表面积高达 $3000m^2 \cdot g^{-1}$ 以上。因此，碳气凝胶是双电层电容器的一种重要电极材料。

碳气凝胶作为一种新型纳米级多孔碳材料，用于双电层电容器的电极材料有其独特优越性：导电性好、比表面积大且可调、孔径集中在一定范围内，且孔大小可控，从理论上讲是制作双电层电容器的理想材料。不过，由于碳气凝胶的制备是一个比较复杂的过程，特别是一般都需要超临界干燥工艺，因此制备成本较高，几乎没有规模化生产的企业，尤其是动力型双电层电容器用碳气凝胶的生产。

4）碳纳米管

碳纳米管（CNT）是由石墨片层卷曲而成的纳米级管状碳材料。根据石墨片层堆积的层数，CNT 可分为多壁碳纳米管（MWCNT）、双壁碳纳米管（DWCNT）和单壁碳纳米管（SWCNT）。CNT 具有超高的电导率（$5000S \cdot cm^{-1}$）和电荷传输能力、较高的理论比表面积（SWCNT，$1315m^2 \cdot g^{-1}$；DWCNT 或 MWCNT，约 $400m^2 \cdot g^{-1}$）和中孔孔隙率，以及电解液易于进入碳管的通道，因此 CNT 是一种具有优良电化学性能的双电层电容器电极材料。与动力型双电层电容器用活性炭材料相比，CNT 的实际比表面积远远小于活性炭。SWCNT 电极最大的比电容为 $180F \cdot g^{-1}$，MWCNT 电极具有 $4～137F \cdot g^{-1}$ 的比电容，然而由于 CNT 的高导电性和高中孔率，CNT 电极的内阻小、功率特性好。当 CNT 作为纯活性物质与黏结剂混合均匀压制于集流体上时，由于黏结剂对 CNT 的孔道有一定的影响，不能表现出应有的电化学性能，因此 CNT 通常作为导电剂使用，这时对整个电容器的电容贡献较少。

为了更好地发挥 CNT 的电化学特性，CNT 薄膜、CNT 纤维、CNT 阵列、超顺排定向 CNT 阵列等受到广泛关注，其中超顺排定向 CNT 阵列被认为是最有前途的储能材料，同时其已形成可控的批量化生产。尽管 CNT 的年产能为数千吨，但是并没有在双电层电容器器件上实现商业化应用，仍处于实验应用阶段。

5）石墨烯

石墨烯通常是指一种单原子层厚度的二维 sp^2 杂化碳材料，可以看作是单层的石墨。受其特殊结构的影响，石墨烯拥有一系列优异的物化特性：高断裂强度（125GPa）、高速载流子迁移率（$2 \times 10^5 cm^2 \cdot V^{-1} \cdot s^{-1}$）、热导率（$5000W \cdot m^{-1} \cdot K^{-1}$）和超大比表面积（$2630m^2 \cdot g^{-1}$）等。这些突出的、吸引人的特征使得这种多功能的碳材料有望应用于双电层电容器中。

石墨烯用于超级电容器中，其优点主要体现在：

（1）导电性好。因为对于一种功率特性非常明显的储能器件，储能材料过大的内阻不仅降低了器件的输出功率，而且在充放电过程中能够产生大量的热量，在造成能源损失的同时严重影响器件的安全性与稳定性。石墨烯因独特的二维共轭结构赋予了它在水平方向上具有良好的导电性。

（2）可批量制备。目前，石墨烯的制备方法主要是通过化学转化石墨烯法（chemical

converted graphene，CCG），即用强氧化剂处理天然石墨后，将得到的氧化石墨进行超声处理得到氧化石墨烯（graphene oxide，GO），之后再经过一定方式还原即可得到石墨烯。该方法的优点在于容易实现产量化，具有广阔的商业化前景。

（3）丰富的化学修饰。相比于其他碳材料，石墨烯的前驱体 GO 赋予了石墨烯独特的化学性质，这是因为 GO 表面含有大量的含氧官能团，如羟基、环氧基和羧基等，这些官能团具有很高的化学活性，能够利用酯化、酰胺化、环氧开环等反应进行修饰。研究表明，GO 中的含氧官能团含量很高，碳氧原子比能够达到 3 以上，因此 GO 的化学修饰可以使得最终得到的石墨烯具有其他碳材料无法比拟的接枝密度。

（4）巨大的比表面积。对于单层无缺陷的石墨烯，理论比表面积能够达到 $2630m^2 \cdot g^{-1}$，比多壁碳纳米管、商用活性炭等的比表面积高出许多。

石墨烯具有超高的理论比表面积，然而较大的共轭平面非常容易使得片层之间因为 π-π 键而发生紧密堆叠，最终导致比表面积的丧失，使其在 KOH 电解液和有机电解液中分别仅有 $135F \cdot g^{-1}$ 和 $100F \cdot g^{-1}$ 的比电容。因此，目前有效阻止石墨烯片层之间堆叠是制备石墨烯基超级电容器材料的研究重点与难点。研究表明，石墨烯阵列、多孔活化石墨烯膜、石墨烯凝胶、多孔石墨烯和活化石墨烯等石墨烯材料用于双电层电容器可以有效提升石墨烯材料的性能。

虽然目前石墨烯基材料可以成吨级销售，但是其价格相对于活性炭、模板炭、碳气凝胶等较高，同时活化石墨烯的密度较小（$<0.1g \cdot cm^{-3}$）导致其体积比电容较低，因此石墨烯作为双电层电容器电极材料基本处于研发阶段。

总之，活性炭由于低廉的价格和较高的比表面积是目前商业化超级电容器的第一选择。根据双电层理论，碳材料作为双电层电容器电极材料的储能原理主要利用在高比表面积碳粉或碳材料上的物理吸附电荷进行储能，然而碳材料名义上的比电容一般认为是 $25\mu F \cdot cm^{-2}$，因此理论上可得到多孔碳的总电容为 $S_{BET} \times 25$。多孔碳的 S_{BET} 一般低于 $3000m^2 \cdot g^{-1}$，所以多孔碳的总电容低于 $750F \cdot g^{-1}$。但实际上连该数字的 20% 都达不到，究其原因主要是双电层电容器的比电容虽然与碳材料的比表面积有关系，但是没有线性的关系，其比电容也与碳材料的孔径分布和表面官能团有关。目前大多数商业化的双电层电容器的能量密度低于 $10W \cdot h \cdot kg^{-1}$，因此在现阶段如何制备得到优良电化学性能的碳材料以期大幅度提高超级电容器的能量密度是研究电极材料的重点。另外，可考虑使用不同种类的碳材料进行复合，得到复合材料电极，发挥各自材料的优点也是研究的热点。

2. 双电层电容器用电解液

双电层电容器充电时会在电极界面形成双电层，在电极一侧电荷是由电子剩余或电子缺乏形成的，而另一侧的电荷则是由被静电吸附而紧密排列的阴阳离子组成。能够提供这种阴、阳离子的介质就是双电层电容器的电解液。从储存能量的器件来看，电解液是处于双电层电容器内部正负极材料之间的介质。理想的电解液应该具备：

（1）在较宽温度范围内具有较高的电导率。根据公式 $P = V^2/4R$，电容器的功率密度取决于其等效串联电阻 R，而后者取决于电解液的电导率，电解液的离子阻抗约占双电层电容器内部阻抗的 50%以上。放电时，内阻上电压的下降伴随着能量的损失，特别是在大电流放电时对电解液的电导率要求更高。

（2）电化学稳定性好，分解电压高。根据公式 $E = CV^2/2$ 可知，提高电压或增加电容量可以提高电容器的能量，也可以二者同时增加。电容器额定电压取决于电解液的分解电压，因此能量密度受限于电解液。

（3）化学稳定性好。不与电极活性物质、集流体、隔膜等发生化学反应，闪点、燃点高，安全性好。

（4）具有较宽的工作温度范围。因为双电层电容器的储能过程不像锂电池那样涉及氧化还原等电化学反应，因此电容器的温度特性很大程度上取决于电解液的饱和液态温度范围。

（5）低成本、易获得、环境友好。从产业化的角度看，大批量的电解液生产过程中涉及的原材料价格及工艺过程条件都应该在可接受范围内，生产过程尽量减小对环境的污染。

以上是衡量电解液必须要考虑的前提因素，能够满足以上条件的电解液种类有很多，根据组成不同可以将其划分为三类：水系电解液、有机系电解液、离子液体。其中有机系电解液是目前市场化应用最广泛最成熟的一类。

1）水系电解液

迄今为止，由水和溶解于其中的无机盐组成的水溶液是研究最早最透彻的一类电解液，并且广泛应用于电化学生产和研究的各个领域。

水溶液体系具有离子电导率高、黏度低、溶剂化离子半径小、离子浓度高、不可燃、成本低等诸多优势。而且相比于其他有机体系苛刻的生产工艺和环境要求，水系电解液更加适合大规模生产。水溶液中的荷电离子在形成双电层时是以水合离子存在的，溶剂化离子的尺寸也是影响双电层荷电量的一个重要因素，因此，一般电解液的选择标准是水化阴阳离子的尺寸和电导率。双电层电容器最常用的水系电解液是 KOH、H_2SO_4、Na_2SO_4 等水溶液。

KOH 的溶解度为 118g（25℃），而且在很宽的温度范围内都具有很高的电导率 $10 \sim 50S \cdot cm^{-1}$，因此它是双电层电容器研究中最常用的典型电解液之一。大多数关于活性炭材料的研究中都会用 $4 \sim 6mol \cdot L^{-1}$ 的 KOH 水溶液来验证其电容性能，通常控制正负极电压为 1.0V。但是碱性水溶液在应用时存在爬碱现象，这给器件的密封带来一定困难。

在众多酸性水溶液中，H_2SO_4 是最常用的双电层电容器电解液，通常浓度控制在 $1mol \cdot L^{-1}$，工作电压为 1.0V。但无论是 H_2SO_4 或 KOH 水溶液，这些强酸、强碱都会对集流体、器件外壳等造成腐蚀。

水在 1.229V 时会发生热力学降解，导致水系电解液双电层电容器的工作电压一般不超过 1.0V，这大大限制了其储存电荷能力。但是通过改变电极材料的比例、结构成分或表面构成等可以提高析氢过电势，进而有效提高双电层电容器器件的工作电压。研究表明，$1mol \cdot L^{-1}$ H_2SO_4 水溶液用于酸处理后的活性炭材料电极时，可改变析氢过电势，电容器的工作电压可以增至 1.6V 而不发生产气反应，且在 $0.8 \sim 1.6V$ 之间充放电循环 10000 次容量仅有微弱衰减。

为了增大析氢过电势，利用中性电解液如硫酸碱金属盐，可以获得更好的效果。Li$_2$SO$_4$水溶液在惰性电极上发生电化学反应的理论电势范围是−0.35～0.88V（相对于标准氢电极）。当电势小于−0.35V时，析氢反应就会发生。将惰性电极变为高比表面的多孔活性炭时，析氢电势会被大大降低。三电极测试显示，负极发生电化学反应产氢气的电势降低到了−1.0V左右。这样当正负极间的电压增大至1.8V时，负极还可以保持不发生电化学的稳定状态，而此时正极电势也已经超过了其析氧电势极限，储存在活性炭孔结构内部的氢会发生可逆的电子氧化。因此，对称型活性炭基双电层电容器在水溶液中的工作电压就可以增大至1.8V，此体系可以稳定地循环上万次。近年来的研究表明，高盐浓度、弱酸性硫酸盐等电解液和低共熔熔盐可以将双电层电容器的工作电压提升至2.2V，甚至达到2.6V。

此外为了获得更高的能量密度，可以在电解液中添加氧化还原添加剂，电容器在充放电过程中，添加剂在两极发生可逆的氧化还原反应，结果是产生准电容。研究较多的氧化还原添加剂有两类，一类是化合价可以发生可逆改变的无机盐，如碘离子、铜离子、溴离子等无机盐；另一类是以对苯二酚及其类似物为代表的有机化合物。

　　2）有机系电解液

目前有机系电解液综合性能最优：较高的电导率（50mS·cm^{-1}）、较宽的电化学窗口（4～5V）、较好的化学和热稳定性、可以接受的成本，这使得其在双电层电容器市场中成为主流。

（1）电解质盐。电解质盐主要有链状季铵盐、环状季铵盐、金属阳离子电解质和离子液体电解质。

季铵盐阳离子类电解质是当前研究和应用最多、最成功的电解质盐。其中以四氟硼酸四乙基铵盐（TEA-BF$_4$）为代表，具有电导率高、电化学稳定性好、制作成本低等优点，已经成为当前双电层电容器市场占主导地位的电解质。但是TEA-BF$_4$因分子对称性较高，在极性溶剂中溶解度不够大。另外一种被广泛研究的季铵盐四氟硼酸三乙基甲基铵盐（TEMA-BF$_4$），不对称的分子结构使得其在溶剂中溶解度高于TEA-BF$_4$，而且同样条件下可以获得比TEA-BF$_4$更低的工作温度。研究表明，TEMA-BF$_4$无论在碳酸丙烯酯（PC）还是乙腈（ACN）中电导率和介电常数都略高于同等浓度下的TEA-BF$_4$。近年来由于TEMA-BF$_4$制造成本上的进一步降低，其在双电层电容器市场的应用进一步扩大，甚至有取代TEA-BF$_4$成为主流的趋势。表8.4.3列出了电解质盐在不同溶剂中的电导率。

表 8.4.3　电解质盐在不同溶剂中的电导率（1mol·L^{-1}，25℃）　　（单位：mS·cm^{-1}）

电解质盐	PC	GBL	DMF	ACN
LiBF$_4$	3.4	7.5	22	18
Me$_4$NBF$_4$	2.7	2.9	7	10
Et$_4$NBF$_4$	13	18	26	56
Pr$_4$NBF$_4$	9.8	12	20	43

续表

电解质盐	PC	GBL	DMF	ACN
Bu$_4$NBF$_4$	7.4	9.4	14	32
LiPF$_6$	5.8	11	21	50
Me$_4$NPF$_4$	2.2	3.7	11	12
Et$_4$NPF$_4$	12	16	25	55
Pr$_4$NPF$_4$	6.4	11	19	42
Bu$_4$NPF$_4$	6.1	8.6	13	31

注：PC. 碳酸丙烯酯；GBL. γ-丁内酯；DMF. N,N-二甲基甲酰胺；ACN. 乙腈。

　　将烷基碳链连接后得到环状结构的季铵盐，如 N-二烷基吡咯烷鎓盐、N-二烷基哌啶鎓盐类。此类物质的电化学稳定性好、电导率高，得到很多关注。通过对比一系列具有吡咯烷环状结构的四氟硼酸季铵盐，如 N,N-二甲基吡咯烷鎓四氟硼酸盐、N,N-二乙基吡咯烷鎓四氟硼酸盐、N-甲基-N-乙基吡咯烷鎓四氟硼酸盐，发现此类物质具有和开环结构的季铵盐相当的电导率和电势窗口，而且环状结构可以增大其在有机溶剂中的溶解度。也有研究表明，电解液浓度和电容器工作电压成正比，浓度越高工作电压越高，而且电解液浓度的不同还能导致其凝固点的变化。这为开发高浓度、高耐电压性、宽工作温度范围的电解液提供了研究方向。若氮原子上连接两个环状结构，即成为螺环结构。最近，有公司新开发了新型电解质——双吡咯烷螺环季铵盐（SBP-BF$_4$）和双哌啶螺环季铵盐（PSP-BF$_4$）。因为其阳离子结构的特殊性，此类盐在有机溶剂中可以获得更高的浓度和更加稳定的电化学性能。在平均孔径小于 2nm 的微孔活性炭电极中，SBP-BF$_4$/PC 电解液的能量密度高于 TEA-BF$_4$/PC 的。SBP-BF$_4$/PC 体系电解液在电导率、循环稳定性方面都优于 TEMA-BF$_4$/PC。

　　将锂离子电池电解质锂盐用于碳基双电层电容器很早之前就得到关注。然而，强极性的锂离子很难完全去溶剂化，而溶剂化的锂离子因为离子尺寸较大很难进入 0.7～0.8nm 的微孔，导致 LiFP$_6$ 或 LiTFSI 等锂盐并不适合在活性炭电极中形成吸附。

　　离子液体因具有很好的热稳定性和电化学稳定性，作为电容器电解液具有明显的优势，是近年来研究的热点。但是无溶剂纯离子液体作为电解液仍然具有黏度高、低温性能差、成本高等缺点。更多的研究者将离子液体作为电解质盐溶于有机溶剂，这或许是一种克服其固有缺点的方法。很多类型的离子液体都有应用于电容器的研究，其中以咪唑类、吡咯烷类两种离子液体研究得最为透彻和广泛。咪唑类离子液体电导率高（约 10mS·cm^{-1}），可是其芳香环结构导致电势窗口不够宽。而烷基吡咯类离子液体在电势窗口、电导率等各方面性能都是非常优异的，可是熔点高、电导率差，这限制了其低温条件下的应用。一个有效的解决方法是在这类离子液体的烷基链上引入氧原子，将一系列离子液体作对比，发现含有醚键的离子液体黏度更低、熔点更低、液态范围更大，而用作电解液时的比容量也远大于无醚键的离子液体。用含有甲氧基醚键的有机盐溶于 PC 配制电解液做对比，发现阴离子为 BF$_4^-$ 的盐比含有 PF$_6^-$、TFSI$^-$ 的盐具有更高的比容量。常温下电容器的比容量取决于电解质盐的阴离子而非阳离子，而且与电解质盐是否是离子液体无关。通过 25℃和−30℃下的对比,发现内阻按照以下顺序递增:BF_4^-、PF_6^-、$TFSI^-$,含有 BF_4^- 阴离子的电解质的电导率是最高的。

（2）溶剂。溶剂用于溶解电解质盐,提供离子传输介质。有机溶剂的选择应遵循以下原则:①对于电解质盐具有足够大的溶解度,以保证较高的电导率,即具有较高的介电常数 ε;②具有较低的黏度,以利于离子传输,降低离子阻抗;③对电容器其他材料具有惰性,包括电极活性物质、集流体、隔膜、外包装等;④液态温度范围宽,即具有较高的沸点和较低的熔点;⑤安全（高闪点、高燃点）、无毒、经济。

目前大部分商品化的电解质溶剂为 PC 和 ACN,其中 ACN 体系在电导率、黏度、介电常数等方面优于 PC 体系,但是其沸点和燃点较 PC 低,这降低了其安全性和工作温度范围。

EDLC 的工作温度范围主要取决于其电解液。ACN 体系电解液的最低工作温度为 −40℃,而在某些特殊领域如航空航天要求电子器件的工作温度低于−55℃,因此开发低熔点的溶剂体系也成为科研工作面临的挑战之一。将 ACN 分别与甲酸甲酯、乙酸甲酯、二氧戊环等按一定比例混合,可以实现在−55℃低温下工作,尤其是乙腈与二氧戊环的混合溶剂可以实现−75℃低温下的充放电。将 ACN 与乙酸甲酯以不同比例混合,溶解 $1mol·L^{-1}$ 的 TEA-BF₄ 后组装 600F 的 EDLC,发现在−55℃低温下可以实现放电,而 ACN 单溶剂电解液体系在低的温度下却不能工作。研究发现,TEA-BF₄ 和 SBP-BF₄ 盐在 1:1 的乙腈与甲酸甲酯混合溶剂中可在−70℃下工作,其能量密度是室温下的 86%;同时,SBP-BF₄ 体系性能明显优于 TEA-BF₄。但是此类电解液高温性能较差。将乙腈与二氧戊环以不同比例混合后溶解 TEA-BF₄ 体系,由于二氧戊环的超低熔点,这种电解液可以在−70℃下实现充放电。

提高工作电压一直是 EDLC 研究的一项重要任务,因为在提高器件能量密度的同时,组装模块中还可以减少串联单体器件的个数,这在实际应用中也具有很重要的意义。选择耐高压溶剂可以有效解决这一问题。线形小分子砜类可以作为电解液溶剂用于碳基双电层电容器,其中乙基异丙基砜和乙基异丁基砜性能优异,具有沸点高、黏度低和对电解质盐溶解度高等优点,更重要的是其耐电压可达到 3.3~3.7V,远高于 PC 的 2.5V。而且较 PC 很容易和水发生反应的缺点,线形砜对水要稳定得多,由其组成的电解液在 EDLC 中循环稳定性能更好。由于多次的大电流充放电,动力型 EDLC 在应用过程中往往温度会比较高,这就要求电解液具有一定耐高温性能。ACN 的沸点为 82℃,但是一般 ACN 有机系电解液限定工作温度不超过 70℃,长期高温工作会导致电容器寿命的极大衰减。通过改变电解液溶剂可以实现提高器件的耐高温性能。

3）离子液体

近年来,离子液体作为一种新型的绿色电解液,以相当宽的电化学窗口、几乎不挥发、低毒性等优点,在双电层电容器领域得到了广泛的应用,使得包含离子液体的双电层电容器具有稳定、耐用、电解液没有腐蚀性、工作电压高等优点,但缺点就是离子液体的黏度过高、成本高、电导率相对较低,导致其低温性能差。因此,无溶剂纯离子液体或者离子液体混合物作为双电层电容器的电解液应用大大受限,但是其可以应用于如高温 100~120℃特定环境。目前综合性能最优的离子液体是 1-乙基-3-甲基咪唑四氟硼酸盐，其电导率高达 $14\text{mS}\cdot\text{cm}^{-1}$，制备提纯工艺较成熟，已经初步实现小规模应用。

目前，深圳新宙邦科技股份有限公司是国内主要提供双电层电容器电解液的公司，通过自主创新掌握了双电层电容器电解液的关键技术——季铵盐合成技术及电解液配制技术，也有少量离子液体电解液产品。此外，张家港国泰超威新能源有限公司、湖北诺邦科技股份有限公司也有少量的双电层电容器电解液产品。国外主要有巴斯夫，韩国 Skychem、LG 化学，日本 Carlit 等批量生产有机电解液。

总之，电解液的黏度、电导率、电化学稳定性、化学稳定性是影响双电层电容器性能的重要因素，在使用相同电极材料的情况下，提高电解液的电导率和电化学稳定性可以提高双电层电容器的能量密度和功率密度。水系电解液因分解电压低（1.2V）大大限制了器件的能量密度，目前，朝着高盐浓度、添加氧化还原对和其他添加剂的方向以提高水系电解液的工作电压得到广泛研究。高分子凝胶电解液近年来也得到关注，但是过低的电导率导致其在工业化生产中大规模应用仍有很大距离。而作为研究更加广泛的无溶剂离子液体电解液，很高的生产成本和较差的低温性能成为其实现工业化的巨大障碍。有机系电解液虽然应用较为广泛，但是其本身的安全和耐电压等性能仍有待改进。

3. 其他关键材料

除了活性材料和电解液外，导电剂、黏结剂、隔膜和集流体等关键材料也会对 EDLC 的性能产生较大影响。科研机构往往对这些材料的研发投入较少，而生产厂家等却在这些方面做了大量的工作，也同时推动这些材料的发展。

1）导电剂

表 8.4.4 列举了目前市场上常用的导电剂和性能。目前研究机构在石墨烯、导电石墨及复合导电剂方面开展的研究较多。

表 8.4.4　几种商业化的导电材料

导电剂	粒径(D_{50})	比表面积/($\text{m}^2\cdot\text{g}^{-1}$)	电导率/($\text{S}\cdot\text{cm}^{-1}$)	备注
导电炭黑	40nm	60	10	刚性纳米颗粒、点与点接触
导电石墨	3～4μm	17～20	1000	刚性纳米颗粒、点与点接触
科琴黑	30～50nm	400～1000	1000	柔性链结构、线与点接触
CNT	10nm	400	1000	柔性链结构、线与点接触
气相生长碳纤维	150nm	13～20	1000	柔性链结构、线与点接触
石墨烯	3nm	30	1000	柔性片状结构、面与点接触

值得指出的是，许多关于导电剂的研究中，主要侧重于其最终的电化学性能，但对其间整体的质量比能量和体积比能量及试制过程中的工程化问题设计较少，因此这些研究结果中较为出色的导电剂应用到商业化的产品中还有一定的距离。

2) 黏结剂

黏结剂是双电层电容器器件制造过程中重要的辅助材料，是连接电极材料和集流体的关键材料。黏结剂最重要的特点是具有较强的黏性和较高的化学稳定性，不溶于电解液且与电解液不发生化学反应。目前，聚偏氟乙烯（PVDF）、聚四氟乙烯（PTFE）、丁苯橡胶（SBR）、羧甲基纤维素钠（CMC）、聚乙烯吡咯烷酮（PVP）、聚偏氟乙烯-六氟丙烯（PVDF-HFP）、聚乙烯吡咯烷酮-聚乙烯醇缩丁醛（PVP-PVB）、天然纤维素（natural cellulose）、PVDF-HFP/PVP 等是应用于双电层电容器的主要黏结剂，其中 PVDF、PTFE、CMC、SBR 是最常用的黏结剂。黏结剂的多少决定电极材料和集流体之间的黏结强度，但是电极的比表面积随着黏结剂的增加而下降，所以适中的黏结剂量有利于双电层电容器的储能和稳定。一般而言，黏结剂的加入量小于 10%（质量分数）。

值得指出的是，目前研究表明，复合黏结剂中各组分黏结剂的不同分子结构的联合作用更能有效固定电极材料，使电极不掉粉，增大双电层电容器的功率特性，同时器件的电化学性能更稳定。因此，复合黏结剂是未来发展的一种趋势。

3) 隔膜

隔膜材料是影响电解质离子是否高效通过的重要因素，是动力型双电层电容器研究中重要的原材料之一。作为双电层电容器的隔膜应具有：①优异的电子绝缘体、良好的隔离性能和较低的内阻；②良好的化学稳定性，不易于老化；③较高的电解液浸透率；④较强的机械性能和较好的热稳定性，具有耐高温特点；⑤较高的孔隙率，具有良好的离子传输能力，同时孔隙大于电解液离子的尺寸，并尽可能小于电极材料颗粒粒径，以减少两极之间接触；⑥组织成分均匀，厚度一致、孔径大小一致。

目前商用的双电层电容器隔膜有两大类，聚丙烯（PP）隔膜和纤维素（cellulose）隔膜，其中 PP 隔膜主要用于小型双电层电容器（扣式），而纤维素隔膜用于大型双电层电容器（卷绕式或叠层式）。除了常用的 PP 隔膜和纤维素隔膜以外，PVDF 隔膜由于具有可调控的孔结构，对其研究也越来越多。然而，该隔膜熔点低于 170℃，热稳定性较差，同时，规模化生产难以实现，还需继续研究。

4) 集流体

集流体作为电极材料的载体，在电容器组成中起到集电流和支撑的作用，需要具备导电性、耐腐蚀性和抗过载能力。集流体材料多采用导电性能良好的 Al、Cu、Ni 或 Ti 等稳定金属箔或网，在特殊环境下也采用贵金属作为集流体材料。在动力型双电层电容器中，通常以铝箔作为集流体，因为铝具有高电导率、低价格、耐腐蚀等优点。由于铝集流体活性高，表面容易生成导电性差的氧化铝薄膜，氧化膜的存在增加了集流体与活性物质之间的电阻，降低了集流体与活性物质的黏合性，因此对铝集流体进行适当处理是十分必要的。

工业上对动力型双电层电容器用铝箔的表面处理主要是刻蚀，刻蚀以后的铝箔称为腐蚀箔。尽管腐蚀箔导电性低于光箔，但腐蚀箔与电极材料的黏结性却优于光箔。

研究表明，相比传统的光箔、腐蚀箔等，利用功能涂层对金属铝箔进行表面处理制备的涂炭铝箔，其在保护铝箔基底、提高电极材料黏附等方面具有显著作用。另外，新型集流体（三维泡沫铝、泡沫铜、泡沫钛等）的开发和应用探究也得到重视，有望规模应用。

8.4.3　双电层电容器的应用和发展

电化学电容器自诞生以来短短几十年时间，以充放电速度快、功率密度大等优点获得了快速发展，目前已成为最具市场应用前景的储能装置之一。目前，电化学电容器的主要研究国家包括中国、日本、韩国、美国、法国、德国等。从制造规模和技术水平来看，美国及亚洲的中国、日本、韩国处于暂时领先的地位。目前，国内外双电层电容器生产厂家主要包括 Powerstor、Maxwell、Superfarad、ESMA、Cap-XX、Saft、Nichicon、Nippon Chemi-con、Panasonic 等，以及中国中车集团有限公司、深圳市今朝时代股份有限公司、北京集星联合电子科技有限公司、上海奥威科技开发有限公司、北京合众汇能科技有限公司、锦州凯美能源有限公司、湖南耐普恩科技有限公司、天津力神电池股份有限公司。国内外一些电化学电容器电极材料与电解质主要技术见表 8.4.5。

表 8.4.5　国内外电化学电容器

公司	国家	技术基础	电解质	结构	规格
Powerstor	美国	凝胶碳	有机系	卷绕式	3～5V，7.5F
Skeleton	美国	纳米碳	有机系	预烧结碳、金属复合物	3～5V，250F
Maxwell	美国	复合碳纤维	有机系	铝箔、碳布	3V，1000～2700F
Superfarad	瑞典	复合碳纤维	有机系	碳布＋黏结剂、多单元	40V，250F
Cap-XX	澳大利亚	复合碳颗粒	有机系	卷绕式、碳颗粒＋黏结剂	3V，120F
EL IT	俄罗斯	复合碳颗粒	硫酸	双极式、多单元	450V，0.5F
NEC	日本	复合碳颗粒	水系	碳布＋黏结剂、多单元	5～11V，1～2F
Panasonic	日本	复合碳颗粒	有机系	卷绕式、碳颗粒＋黏结剂	3V，800～2000F
ESMA	俄罗斯	混合材料	KOH	多单元、碳＋氧化镍	1.7V，50000F
Saft	法国	复合碳颗粒	有机系	卷绕式、碳颗粒＋黏结剂	3V，130F
Los Alamos Lab	美国	导电聚合物薄膜	有机系	单一单元、导电聚合物薄膜 PFPT＋碳纸	2.8V，0.8F
宁波中车新能源科技有限公司	中国	复合碳颗粒	有机系	卷绕式、碳颗粒＋黏结剂	2.7V，3000～9500F；3.0V，12000F
深圳市今朝时代股份有限公司	中国	复合碳颗粒	有机系	卷绕式、碳颗粒＋黏结剂	2.7V，120～4000F
北京合众汇能科技有限公司	中国	复合碳颗粒	有机系	卷绕式、碳颗粒＋黏结剂	2.7V，0.06～10000F
上海奥威科技开发有限公司	中国	— 复合碳颗粒	水系 有机系	— 卷绕式、碳颗粒＋黏结剂	1.5V，50000F 2.7V，320F；3500F

电化学电容器常见的应用领域如表 8.4.6 所示，主要包括消费电子、后备电源、可再生能源发电系统、轨道交通领域、军事装备领域、航空航天领域等。电化学电容器工业产品已日趋成熟，其中以双电层电容器的工艺技术最为成熟。随着生产工艺的不断进步

及成本不断下降，其应用范围也不断扩展。在这些应用中，电化学电容器均展示了独特优越的性能，尤其是高功率和超长的充放电寿命。

表 8.4.6　电化学电容器的主要应用领域

应用领域	典型应用	性能要求	电阻-电容电路（RC）时间常数
电力系统	静止同步补偿器、动态电压补偿器、分布式发电系统	高功率、高电压、可靠	ms～s
记忆储备	消费电气、计算机、通信	低功率、低电压	s～min～h
电动车、负载调节	启动	高功率、高低压	<2min
空间	能量束	高功率、高低压、可靠	<5s
军事	电子枪、数字分量串行接口（SDI）、电子辅助装置、消声装置	可靠	ms～s
工业	工厂自动化、遥控、起重机、叉车	—	<1s
汽车辅助装置	催化预热器、用回热气刹车、冷启动	中功率、高低压	s
轨道交通	列车启动和再生制动能量回收	高功率	s

下面简单介绍一下电化学电容器在一些领域中的实际应用情况。

1. 在可再生能源领域的应用

双电层电容器在可再生能源领域的应用主要包括：风力发电变桨控制，提高风力发电稳定性、连续性，光伏发电的储能装置，以及与太阳能电池结合应用于路灯、交通指示灯等。由于可再生能源发电和电力系统中的发电设备输出功率具有不稳定与不可预测性，利用双电层电容器可以对可再生能源系统起到瞬时功率补偿的作用，同时可以在发电中断时作为备用电源，以提高供电的稳定性和可靠性。

1）在风力发电方面的应用

由于风电在电压、频率及相位控制上的难度，特别是电流的波动，大规模风电并入常规电网时，对现有电网易产生巨大冲击，甚至出现严重的技术性障碍。故在风电"并网"过程中，需要对其进行稳压、稳频、稳相后，达到现有电网的电力质量后才能并网使用。尽管如此，风电电流的大幅度波动对电网的冲击仍然难以平抑，必须利用大规模蓄电储能装置进行有效调节与控制，增加风电的稳定性。

双电层电容器在风力发电变桨距控制的应用原理是通过为变桨系统提供动力，实现桨距的调整。平时，由风机产生的电能输入充电机，充电机为双电层电容器储能电源充电，直至双电层电容器储能电源达到额定电压。当需要为风力发电机组变桨时，控制系统发出指令，双电层电容器储能系统放电，驱动变桨系统工作。这样在高风速下，改变桨距角以减小功角，从而减小了在叶片上的气动力。以此保证了叶轮输出功率不超过发电机的额定功率，延长发电机的寿命。

2）在光伏发电方面的应用

光伏发电产生的功率会随着季节、天气的变化而变化，即无法产生持续、稳定的功率，增加双电层电容器后可实现稳定、连续地向外供电，同时起到平滑功率的作用。在光伏发电系统中应用双电层电容器作为辅助存储装置主要为了实现以下两方面作用：首先，作为能量储存装置，在白天时储存光伏电池提供的能量，在夜间或阴雨天光伏电池不能发电时向负载供电；其次，与光伏电池及控制器相配合，实现最大功率点跟踪控制。

2. 在工业领域的应用

双电层电容器在工业领域的应用包括叉车、起重机、电梯、港口起重机械、各种后备电源及电网电力存储等方面。

1）在起重机等设备方面的应用

双电层电容器在叉车、起重机方面的应用是在其启动时及时提供升降所需的瞬时大功率。同时，储存在双电层电容器中的电能还可以辅助起重、吊装，从而减少油的消耗及废气排放。针对电梯、港口机械设备运载货物上升时需要消耗很大能量，下降时会自动产生较大势能的情况，这部分势能在传统机械设备中没有得到合理利用，而双电层电容器具有大电流充放电等优良特性，能够实现电梯、港口机械设备等在上升过程中瞬间提升启动能量的提供，以及下降过程中势能的回收。

2）在动力不间断电源方面的应用

数据中心、通信中心、网络系统、医疗系统等领域对电源可靠性要求均较高，均需采用动力不间断电源（unattended power source，UPS）装置克服供电电网出现的断电、浪涌、频率震荡、电压突变、电压波动等故障。用于 UPS 装置中的储能部件通常可采用铅酸蓄电池、飞轮储能和燃料电池等。但在电源出现故障的瞬间，上述储能装置中只有电池可以实现瞬时放电，其他储能装置需要长达 1min 的启动才可达到正常的输出功率。但电池的寿命远小于双电层电容器，且电池在使用过程中需要消耗大量人力、物力对其进行维修维护。所以双电层电容器用于 UPS 储能部件的优势就显而易见。双电层电容器的充电过程可以在数分钟之内完成，完全不会受频繁停电的影响。此外，在某些特殊情况下，双电层电容器的高功率密度输出特性使其成为良好的应急电源。

3）在微网储能方面的应用

电网是一种由分布式电源组成的独立系统，一般通过联络线与大系统相连，由于供电与需求的不平衡关系，微电网可选择与主网之间互供或者独立运行。正常情况下，微电网与常规配电网并网运行，称为并网运行模式；当检测到电网故障或电能质量不满足要求时，微电网将及时与电网断开从而独立运行（孤网运行模式）。微电网在从并网运行模式向孤网运行模式转换时会有功率缺额，安装储能设备有助于两种模式的平稳过渡。双电层电容器储能系统可以有效地解决这个问题，在负荷低落时储存电源的多余电能，而在负荷高峰时回馈给微电网以调整功率需求。蓄电池曾经广泛用作储能单元，但是在微电网中需要频繁地进行充、放电控制，这样势必会大大缩短蓄电池的使用寿命。

双电层电容器储能系统作为微电网必要的能量缓冲环节，可以提供有效的备用容量改善电力品质，改善系统的可靠度、稳定度。双电层电容器储能系统的基本原理是三相交流电经整流器变为直流电,通过逆变器将直流逆变成可控的三相交流电。正常工作时,双电层电容器将整流器直接提供的直流能量储存起来,当系统出现故障或者负荷功率波动较大时,通过逆变器将电能释放出来,准确快速补偿系统所需的有功和无功,从而实现电能的平衡与稳定控制。

3. 在交通领域的应用

双电层电容器在交通领域中的应用包括车辆的再生制动系统、启停技术、城轨车辆动力电源,以及卡车、重型运输车等车辆在寒冷地区的低温启动等。

1)在电动汽车上的应用

近年来,随着新能源汽车飞速发展,作为核心动力储能设备或制动回馈设备的超级电容器也步入高速发展的阶段。在电动汽车领域,汽车在行驶过程中,制动所消耗的能量占总驱动能的 50%左右,有效地回收制动能量,可使电动汽车的行驶距离延长10%~30%。因此,将汽车在制动或减速过程中的动能,通过发电机转化为电能并以化学能的形式存储在电化学电容器中;当汽车需要启动或加速时,电容器可以与蓄电池协同工作,将化学能通过电动机转化为动能,也可以慢慢释放电能为蓄电池充电,二者协调搭配。

2)在轨道交通方面的应用

作为城轨车辆的主动力源,双电层电容器可以经受车辆启动的高功率冲击、制动尖峰能量全回馈的高功率冲击及大电流快速充电的高功率冲击,适应城轨车辆的在站快速充电、强启动和制动能量的回收。同时,相比其他储能器件而言,双电层电容器的长寿命、免维护、高安全性及环保的特性使得双电层电容器成为城轨车辆动力源的最佳选择。

目前国外已有一些使用双电层电容器作为动力源的轻轨车辆的例子。西班牙 CAF研制出了用于部分线路无接触网的超级电容轻轨车辆,运营于西班牙的萨拉戈萨。2013 年 1 月 CAF 公司获得高雄捷运轻轨批量订单,为其提供全线路无接触网超级电容车。

我国 2013 年中车株洲电力机车有限公司开发出储能式轻轨车这一创新型产品。整车采用双电层电容器作为储能元件,车辆能够脱离接触网运行。车站设有充电系统,充电最高电压 DC 900V,充电最长时间约 30s,车辆减速时,制动能量回馈至超级电容器。线路无供电接触网,既美化了景观,又降低了供电网的建设和维护成本,同时还能大大提高车辆制动时的再生能量反馈的吸收效率,其能耗较传统车辆可降低 30%以上。该成果转化的储能式现代有轨电车于 2014 年在广州海珠线上投入运行。广州市海珠环岛有轨电车车辆为世界首列双电层电容器 100%低地板有轨电车,该车采用三动一拖四模块编组,车辆长度约36.5m,满载可容纳 300 多人,最高运行速度为 70km·h^{-1},平均站台充电时间约为 10s。

4. 双电层电容器发展趋势

世界上关于能源危机和绿色环保的呼声越来越高,为了解决这个难题,人类正在积极寻求解决方案,社会需求带动双电层电容器产业飞速发展。目前美、欧等工业化程度较高的国家和地区是双电层电容器的主要市场，国内从事双电层电容器尤其是大功率超级电容行业的企业较少，市场仍处于起步和发展阶段，主要企业的规模和市场份额均还不高，尚无法与国外知名企业全面抗衡。随着中国经济和电力行业的发展，特别是新能源轨道交通与汽车、重型机械、石油钻井等领域对高效储能器件的迫切需求，使得未来中国将成为双电层电容器最大的市场。

1）双电层电容器市场分布趋势

国内厂商对双电层电容器的研发生产起步相对较晚，小容量的扣式超级电容占据中国超级电容市场绝大部分份额，原先产品主要以纽扣型（5F 以下）和卷绕型（5～200F）超级电容器为主，多用于小功率电子产品、电动玩具产品、有记忆存储功能电子产品的后备电源等。按照国际市场水平，国内大型超级电容市场未来将有巨大的发展潜力。

2）双电层电容器在新能源汽车领域的应用趋势

从应用市场角度分析，新能源市场发展潜力大，门槛适中，适合大力发展；智能电网市场的发展受制于智能电网投资，但具备一定的增长潜力；消费电子市场量大面广，应用领域众多，但增长潜力有限，竞争激烈；目前来看，新能源汽车市场竞争激烈，双电层电容器在新能源汽车领域应用最为迅猛，随着政策扶持力度的加大，未来发展潜力巨大。

3）市场规模发展预测

据市场研究报告《超级电容器的各种策略和新的用途 2013—2025》称，2016 年双电层电容器的销量将超过 27 亿美元，到 2020 年，双电层电容器的市场规模将超过 43 亿美元，全球超级电容市场在 2014～2020 年将以 18%的复合增长率实现发展。据不完全统计，2016～2020 年，我国双电层电容器市场规模从 90.7 亿元增长到 143.8 亿元。其中，2020 年双电层电容器应用于新能源领域的市场规模为 59.4 亿元，占比 41.31%；应用于交通运输领域的市场规模为 45.1 亿元，占比 31.36%；应用于工业领域的市场规模为 29.3 亿元，占比 20.38%。在三种不同外形结构的电容器中，纽扣型双电层电容器行业市场规模 32.47 亿元，同比增长 9.58%；卷绕型双电层电容器行业市场规模为 69.37 亿元，同比增长 8.15%；大型双电层电容器行业市场规模为 41.96 亿元，同比增长 8.62%。

目前，双电层电容器占世界能量储存装置的市场份额还不高，未来有着巨大的市场潜力。若想取得更加广阔的应用空间，需要解决其面临的能量密度低和单体电压不一致等问题。例如，利用各种技术探索开发新型超级电容器材料，优化单体制作工艺或者开发新型非对称混合电容器等来提高超级电容器的能量密度；继续提升超级电容器单体和成组模块性能及降低生产成本；制订切实可行的行业标准、国家标准等为超级电容产业的健康发展提供保障等。随着人类环保意识的提高和传统燃料价格的上涨，超级电容器的应用将会越来越多，并有望成为未来的理想储能元件。

对于双电层电容器产品，提高能量密度是最为关键的问题。而由于双电层电容器通常以活性炭作为电极，提高电压成为增大能量密度最有效的方法，因为能量与电压的平方成正比。然而，双电层电容器产品最高工作电压限制在 2.5～2.7V，因为超过这个电压会导致寿命缩减或器件损坏。为了达到 $20\sim30W\cdot h\cdot kg^{-1}$ 这一目标，大量的科研工作者分别从以下三方面进行了改善：①改变电极材料，选用具有更高容量的石墨烯材料或其他氧化还原物材料等；②改变电解液，选用耐高压性能的新型电解液或离子液体；③开发混合电容器体系。多种混合电容器体系可通过一极选用氧化还原活性材料（如电池电极材料、金属氧化物等）、一极选用多孔碳材料（如活性炭等）来实现。这种方法既可克服传统双电层电容器能量密度偏低的缺点，又因为采用了类电池和准电容器的电极而具有更高的工作电压和电容量，如图 8.4.3 所示。

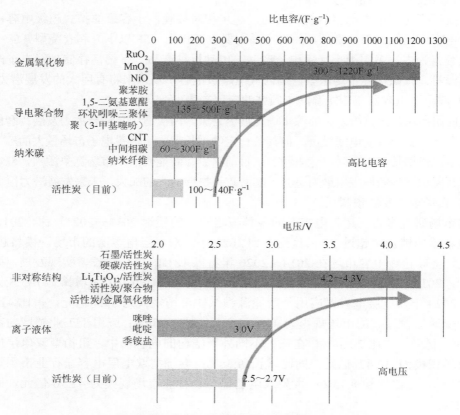

图 8.4.3　提高超级电容器能量密度的主要途径

8.5　赝电容器

赝电容是一种不同于双电层的电容，是在电极材料表面快速、可逆的氧化还原反应，在一定程度上受限于有限的活性材料的数量和有效比表面积。研究最普遍的赝电容器电极材料是过渡金属氧化物和导电聚合物。目前，金属有机框架（MOF）和共价有机框架（COF）等新型材料也被用于赝电容器中。因为电荷储存是基于氧化还原这一事实，这预示着这类电容器与电池有些类似。另外，拥有一定比例的杂原子和表面官能团的多孔碳在电容器中也含有部分赝电容。也就是说，来源于碳表面的双电层电容器加上来自活性官能团的氧化还原反应所产生的赝电容，从而增加了材料的整个电容。

8.5.1　导电聚合物

　　导电聚合物（ECP）指的是能够导电的有机聚合物。在传统的聚合物中，如聚乙烯类，其电子以 sp^3 杂化而形成的 σ 共价键，因此迁移能力差。导电聚合物具有一个交替单双键的共轭大 π 键，由碳的 p_x 轨道重叠形成（引起一个 sp^2 杂化中心碳原子的连续骨架）。每个 sp^2 杂化中心的一个不成对的价电子驻留于 p 轨道中，其与其他三个 σ 键正交，进而形成大 π 键和相应的反键 $π^*$ 键。当存在适当的氧化剂时，这些键上将失去一个电子形成带正电的空穴（缺乏电子），这个被部分掏空的键中余下的电子更易于移动且因此具有导电性。为了保持电中性，聚合物电极必须在某个过程中吸收离子，称为聚合物掺杂（p 型掺杂），这是一个能够提高氧化还原状态和聚合物导电性能的离子嵌入过程。原则上，这些共轭聚合物也能被还原，给另外一个未填充的键增加一个电子（n 型掺杂）。实际上，大多数的导电聚合物能够被氧化掺杂形成 p 型材料，但是 n 型掺杂的聚合物的形成并不多见。

　　导电聚合物因储存的能量大、廉价、易制备、质量轻和材料的灵活性，可以设计成柔性而广受关注。因此，导电聚合物已经被广泛作为电化学电容器的电极材料进行研究。导电聚合物通过快速的掺杂/去掺杂进行离子交换，将电荷储存遍及于整个有效体积，因此，导电聚合物储存能量的量通常比双电层型的材料要高很多。由于导电聚合物材料储存电荷是基于掺杂/去掺杂反应（法拉第反应）而不是吸附/脱附（非法拉第反应），因此，导电聚合物自放电速率相应较低。

　　在氧化过程中，导电聚合物被阴离子 p 型掺杂；在还原过程中，其被阳离子 n 型掺杂。单独用导电聚合物制备的电容器可以分成四种类型：Ⅰ型（对称结构），电容器中两个电极为相同的 p 型掺杂导电聚合物材料；Ⅱ型（非对称结构），两个电极为不同的 p 型掺杂的导电聚合物材料；Ⅲ型（对称结构），电容器两个电极用相同的导电聚合物，正极可进行 p 型掺杂而负极可进行 n 型掺杂；Ⅳ型（非对称结构），利用不同 p 型掺杂和 n 型掺杂的导电聚合物作为电极。因此，Ⅰ型和Ⅱ型的电容器不具有任何本征的极性，但是另外两种则有极性，电容器（固定的正极和负极）将需要被正确连接。

　　当对Ⅰ型电容器充电时，正极完全氧化而负极保持中性，显示出 0.5～0.75V 电势差（电容器电压）。当完全放电时，两个电极都处于半氧化状态，因此聚合物的 p 型掺杂容量只有其中的 50%可以利用。在Ⅱ型电容器中，更高的氧化电势聚合物作为正极，而具有较低氧化电势的聚合物作为负极。充电态，正极被完全氧化。负极处于完全中性状态，电容器的电压可更高，达 1.0～1.25V。当完全放电时，正极氧化程度小于 50%而负极大于 50%。因此，聚合物的 p 型掺杂容量的 75%可以被利用（这取决于应用的导电聚合物的组合）。由于Ⅰ型和Ⅱ型的电容器具有相对较低的电压，因此它们通常使用水系电解液。

　　当Ⅲ型和Ⅳ型导电聚合物电容器完全充电时，正极完全氧化（p 型掺杂）而负极则被完全还原（n 型掺杂），因此电池的工作电压处于 1.3～3.5V 范围内。在完全放电状态下，两个电极都处于中性，也就是说，聚合物 p 型掺杂和 n 型掺杂的容量 100%都能被利用。因此，这几种类型的电容器储存容量的大小顺序通常为：Ⅰ型＜Ⅱ型＜Ⅲ型＜Ⅳ型。需要注意的是，完全氧化或掺杂这类术语指的是聚合物可获得的最大掺杂水平，是这种聚合物固有的属性。

　　表 8.5.1 列出了一些导电聚合物作为电化学电容器活性电极材料的性能。导电聚合物主要类型有聚苯胺（PANI）、聚吡咯（PPy）、聚噻吩（PTh）和聚噻吩衍生物。其中，聚噻吩类材料具有可被 n 型掺杂的能力，因此可用于Ⅱ型和Ⅳ型电容器中。由于聚苯胺和聚吡咯是 n 型掺杂聚合物，其还原电势比一般的有机溶剂（如 ACN 和 PC）的分解电压更负，因此这类聚合物只用于Ⅰ型和Ⅱ型电容器中。

表 8.5.1　一些导电聚合物基超级电容器的性能

聚合物	电解液	正极-负极构造	V_{max}/V	C/(F·g^{-1})	E/(W·h·kg^{-1})	P/(W·kg^{-1})	循环次数/次	容量衰减/%
PANI	水系	PANI-PANI	0.5～1.2	120～1530	9.6～239	59～16000	1500	1～13
PANI	非水系	PANI-PANI	1.0	100～670	70～185	250～7500	9000	9～60
PANI	非水系	PANI-PPy	1.0～1.2	14～25	1～4.9	150～1200	4000	60
PANI	非水系	PANI-AC	3.0	58	4.9	240～1200	1000	60
PPy	水系	PPy-PPy	0.7～2.0	40～588	12～250		10000	9～40
PPy	非水系	PPy-PPy	1.0～2.4	20～355	10～25	2～1000	10000	11～45
PTh	非水系	PTh-PTh	3.0	1.6～6.0			5000	
PTh	非水系	PTh-PMT	3.2	5.7	9.7	990	5000	
PMT	非水系	PMT-PMT	3.0	220	20		2500	
PMT	非水系	PMT-AC	3.0	28～39	10～40	500～4344	1000	40
PMT	离子液体	PMT-AC	1.9～3.65	19～225	约 30	14000	16000	46
PMT	非水系	PMT-LTO	3.0	—	14	1000	10000	49
PEDOT	水系	—	0.8～1.25	100～250			70000	19
PEDOT	非水系	PEDOT-PEDOT	0.8～2.7	121	1～4	35～500	—	
PEDOT	离子液体	PEDOT-PPrDOT	0.5	130			50000	2
PEDOT	非水系	PEDOT-AC	3.0	110			1000	49
PFPT	非水系	PFPT-PFPT	3.0	17	39	35000	—	
PFPT	非水系	PFPT-AC	3.0	—	48	9000	—	
PFPT	非水系	PFPT-LTO	3.0	—	10～16	2500	1500	14

　　注：LTO. Li$_4$Ti$_5$O$_{12}$；PMT. 聚（3-甲基噻吩）；PEDOT. 聚（3,4-乙烯二氧噻吩）；PPrDOT. 聚（3,4-丙烯二氧噻吩）；PFPT. 聚（4-氟苯基-3-噻吩）；V_{max}. 最大工作电压；E. 能量密度；P. 功率密度。

　　聚苯胺作为一种被广泛研究的Ⅰ型电容器导电聚合物，具有易于从水溶液中制备（化学或电化学方法）、高掺杂能力（约 50%）、良好的导电性（0.1～5S·cm^{-1}）、高的比容量及环境稳定性好的优势。通过电化学方法制备的聚苯胺（约 1500F·g^{-1}）通常比化学方法制备的聚苯胺（约 200F·g^{-1}）具有更高的比容量。电容量的不同与聚合物的形貌、电极的厚度和黏结剂的使用有关。聚苯胺充电（掺杂或离子交换）和放电过程中需要质子的参与，因此，它在质子溶剂或质子离子液体中显示了更好的活性，具有高的容量。利用电化学方法制备的聚苯胺在质子型电解液中显示了良好的循环性能，但是数据显示聚苯胺类的电容器的循环次数几乎没有超过 10000 次。据报道，在充放电过程中，聚合物电极在反离子的掺杂和去掺杂中所伴随着的反复的体积变化会引起聚合物在循环过程中的机械破坏。同时，聚苯胺易受到氧化降解，即使稍微过充也将导致其性能不佳。可以通过表面修饰形成聚甲基苯胺，提高聚苯胺的抗氧化能力。

聚吡咯被认为是用于Ⅰ型和Ⅱ型电容器（正极）最有前途的电极材料之一。它不像聚苯胺，在非质子、水系和非水系电解液中都具有良好的电活性；然而，它的比电容却通常比聚苯胺要低得多（$100 \sim 500 \mathrm{F \cdot g^{-1}}$）。聚吡咯容量减少的主要原因是其形貌相对较致密，这限制了电解液进入聚合物的内部。性能最好的聚吡咯电极通常以薄膜电极的形式存在，且电极厚度（载荷和密度）的增加将会导致性能恶化。

不同于聚苯胺和聚吡咯，聚噻吩既可被 p 型掺杂又可被 n 型掺杂（Ⅲ型）。然而，聚噻吩的 n 型掺杂过程发生在非常低的电势，接近常规电解液中溶剂的分解电势。这种聚合物显示了差的电导率，在 n 型掺杂形式下具有较 p 型掺杂更低的比容量，因此在电容器中具有高的自放电速率和显示出差的循环寿命。为了克服这些限制，研究人员制备了一系列带隙的聚噻吩衍生物（即 n 型掺杂发生在更负的电势），通过在噻吩环 3-位上用苯基、乙基、烷氧基或其他吸电子基团取代，聚噻吩衍生物的性能得以显著改善。值得注意的是，聚噻吩衍生物有 PMT、PFPT 和 PEDOT。

为了改善电化学电容器中导电聚合物（ECP）电极的性能，ECP 经常与碳、CNT，甚至与金属氧化物形成复合材料。与碳形成的复合材料在改善电极的比容量和功率容量方面尤为有效。复合材料中碳的存在使得电极更易于导电，尤其是当聚合物处于导电性较差的中性状态（未掺杂状态）时。因为 ECP 和 CNT 的电子供给和接收的属性，其复合材料中存在 ECP 和 CNT 之间的电荷转移，同时，CNT 可以改善 ECP 基超级电容器的循环寿命。另外，CNT 或者其他导电性碳添加剂在 ECP 中，通过增强电导率、改进电解液渗进活性材料体相的性能、增加导电聚合物的利用率和增强机械强度，将大大改善 ECP 的性能。

值得指出的是，利用 p 型掺杂的 ECP 作为正极、活性炭作为负极的一种电容器，可以构筑 ECP 基非对称型电化学电容器。这种结构消除了确定稳定的 n 型掺杂的 ECP 电极的难度。例如，PMT、PFPT、PEDOT 和 PANI 已成功地运用于使用非水电解液且工作电压为 3V 的导电聚合物-活性炭（ECP-AC）非对称混合电容器中。在构建该类电容器过程中，因为正负极的比容量和电压波动范围明显不同，因此平衡负极与正极材料的比例（通过容量而非质量）对于非对称型电容器发挥出最佳容量非常重要。当活性炭电极的容量受限时，整个非对称型电容器会显示出与双电层电容器类似的充放电曲线。相反，当活性炭电极的容量增大时，可观察到类似电池的充放电曲线，显示出 ECP 氧化还原行为。

许多 p 型掺杂的 ECP 基电容器的比容量要比碳基双电层电容器高很多，但它们的循环寿命目前是有限的（尽管比大多数可逆电池要好很多）。这主要是由聚合物电极在充放电过程中反离子掺杂和去掺杂引起的反复收缩/膨胀而引起的机械失效所导致的。然而，ECP 复合物和利用 p 型掺杂的 ECP 作正极和活性炭作负极的非对称型电容器显示了一定的前景。通过在充电或放电过程中适当调整电极容量比例，实现 ECP 正极电压可控且在一个窄的电压窗口之间工作时，这种非对称型电容器的循环寿命将会得到改善。今后,进一步改善 ECP 的固有循环性能可能会集中于聚合物与碳材料(尤其是 CNT)的复合,制备具有简易开放形态的共聚物以及在 ECP 中使用离子液体作为该类电容器的电解液。

尽管正在进行的基于 ECP 的电化学电容器的研究存在一定前景,但是其研究兴趣在逐渐衰减。

8.5.2　过渡金属氧化物

某些金属氧化物,尤其是 RuO_2、MnO_2、NiO、Co_3O_4、Fe_3O_4 和 V_2O_5,其表面经过快速可逆的氧化还原反应,显示出很强的赝电容行为,它们的比容量通常远远超过碳材料的双电层电容器所具有的比容量,已被广泛研究。人们在保持传统双电层电容器适当的高功率和长循环寿命情况下,增加比容量的期望驱使了赝电容器的发展。然而,由于它们的电荷储存机理是基于氧化还原过程,这些材料也具有稳定性差和循环寿命短的缺点。大量关于金属氧化物的电化学电容器的研究,以寻求改善这些电容器的长时间循环性能的策略,这经常通过合成金属氧化物复合材料或对称的电容器设计得以实现。

与传统的电容器一样,非对称型电容器的电容也由式(8.4.1)决定。在对称型器件中,正极的比容量接近于负极的比容量(即 $C_+ = C_- = C_{cell}$),因此,整个电容器的电容为单个电极比容量的一半,即 $C_{cell} = C_e/2$。然而,在非对称型器件中,非极化的赝电容器电极展现出来的比容量(C_+)通常远高于可极化的双电层电容器电极的比容量(C_-),因此,非对称型电容器的整个电容为 $C_{cell} = C_-/2$(因为 $C_+ \gg C_-$)。非对称型电容器的整个电容几乎是具有相同碳电极的对称型双电层电容器容量的两倍,从而也增加了整个电容器的能量密度。先前的研究结果表明,在非对称型电化学电容器的设计中,一些关键要求如下:

(1)应选择具有大充放电倍率性能的赝电容器和双电层电容器电极。

(2)选择赝电容器和双电层电容器电极应当让它们的电势要么接近工作电压窗口的最低电压,要么接近最高电压,这将使整个非对称型电容器的工作电压和能量密度最大化。

(3)因为赝电容器电极显示出了比双电层电容器电极高的比容量,这种不匹配现象将通过平衡两电极活性物质的质量来弥补,通常是通过使用厚的或致密的赝电容器电极。

(4)双电层电容器电极应当具有尽可能高的电导率、表面积和孔隙率。

RuO_2 理论赝电容高(>1300F·g^{-1})、电导率高(比碳材料大 2 个数量级)和在酸性条件下非常稳定,已被广泛研究作为电化学电容器电极材料。在水系电解液中,电压窗口约为 1.2V。RuO_2 的电荷储存机理是通过电化学质子化作用进行的,其反应如下:

$$RuO_2 + \delta H^+ + \delta e^- \longrightarrow RuO_{2-\delta}(OH)_\delta, \quad 0 \leqslant \delta \leqslant 1$$

近几年来,将 RuO_2 与其他物质混合,制备复合电极可以提高其综合性能。然而,RuO_2 的价格昂贵,不适合大规模应用,限制了这种材料的进一步发展。在这方面,相继出现了 MnO_2、NiO 和 Fe_3O_4 等价廉质优的替代材料。

锰基氧化物成本低、毒性小、对环境友好,同时具有较高的比电容值。锰基氧化物在充放电过程中发生可逆反应，其机理如下：

$$MnOOH_n + \delta H^+ + \delta e^- \longrightarrow MnOOH_{n+\delta}$$

与锰基氧化物类似，NiO 在自然界丰度高、价格低，具有较高的比表面积、较好的氧化还原性和电荷存储特性，是理想的电极材料之一，其机理可表示为

$$NiO + zOH^- \longrightarrow zNiOOH + (1-z)NiO + ze^-$$

金属氧化物因能量密度高、比电容大、成本低和环境友好等优点在超级电容器领域受到广泛关注，但是由于金属氧化物电子团聚、电导率较低等缺点限制了其在高性能超级电容器中的应用。为了改善目前金属氧化物电极材料存在的问题，主要的解决方法有以下几个方面：①通过不同的方法对金属氧化物引入缺陷，提高电子传输效率，进而提高电极材料的导电性。②通过组合多种金属氧化物，或者合成多元金属氧化物，提供了更多的活性位点和提高了电子的传输效率。③实现金属氧化物与其他导电性材料的复合（如碳材料、导电聚合物、MOF 等），提高金属氧化物的电导率。④优化工艺水平，对金属氧化物结构和形貌进行修饰。通过调控金属氧化物的合成条件，制备不同形态和大小的纳米金属氧化物材料，以增加材料比表面积，提高电化学性能。⑤克服金属氧化物氧化还原反应对电极材料表面的依赖，以改善在高电流密度下反应动力学缓慢的问题。

8.5.3 其他赝电容效应

除了上述提到的常见的两种赝电容外，杂原子（B、N、O、S、P）掺杂可以有效调节碳结构中碳原子的电子状态，从而影响其电荷密度和电子云分布，引起不同类型的赝电容，进而提升多孔碳材料在电化学储能中的应用。在这些杂原子掺杂碳中，适量的氮原子掺杂不仅不降低碳材料的电导率，而且提高比电容和改善电极在介质中的润湿性，受到更多的关注。碳网络中存在的主要官能团及其产生赝电容的相关机理如图 8.5.1 所示。

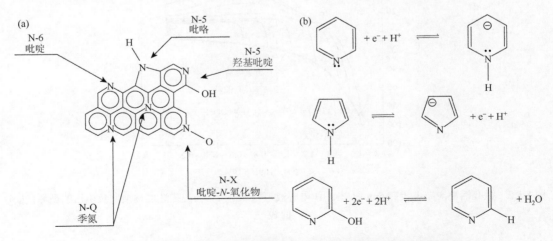

图 8.5.1 碳网络中存在的主要官能团(a)和可能发生的赝电容反应(b)

　　水介质中可逆地电吸附氢的纳米多孔碳也观察到了赝电容特性。在这种情况下，负极极化过程中，水被还原而产生的氢被材料吸附；这些吸附的氢在阳极氧化时又被释放出来。研究结果证明碳电极的氢吸/脱附过程能在大电流下进行，这使得其可以作为电化学超级电容器的负极。值得注意的是，纯粹的双电层充电在微秒至毫秒的极短时间内发生，而氢吸附质电容由于赝电容反应的扩散限制需要一个稍微较长的时间。

　　电吸附氢能在以碳布或粉末形式的 AC 中发挥作用。碳材料储氢最重要的参数是超细微孔、介孔比例、表面官能团、电导率和缺陷数量等。对含有可控孔分级微孔/介孔的碳材料的研究结果显示，它们的储氢能力有了一定的提高。

　　图 8.5.2 为微孔活性炭布电极在 $6mol \cdot L^{-1}KOH$ 电解液中不同圈数的循环伏安曲线。电极电势高于水的热力学电势值［理论上，$-0.924V(vs. Hg/HgO)$，$6mol \cdot L^{-1}KOH$ 介质］，这个近似矩形的曲线证实了双电层的可逆充放电。随着负极截止电势的逐步移动，在第三个循环中观察到负极电流上升，证明当截止电势低于平衡电势时，法拉第水解反应（$H_2O + e^- \longrightarrow H + OH^-$）开始发生，其中，新产生的氢一部分固定在碳的纳米孔表面（$\langle C \rangle + xH \longrightarrow \langle CH_x \rangle$），而另一部分则可能重组成 H_2 分子。式（8.5.1）总结了整个过程：

$$\langle C \rangle + xH_2O + xe^- \longrightarrow \langle CH_x \rangle + xOH^- \tag{8.5.1}$$

式中：$\langle C \rangle$ 和 $\langle CH_x \rangle$ 分别代表纳米结构的碳基底和氢原子插入碳基底。因此，在阳极扫描过程中，高于平衡电势的正极电流增大，这与活性炭中的氢电化学氧化有关。在这个氧化步骤中，它向式（8.5.1）的逆反向进行。

　　当负极截止电势减小时，由于氢氧化正极电流增加，对应的凸峰向正电势移动。氢氧化要求的高过电势说明碳材料中有强的氢捕获或者扩散限制。

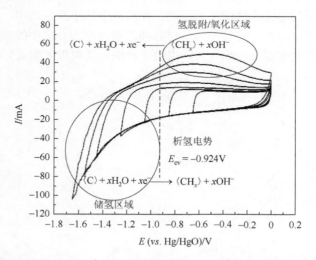

图 8.5.2　微孔活性炭布电极在 $6mol \cdot L^{-1}KOH$ 电解液中以 $5mV \cdot s^{-1}$ 的扫描速度逐渐向负电压的循环伏安曲线

　　考虑氢的电化学吸附本质上发生在微孔（即小于 0.7～0.8nm 的孔）中，而弯曲的孔道将会减缓氢从这些微孔中脱附的速度，因此，低的扫描速度下可提高可逆性。

碳表面氢键合化学类型的结果表明，其电化学性能取决于温度。在 20～60℃温度范围内 AC 的伏安曲线结果显示，氧化还原峰的振幅随着温度的升高而增大（即可逆氢的吸附量增加），而且这两个峰间的极化会减少。

由于氢通过弱的化学键稳定在碳基底上，因此其自放电并不显得那么重要。另外，水性溶液中使用 AC 作为负极的电容器的电压及能量密度可以通过在较高的温度下工作得以强化。因此，对于构建非对称型电容器，水性介质中纳米多孔碳材料电吸附氢是非常有趣的，这种电容器的构造是以储氢碳作为负极和以碳或者基于 MnO_2 的复合材料或者导电聚合物的形式作为正极的一种电容器。这种电容器在水性介质中能在高达 1.6V 的电压下保持良好的循环寿命。同时，也有报道证实对称型 AC//AC 电容器在碱性硫酸盐电解质中拥有更好的性能（1.6～2.0V）。考虑到比 MnO_2 基复合材料导电性更好的碳正极，这种新理念将在大功率应用中呈现优势。

提高赝电容特性的容量，还可以通过具有氧化还原活性的电解质取代电极材料作为氧化还原反应的来源实现。在这种情况下，电解液是电容的主要来源，因为电解质有多个不同氧化态，如碘、溴和羟基喹啉等。考虑到赝电容反应在电极/电解液的界面发生，因此必须选择合适的电极材料。另外，对于两个氧化还原对的情况，两种电解质的隔离非常重要。

总之，赝电容材料可以大大提高超级电容器的能量密度，为此多种复合材料被开发出来。事实证明介孔的存在是维持氧化还原物质快速扩散的关键因素。但是要注意的是，工业化要求高的体积能量密度，因此介孔的数量必须在保持电极最大密度前提下尽可能少。另外，质子是赝电容被高效利用的关键，因此工业上应该会更多地关注电容器中水性介质的应用。水性介质是环保的媒介，且具有良好的导电性能，因此是大功率设备最合适的选择。

8.6　锂离子电容器

20 世纪 90 年代末，日本科学家报道了一种使用活性炭正极、嵌锂石墨负极和锂盐电解液的锂离子电容器（LIC），其工作电压区间可达 3.0～4.2V，并完成了纽扣型电容器的产业化。随后，日本富士重工于 2005 年公开了这种新型电容器的制备技术，该器件的工作电压可以提高至 3.8V，能量密度达到 13W·h·kg^{-1}，相当于当时超级电容器能量密度的 4 倍多。随着富士重工公开了 LIC 的制造技术，国内外许多研究机构和公司开始关注并研发这种新型储能器件。

根据电极材料复合方式的不同，目前研究较多的 LIC 主要有：预置锂碳材料//AC、钛氧化物//AC、钛氧化物//含锂化合物＋AC 及 AC//含锂化合物＋AC 等几种体系。其中，预置锂碳材料//AC 锂离子电容器的正极为活性炭，负极为预先嵌锂处理过的石墨、软碳、硬碳等锂离子电池负极碳材料。含锂化合物＋AC 材料主要有锰酸锂＋AC、磷酸铁锂＋AC 和三元材料＋AC 等。

　　LIC 的能量特性取决于电容活性材料对电荷的吸脱附行为，功率特性取决于 Li⁺ 在电池材料体相中的扩散动力学。与锂离子电池相比，电容活性材料的使用一方面会降低体系的比能量密度，但另一方面使 LIC 实现快速充放电，因而具有更高的功率密度。与法拉第赝电容器相比，LIC 中锂离子与电池材料体相发生的法拉第氧化还原反应较慢，会使其功率密度稍有降低但同时会提供更高的存储容量。因此，LIC 是介于 LIB 和 EC 之间的储能装置，通过电池材料和电容材料的匹配可实现高的能量密度和功率密度。下面就两种常见的 LIC 体系进行简单介绍。

8.6.1　预置锂碳材料//活性炭体系 LIC

　　预置锂碳材料//活性炭体系 LIC 的工作机理如图 8.6.1 所示（以石墨负极为例）。充电时，电解液中的 Li⁺ 嵌入石墨层间形成嵌锂石墨，同时，电解液中的阴离子则吸附在活性炭正极表面形成双电层；放电时，Li⁺ 从负极材料中脱出回到电解液中，正极活性炭与电解液界面间产生的双电层解离，阴离子从正极表面释放，同时电子从负极通过外电路到达正极。与双电层电容器相比，锂离子电容器通过锂的预嵌入可将碳负极的电势降至接近于 0V($vs.$ Li/Li⁺)，且由于碳负极材料的比电容明显高于正极材料，因此在放电过程中负极仍旧能够保持在较低的电势，从而可将单体最高工作电压由 2.5V 提高至 3.8V，最高甚至可达到 4.2V，如图 8.6.2 所示。但也正是由于高的工作电压，该体系对电解液要求较为苛刻，一般以碳酸酯类电解液体系为主。例如，以石墨作为负极，活性炭作为正极，当功率密度小于 100W·kg⁻¹ 时，该电极材料体系的能量密度可达 100W·h·kg⁻¹ 左右，但该 LIC 的功率密度最高也可达 10kW·kg⁻¹。值得指出的是，为获得较宽的工作电势窗口，碳负极需要通过在首次充电过程中的预置锂离子来降低电势，但该过程容易造成有机电解液的还原分解和形成阻抗较高的固体电解质膜，进而会影响该体系的循环稳定性和安全性能。

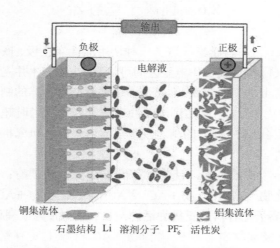

图 8.6.1　锂离子电容器工作原理示意图

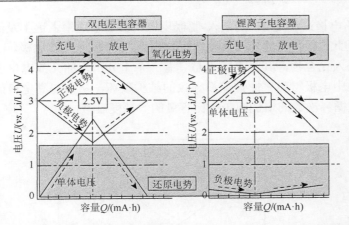

图 8.6.2　AC//AC 构建的 EDLC 与预嵌锂石墨//AC 构建的 LIC 的电压分布比较图

8.6.2　LTO//AC 体系锂离子电容器

通过构建一极为活性炭（即电容极），一极为金属氧化物（即电池极）的混合体系，不仅能够显著提升电容器产品的能量密度，而且还能够具有较高的功率密度。在众多新型混合体系中，以 LTO（LTO = $Li_4Ti_5O_{12}$）为负极材料、活性炭为正极材料的非对称体系研究最为广泛。早在 2001 年，美国 Amatucci 等第一次报道了有机电解液体系的 LTO//AC 锂离子电容器，该器件的能量密度高达 $20W·h·kg^{-1}$，接近当时铅酸电池的水平，而且，该器件在 $10C$ 条件下循环 4000 次仍具有 90% 以上的容量保持率，非常具有商品化的前景。LTO//AC 的工作原理如图 8.6.3 所示，在充电过程中，电解质中的阴离子向正极（活性炭）迁移并吸附产生电容，同时 Li^+ 向负极（LTO）移动并发生可逆的氧化还原反应。

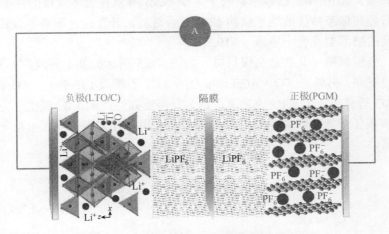

图 8.6.3　LTO//AC 体系 LIC 的工作原理示意图

LTO//AC 体系具有 1.5~2.8V 或者更高的工作电压，其充放电曲线如图 8.6.4 所示。根据正负电极能量存储相等的原则，由于活性炭的比容量为 $40~80mA·h·g^{-1}$，而 LTO 材料则具有 $175mA·h·g^{-1}$ 的比容量，因此，体系的能量密度在很大程度上取决于活性炭电极。

同样地，LTO 的电极过程是 Li^+ 的嵌入-脱嵌反应，在反应速率上远不及活性炭电极的吸附-脱附过程，因此，该体系的功率密度在很大程度上取决于 LTO 电极。LTO 材料是一种典型的零应变嵌入化合物，其显著特点是具有一个十分平坦的充放电电压平台。它能够避免充放电循环中电极材料来回伸缩而导致的结构破坏，从而提高电极的循环性能和使用寿命，减少随循环次数的增加而带来比容量的大幅度衰减。

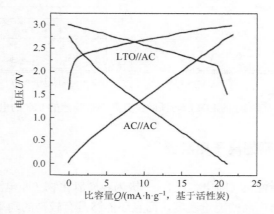

图 8.6.4　LTO//AC 和 AC//AC 电容器的充放电曲线对比

　　尽管 LTO 作为混合型电容器具有高能量、高稳定性和高安全性的特点，但是由于 LTO 材料本身具有非常差的 Li^+ 扩散系数（$<1\times10^{-6}cm^2\cdot s^{-1}$）和电子电导率（$<1\times10^{-13}S\cdot cm^{-1}$），其功率特性较差，其在实际电容器的应用过程受到很大程度的限制。研究表明，将 10μm 左右的 LTO 颗粒粉碎到 10nm 以下或者结合导电材料制备复合材料就可以解决该材料电导率较差的缺陷。2010 年，日本东京农工大学 Naoi 等就在上述原理的基础上，将 LTO 换成一个具有超高倍率特性的纳米结构 LTO 复合材料，开发出一种高能量密度、高稳定性和高安全性的纳米型混合电容器（NHC）。

　　随着正、负极材料（尤其是负极材料，如图 8.6.5 所示）及电解液的不断发展，LIC 已经得到快速发展。另外，LTO + AC/$LiMn_2O_4$ + AC、石墨类/$LiFePO_4$ + AC 和 LTO + AC/三元材料 + AC 等体系 LIC 的快速发展，也为发展更高性能的 LIC 提供了方案。目前，LIC 已初步实现了产业化，并得到了越来越多的关注，有望成为混合电动车最有前景的动力解决方案。

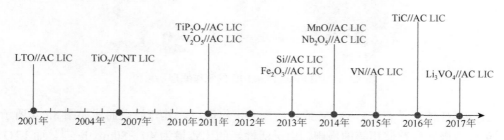

图 8.6.5　不同负极材料与活性炭正极构建的锂离子电容器

　　总之，锂离子电容器是一种介于超级电容器和锂离子二次电池之间的一种优异的储能装置。电极材料的选择和设计、正负极的质量匹配及电势窗口的选择均会直接影响锂离子混合超级电容器的能量密度、功率密度或循环寿命。通过使用有机电解液及正负极体系的设计，目前锂离子电容器的能量密度已接近锂离子电池，但相比于超级电容器，体系在大电流充放电时仍有一定的容量衰减，功率密度还有一定的提升空间。从电极材料方面来讲，这主要是因为相对于快速的超级电容器双电层吸脱附，锂离子电容器体系的充放电速率是由锂离子在电极体相中的扩散和电子的传递控制的，因此促进锂离子在电极体相中的扩散和提高电导率将是未来提高锂离子电容器功率密度和能量密度的重要方向。根据已有的研究报告，LTO//AC 体系及石墨烯复合材料体系具有较大的应用潜力和提升空间。另外，在追求高能量密度和功率密度的同时，电容器正负极材料的匹配及有机电解液的安全性也是不容忽视的。总之，锂离子电容器体系各方面的研究还有待发展，如果能够借鉴锂离子电池和超级电容器的理论和行业经验将会有更好的发展。

习题与思考题

　　1. 结合教材内容并查阅相关资料，阐述双电层理论的相关进展。

　　2. 双电层电容器的性能参数主要有哪些？怎样提高双电层电容器的能量密度和功率密度？

　　3. 对于赝电容器，怎样在不牺牲较多能量密度的同时提高其功率密度和循环性能？

　　4. 查阅相关资料，理解碳材料的孔径分布和比表面积对其比电容的影响。

　　5. 查阅相关资料，进一步理解杂原子掺杂与氢吸附增加碳材料赝电容的机理，并探讨这两种途径在实际电容器中应用的可行性。

　　6. 锂离子电容器主要可分为哪些体系？不同体系锂离子电容器的工作原理是否相同？

　　7. 怎样提高锂离子电容器的综合性能？

　　8. 查阅相关资料，了解电化学电容器的相关生产工艺。

第9章 燃料电池技术

9.1 燃料电池概述

9.1.1 燃料电池的分类与工作原理

燃料电池（fuel cell，FC）是一种能有效控制燃料和氧化剂的化学反应，并将其中的化学能直接转化为电能的电化学装置，如表 9.1.1 所示。根据不同的电解质材料，燃料电池可以分为：质子交换膜燃料电池（PEMFC）、碱性燃料电池（AFC）、磷酸燃料电池（PAFC）、固态氧化物燃料电池（SOFC）和熔融碳酸盐燃料电池（MCFC）。按照燃料电池的工作温度，可以分为高温燃料电池（600~1000℃，包括 SOFC 和 MCFC）、中温燃料电池（160~220℃，包括 PAFC）和低温燃料电池（60~100℃，包括 PEMFC 和 AFC）。目前，研究比较广泛的燃料电池主要包括 PEMFC、SOFC 和 AFC。本节主要介绍这些燃料电池的基本原理、结构特点、发展历史及应用等。

表 9.1.1　几种燃料电池性能比较

种类	电解质	工作温度范围/℃	电解质腐蚀性	氧化剂	极板材料	催化剂（阳/阴极）	燃料	发电效率/%	优点	缺点	应用领域
AFC	KOH	低于 260	中	纯氧/过氧化氢	镍	镍/银系	电解纯氢	50~60	启动快,室温常压下工作	需以纯氧作为氧化剂,成本高	航天,特殊地面,潜艇
PAFC	H_3PO_4	190~210	强	空气	石墨	铂系	天然气、轻质油、季戊四醇磷酸酯等	40~50	对 CO_2 不敏感,成本相对较低	对 CO 敏感,启动慢,成本高	特殊需求,区域供电
MCFC	Li_2CO_3、K_2CO_3	600~700	强	空气	镍、不锈钢	镍/氧化镍	天然气、甲醇、煤气	50~65	空气作为氧化剂,天然气或甲醇作为燃料	工作的温度较高	区域供电,联合发电
SOFC	Y_2O_3 稳定 ZrO_2 或钙钛矿	约 1000	无	空气	陶瓷、不锈钢	镍掺杂的 $LaMnO_3$ 或 $LaCoO_3$	天然气、甲醇、煤气	55~70	空气作为氧化剂,天然气或甲醇作为燃料	工作的温度过高	分布式电站,交通工具电源,移动电源
PEMFC	质子交换膜（如 Nafion 膜）	约 85	无	空气	石墨、金属	铂系	天然气、甲醇等	30~40	空气作为氧化剂,固体电解质,室温工作,启动迅速	对 CO 非常敏感,反应物需要加湿	电站,交通工具电源,潜艇,移动电源

　　按照电化学原理，也就是原电池的工作原理，燃料电池是一种等温的能量转换装置，可以将储存在燃料和氧化剂中的化学能直接转化为电能，实际过程是氧化还原反应。氧化剂发生还原反应的电极称为阴极，其反应过程称为阴极过程，按原电池定义为正极；还原剂或燃料发生氧化反应的电极称为阳极，其反应过程称为阳极过程，定义为负极。燃料电池单体由 3 部分构成：阳极、阴极及电解质。其工作过程可大致分解为以下 4 个步骤（工作原理如图 9.1.1 所示）：

　　（1）燃料气（氢气、甲烷、甲醇等）从电池阳极进入后，在阳极催化剂作用下发生氧化反应，生成阳离子并给出自由电子。

　　（2）氧化剂（通常为氧气）从电池阴极进入后，在阴极催化剂作用下发生还原反应，得到电子和阴离子。

　　（3）阳极反应产生的阳离子或阴极反应产生的阴离子通过电解质运动到对电极上，生成反应产物并排到电池外。

　　（4）在电势差的驱动下，电子通过外电路从阳极运动到阴极，构成一个完整的闭合回路，并且在回路中产生电流。这样整个反应过程达到了物质平衡和电荷平衡，外部用电器获得了燃料电池所输出的电能。

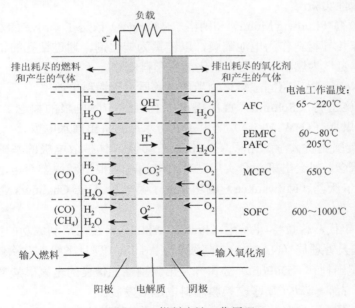

图 9.1.1　燃料电池工作原理

　　虽然不同类型燃料电池的基本原理是相通的，但通常由于电解质不同，所允许通过的载流子也不同，因而对应的电池反应会存在一些差异。与传统发电方式相比，燃料电池有其特殊之处：在通过电化学反应进行能量转化的过程中，整个过程不涉及燃烧，该过程不会受到卡诺循环的限制，仅仅发生了氧化还原反应，因此燃料电池往往具有较高的能量转化效率。另外，转化过程中没有机械设备参与，工作稳定、可靠安静。除此之外，燃料电池还具有燃料多样化、使用的燃料和氧化剂均为流体（即气体和液体）、化学反应绿色环保等特点。这些特点和优势使燃料电池成为目前最具应用前景的新能源技术之一。

9.1.2　燃料电池的发展与应用

燃料电池被誉为第 4 类发电技术，曾被 *Time* 列为 21 世纪高科技之首，也被认为是 21 世纪的能源之星。从 19 世纪初开始，燃料电池的概念在能源领域开始出现，迄今已经历了 200 多年的发展历程，其发展源头需追溯到电化学现象的发现：

1766 年，英国著名化学、物理学家卡文迪什（Cavendish）发现氢气。

1799 年，意大利物理学家伏打（Volta）首次观察到电化学现象，据此制成了世界上第一个电池"伏打电堆"，伏打也因此被尊为电化学的奠基人。

1838 年，德国化学家 Schonbein 发现极化效应：氢气与白金电极上的氯气或氧气发生化学反应能产生电流，因此提出燃料电池的工作原理。

1839 年，基于 Schonbein 的理论，英国物理学家格罗夫（Grove）制造出第一台氢氧燃料电池，于 2 月发表了世界上第一篇与燃料电池研究相关的文章，并在文章中介绍了燃料电池的原理性实验。

1889 年，蒙德（Ludwig Mond）和朗格尔（Langer）改进了 Grove 的发明，利用浸有电解质的多孔非传导材料作为电池隔膜，以铂黑为催化剂，通过钻孔的铂或金片为电流收集器组装了以氢气为燃料，氧气为氧化剂的燃料电池。

1899 年，Nernst 提出将固态氧化物当作电解质用于燃料电池中。

1923 年，施密特（Schmid）首次提出多孔气体扩散电极的概念。

1932 年，黑斯（G. W. Heise）等以蜡为防水剂制备出憎水电极。

1959 年，英国剑桥大学的培根（Bacon）在多孔气体扩散电极的基础上，提出了双孔结构电极的概念，制造出第一个实用型燃料电池—培根型碱性燃料电池。同年，Harry Karl Ihrig 在密尔沃基（Milwaukee）成功开发了第一台 Allis-Chalmers 燃料电池农用拖拉机。

20 世纪 60 年代，普拉特-惠特尼（Pratt & Whitney）公司研制成功的燃料电池系统，成为美国航空航天管理局（NASA）在阿波罗（Apollo）登月飞船上首次使用的主电源。

1962 年，美国杜邦（DuPont）公司开发出新型性能优良的全氟磺酸型质子交换膜，即 Nafion 系列产品，推动了质子交换膜燃料电池的发展。

1966 年，美国通用汽车公司推出了全球第一款燃料电池汽车 Electrovan，完美诠释了燃料电池技术的可行性潜力。

1993 年，加拿大 Ballard Power System 公司首次研发出以质子交换膜燃料电池为动力的车辆，使燃料电池开始进军民用领域。

1994 年，戴姆勒-奔驰公司成功研制了首款奔驰燃料电池汽车 NECAR1，这也是第一台真正意义上的质子交换膜燃料电池汽车。

2015 年，日本丰田成为燃料电池车行业领跑者，向欧美发售其新款 Marai 燃料电池车。

2016 年，罗兰贝格"Fuel Cell Electric Buses-Potential for Sustainable Public Transport in Europe"显示，在欧洲一共有 84 辆燃料电池大中客车投入使用。同年，美国能源署国家可再生能源实验室"Hydrogen Fuel Cell Bus Evaluations"显示，美国正在示范运营的燃料电池客车共 24 辆。

我国在 2016 年制定了氢燃料电池汽车发展路线图，规划了 2020 年、2025 年 和 2030 年的里程碑，并在随后的 5 年开展了进一步的技术研发和区域性示范推广应用，在 2022 年北京冬奥会大规模使用了氢燃料电池汽车。2021 年全年氢燃料电池汽车推荐车型数量达 262 款，较 2019 年增长了 2.6 倍，表明我国在氢燃料电池汽车新产品尤其是商用车产品的研发方面，投入力度正在逐步加大，氢燃料电池汽车整车商业化进程明显加快。

9.2　质子交换膜燃料电池

质子交换膜燃料电池（proton exchange membrane fuel cell，PEMFC）以全氟磺酸型固体聚合物为电解质，Pt/C 或 PtRu/C 为电催化剂，氢气或净化重整气为燃料，空气或纯氧气为氧化剂，带有气体流动通道的石墨或表面改性的金属板为双极板。与其他能量转换装置不同，PEMFC 不经过燃烧反应就能够实现化学能到电能的转换，因而具有更高的能量转换效率，且绿色环保。如果不停止燃料的供应，它就可以源源不断产生电能，克服了锂离子电池使用过程中需要频繁充电且充电时间久等不足。这与 PEMFC 所表现出来的特点密切相关：

（1）电池能量转换效率高，实际可达到 40%～60%。

（2）可在室温下快速启动，工作温度低。

（3）电池启动时间短，可以在数秒内实现启动。

（4）电池的功率密度高、机动性好。

在所有燃料电池类型中，PEMFC 表现出最高的功率密度（300～1000mW·cm^{-2}），是理想的汽车动力电源和便携式移动电源，已经成为世界各国燃料电池研究的热点，被广泛应用于移动电源、家用电源、电动汽车等领域，具有广阔的发展及应用前景。

PEMFC 在关键材料与电池组方面取得了突破性的进展，然而商业化过程中，氢能源问题异常突出，成为阻碍氢燃料电池广泛应用的重要原因。20 世纪末，以醇类直接为燃料的燃料电池，成为研究热点并取得了长足的进展。直接醇类燃料电池（direct alcohol fuel cell，DAFC）是一类特殊的 PEMFC，直接用醇类和其他有机分子代替氢气作为燃料。在燃料的选择上，多使用各类有机小分子，如甲醇、甲酸、甲醛、乙醇等，也开展了对其他有机化合物的电催化氧化研究，如异丙醇、乙二醇、二甲醚和丙三醇等燃料电池的研究工作也逐渐展开，还有部分研究者致力于混合有机化合物燃料的研究。总之，DAFC 所需要的燃料资源丰富且来源广泛、携带存储便捷、理论能量密度高、价格便宜和反应产物低污染等，在国防通信电源、作战武器电源、手机、摄像机、笔记本电脑等移动电源各个领域具有十分广阔的应用前景，也成为各国燃料电池开发的研究热点。然而，目前 DAFC 技术依然存在诸多挑战，如电池的可靠性、长期使用寿命等与实际生产和生活的需求仍然相差甚远。

9.2.1　电池结构及工作原理

1. 质子交换膜燃料电池结构

质子交换膜燃料电池由质子交换膜（PEM）、催化层（CL）、微孔层（MPL）、气体扩散层（GDL）和双极板（BPP）等部件组成（图9.2.1）。其中，质子交换膜、催化层和气体扩散层集成在一起成为膜电极（MEA），是保证电化学反应能高效进行的核心，直接影响电池性能，而且对降低电池成本、提高电池比功率与比能量至关重要。

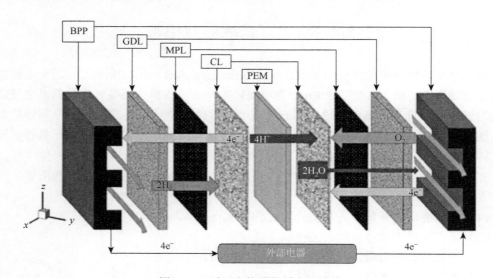

图 9.2.1　质子交换膜燃料电池结构

（1）质子交换膜是质子传导的介质，氢燃料电池的核心部件，直接影响到整个电堆性能。

（2）催化层是发生电化学反应的场所，用来加速电化学反应。

（3）气体扩散层是支撑催化层，并为电化学反应提供电子通道、气体通道和排水通道的隔层。

（4）双极板又称为流场板（FFP），主要起输送和分配燃料及氧化剂、在电堆中隔离阳极与阴极气体及收集电流的作用。

2. 质子交换膜燃料电池工作原理

1）氢燃料电池工作原理

对于氢燃料电池而言，PEMFC 工作时，燃料气 H_2 会穿过气体扩散层均匀进入阳极催化层，在阳极催化剂的作用下发生氧化反应，失去电子变成 H^+。然后 H^+ 通过质子交换的方式由质子交换膜传递至阴极；电子则经由外电路到达阴极，氧化气 O_2 经气体扩散层传导后均匀进入阴极催化层，在阴极催化剂的作用下发生还原反应，并与 H^+ 结合后生成 H_2O。同时，电子在外电路形成电流，并向外输出电能（图 9.2.2）。

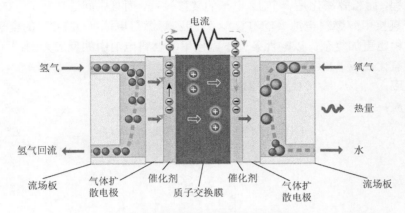

图 9.2.2 质子交换膜燃料电池工作原理

a. 氢氧化反应机理

氢氧化反应（HOR）通常包括以下两个过程：氢气的解离和电子的传递。HOR 的机理为

$$H_2 + 2M \longrightarrow 2M\text{—}H$$
$$M\text{—}H \longrightarrow M + H^+ + e^- （M 为催化剂）$$

b. 氧还原反应机理

在氧还原反应（ORR）过程中，O_2 在阴极催化剂作用下发生还原反应，并与 H^+ 结合成 H_2O。反应机理可以按照下列两种途径进行：

（1）一步 4 电子机理：

$$O_2 + 4H^+ + 4e^- \longrightarrow 2H_2O$$

（2）两步 2 电子机理：

$$O_2 + 2H^+ + 2e^- \longrightarrow H_2O_2$$
$$H_2O_2 + 2H^+ + 2e^- \longrightarrow 2H_2O$$

ORR 是很多可持续能源转换技术的基础，是一个复杂的 4 电子反应，通常涉及四步质子电子转移步骤，导致其动力学过程迟缓。相较于阳极的 2 电子 HOR，阴极的 ORR 的反应速率小得多，所以总反应速率取决于阴极 ORR。当 ORR 按照 4 电子机理进行反应时，燃料电池的能量转化效率会更高，所以要尽量避免按照 2 电子反应途径进行。反应过程中，所选择的 ORR 催化剂的几何结构和电子结构决定 O—O 键的断裂方式，而 O—O 键断裂方式又决定了反应途径。

2）直接醇类燃料电池工作原理

DAFC 的基本原理如图 9.2.3 所示：工作时，从阳极通入燃料甲醇或乙醇，并在阳极催化剂的作用下催化氧化为二氧化碳，同时产生质子和电子；氧气在阴极被电催化还原，与电子和质子结合生成水；由于质子在阳极和阴极侧存在浓度梯度，在化学势的驱动下质子从阳极通过质子交换膜传输到阴极。在此过程中产生的电子通过外电路传导至阴极，形成传输电流并输出电能。各种燃料中，甲醇完全电催化氧化生成二氧化碳是一个 6 电子的转移过程，而乙醇氧化是一个 12 电子的转移过程，而且中间还伴随 C—C 键的断裂，所以相比于直接甲醇燃料电池（DMFC），直接乙醇燃料电池（DEFC）的电极反应更困难，反应过程也更加复杂。以酸性条件下直接甲醇燃料电池中的反应为例：

甲醇电氧化反应（MOR）：

阳极反应：
$$CH_3OH + H_2O \longrightarrow CO_2 + 6H^+ + 6e^- \qquad \varphi^\ominus = 0.046V$$

阴极反应：
$$3/2O_2 + 6H^+ + 6e^- \longrightarrow 3H_2O \qquad \varphi^\ominus = 1.229V$$

总反应：
$$CH_3OH + 3/2O_2 \longrightarrow CO_2 + 2H_2O \qquad E^\ominus = 1.183V$$

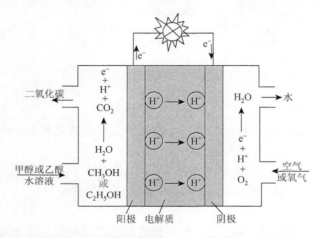

图 9.2.3　直接醇类燃料电池工作原理示意图

　　酸性环境中的甲醇氧化机理研究表明：甲醇氧化存在双反应路径，包括直接反应路径（非 CO 路径）和间接反应路径（CO 路径）。在 CO 路径中，甲醇会首先脱氢生成 CO，然后被进一步氧化成 CO_2，而在非 CO 路径中，甲醇则直接氧化生成 CO_2。在酸性溶液中，甲醇氧化大多数以间接反应路径（CO 路径）进行。从间接反应路径来考虑，Pt 和 Pt 合金催化剂上的 MOR 一般包括以下步骤（s 代表 Pt 催化剂以固体形式存在的状态；M 是指 Pt 以外的金属）：

$$CH_3OH + Pt(s) \longrightarrow Pt—CH_2OH^* + H^+ + e^-$$
$$Pt—CH_2OH^* + Pt(s) \longrightarrow Pt_2—CHOH^* + H^+ + e^-$$
$$Pt_2—CHOH^* + Pt(s) \longrightarrow Pt_3—CHO^* + H^+ + e^-$$
$$Pt_3—CHO^* \longrightarrow Pt—CO^* + 2Pt(s) + H^+ + e^-$$
$$Pt(M) + H_2O \longrightarrow Pt(M)—OH^* + H^+ + e^-$$
$$Pt(M)—OH^* + Pt—CO^* \longrightarrow Pt(s) + Pt(M) + CO_2 + H^+ + e^-$$

近几十年来，纯 Pt 催化剂上的 MOR 机理被广泛研究，在 Pt 表面的 MOR 过程包括以下几个主要步骤：①甲醇吸附；②C—H 键活化（甲醇解离）；③水吸附；④水活化；⑤CO 氧化。其中的决速步骤取决于操作温度和催化剂表面的特定结构（结晶取向、缺陷的存在等)。

9.2.2　质子交换膜

质子交换膜(PEM)是质子交换膜燃料电池的核心部件,是一种微观结构非常复杂,厚度仅为 50~180μm 的薄膜片。PEM 为质子传递提供通道,同时作为隔膜将燃料与氧化剂隔开,其性能好坏直接影响电池的性能和寿命。与一般化学电源中使用的隔膜不同,PEM 不仅是一种隔离阴阳极反应气体的隔膜材料,也是电解质和电极活性物质(电催化剂)的基底,即兼有隔膜和电解质的作用。另外,PEM 还是一种选择性透过膜,在一定温度和湿度条件下具有可选择透过性,在 PEM 的高分子结构中含有多种离子基团,只允许氢离子(氢质子)通过,而不允许氢分子及其他离子通过。

对于氢燃料电池而言,PEM 的研究主要包括以下几个方面:

(1) 良好的质子电导率、良好的热稳定性和化学稳定性、较低的气体渗透率、适度的含水率。

(2) 对电池工作过程中的氧化、还原和水解具有较强的稳定性。

(3) 具有足够高的机械强度和结构强度,以及膜表面适合与催化剂结合的性能。

(4) 具有足够高的性价比。

对于 DAFC 而言,PEM 的研究主要包括以下几个方面:

(1) 降低醇类的渗透。

(2) 提高固体电解质抗高温的能力,使其在高温下依然能持水、不轻易分解。

(3) 提高电解质传导质子的能力。

(4) 提高抗氧化分解的能力和热稳定性,增加在 DAFC 中的使用寿命。

(5) 研究可替代的电解质材料,降低生产成本。

1. 质子交换膜的基本特性

质子交换膜的物理、化学性质对燃料电池的性能具有极大的影响,对性能造成影响的物理性质主要有:膜的厚度和单位面积质量、膜的抗拉强度、膜的含水率和膜的溶胀度。

(1) 膜的电化学性质。主要表现在膜的导电性能(电阻率、面电阻、电导率)和选择透过性(透过性参数)上。

(2) 膜的厚度和单位面积质量。膜的厚度和单位面积质量越低,膜的电阻越小,电池的工作电压和能量密度越大;但是如果厚度过低,会影响膜的抗拉强度,甚至引起氢气泄漏而导致电池失效。

(3) 膜的抗拉强度。膜的抗拉强度与膜的厚度成正比,也与环境有关,通常在保证膜抗拉强度的前提下,尽量减小膜的厚度。

(4) 膜的含水率。每克干膜的含水量称为膜的含水率。含水率对膜电解质的质子传递能力影响很大,还会影响到氧在膜中的溶解和扩散。含水率越高,质子扩散因子和渗透率也越大,膜电阻随之下降,但同时膜的强度也有所下降。

(5) 膜的溶胀度。膜的溶胀度是指离子膜在给定的溶液中浸泡后,其面积或体积变化的百分率，即浸液后的体积（面积）和干膜的体积（面积）的差值与干膜的体积（面积）的百分比。膜的溶胀度表示反应中膜的变形程度，溶胀度高，在水合和脱水时会由于膜的溶胀而造成电极变形和质子交换膜的局部应力增大，从而造成电池性能的下降。

2. 质子交换膜材料类型

到目前为止，已经开发出了大量的 PEM 材料。从膜的结构来看，PEM 大致可分为三大类：磺化聚合物膜、复合膜和无机酸掺杂膜。目前研究的 PEM 材料主要是磺化聚合物电解质。质子交换膜燃料电池曾经采用酚醛树脂磺酸型膜、聚苯乙烯磺酸型膜、聚三氟苯乙烯磺酸型膜和全氟磺酸型膜。研究表明，全氟磺酸型膜最适合作为质子交换膜燃料电池的固体电解质，这与全氟磺酸型膜具有的优点有关：机械强度高，化学稳定性好和在湿度大的条件下电导率高；低温时电流密度大，质子传导电阻小。但是全氟磺酸型膜也存在一些不足，如：温度升高会引起质子传导性变差、高温时膜易发生化学降解、单体合成困难、成本高和价格昂贵等。针对全氟磺酸型膜的缺点，科研人员也在寻找高性能低成本的替代膜。一个选择是使用全氟磺酸材料与聚四氟乙烯（PTFE）的复合膜，其中 PTFE 是起强化作用的微孔介质，而全氟磺酸材料则在微孔中形成质子传递通道。这种复合膜不仅能够改善膜的机械强度和稳定性，而且膜可以做得很薄，减少了全氟磺酸材料的用量从而降低生产成本，同时较薄的膜还改善了膜中水的分布，提高了膜的质子传导性能。另一个选择是寻找新的低氟或非氟膜材料，如采用无机酸与树脂的共混膜，这不仅可以提高膜的电导率，还可以提高膜的工作温度。

目前车用质子交换膜逐渐趋于薄型化，由几十微米降低到十几微米，通过降低质子传递的欧姆极化，以达到较高的输出功率密度。但是薄膜的使用给耐久性带来了挑战，尤其是均质膜在长时间运行时会出现机械损伤与化学降解。在车辆工况下，操作压力、干湿度、温度等操作条件的动态变化会加剧这种衰减。于是，研究人员在保证燃料电池性能的同时，为了提高耐久性，研究了一系列增强复合膜。利用均质膜的树脂与有机化合物或无机化合物复合改性而来的复合膜，在某些功能方面比均质膜具有更多优势，典型的包括：

（1）提高机械性能的复合膜：以多孔薄膜（如多孔 PTFE）或纤维为增强骨架，并浸渍全氟磺酸树脂制成复合增强膜。这种复合膜在保证质子传导的同时，也大幅度提升了薄膜的强度和尺寸稳定性，如美国 Gore 公司的 Gore-select^{TM} 复合膜、中国科学院大连化学物理研究所的 Nafion/PTFE 复合增强膜和碳纳米管增强复合膜等。由于烃类膜磺化度与强度成反比，因此也可以采用类似的思路制成同时具备高质子传导的烃类复合膜。

（2）提高化学稳定性的复合膜：加入自由基猝灭剂，可以在线分解与消除反应过程中自由基，有效防止电化学反应过程中自由基引起的化学衰减，延长膜的寿命。在 Nafion 膜中加入质量分数为 1% 的 $Cs_xH_{3-x}PW_{12}O_{40}/CeO_2$ 纳米颗粒制备出的复合膜，利用 CeO_2 中变价金属的可逆氧化还原性质来猝灭自由基，在保证良好质子传导性的同时还强化了 H_2O_2 催化分解能力。比起常规的 Nafion 膜及 $CeO_2/Nafion$ 复合膜，在开路电压下，这种复合膜组装成的 MEA 对氟离子释放率、透氢量等问题都有所缓解。

（3）具有增湿功能的复合膜：在 PFSA 膜中分散无机吸湿材料作为保水剂，如 SiO_2、TiO_2 等，制成自增湿膜，可以储备电化学反应生成的水，实现湿度的调节与缓冲，赋予膜在低湿、高温下正常工作的能力。采用这种膜可以省去系统增湿器，使系统得到简化。

3. 质子交换膜发展现状

与一般电池中的隔膜不同，PEM 是一种特殊的选择性透过膜，可以起到传导质子、分割氧化剂与还原剂的作用。因此其生产的技术要求非常高，必须达到质子电导率高、水分子电渗透作用小、干湿转换性能好等要求。最早用于燃料电池的 PEM 是 20 世纪 60 年代末美国杜邦公司开发的全氟磺酸质子交换膜（Nafion 膜），化学结构式如图 9.2.4 所示，此后又出现了其他几种类似的全氟磺酸结构质子交换膜，包括美国陶氏（Dow）化学公司的 Dow 膜、日本 Asahi Chemical 公司的 Aciplex 膜和 Asahi Glass 公司的 Flemion 膜。

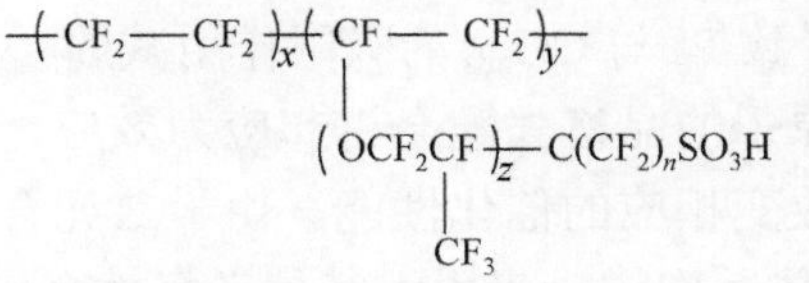

$$\left[CF_2 - CF_2\right]_x \left[CF - CF_2\right]_y$$
$$\left(OCF_2CF\right)_z - C(CF_2)_nSO_3H$$
$$CF_3$$

图 9.2.4　全氟磺酸 Nafion 膜的化学结构式

因为质子交换膜的核心技术掌握在美国杜邦、日本旭化成等外企手里，当前市场主流的还是美国杜邦公司生产的 Nafion 膜片，这种膜具有质子电导率高和化学稳定性好的优点。国内市场方面，当前国内质子交换膜价格高，造成这种现象的原因一方面是技术垄断，另一方面是工艺成本高。山东东岳集团长期致力于全氟离子交换树脂和含氟功能材料的研发，建成了年产 50t 的全氟磺酸树脂生产装置、年产 10 万 m^2 的氯碱离子膜工程装置和燃料电池质子交换膜连续化实验装置，产品的性能达到了商品化水平，但批量生产线还有待进一步建设。为了获得稳定而廉价的燃料电池，质子交换膜是目前质子交换膜燃料电池最大的瓶颈和未来必须突破的领域。目前，国内在这一领域的参与主体主要包括大学科研机构及资金技术实力较强的商业公司等。

9.2.3　电催化剂

1. 阳极催化剂

电催化剂是燃料电池的关键材料之一，可以降低反应所需要的活化能，促进氢气和氧气在电极上的氧化还原过程，并提高反应速率。

1）贵金属 Pt 基催化剂

金属 Pt 耐酸性电解液腐蚀程度高，稳定性好，将金属 Pt 作为阳极催化剂时燃料氧化的过电势较低，说明其性能较优，是当前使用最普遍的单元催化剂。现今，还没有研究出一种可替代 Pt 的单一金属。在催化醇氧化的反应中会形成 CO 中间产物，由于 Pt 独特的价电子结构，CO 与 Pt 具有强的 d-π 相互作用，使得 CO 稳定吸附在 Pt 上，占据催化活性位点，导致催化剂毒化，反应效率急速下降。此外，金属 Pt 的分散度不够导致金属 Pt 的使用效率低，研究者为了提高金属 Pt 的使用效率，尝试使用一些高比表面积的导电基体作载体，如炭黑、碳纳米管钛基化合物等，发现加入载体 C 后，金属 Pt 分散度提高，进而提高催化性能，而且 Pt 与 C 载体之间产生了协同效应，稳定性也高于纯 Pt，所以现今大多数使用导电炭黑作为 Pt 催化剂载体。

为了克服纯 Pt 催化剂上醇催化氧化的种种缺陷，设计二元合金催化剂是最为常用也是被广泛研究的一种方法。通过第二种金属（如 Ru、Sn、Os、W、Mo 等）与 Pt 形成合金，既可以提高 Pt 的利用效率，也能通过协同效应、配体效应（电子效应）和几何效应来增强纯 Pt 催化剂的电催化性能。目前研究比较成功并且已经获得实际应用的是 Pt-Ru/C 催化剂。当与 Pt 结合时，M（M = Ru、Sn、Os、W、Mo 等）对醇氧化的协同作用可以用 CO_{ads} 氧化的双功能机理来解释，其中 H_2O 和 OH 优先结合到 M 原子上。M 位上吸附的 OH 能将吸附在临 Pt 位点上的 CO_{ads} 氧化为 CO_2。配体效应是指另一种金属会使 Pt 的电子结构发生变化，从而导致 Pt 与 CO_{ads} 的吸附作用减弱。至于几何效应，以核-壳结构催化剂为例，核原子与壳原子的晶格失配会引起应力效应，从而可能直接影响催化剂表面原子的电子结构，进而改变相应的催化性能。由于二元合金催化剂可调控选择空间有限，研究发现在 Pt-M 二元体系中进一步引入其他亲氧性金属（Rh、Ru、Ir、Os、Sn、Pb 等）能有效增强催化剂的抗 CO 中毒性能。目前研究比较成功的三元催化剂有：Pt-Ru-Mo、Pt-Ru-Os、Pt-Ru-Sn、Pt-Ru-W、Pt-Ru-Ni 等。

近年来，出现了一些将过渡金属元素与非金属元素结合或是在碳载体中掺杂非金属元素来进行改性的催化剂设计新思路。通过适当的方法引入一些非金属元素（N、P、B、S 等）能有效调节金属的电子结构或者载体的结构特性，从而极大程度地影响催化材料的物理、化学特性。因此，非金属元素的引入是提高催化剂电催化活性的一种有效策略。该领域的最新研究趋势是将 P（一种由大量价电子组成的廉价类金属元素）引入 Pt 和 Pt 基纳米结构中。它具有丰富的价电子，类似于 N，可以有效地修饰活性金属的电子态，从而调节其物理化学特性。通过采用不同的策略和使用不同的磷源，已经设计出多种含 P 的 Pt 基纳米催化剂，这些催化剂表现出优异的电催化性能和 CO 耐受性。研究发现，在 Pt-Ru 体系中引入微量的 P 可以减少其团聚和溶解现象，提高 Pt-Ru 对醇氧化的催化活性。而由于 B 对含氧物种的较强吸附力，在酸性体系中掺入 B 不仅能改善 Pt 颗粒在载体上的分散性、提高 Pt 的利用效率，而且能加快 Pt 表面 CO 的氧化去除。非金属元素掺杂的纳米碳材料（如碳纳米管、石墨烯）被认为是良好的电催化剂载体材料，并且它们的电化学性质与合成方法和掺杂元素的类型密切相关。其中，碳纳米管具有成本低、化学稳定性好、比表面积大和导电性好等特点，被认为是一种重要且有前景的载体材料。

总体来讲，高活性、高稳定性和耐 CO 中毒的醇氧化反应催化剂的研究取得了很大进展，Pt 基催化剂对酸性环境中醇氧化反应催化剂的改性主要有以下几种策略：

（1）组分调控：对于二元及多元合金纳米催化剂，在 Pt 中引入其他廉价金属元素不仅能有效降低催化剂中 Pt 的含量，从而降低催化剂的成本，而且会产生协同效应（双功能作用）和配体效应（电子效应），这将有利于催化活性和稳定性的提高。

（2）形貌调控：迄今为止，对定义良好的 Pt 基纳米合金的形貌调控一直被认为是能最大化其催化活性优势的策略之一。核-壳结构的催化剂由于高 Pt 原子利用率而受到研究人员的广泛关注。而与零维纳米颗粒相比，一维、二维和三维纳米结构由于较大的比表面积、丰富的活性位点和出色的耐久性也表现出优异的催化性能。同时考虑到结构效应对于催化性能的影响，设计具有特定高指数晶面的催化剂对于 MOR 活性的提高能发挥出显著的促进作用。

（3）引入助催化剂：由于优异的结构和组成特性，金属氧化物、过渡金属氮化物（碳化物）、过渡金属磷化物等的引入，对于 Pt 和 Pt 基合金催化剂都有良好的促进作用。这种催化剂与助催化剂之间良好的相互作用有利于催化活性的提高。

（4）合成有序金属间化合物：与无序结构相比，有序结构中 Pt 原子与 M 原子之间的结合力更强，因此这种有序的晶体结构能有效防止较不稳定的 M 金属的析出，从而提高催化剂的稳定性。所以有序结构催化剂的构筑是提升催化性能的一种有效策略。

（5）引入非金属元素：在 Pt 催化剂及其合金材料中掺杂非金属 P 元素能有效调控材料本身的特性，这种结合了金属特性和非金属特性的催化材料通常能表现出优异的电催化性能。此外，P、N、B、S 等非金属元素掺杂的载体材料的结构特性得到显著改善，当被用作催化剂的载体时，能提高催化剂在载体上的分散性，从而促进催化性能的提升。

2）贵金属 Pd 基催化剂

贵金属催化剂的改进除了围绕 Pt 基催化剂设计外，寻找替代 Pt 作为醇催化氧化的催化剂的研究也在不断深入。金属 Pd 不仅具有储量丰富、价格便宜等优点，而且在低温燃料电池、电解和传感器等电化学领域显示了独特的性能，使得其有望成为 Pt 的替用材料。燃料电池 Pd 催化剂主要在直接醇类燃料电池、直接甲酸燃料电池及质子交换膜燃料电池等方面的应用研究比较广泛，在直接醇类燃料电池中应用前景较为广阔。从燃料电池的角度考虑，价格并不是 Pd 能替代 Pt 的主要原因。真正的吸引力在于 Pd 在碱性环境中具有优于 Pt 基电催化剂的性能。尽管 Pd 在地球上的储量远远高于 Pt，但 Pd 催化剂大规模制备的成本仍然不可忽视，如果对 Pd 进行掺杂或修饰使其活性增加，且能稳定地催化醇类氧化，将极大地推动该类催化剂在直接醇类燃料电池中的应用。

（1）一元催化剂。实验结果表明，无论是在酸性和碱性条件下，只含有单一组分的 Pd 催化剂对醇类分子电氧化都具有较好的催化活性。研究者从催化剂的结构和载体入手，进一步提高单组分 Pd 催化剂的催化性能，在燃料电池中表现出重大的商业价值。例如，Mikolajczuk 等将甲醛和较为便宜的碳材料分别作为还原剂和载体，制备了用于直接甲酸燃料电池的 Pd/CML 催化剂，并表现出与商用 Pd/Vulcan（质量分数为 20 %）非常接近的电催化活性。Pandey 等通过简单的电化学沉积法，将多孔的 Pd-PANI（聚苯胺）纳米纤维膜沉积在导体表面用于乙醇分子的电催化氧化，获得了良好的实验结果。Xu 等通过阳极氧化铝电沉积的方法，制备出形状高度规则、活性面积高的有序 Pd 纳米线阵列，在碱性条件下表现出高于传统的 Pd 膜片电极的乙醇催化活性，甚至还高于形貌优良的商用 Pt-Ru/C 催化剂，拥有良好的应用前景。但 Pd 作为催化剂应用在燃料电池中还存在一些问题，如 Pd 在催化氧化过程中活性位点很容易被中间物种占据，引起中毒而失去活性。所以在催化剂制备过程中，人们考虑掺杂其他金属制成 Pd 合金催化剂。引入的金属可以提供较多的活性位点或促进 OH_{ads}，快速氧化占据活性位点的中间物种，使催化剂的催化活性大为改善。

（2）二元催化剂。斯坦福大学的 Nørskov 教授指出，在分子或原子表面，金属的 d 带中心的变化是非常关键的。当具有较小晶格参数的金属与较大晶格参数的金属进行掺杂时，d 带中心就会发生移动，从而影响反应速率。引入原子半径较小的过渡金属如 Ag、Ni、Au 等与 Pd 形成合金是一种有效调节 Pd 电子结构的方法。其中，晶格收缩效应降低 Pd 的 d 带中心，进而减弱一氧化碳的吸附被认为是活性提高的原因之一。另外，醇类在碱性电催化氧化过程中会产生许多反应中间物种，它们吸附在 Pd 催化剂的表面活性位点。这不仅使催化剂丧失大量活性位点，造成催化剂中毒，还会使这些中间产物不能进一步被氧化，化学能无法转化成电能，降低了燃料电池输出功率。解决这个问题的有效办法之一，在 Pd 中掺杂第二种可以在较低电势下产生含氧物种的助催化金属，合成多种活性组分的高分散 Pd 基二元催化剂，如 Pd-Au、Pd-Ag、Pd-Cu、Pd-Co、Pd-Ni 等，不仅表现出与 Pt 基材料相当的催化特性，也降低了催化剂的生产成本。

（3）多元催化剂。在二元催化剂的基础上继续添加其他金属，如 Mg、Sn、Mn、Co、Ce、Zn 等，就可以得到 Pd 基多元催化剂。Valentina 等通过 $NaBH_4$ 在 XC-72 上原位还原 Ni、Zn 的前驱体，制备了 Pd-Ni-Zn/C 三元催化剂。与 Pd/C 催化剂相比，Pd-Ni-Zn/C 中 Pd 纳米颗粒的尺寸更小、分散性更好，电化学活性面积更大，催化性能更好。Dutta 等通过化学还原法，在碳粉上还原 Pd、Au、Ni 的前驱体，最终得到了具有三金属复合纳米颗粒的 Pd-Au-Ni/C 催化剂，并研究了催化剂在碱性条件下对乙醇电氧化的催化性能。结果表明，Pd-Au-Ni/C 催化剂的电催化活性明显优于同种方法制备的 Pd/C 一元催化剂、Pd-Ni/C 和 Pd-Au/C 二元催化剂。

3）非贵金属催化剂

尽管铂族金属在醇类燃料电池阳极催化剂的开发中一直是研究的热点，但高昂的成本问题依旧没有得到解决，因此需要开发非铂族廉价的催化剂。近年来，Ni 基催化剂因催化活性较高而备受关注。与 Pt 基催化剂类似，Ni 基催化剂通常是负载在碳基材料如石墨烯、碳纳米管和碳纳米纤维上。但这类单金属 Ni 催化剂在长时间运行后会发生团聚及被过度氧化，在苛刻条件下容易腐蚀及发生中毒现象。针对此问题，一个广泛采用的策略是在 Ni 催化剂中引入 Co、Cu、Bi 和 Sn 等金属，不仅促进活性位点 NiOOH 的生成，还避免 Ni 催化剂受到醇类中间产物的中毒，促进产物的脱附。

此外，研究发现 F 掺杂且部分氧化的碳化钽在酸性介质中对于甲醇氧化反应具有优异的电催化活性，并且与传统的 Pt-Ru/C 催化剂相比，其结构稳定，抗 CO 中毒的能力极高。该催化剂上的电化学氧化过程是通过一种无中毒机理进行的，在这种机理中，因为 Ta 周围具有高的正电荷密度，或是因为 F 掺杂或部分氧化使得 Ta 具有较强的电子亲和力，醇首先吸附在 $TaC_xF_yO_z$ 中 Ta 的表面，然后脱氢以逐步从甲基中除去 H，最终产物是 CO_2。现在的研究已证明，$TaC_xF_yO_z$/C 能取代 Pt-Ru/C 电催化剂来作为直接醇类燃料电池醇氧化反应的非贵金属催化剂。

2. 阴极催化剂

相较于阳极的氧化反应，阴极的氧还原反应交换电流密度低，反应动力学迟缓，所以总反应速率受到阴极氧还原反应速率的控制。因此，研究高效的电催化剂来克服过电势，从而增大氧还原的反应速率，这对于燃料电池的发展具有举足轻重的作用。科研人员从非铂催化剂及铂基催化剂的改进（组分、形貌及晶面结构调控）两个方面进行了探索研究，图 9.2.5 列出了各类阴极催化剂的技术研究状态。

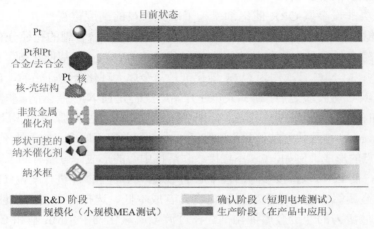

图 9.2.5　氢燃料电池汽车各类阴极催化剂的技术状态

1）贵金属催化剂

　　Pt 元素是最具有氧还原催化活性的元素，燃料电池中目前常用的商用催化剂是 Pt/C，这是一类由 Pt 纳米颗粒分散到碳粉（如 XC-72）载体上的负载型催化剂。Pt 催化剂的利用受资源短缺与成本高昂的限制。目前 Pt 用量已从 10 年前 $0.8 \sim 1.0 g_{Pt} \cdot kW^{-1}$ 降到现在的 $0.3 \sim 0.5 g_{Pt} \cdot kW^{-1}$，长期目标是使其催化剂用量达到传统内燃机尾气净化器贵金属用量水平（$< 0.05 g_{Pt} \cdot kW^{-1}$）。Pt 催化剂除了受成本与资源制约外，也存在稳定性问题。通过燃料电池衰减机理分析可知，燃料电池在车辆运行工况下，催化剂会发生衰减，如在变电势作用下会发生 Pt 纳米颗粒的团聚、迁移和流失现象，在开路、怠速及启停过程产生氢空界面引起的高电势导致催化剂碳载体的腐蚀，从而造成催化剂流失的问题。因此，为了解决目前商用催化剂存在的成本与耐久性问题，新型高稳定、高活性的低 Pt 或非 Pt 催化剂成为各国的研究热点。

　　Pt 与过渡金属形成的合金催化剂，是通过将过渡金属 M 和贵金属 Pt 合金化，达到过渡金属对 Pt 的电子与几何结构进行调控的目的，在提高稳定性的同时也提高了比活性。同时，合金化也降低了贵金属的用量，使催化剂生产成本大幅度降低。例如，Pt-Co/C、Pt-Fe/C、Pt-Ni/C 等二元合金催化剂，展示出较好的活性与稳定性。针对 Pt-M 催化剂，与同组分的合金相比，过渡金属的析出明显降低，但析出问题依然存在，而且随测试时间析出的变化规律不清晰，也缺少抑制析出的有效手段。金属溶解不仅降低了催化剂活性，还会产生由金属离子引起的膜降解问题，这使得燃料电池工况下过渡金属的溶解成为抑制其广泛发展及应用的关键因素。因此，过渡金属在催化反应中的析出行为和如何减缓过渡金属析出，进而提升 Pt-M 催化剂的稳定性，是燃料电池研究中亟待解决的科学问题。Pt 合金中，金属间化合物原子排布有序，与无序合金相比，原子间具有更充分的相互作用，使其结构更加稳定。利用金属间化合物为支撑核、表面贵金属为壳的结构，核与壳之间的晶格错配产生的应力可以有效调控催化剂的性能。此外，核-壳结构催化剂还能降低贵金属的用量并提高质量比活性，是燃料电池催化剂未来的发展方向之一。

2）非贵金属催化剂

目前有几类非贵金属 ORR 催化剂引起了研究人员的高度重视：

（1）金属氮碳催化剂。M-N-C 催化剂具有大的比表面积、合理的孔径分布和较高 ORR 活性，也具备寿命长和抗甲醇等特点，有望替代价格高昂的 Pt 基催化剂，从而有效降低 PEMFC 的成本。M-N-C 首次作为 ORR 催化剂是从金属大环化合物开始的，自从具有 ORR 催化效果的 M-N-C 被发表之后，研究人员便开始广泛研究 M-N-C 催化剂，非贵金属 M 一般是 Fe、Co、Ni、Cu、Mn 等过渡金属，特别是以 Co 和 Fe 为中心原子的非贵金属催化剂研究较多。然而，M-N-C 催化剂的催化机理和活性中心目前尚不明确。加入的不同金属可以有效调控活性位点的形成，例如，Co 不直接参与活性中心的形成，可能有助于 N 原子更好地掺入碳晶格中，而 Fe 可以直接参与活性中心的形成，与周围的 N 进行配位（Fe-N_x）。

（2）过渡金属氧化物。过渡金属氧化物具有成本低、选择性高和催化性能好等特点，是一类很有发展潜力的非贵金属催化剂。在过渡金属氧化物中，Mn 基和 Co 基氧化物催化剂的 ORR 催化活性最好。在 Mn 基氧化物催化剂中，MnO、Mn_2O_3、Mn_3O_4、MnO_2 和 MnOOH 等均具有较高的 ORR 催化活性，且 Mn 基氧化物催化剂的 ORR 催化活性和 Mn 价态相关，催化活性随 Mn 价态的上升而不断增强。在 Co 基氧化物催化剂中，CoO 和 Co_3O_4 具有较高的 ORR 催化活性。但是，过渡金属氧化物也存在一些不足：易缓慢分解、纳米颗粒氧化物容易团聚和制备流程比较复杂等。与商业化 Pt/C 催化剂相比，过渡金属氧化物的电流密度仍存在很大差距。这些都是过渡金属氧化物催化剂在未来研究中需要解决的问题。

（3）过渡金属硫化物、碳化物及氮化物。过渡金属硫化物是硫族化合物中 ORR 催化活性最好的一类，在碱性介质中的 ORR 催化历程按 4 电子过程进行，而在酸性介质中通常是按 2 电子过程进行。研究人员将包覆纳米 Co_9S_8 的 N 掺杂石墨化碳制备出 Co_9S_8-N-C 催化剂，在碱性介质中表现出比 Pt/C 催化剂更高的 ORR 活性；以还原氧化石墨烯为载体的 Co_xS 纳米颗粒催化剂，在酸性和碱性溶液中都表现出较好的 ORR 催化活性，但该催化剂的稳定性与商业化 Pt/C 催化剂相比还存在较大的差距。因此，提高过渡金属硫化物催化剂在酸性溶液中的稳定性将是过渡金属硫化物催化剂未来研究的主要方向。

过渡金属碳化物和氮化物催化剂的价格低廉、资源丰富，但是在酸性溶液中的催化活性和稳定性较差，这将是催化剂今后的主要研究方向。

9.2.4　双极板

1. 双极板的功能

双极板（BPP）又称为流场板（FFP），是燃料电池的一种核心零部件，主要起着支撑 MEA，提供氢气、氧气和冷却液流体通道并分隔氢气和氧气，收集电子和传导热量的作用。

（1）支撑 MEA。主要由质子交换膜、催化剂层、气体扩散层等部件组成的 MEA，常规厚度仅 0.4～0.5mm，自身没有足够的自支撑刚度和强度。而与之相对的 BPP 通常是由刚性材料制成，零件的抗压强度高于 MEA，可以起到支撑 MEA 的作用。

（2）经过设计与加工的流道，可将流体均匀分配到电极的反应层，促进电化学反应的进行。BPP 表面的通道称为流场，可以使反应气体均匀分布，确保反应介质在整个电极各处均匀分布。具体来讲，BPP 可以将燃料（氢气）和氧化剂（氧气）由双极板、密封件等构成的共用孔道，经各个单电池的进气管输送到 MEA，由流场均匀分配并在电极上发生反应，产生电能。

（3）分隔氢气和氧气，防止燃料与氧化气互相混合。BPP 需要阻隔气体，因此流体腔之间通常是无孔结构。

（4）收集和传导电流。为了实现单电池之间的连接，BPP 需要具有良好的导电性，避免大功率燃料电池运行时电阻过大，产生热量过多的问题。

（5）传导热量。BPP 需要具有良好的导热性，以确保电池在工作时温度分布均匀，并保证电池的废热能够顺利排出。

为降低电池组的成本，制备双极板的材料必须易于加工（如加工流场），最优的材料是有利于批量生产和工艺加工的材料。至今，制备 PEMFC 双极板广泛采用的材料是石墨和金属板。为提高金属板在电池工作条件下的抗腐蚀性能，必须对其进行表面改性。

2. 双极板的结构

常规 BPP 主要可以分为四个功能区：公用管道区、分配区、流场区、密封区。如图 9.2.6 所示，1 为公用管道区，2 为分配区，3 为流场区，公用管道区及流场区的外围为密封区。

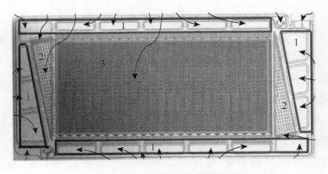

图 9.2.6　双极板的功能区

（1）公用管道区的功能主要是为形成的氢气、空气和冷却液提供通道。根据流体介质的流量计算、设计获得公用管道区的面积和形状，不仅要保证 BPP 面积利用率最大化，又要减小各单电池之间流体介质在大功率电堆模块分配过程中的流量差异。

（2）分配区是反应气体由公用管道区进入流场区的过渡区域，其主要作用是通过导流使反应气进入流场区时在各流道内均匀分配，从而使 MEA 活性区的电化学反应均匀进行。同时，水腔分配区能够对冷却液进行导流，使冷却液进入冷却流场各流道的流量均匀，从而达到散热均匀的目的。

（3）流场区与 MEA 活性区对应，是参与反应的重要区域。BPP 流场区的设计目标不仅要保证反应气顺利进入 MEA，减小传质阻力；也要保证反应生成水顺利排出，避免水淹；同时，BPP 自身的体电阻、与 GDL 的接触电阻也应该保证最低。流场结构决定氢气、氧气和水在流场内的流动状态。对于大面积燃料电池，流场的作用显得尤为重要，MEA 活性区面积放大过程中，流场不合理的设计往往会导致电池性能下降。

（4）密封区主要作用在电堆组装后，将密封件与 MEA 组件配合来实现"三场"之间的密封。密封区的设计要与密封件及 MEA 组件的结构相互配合，保证在燃料电池装配条件下密封件有足够的压缩量，保证其具有较好的密封性能；同时密封区要保证 MEA 活性区受力均匀，活性区装配力的设定需要兼顾接触电阻和 GDL 压缩变形量。

3. 双极板的材料与制造

目前常见的 BPP 材料有石墨、金属和复合材料。

（1）石墨材料。石墨是良好的导热和导电材料，还具有耐腐蚀和密度较低等特点，目前燃料电池领域主要有人造石墨和柔性石墨。一般采用石墨粉、粉碎的焦炭和可石墨化的树脂或沥青混合，在蛇形流场的石墨化炉中按固定的升温程序升温至 2500～2700℃，制备无孔或低孔隙率（不大于 1%）、仅含纳米级孔的石墨块，再经切割和研磨得到厚度为 2～5mm 的石墨板，最后在其表面刻绘需要的流场。这种石墨双极板的制备工艺具有设计灵活、迭代周期短的优势，但是该工艺操作复杂、耗时、费用高，而且难以实现批量生产。

（2）金属材料。金属材料具有机械强度高、体相导电和导热优良、容易制成薄板并冲压加工成型的特点，满足了燃料电池对高体积比功率双极板的诸多要求，但是其大规模应用还需要满足一些要求，如实现大面积流场冲压制作高精度流道、在燃料电池操作条件下材料表面具有较好的耐腐蚀能力和较低的界面接触电阻。

金属双极板的技术难点在于金属双极板成型和表面处理技术，目前中国科学院大连化学物理研究所、新源动力股份有限公司、上海交通大学、武汉理工大学等已成功开发了金属双极板技术。中国科学院大连化学物理研究所进行了金属双极板表面改性技术的研究，采用脉冲偏压电弧离子镀技术制备多层膜结构，结果表明，多层结构设计可以提高双极板的导电、耐腐蚀性。此外，新源动力股份有限公司等单位掌握了金属双极板激光焊接技术、薄板冲压成型技术，并建立了相应的加工设备。目前，采用金属双极板的电堆已经组装运行。金属双极板研究方面已取得有效进展，并已组装了千瓦级电池组。但详细的表面改性方法均高度保密，有时专利也不申请。

（3）复合材料。根据结构不同，复合材料双极板可分为碳基和金属基两种。

（a）碳基复合材料双极板以碳材料为基体，树脂为黏合剂，根据基体及树脂配比调整双极板的导电性能和机械强度。碳基复合材料可以通过模压或注塑成型工艺进行批量化生产，降低双极板制造成本，未来具有较大应用前景。

（b）金属基复合材料双极板采用薄金属板或者其他高强度的导电板作为基底，以焙烧和注塑法制备的石墨板、有孔薄碳板或者石墨油毡作为双极板。金属基复合材料双极板集合了石墨双极板和金属双极板的优点，具有质量轻、强度高和耐腐蚀性等特点，但是由于其结构及制备工艺复杂，难以实现批量化生产，生产成本远高于碳基复合材料双极板，在 PEMFC 中推广有一定困难。

9.2.5　膜电极和电堆

1. 膜电极

膜电极（MEA）组件是燃料电池的核心部件之一，其结构如图 9.2.7 所示。MEA 是与能量转换相关的多相物质传输和电化学反应场所，涉及三相界面反应及复杂的传质和传热过程，MEA 直接决定了 PEMFC 的性能、寿命及成本。标准的 MEA 组件主要由阳极催化层、阴极催化层、电解质膜、微孔层和气体扩散层组成，各部分在燃料电池中所发挥的作用分别是：

（1）催化层作为电化学反应发生的场所，同时也为质子、电子、反应气体和水提供运输通道，其结构对 PEMFC 的成本及性能有很大影响，成本约占膜电极的 1/2，而膜电极成本约占整个燃料电池的 4/5。因此，在制备低成本高性能催化剂的同时，进一步降低催化剂的载量有助于降低燃料电池的生产成本。

（2）气体扩散层在燃料电池中起到支撑催化层、收集电流、运输燃料和排出水等多种作用，能够实现燃料和产物在流场和催化层之间的再分配，也能使反应物均匀到达催化层并参加电化学反应，是影响电极性能的关键部件之一。扩散层一般由导电性好和比表面积大的多孔或三维材料制成，常用经修饰的导电碳毡或碳布作为扩散层。

（3）电解质膜的性能将直接影响电池的内阻及开路电压，是燃料电池的核心元件。在反应过程中，只允许阳极失去电子的质子透过到达阴极，同时阻止电子、有机分子和水分子等通过，因而往往需要其具有以下特性：离子电导率高、化学稳定性好（耐酸碱和抗氧化还原能力）、热稳定性好、机械性能良好（如强度和柔韧性）、水的电渗系数小、可加工性好、价格适当。

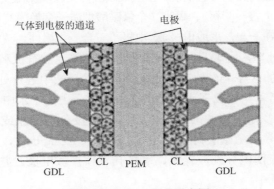

图 9.2.7　MEA 组成示意图

　　MEA 作为燃料电池最核心的部件，其性能和寿命的提升、成本的降低等可以加速 PEMFC 大规模商业化的进程。因此，开发制备工艺更简单、性能更稳定、成本更低的 MEA 是目前研究的主要方向。

　　质子交换膜在阴极、阳极的催化层和气体扩散层中间，通常采用热压的方法使其黏结成为一个整体。MEA 的性能不仅与所组成的材料性质有关，还与组分、结构和界面等密切相关。目前，国际上已经发展了三代 MEA 技术路线：

　　（1）第一代技术是采用丝网印刷方法将催化层制备到扩散层上，且该技术已经基本成熟。

　　（2）第二代技术是将催化层制备到膜上，有利于提高催化剂的利用率和耐久性。

　　（3）第三代技术是制备有序化的 MEA，将催化剂制备到有序化的纳米结构上，使电极呈现有序化结构。该技术有利于降低大电流密度下的传质阻力，从而进一步降低催化剂用量，提高燃料电池性能。

　　第一代、第二代技术目前已经基本成熟，新源动力股份有限公司、鸿基创能科技（广州）有限公司等公司均可以提供膜电极产品。中国科学院大连化学物理研究所开发了催化层静电喷涂工艺，得到的催化层表面更加平整，结构更为致密，降低了界面质子和电子的传递阻力。放大实验的结果显示，常压操作条件下单电池性能可达 $0.696V@1A \cdot cm^{-2}$，加压操作条件下可提高至 $0.722V@1A \cdot cm^{-2}$，其峰值单位面积功率密度达到 $895 \sim 942mW \cdot cm^{-2}$。第三代有序化膜电极技术仍处于研究阶段。3M 公司纳米结构薄膜电极催化层为 Pt 多晶纳米薄膜，结构上与传统催化层上分散的纳米颗粒不同，氧还原比活性可以达到 Pt 颗粒的 $5 \sim 10$ 倍。此外，该材料自身具有较大的曲率半径，减缓了活性面积对电势扫描动态工况下催化剂的流失问题，使催化剂稳定性得到显著提升。中国科学院大连化学物理研究所探索了以二氧化钛纳米管阵列作为有序化阵列负载催化剂，制成的 Pt@Ni-TNTs-3 纳米阵列作为电池阳极并进行测试，与普通膜电极相比，所制备的有序化膜电极表现出较高的质量比活性。

　　对于 PEMFC，质子交换膜通常是高分子聚合物，如果仅靠电池组的组装力，不仅电极与质子交换膜之间的接触不够密切，而且质子导体也无法进入多孔气体电极内部。因此，必须向多孔气体扩散电极内部加入质子导体（如全氟磺酸树脂），使电极实现立体化。此外，可以采用热压的方法来改善电极与膜的接触情况，在全氟磺酸树脂玻璃化温度下施加一定压力，将已加入全氟磺酸树脂的氢电极（阳极）、隔膜（全氟磺酸型质子交换膜）和已加入全氟磺酸树脂的氧电极（阴极）压合在一起，形成电极-膜-电极"三合一"组件，具体制备工艺如下：

　　（1）对膜进行预处理，主要目的是清除质子交换膜上的有机和无机杂质。首先将质子交换膜分别在 80℃的 3%～5%的过氧化氢和稀硫酸溶液中进行处理，以除掉有机杂质和无机金属离子，然后再用去离子水清洗干净，并置于去离子水中备用。

　　（2）将制备好的多孔气体扩散型氢电极、氧电极分别喷涂或浸渍于全氟磺酸树脂（Nafion）溶液，通常控制全氟磺酸树脂的负载量为 $0.6 \sim 1.2mg \cdot cm^{-2}$，并在 $60 \sim 80$ ℃下烘干。

　　（3）在质子交换膜两侧分别放置氢、氧多孔气体扩散电极，并放置在两片不锈钢平板中间，送入热压装置中。

　　（4）在温度为 $130 \sim 135$ ℃、压力为 $6 \sim 9MPa$ 范围下热压 $60 \sim 90s$，最后取出并冷却

降温。

　　上述 MEA 制备过程的关键在于向电极催化层浸入 Nafion 溶液来实现电极立体化的过程，即第 2 个步骤。为了严格控制该过程中 Nafion 的均匀分布，可以先将 Nafion 溶液浸入多孔材料（如布、各种多孔膜）中，再控制转移压力，定量地将多孔膜中的 Nafion 溶液转移至催化层中。此外，还应该防止 Nafion 浸入扩散层，过多的 Nafion 会降低扩散层的憎水性，增加反应气体经扩散层传递到催化层的传质阻力，从而降低极限电流，增大浓差极化现象。为改善电极与膜的结合程度，可以使用 Na^+ 型质子交换膜与全氟磺酸树脂，这样可以使热压温度提高到 150～160℃；若使用热塑性的季铵盐型全氟磺酸树脂（如四丁基氢氧化铵），则热压温度可以提高到 195℃，热压后的"三合一"组件需通过稀硫酸将树脂与质子交换膜再重新转换为氢型。

　　2. 电堆

　　电堆是燃料电池发电系统的核心（图 9.2.8），通常由数百节单电池串联而成，达到满足一定功率及电压的要求，而反应气、生成水和冷剂等流体通常是并联或按特殊设计的方式（如串并联）流过每节单电池。燃料电池电堆的均一性，如材料的均一性、部件制造过程的均一性和流体分配的均一性，都会制约其性能。电堆的均一性不仅与材料、部件和结构有关，还与其组装和操作过程相关，一节或少数几节单电池的不均一都会导致局部电压过低，限制电流的加载幅度，影响电堆性能。此外，操作过程生成水的累积和电堆边缘效应等都可能造成电堆的不均一性。

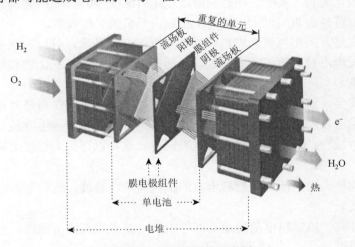

图 9.2.8　电堆的结构示意图

　　中国科学院大连化学物理研究所研究团队从设计、制备和操作三方面同时进行调控，通过模拟仿真手段研究流场结构、阻力分配对流体分布的影响，重点研究了水的传递、分配与生成速度、传递系数、电极/流场界面能之间的关系，掌握了稳态与动态载荷条件对电堆阻力的影响，从而保证电堆在运行过程中保持各节单电池的均一性，额定点工作电流密度增大了一倍，电堆的功率密度大幅提升。目前，中国科学院大连化学物理研究所已建立了从材料、MEA 和双极板部件的制备到电堆组装、测试的完整技术体系，开发了氢燃料电池电堆。通过高压克服流体在流道内的流动阻力，日本丰田燃料电池电堆采用 3D 流场设计，使流体产生垂直于催化层的分量。该设计不仅强化了传质，也降低了传质极化，使体积比功率达到 3100W·L^{-1}。为了保证氢安全，燃料电池电堆在车上通常要进行封装，并在封装内部配备氢传感器，通过空气强制对流方式排出聚集过多的氢，以免发生危险。此外，封装内部通常还设有电堆单电压巡检元件，监控并诊断单电压的输出情况。

直接醇类燃料电池电堆在设计时，通常以 Pt-Ru/C 或铂-钌黑作阳极电催化剂，以 Pt/C 或铂黑作阴极催化剂。制备催化层时（尤其是阴极），有时会加入一定量的 PTFE，将防水剂 PTFE 处理过的碳纸或碳布作为扩散层组合成电极，并与 Nafion 类全氟磺酸膜经热压制备成 MEA。DMFC 中贵金属载量为 2～5mg·cm^{-2}，比 PEMFC 中载量高约 1 个数量级。双极板采用石墨或金属板制备，流场以蛇形流场或平行沟槽流场为主。与 PEMFC 相比，无须构造排热腔，所以双极板厚度一般仅为 2mm 左右，有利于提高电池组的体积比功率。

9.2.6　特点及应用

1. 氢燃料电池

1）氢燃料电池特点

（1）效率更高。理论上，氢燃料电池的能量转化效率可达 85%～90%。但由于电化学反应的各种极化限制，实际工作时的能量转化效率在 40%～60%之间。但若实现热电联供，总利用率可高达 80%以上，远高于传统内燃机的工作效率。

（2）环境友好。采用纯氢为燃料，唯一的反应产物是水，可以实现零污染排放，而且氢燃料电池发电不经过热机的燃烧过程，所以几乎不排放氮氧化物和硫氧化物，减少了对大气的污染。

（3）能源安全。氢燃料电池采用氢气作为燃料。尽管氢气在自然界中不以游离态的形式存在，但是可以利用本土现有的能源（可再生能源、核能、生物能、煤，或者天然气）通过水电解过程，或者碳氢化合物重整制得。这可以在很大程度上降低对外部石油能源的依赖。

（4）结构简单、噪声低。氢燃料电池的结构简单、紧凑，运动部件少，因而工作时安静，噪声很低。

（5）可靠性高。氢燃料电池的运动部件很少，具有很高的可靠性，可作为应急电源和不间断电源使用。

（6）兼容性好、规模可调节。氢燃料电池具有常规电池的积木特性，既可用多台电池按串联、并联的方式向外供电，也可用作各种规格的分散电源和可移动电源。因此，氢燃料电池的发电规模可通过调整单节电池的数目进行规模调节，实现微瓦至兆瓦规模的发电。

2）氢燃料电池应用

氢燃料电池的应用领域广泛，早在 20 世纪 60 年代就因体积小、容量大的特点而成功应用于航天领域。进入 70 年代后，随着技术的不断进步，氢燃料电池也逐步运用于发电和汽车。现如今，伴随各类电子智能设备的崛起及新能源汽车的风靡，氢燃料电池主要应用于三大领域：

（1）固定领域。氢燃料电池广泛应用于固定电源、大型热电联产、居民住宅热电联产及备用能源，还可以作为动力源安装在偏远位置，如航天器、远端气象站、大型公园及游乐园、通信中心、农村及偏远地带，对于一些科学研究站和某些军事应用非常重要，是目前燃料电池下游应用极大的一块领域，产业相对成熟。固定式燃料电池行业正处于一个非常活跃的阶段，许多公司计划开发或安装固定式燃料电池系统。由于现代社会对电力系统的稳定性及在自然灾害情况下电力的持续供应要求的增加，固定式燃料电池系统作为小型发电及备用电源系统得以迅速发展。例如，MetroPCS、AT&T 和 Sprint 等电信公司已经开始对燃料电池基站备用电源产生依赖，并且最新的燃料电池系统可方便安装于屋顶。

（2）运输领域。车用燃料电池作为动力系统有着续航里程长、加氢时间短和无污染等优势，是目前爆发最迅猛，也是关注度最高的应用领域。交通运输市场包括为乘用车、巴士/客车、叉车及其他以燃料电池作为动力的车辆提供燃料电池，如特种车辆、物料搬运设备和越野车辆的辅助供电装置等。在全球范围内，各大汽车生产厂商纷纷进入氢能源汽车领域，2013 年开始陆续有燃料电池汽车推出和展出。物流车领域是交通运输商业化的另一主要领域，物流运输市场非常巨大，以燃料电池为动力的叉车是燃料电池在工业应用中最大的部门之一。目前，也有航空公司在布局航空用氢燃料电池，例如英国易捷航空公司（EasyJet）正计划测试飞机氢混合燃料系统，希望在飞机上使用氢燃料电池来实现每年节省 5 万 t 燃料及减少二氧化碳排放的目标。另外，氢燃料电池目前也已在高速列车上得到应用，全球首辆氢燃料电池火车在 2017 年年底开始在德国的布克斯泰胡德—布雷梅尔弗尔德—不来梅港—库克斯港一线投入运行。

（3）便携式领域。便携式电源市场包括非固定安装的或者移动设备中使用的燃料电池，适用于军事、通信、计算机等领域，以满足应急供电和高可靠性、高稳定性供电的需要，实际应用的产品包括高端手机电池、笔记本电脑等便携电子设备，军用背负式通信电源，卫星通信车载电源等。目前相比锂电池从价格和性能两个方面来看优势并不明显，因此现在对于便携式燃料电池的需求相当少。不过，燃料电池在军用领域红外信号低、隐身性能好、运行可靠、噪声低和后勤负担低的优势，具有良好的发展前景，其发展或将由此处突破。美军燃料电池分类中便携式占比 38%，比重较大。2012 年，美国、德国、加拿大军方对燃料电池的资金投入都非常大，Ultra Electronics AMI 公司为美国陆军坦克与自动车辆研发工程中心（TARDEC）制造了 20 台 250W 的 PowerPod 燃料电池，并在无人地面车辆（UGV）上进行了广泛测试。

2. 直接醇类燃料电池

1）直接醇类燃料电池特点

与基于氢气的质子交换膜燃料电池相比，直接醇类燃料电池的能量密度更高，配置简便，可行性高。直接醇类燃料电池可为中型电气设备供电，因此大多数直接醇类燃料电池的设计和开发都以小功率（<1kW）和快速充电为目标。相对于商用锂离子

电池设备，直接醇类燃料电池可在相对偏僻的地区实现可持续供电，不受环境和时间的限制。此外，直接醇类燃料电池具备高的能量密度（4000～7000W·h·L⁻¹），远高于锂离子电池（650W·h·L⁻¹），与烃类燃料和汽油接近（9800W·h·L⁻¹）。因此，醇类是最具潜力的可持续能源之一。直接醇类燃料电池在标准条件下的单电池电压近似1.2V，几乎与氢燃料电池的理论值（1.23V）相同。而且，直接醇类燃料电池的可逆能效比氢燃料电池高得多，产物只有二氧化碳和水。在燃料的运输与储存方面，醇类比氢更有优势，并且可由可再生资源生产，如农产品的发酵和生物质还原，易充电的特性也有利于笔记本电脑和手机等可移动设备的发展。

在酸性电解质中，醇类的氧化反应需要一个相对较低的 pH 环境（pH<5），该环境下铂基催化剂是最好的醇类氧化催化剂，因此酸性的直接醇类燃料电池比碱性的展示出更高的性能。酸性燃料电池工作过程中，反应生成的中间产物和盐是可溶的，因此对电极产生的影响可忽略不计，但是碱性电解质中氢氧根（OH⁻）与二氧化碳反应形成的碳酸盐会析出并沉积到电极表面，覆盖活性位点，导致催化剂的性能明显降低。

2）直接醇类燃料电池应用

（1）小功率的便捷电源。直接醇类燃料电池具有体积小、携带便捷的特点，主要应用于小型动力系统，包括小型独立电源、国防通信、单兵作战武器电源及移动电话、摄像机和笔记本电脑电源等便携式电源系统。目前在掌上电脑、手机、笔记本电脑等消费型产品和无人机、单兵野外侦察等微小型武器系统中都具有广阔的应用前景。一个甲醇燃料罐可为一台笔记本电脑供电一整天，而其更换可在几秒内完成。MTI Mirco Fuel Cells 公司研制出用于掌上电脑、手机电源的空气自呼吸式 DMFC 样机。日本 NEC 公司展示了总重约 900g、燃料容量为 300mL 的样机，可以连续工作 5h，最大输出功率达 24W，输出电压为 12V。作为单兵便捷式电源时，轻小便携，可以为单兵携行装备直接供电或者充电，也可以用于帐篷照明、前沿侦测设备供电、车载小型设备供电等。我国也于 2016 年开发了军用 30kW 的重整甲醇燃料电池系统静默移动发电车 MFC30，具有低红外辐射的强隐蔽性突出特征，用于满足军事防护等需求。

（2）交通运输。甲醇燃料电池作为机动车辆的辅助电源将有很好的应用前景。以甲醇作为机动车辆的辅助电源有明显的优越性：消除机动车辆的空转，促进机动车辆的电气化，提高燃料的利用率。从环境角度考虑，甲醇燃料电池电源将大幅度改善尾气导致的空气污染。2015 年，苏州氢洁电源科技有限公司成功将一辆 6m 南京金龙纯电动商务车，改装为甲醇重整氢燃料电池"电-电"混合动力车，一次加注甲醇可以运行 500km。目前直接醇类燃料电池系统作为车用动力源仍存在一定不足，主要技术难关是电极上催化剂的用量高，导致电池成本高，而且电池组长时间运行的稳定性较差，还无法满足工业化的要求。

9.3　固体氧化物燃料电池

固体氧化物燃料电池（solid oxide fuel cell，SOFC）是一种在中高温下工作的全固态化学发电装置，可以直接将储存在燃料和氧化剂中的化学能转化成电能，具有理想的发展和应用前景。SOFC 能够有效缓解能源危机和其造成的环境问题，继第一代磷酸燃料电池（PAFC）与第二代熔融碳酸盐燃料电池（MCFC）后，成为第三代燃料电池系统，又因具有陶瓷结构的特点，也被称为陶瓷燃料电池。化石燃料的燃烧过程是一个不可逆过程，在提供动力的同时也伴随着效能的极大浪费。而 SOFC 可以避免燃烧过程而将化学能直接转化为电能，提高效率从而达到节约能量与减少污染物排放的目的，同时 SOFC 的逆过程又可以将多余的电能转化为化学能，因而更易于储存与运输。SOFC 能够在中高温下直接将储存在燃料和氧化剂中的化学能转化成电能，是一种高效、环境友好的全固态化学发电装置，循环效率高、能量转换效率高，在发电效率和性能要求上都代表了燃料电池的主流发展方向，被国内外学者认为是"21 世纪最具前景的能源系统之一"。

SOFC 工作温度高，目前的材料研发和技术水平还难以使其商业化利用，因此还需要开展更多深入的工作，用于解决电池成本和工作寿命方面的难题。传统的 SOFC 在 800～1000℃范围内工作，高温操作能够降低极化的损失，有利于热电联供，但高温操作需使用较高成本的陶瓷连接材料和密封材料，组件之间的元素扩散和腐蚀现象也非常严重，造成封装困难的问题。为了实现 SOFC 的商业化，国际上公认的技术路线是降低操作温度，使其能在 600～800 ℃的中温范围内使用。然而，降低操作温度会大幅增加电解质欧姆极化和电极极化，为了克服这些问题并推动 SOFC 的发展，新电池材料的发现和新电池构型的设计意义重大。

9.3.1　电池结构及工作原理

1. 固体氧化物燃料电池的结构

与其他燃料电池的结构类似，SOFC 也是由两个多孔电极和电解质共同组成，高效率、无污染、全固态结构和燃料气体广泛等特点使其被广泛研究。其单电池由阳极、阴极和固体氧化物电解质组成。SOFC 的阳极是燃料发生氧化反应的场所，阴极是氧化剂还原的场所，两极都含有加速电化学反应的催化剂。工作时相当于一个直流电源，其阳极即电源负极，阴极为电源正极。SOFC 的结构类型通常分为管型和平板型两种，两种电池结构具有不同的特点，因而应用的范围也不同。

1）管型固体氧化物燃料电池

管型 SOFC 电池组由一端封闭的管状单电池以串联、并联方式组装而成。每个单电池从内到外由多孔管、空气电极、固体电解质薄膜和金属陶瓷阳极组成。管型 SOFC 电池组及单电池的结构如图 9.3.1 所示。多孔管起支撑作用，并允许空气自由通过到达空气电极。空气电极多孔管、电解质膜和金属陶瓷阳极通常分别采用挤压成型、电化学气相沉积（EVD）、喷涂等方法，再经高温烧结制备而成。在管型 SOFC 电池组中，单电池采用串联、并联方式组合到一起，可以避免某一单电池损坏时造成电池束或电池组完全失效的问题。在串联结构中，用镍毡将一个单电池的阳极与相邻另一个单电池的连接体连接；而在并联结构中，用镍毡将一个单电池的阳极与相邻另一个单电池的阳极相连接。采用镍毡连接单电池，可以减小单电池间的应力。将电池束串联到一起构成电池模块，进一步以串联、并联方式组合到一起，构成大功率 SOFC 电池组。管型 SOFC 电池组装相对简单，容易通过单元并联和串联组成大功率的电池组，主要用于固定电站系统，一般在很高的温度（900～1000℃）下进行操作。管式结构存在的问题主要有两个：一是在电极内电流通过电池路径较长，导致电池工作电流密度低；二是单管 YSZ 电解质膜制备采用电化学气相沉积，原料利用率低，生产费用高。

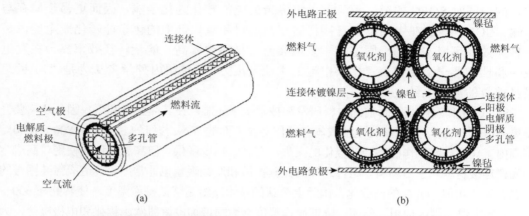

图 9.3.1　管型固体氧化物燃料电池组：（a）单电池；（b）单电池间的连接

2）平板型固体氧化物燃料电池

在平板型 SOFC 中，空气电极/YSZ 固体电解质/燃料电极烧结成一体，组成"三合一"结构（positive electrolyte negative plate，PEN）。PEN 通过有导气沟槽的双极板连接，相互串联构成电池组，如图 9.3.2 所示。空气和燃料气体在 PEN 的两侧交叉流过。PEN 与双极板间通常采用高温无机黏合材料密封，可以有效地隔离燃料和氧化剂。平板型 SOFC 具有 PEN 制备工艺简单、造价低、电流收集均匀和流经路径短等特点，因此具有比管型 SOFC 更高的输出功率密度。平板型 SOFC 也存在密封困难、抗热循环性能差和难以组装成大功率电池组的问题。但是，当 SOFC 的操作温度在 600～800℃之间时，可以扩展电池材料的选择范围，提高电池运行的稳定性和可靠性，降低电池系统的制造和运行成本。因此，平板型因功率密度高和制作成本低等优势，已经成为 SOFC 的主要发展趋势。

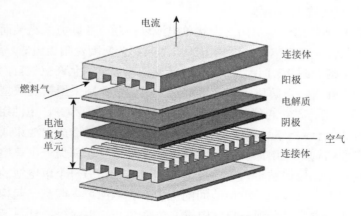

图 9.3.2　平板型固体氧化物燃料电池组

SOFC 单电池只能产生 1V 左右的电压，功率有限。将若干个单电池以各种方式（串联、并联、混联）组装成电池组，可以大大提高 SOFC 的功率，使其得到实际应用。平板型 SOFC 因核心部件膜电极"三合一"组件（PEN）制备工艺相对简单、电池功率密度高而引起人们重视。但是由于较高的 SOFC 工作温度（1000℃），电池密封和双极板一直是这种类型电池的技术难题。因此，人们将电池工作温度降低，制成的中低温 SOFC 成为国内外研究的热点。例如，开发电解质膜支撑型平板型 SOFC 可以降低固体氧化物电解质膜的电阻，提高固体氧化物电解质材料的离子电导率。开发阳极支撑型的平板型 SOFC，可以减小电解质薄膜的厚度，降低电池内阻，减小欧姆极化，提高电池的工作性能。开发以烃类为燃料的平板型 SOFC，可以减缓 DMFC 中阻甲醇渗透膜和低温下醇电氧化高效催化剂两大技术难题，但烃类一般以内重整的方式进行，即在 SOFC 阳极室进行重整反应，转化为 H_2 和 CO 后再进行氧化。

2. 固体氧化物燃料电池的工作原理

根据电解质材料的导电机理，SOFC 可以分为氧离子型 SOFC 和质子型 SOFC，如图 9.3.3 所示。氧离子型 SOFC 工作时，O_2 首先在阴极催化作用下得到电子转变成 O^{2-}，接着 O^{2-} 在浓度梯度和化学势作用下由阴极进入电解质与阳极界面处（三相反应界面），与燃料气体发生反应并失去电子。对于这类 SOFC，传质过程最先从阴极开始。与氧离子型 SOFC 相反，质子型 SOFC 首先是质子在阳极被氧离子俘获而释放电子，电子通过晶格内阳离子与氧离子之间的空隙和电解质/阴极界面经电解质传输到阴极，并与阴极处的氧反应生成 H_2O。

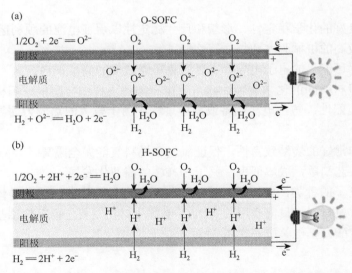

图 9.3.3　SOFC 工作原理：（a）氧离子型 SOFC 工作原理；（b）质子型 SOFC 工作原理

无论是氧离子型 SOFC 还是质子型 SOFC，电池的总反应方程如下：

（1）以 H_2 为燃料的化学方程式为

$$H_2(g) + 1/2O_2(g) \longrightarrow H_2O(g)$$

（2）以 CH₄ 为燃料的化学方程式为

$$CH_4(g) + 2O_2(g) \longrightarrow CO_2(g) + 2H_2O(g)$$

SOFC 工作原理与其他燃料电池相同，相当于水电解的"逆"装置。在 SOFC 的阳极侧持续通入燃料气，如氢气、甲烷、城市煤气等，具有催化作用的阳极表面吸附燃料气体，并通过阳极的多孔结构扩散到阳极和电解质界面。在阴极侧持续通入氧气或空气，在阴极催化作用下，多孔结构阴极表面吸附的 O_2 得到电子变为 O^{2-}，接着在化学势和浓度梯度作用下，O^{2-} 进入电解质最终穿过电解质导体，到达固体电解质与阳极界面并与燃料气体发生反应，失去的电子则通过外电路回到阴极。

9.3.2 电解质材料

在 SOFC 中，电解质材料的主要作用是在阴极与阳极之间传递氧离子、隔离燃料及氧化剂。自 20 世纪 60 年代以来，关于 SOFC 的大量研究工作都聚焦于优化固体电解质的离子电导率。电解质材料作为 SOFC 中的主要组成部件，直接影响到电池的工作温度和输出功率等，也会影响到与之匹配的连接材料和电极材料，也就是说电解质材料指导着燃料电池的电极及辅助材料的制备和设计。在 SOFC 应用过程中，电解质材料需要满足以下特点：

（1）在电池的工作温度下，电解质要具有较高的离子电导率，以保证氧离子的顺利迁移。

（2）具有良好的化学稳定性、形貌和尺寸稳定性以保证电池的顺利运行。

（3）具有较高的机械强度和抗热震性能。

（4）具有尽可能小的电子电导率，以避免短路造成的能量损耗。

（5）与电极材料间的化学兼容性好，工作和制备过程中与阴极或阳极不发生反应，以及良好的热匹配性，防止电池制备或循环过程中由于较大的热应力而导致电池破坏的问题。

（6）具有非常好的烧结致密性，保证氧气和燃料气能完全隔离，并降低欧姆电阻。

（7）成型工艺简单，成本低廉，利于 SOFC 的商业化发展。

按照导电离子的种类，电解质材料主要包括氧离子导体型、质子导体型和质子离子混合导体型电解质材料。目前常用的 SOFC 电解质材料主要包括氧化锆基电解质、氧化铈基电解质及镓酸镧基电解质三大类。

9.3.3 催化电极

1. 阳极材料

阳极是 SOFC 的重要组成部分，阳极材料的性能会直接影响 SOFC 的性能。阳极作为燃料气发生电催化氧化反应生成水、二氧化碳等气体的场所，也发挥着氧化还原过程中电荷转移的作用。基于这些要求，阳极材料需要满足以下要求：

（1）具有较高的催化活性、较好的导电性和较大的活性比表面，使电子能够顺利传输到外电路而产生电流，同时减小极化损失。

（2）合适的孔隙率，使燃料气能均匀扩散到阳极参与电化学反应，并将反应产生的气体和副产物及时排出。

（3）良好的化学、物理稳定性和结构稳定性。

（4）良好的高温化学兼容性及热匹配性，保证能与其他电池材料顺利连接。

（5）材料便宜且容易获取，容易烧结成型。

在中温、高温 SOFC 中，适合作为阳极催化剂的材料主要有纯金属材料、导电陶瓷材料和混合导体氧化物材料三大类。金属材料主要有 Ni、Co 及贵金属 Ag 等。金属 Ni 具有较高的催化活性、低价格的特点，被广泛应用，但金属与电池其他部件的热膨胀匹配性差，多次热循环容易产生开裂脱落的问题。导电陶瓷材料主要是通过将活性金属分散到电解质材料中制备得到的，将金属颗粒与电解质混合形成复合阳极，这样可以有效避免金属烧结，优点是增大了金属|电解质|燃料气的三相活性界面，保持多孔结构并调整热膨胀性能。Ni/YSZ 和 Ni/SDC 是目前最为广泛应用的阳极材料。

2. 阴极材料

阴极又称为空气电极或氧电极，是高温下将氧气还原成氧离子的场所。阴极材料通常要满足下列条件：

（1）稳定性。阴极材料必须具有良好的化学稳定性，其形貌、微观结构、尺寸等在电池长期运行过程中不能发生明显变化。

（2）催化活性。对氧分子电化学还原反应具有很好的催化还原性能，以降低阴极上电化学活化极化过电势，提高电池的输出性能。

（3）电导率。阴极材料必须具有足够高的电子导性能，有利于降低电池的欧姆极化损失，提高氧的表面交换动力学；具有一定的离子导能力，将氧还原产物（氧离子）向电解质隔膜传递。

（4）化学兼容性。阴极材料在 SOFC 制备与操作温度下与电解质材料、连接材料或双极板材料、密封材料化学上相容，在不同材料间不能发生元素的相互扩散与化学反应。

（5）热膨胀系数。阴极材料与其他电池材料，特别是与电解质材料的热膨胀系数相匹配，以避免在电池操作及热循环过程中发生碎裂或剥离现象。

（6）多孔性。足够的孔隙率与较大的比表面积，以确保反应活性位点上氧气的供应，可以提高氧气在电极内部的扩散空间和增大氧还原的活性表面；但必须考虑电极的强度，过高的孔隙率会造成电极强度与尺寸稳定性的严重下降。

（7）成本低、强度高、易加工等。

常见的阴极材料主要有两类：一类是纯电子导体氧化物材料，如 Sr 掺杂的 $LaMnO_3$（LSM）；另一类是电子-离子混合导电材料（MIEC），如 $La_{0.6}Sr_{0.4}Co_{0.2}Fe_{0.8}O_3$ 和

$Ba_{0.5}Sr_{0.5}Co_{0.8}Fe_{0.2}O_3$ 系列材料。为了改进氧电极反应的三相界面，以及调整 SOFC 在较高温度下 LSM 的热膨胀系数，通常在 LSM 中掺入一定量的 YSZ 或其他电解质材料，制成 LSM-电解质复合阴极。对于中温 SOFC，通常将 Sr、Fe 掺杂的 $LaCoO_3$（LSCF）、$SrCoFeO_{3-x}$（SCF）、Sr 掺杂的 $SmCoO_3$（SSC）等离子-电子混合导电材料作阴极。这些材料在中温下具有较高的电导率和氧还原催化活性，但大多数存在电解质和其他电池材料间的化学相容性，长期操作电极催化活性，微观结构、形貌尺寸稳定性较差等问题。

9.3.4　双极连接材料

在 SOFC 电池组中，双极连接材料的主要作用是连接相邻单电池的阳极与阴极，分隔相邻单电池的氧化剂与燃料。双极连接材料主要包括基板和流场两部分。其中，基板的主要功能是导电、集电、作为电池与电池之间的连接组件，流场的主要功能是阻隔阴阳两极气体并引导气体流动，使燃料气进入阳极，空气进入阴极。对于管型 SOFC，双极连接材料称为连接体材料。因此，其必须具有足够高的电子电导率来降低串联单电池的欧姆降，在制备温度和工作温度下与阴极、阳极和电解质等材料化学上相容，并具有相匹配的热膨胀系数。此外，无论是氧化还是还原气氛中，在 SOFC 的工作电压下都能保持稳定状态，并具有足够高的致密性，防止燃料与氧化剂泄漏和相互联通。对于平板型 SOFC，双极连接材料又称为双极板材料。它也必须具有足够高的电子电导率来减小单电池间欧姆降，并与阳极、阴极及密封材料等化学上相容。双极板的热膨胀系数与膜电极组件应该相近，但要求不像管型 SOFC 连接体那么严格，热膨胀系数小时，可在阳极室加入多孔金属（如泡沫镍）进行调整，这也要求双极板材料应该易加工、成本低。

双极连接材料的加工技术工艺和材料成本限制了其发展，成为高温燃料电池电堆制造技术中的难点。作为燃料电池电堆系统的核心部件之一，其质量约占整个燃料电池电堆系统的 80%，其制造成本约占整个燃料电池电堆系统总制造成本的 45%。目前双极连接材料主要是 $LaCrO_3$ 陶瓷材料和合金材料。在管型 SOFC 中应用最成功的连接材料为 $LaCrO_3$，对于平板型 SOFC，应用最多的主要是抗氧化合金材料。

1. 连接体材料

$LaCrO_3$ 的合成一般采用溶液法，该方法合成的材料具有纯度高、组成均匀、化学计量比精确、超细和易烧结等特点。此外，还可以通过共沉淀法、喷雾热解和滴液热解等方法来制备 $LaCrO_3$ 基复合氧化物材料。在管型 SOFC 中，$LaCrO_3$ 连接体最成功的制备方法是电化学气相沉积，不过这个方法的原料利用率低且生产成本高。因此，廉价的制备连接体的方法有利于推动管型 SOFC 发展，如等离子喷涂法等。

$LaCrO_3$ 陶瓷材料是一种钙钛矿结构的 p 型导电材料，可以满足对双极连接材料的要求，不仅难以转化为熔融态，而且在还原条件下是氧缺陷体。研究发现，用二价阳离子取代部分 La^{3+} 可以有效增强 $LaCrO_3$ 的导电性，如 Sr、Ca 和 Mg 等。但是，$LaCrO_3$ 材料在高温下 Cr_2O_3 易挥发，在氧化气氛下难以烧结和形成致密材料等。若要烧结成高密度的 $LaCrO_3$，不仅需要较低的氧分压，同时也需要较高的烧结温度（超过 1600℃）。然而，较高的烧结温度会对电池的电极材料产生不利影响。因此，在氧化气氛下低温烧结成致密的 $LaCrO_3$，是双极连接材料研究中需要克服的难题。研究发现，可以通过一些不同的方法和策略来制备更高活性的粉末，如使用掺杂剂和烧结助剂，使用不同的制备工艺，使用不同的合成路线，以及使用含铬缺陷的非化学计量比 $LaCrO_3$ 等。最近报道的一种新型三重层状化合物 $(Ti_{0.98}Nb_{0.02})_3(Si_{0.95}Al_{0.05})C_2$ 不仅密度小，与常见的中温电解质热匹配性好，机械强度与机械加工性能都很优异，并具有良好的抗氧化性，是一种良好的双极连接材料。

2. 双极板材料

通过降低电解质薄膜厚度或采用高离子导电性的电解质材料，高温 SOFC 在 800℃ 下便可以获得在 1000℃ 达到的输出功率密度。SOFC 工作温度的降低使得耐高温、抗氧化合金材料具有作为双极板材料的可能。合金材料主要是 Ni、Cr、Fe 和 Mn 元素的合金，与陶瓷材料相比，高温抗氧化金属合金具有导电性能良好、热导率高、双极板温度分布均匀、机械稳定性好、气体不会渗透、电子电导率高等优势。此外，金属双极板还具有成本低、易于加工的优点。但这些材料的化学稳定性差，如高温下容易发生氧化生成导电性能较差的氧化物薄膜。通常将 Cr 和 Al 作为合金化添加剂掺杂到这些合金中。在氧化气氛中，Cr 优先被氧化为 Cr_2O_3，Al 被氧化为 Al_2O_3，并在合金表面形成一层很薄的致密保护膜。在含 Al 的合金中，尽管氧化膜的增长速度降低至原来的 1/10，但是氧化薄膜的低电导率导致其无法作为双极板材料。将 Al 换成 Ni 后，避免了 Al_2O_3 薄膜导电率低的劣势，同时由 Ni 金属氧化形成的 NiO 膜具有优异的抗氧化能力及不俗的导电能力，综合考虑 Cr_2O_3 膜的生长速度和导电能力，使得含 Ni 和 Cr 掺杂的合金有可能成为制备双极板的材料。

9.3.5　特点及应用

1. 固体氧化物燃料电池特点

SOFC 最主要的特征是具有全固态的结构及较高的工作温度，这两个特征决定了 SOFC 与其他类型的燃料电池相比具有以下优势和特点：

（1）燃料适用范围广。燃料可以是 H_2、CO、CH_4、NH_3、H_2S、生物质气、液化石油气等气体，还可以是各种醇类、柴油、汽油等高碳链的液体。

（2）能安全、高效地转化电能并进行运输和储存，在发电过程中污染物近零排放，具有较高的规模灵活性和环境兼容性。

（3）发电效率高，能量密度大。

（4）高温操作时无须贵金属催化剂，燃料氧化活性较高，能快速达到热力学平衡状态。

（5）全固体电解质，适合模块化设计，大小易控，不会产生电解液流失和腐蚀等问题。

（6）余热利用价值高，优质的余热可以用于热电联供，燃料的利用效率高。

（7）总装机容量大，可高度模块化，安装位置灵活方便等。

（8）适用范围广，既可以作为小型移动电源，又可以作为固定电源，如手提计算机电源、汽车辅助电源、无线通信手机电源等。

2. 固体氧化物燃料电池应用

1）电厂混合发电

SOFC 在高温条件（700～1000℃）下运行，排出的气体具有很高的能量。管型 SOFC 可带压运行，将燃气轮机或者蒸汽机与带压 SOFC 集成一体，形成联合发电技术（SOFC-GT），就能使排出气体中的废热得到有效利用，提高系统整体效率。将管型 SOFC 连接在燃气轮机的上游，压缩空气被送进燃料电池，利用电池的废热将空气升温后再输入燃气轮机，就可以从燃料电池和燃气轮机同时得到电能。这种发电技术包括两种基本循环方式：底层模式和顶层模式。在底层模式中，燃料首先在燃烧室中燃烧，通过透平做功后的尾气仍含大量没有燃烧的 O_2，并具有较高的温度，接着这些尾气进入燃料电池作为氧化气体。在顶层模式中，燃料和空气先进入 SOFC 参与化学反应并释放能量，从阳极排出的气体中仍含有反应不完全的 H_2 和 CO 等可燃气体，在燃烧室中与阴极排出的气体混合燃烧，燃烧后的混合气体进入透平做功，然后废气经过回热器再利用后排出。研究表明，增压型 SOFC 与具有回热器和中间冷却器的燃气轮机组成的系统，发电效率可以达到 70 %以上，在分布式能量系统应用上的发电效率也可达到 65%。因此，SOFC 与燃气轮机联合发电将会是一种非常有发展前景的分布式发电方案。

2）家用热电联产

SOFC 系统产生的废热也可以通过换热器为城市或家庭供热。将天然气或煤气作为 SOFC 的燃料，燃料气通过脱硫和催化重整处理后，用于 SOFC 发电后为家庭电器提供电能，剩余电量往往可以储存起来或通过电网输送，高温尾气的热量通过换热器换热后，用于加热家庭生活用水或为室内供暖等。

3）分散电站

美国西屋电气公司开发了以天然气为燃料，内重整的 100kW 级现场实验发电系统。该系统按集束管式排列，由 1152 个管型单电池构成，并进行了 4000 多个小时的实验运行，电池输出功率达到 127kW，电池效率为 53%，以热水方式回收高温余热，回收效率为 25%，总能量效率为 75%，热、电总功率为 165kW，单电池最长实验寿命达到 70000h，远远超过固定电站 40000h 的目标要求。

9.4　碱性燃料电池

作为燃料电池系统中开发最早并获得成功应用的一种技术，碱性燃料电池（alkaline fuel cell，AFC）是目前发展最成熟的。20 世纪 60～80 年代，国内外学者就对 AFC 进行了广泛研究和开发。为了满足载人航天飞行对高比功率、高比能量电源的要求，美国掀起了研制 AFC 的高潮，成功开发了 PC3A 型 AFC 动力电源系统，并成功应用到阿波罗登月飞船及航天飞机上，实际的飞行结果也表明其作为宇宙探测飞行等特殊用途的动力电源，已经达到了实用化阶段，展示出 AFC 作为一种新型、高效、环境友好的发电装置的可能性。在之后相当长的一段时间内，AFC 系统的研究范围涉及不同温度、燃料等各种情况下的电池结构、材料与电性能等。

根据电池的工作温度，AFC 系统分为中温型与低温型两种，前者以培根中温燃料电池最为突出，它由英国培根（F. T. Bacon）研制，工作温度约为 523K，阿波罗登月飞船上使用的 AFC 系统就属于这一类型。低温型 AFC 系统的工作温度低于 373K，是现在 AFC 系统研究与开发的重点，其应用目标是便携式电源及交通工具的动力电源等。在 20 世纪 80 年代后，新型的燃料电池技术如 PEMFC，使用了更便捷的固体电解质而且可以有效防止电解液的泄漏，AFC 发展也逐渐变得滞缓。但是与 PEMFC 相比，AFC 的性能理论上要优于 PEMFC，甚至早期研究的 AFC 系统具有比现有 PEMFC 系统更高的输出电流密度；在混合动力电动车应用中，AFC 系统比 PEMFC 更有生产成本优势；在阴极动力学和降低欧姆极化方面也具有很多优势；碱性体系中的 ORR 动力学比酸性体系中使用 Pt 催化剂的 H_2SO_4 体系和使用 Ag 催化剂的 $HClO_4$ 体系都要更高。AFC 中更快的 ORR 动力学使得将非贵金属及低价金属（如 Ag 和 Ni）作为催化剂成为可能，这也使得 AFC 更有竞争力。同时，碱性体系的弱腐蚀性也使 AFC 能够长期稳定工作。

自 21 世纪以来，AFC 因较低的成本优势而受到广泛关注和发展，被视为未来最有可能替代 PEMFC 的燃料电池技术。然而，目前 AFC 还没有商业化的产品，应用瓶颈主要包括两个方面：①输出功率密度低；②碱稳定性差。解决这两个问题的关键在于如何提高聚合物电解质即阴离子交换膜的性能。阴离子交换膜在 AFC 中的作用主要是传递氢氧根离子并阻隔正负极的接触。电池内阻很大程度上取决于阴离子交换膜传导氢氧根离子的快慢，而阴离子交换膜又很容易受到氢氧根离子进攻发生降解。因此，设计高离子电导率和高碱稳定性的阴离子交换膜是 AFC 商业化应用的关键。虽然通过结构设计已经有一部分阴离子交换膜性能获得了显著提升，但材料制备和使用成本及难以兼顾多种性能等因素依然制约着 AFC 的应用，开发性能优异、成本低廉和使用寿命长的阴离子交换膜仍然是今后 AFC 发展的趋势。

9.4.1　电池结构及工作原理

AFC 被视为未来最有可能替代 PEMFC 的燃料电池技术，主要由阴极和阳极催化剂、碱性阴离子交换膜（简称碱性膜，AEM）三个重要部分组成。AFC 以强碱（如氢氧化钾、氢氧化钠）为电解质，这些电解质溶液可以维持稳定的三相界面。以氢为燃料，纯氧或脱除微量二氧化碳的空气为氧化剂。以 Pt/C、Ag、Ag-Au、Ni 等具有良好 ORR 催化活性的电催化为氧电极材料，以 Pt-Pd/C、Pt/C、Ni 或硼化镍等具有良好 HOR 催化活性的电催化剂为氢电极材料。通常以无孔碳板、镍板或镀镍、镀银、镀金的各种金属（如铝、镁、铁等）板为双极板材料，并在板面上加工各种形状的气体流动通道，也称为流场，共同组成双极板。AFC 按电池结构和工作方式分为培根型和石棉膜型两类。

1. 培根型碱性燃料电池

氢、氧电极都是双层多孔镍电极（内外层孔径不同），以铂作为催化剂。电解质为 80%～85% 的氢氧化钾溶液，室温下是固体，在电池工作温度（204～260℃）下为液体。这种电池能量利用率较高，但耗电较多，启动和停机需较长的时间（启动需 24h，停机 17h）。

2. 石棉膜型碱性燃料电池

氢电极由多孔镍片加入铂、钯等催化剂制成，氧电极是多孔银极片，两电极间夹有含 35% 氢氧化钾溶液的石棉膜，再以有槽镍片紧压在两极板上作为集流器，构成气室，封装成单电池。这种电池的启停时间短（启动仅 15min，可瞬时停机）。

图 9.4.1 为石棉膜型 AFC 的基本工作原理图。与 PEMFC 相反，AFC 在碱性条件下工作，通过传导 OH^- 来产生电能。O_2 与 H_2O 在阴极催化剂的作用下发生还原反应生成 OH^-，透过 AEM 到达阳极与 H_2 发生氧化反应生成水，从而对外输出电能。然而，AFC 的发展受制于其核心组件 AEM 的性能。AEM 在 AFC 中不仅发挥着传导 OH^- 的重要作用，也被用来阻隔阴阳两极的燃料，避免燃料相互渗透，因此 AEM 直接决定了 AFC 的内阻和使用寿命。

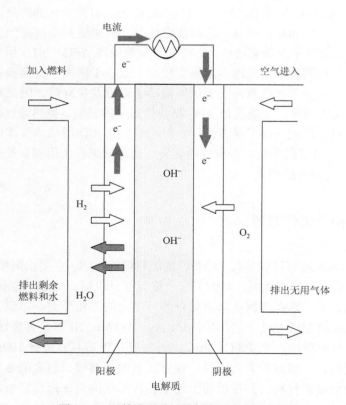

图 9.4.1　石棉膜型碱性燃料电池工作原理图

以氢氧燃料电池为例，碱性燃料电池电极反应为

（1）在阳极，氢气与电解质中的 OH^- 在电催化剂作用下，发生氧化反应生成水和电子：

阳极反应：$\qquad\qquad 2H_2 + 4OH^- \longrightarrow 4H_2O + 4e^- \qquad\qquad \varphi^\ominus = -0.828V$

（2）在阴极，电子通过外电路到达阴极，在阴极电催化剂作用下，参与氧的还原反应：

阴极反应：$\qquad\qquad 1/2O_2 + H_2O + 2e^- \longrightarrow 2OH^- \qquad\qquad \varphi^\ominus = 0.401V$

总反应：$\qquad\qquad\qquad H_2 + 1/2O_2 \longrightarrow H_2O \qquad\qquad\qquad \varphi^\ominus = 1.229V$

为了保证 AFC 能连续工作，除了需要不断供应氢气、氧气等，也需要连续地从阳极排出电池反应生成的副产物，及时排水可以维持电解液中碱浓度的恒定，排除废热可以维持电池工作温度的恒定。AFC 的工作温度大约为 80℃，因此它们启动迅速，但电力密度却低于 PEMFC，在汽车应用中难以满足要求。不过，作为燃料电池中生产成本最低的电池，AFC 可用于小型的固定发电装置。与 PEMFC 一样，一氧化碳和其他杂质也会污染催化剂，对 AFC 造成非常明显的影响。此外，其原料不能含有二氧化碳，因为二氧化碳会与强碱性电解质反应生成碳酸盐，降低电池的性能。

阴极上的电催化剂是燃料电池的关键组成部分，其性能高低直接决定了燃料电池的工作性能。AFC 阴极主要为氧还原反应，反应中涉及 4 电子转移步骤，还有 O—O 键的断裂，易出现中间价态粒子（如 HO_2^-）和中间价态含氧物种等问题，因此 AFC 中阴极的氧还原反应也是一个复杂的过程。关于 ORR 的反应途径被认为有以下两种途径：

（1）直接 4 电子途径：$\quad O_2 + 2H_2O + 4e^- \longrightarrow 4OH^-$

（2）2 电子途径：$\qquad O_2 + H_2O + 2e^- \longrightarrow HO_2^- + OH^-$

$$HO_2^- + H_2O + 2e^- \longrightarrow 3OH^-$$

从动力学理论来看，碱性体系中的氧还原反应速率要比酸性体系中更快一些，因此大量材料可以被用作 AFC 阴极催化剂，主要包括 Pt 基催化剂、Pd 基催化剂、Ag 基催化剂及非贵金属催化剂等。

9.4.2　电解质材料和阴离子交换膜

1. 电解质材料

AFC 采用强碱性溶液作电解质，如 KOH、NaOH 等，电解质发挥着传导电极之间离子的作用。与 PEMFC 不同的是，电解质为碱性，因此在电解质内部传输的离子导体为氢氧根离子（OH^-）。

AFC 最大的问题来源于它的电解质材料，会被氧化气中的二氧化碳气体毒化。碱性电解液对 CO_2 具有显著的化合力，生成的碳酸根离子（CO_3^{2-}）不参与燃料电池反应，会削弱燃料电池的性能，影响 AFC 输出功率。碳酸盐副产物的沉积和阻塞可以通过电解液的循环来处理，也可以通过使用二氧化碳除气器从空气流中排除二氧化碳气体，不过这会增加成本和复杂度。此外，循环电解液的利用会增加泄漏的风险。高腐蚀性的氢氧化

钾具有自然渗漏的能力，可能会透过密封，具有一定的危险性，而且容易造成环境污染，同时也存在内部电解质短路的风险。此外，循环泵和热交换器、气化器的结构复杂，这也增加了 AFC 的制造成本。同时，也需要连续地从阳极排出电池反应生成的水，保证电解质中碱的浓度保持恒定，以保证电堆的稳定运行。

2. 阴离子交换膜

作为 AFC 的核心部件之一，AEM 的性能直接影响着燃料电池的最终性能，发挥了传递 OH⁻ 和阻隔燃料渗漏的作用。AEM 由聚合物骨架与传导 OH⁻ 的碱性阳离子基团组成。为了实现在 AFC 中的应用，AEM 应该满足以下条件：

（1）具备高的 OH⁻ 传导率以保证 AFC 较低的内阻。

（2）在热碱的工作环境中具备优良的化学与热稳定性，以保证 AFC 的使用寿命。

（3）具备优良的机械性能和干湿尺寸稳定性。

（4）具备良好的气密性避免气体的渗透，防止 AFC 短路。

与 PEM 的研究相比，AEM 的研究还不够充分，目前正面临着大量的问题：

（1）在 AEM 中移动的离子是 OH⁻，它较大的体积会导致扩散系数比氢离子低得多。为了提高膜中 OH⁻ 的电导率，常用手段是提高离子交换容量（IEC）。不过过高的 IEC 会导致膜严重溶胀和水吸收的增大，使膜的尺寸稳定性变差，无法有效利用。

（2）AFC 的工作环境是高碱性（pH>14）和高温（>60℃），其稳定性面临着严峻的挑战。AEM 的降解主要是因为聚合物主体和碱性功能基团的降解，这将会直接导致膜的电导率和机械性能下降。

（3）为了降低 AEM 材料的生产成本，一般采用廉价的非氟骨架，然而这将导致膜的机械性能和尺寸稳定性无法满足应用的要求。

为了解决这些问题，现在对 AEM 材料的研究主要集中在两个方面：一是提高 AEM 的 OH⁻ 电导率；二是提高 AEM 的碱性稳定性。目前 AEM 包括均相膜和异相膜两大类，在实际应用中，均相膜表现出相对优异的性能，因此现在的研究主要集中在均相膜的制备上。典型的均相膜制备包括聚合物的合成和碱性功能化两个步骤。随着高分子学科的发展，不同拓扑结构的聚合物为有目的设计提供新的材料，从分子结构设计出发，制备出高性能材料成为新的研究方向。因此，开发高效、长寿命的 AEM 材料是实现 AFC 商业化的前提条件，也是我国在低成本燃料电池技术方面实现突破与革新的重大需求。

9.4.3　催化剂和电极

1. 催化剂

与 PEMFC 一样，催化剂也是 AFC 中关键的组成部分，其性能的高低直接决定了燃料电池的工作性能。在选择 AFC 催化剂时，需要具备的基本要求如下：

（1）对电化学反应（包括 ORR 和 HOR）具有高的催化活性，能够加速电化学反应速率。

（2）具有一定的电子导电性，良好的导电性意味着良好的电荷转移能力，能够有效降低燃料电池的内阻。

（3）催化剂在电解液和电极工作电压范围内具有良好的稳定性，保证 AFC 能稳定运行。

为了减少催化剂用量并提高其利用率，催化剂经常被负载到导电良好的载体上，如将贵金属 Pt 负载到碳载体上。对于电解液为强碱的 AFC，阴离子 OH^- 既是氧还原反应的产物，又是导电离子。因此，与酸性电池在电化学反应过程中不同的是，不会产生阴离子特殊吸附对催化活性和电极动力学的不利影响。此外，碱的腐蚀性比酸低，所以与酸性电池相比，AFC 催化剂不仅种类多，而且活性较高。对于 Bacon 型中温 AFC，通常以镍作为电催化剂；对于采用 PTFE 黏合型多孔气体扩散电极的 AFC，为了达到较高的催化活性，满足在航天应用中高比功率与高比能量的要求，通常以贵金属（如 Pt、Pd、Au、Ag 等）及其合金作为催化剂，可以是高分散的贵金属粉末，也可以将其负载到碳载体上。

为了降低电池的生产成本，在对 AFC 催化剂研究过程中，各种合金（如 Ni-Mn 等）、硼化物（Ni_2B）、碳化物（WC）、氮化物（Ni_4N）、氧化物（Na_xWO_3）及大环化合物（锰卟啉）等催化剂被广泛研究。与贵金属催化剂相比，这些与过渡金属相关的催化剂活性与寿命均较差，因此很少在实际 AFC 中应用。20 世纪 70 年代，中国科学院大连化学物理研究所成功研制了以 Pt-Pd/C 为阳极催化剂，Ag 为阴极催化剂的碱性石棉膜型氢氧燃料电池。

2. 电极

1）双孔结构电极

双孔结构电极工作时，只要控制反应气与电解液的压差在一定范围内，就可有效地将反应区稳定在粗孔层内。同时，将高催化活性的组分引入双孔电极的粗孔层，可以提高双孔电极的催化活性，制备出粗孔层表面负载了高催化活性组分的双孔结构电极。例如，将 $AgNO_3$ 或氯铂酸溶液浸渍到双孔电极粗孔层，再利用还原剂将金属离子还原，就可以将催化剂负载到双孔电极上。双孔电极的细孔层浸入电解液后，可以阻隔反应气并传导导电离子。细孔层材料可以选择微孔塑料（如孔径为 5μm 的聚氯乙烯薄膜），在表面镀上一层 Ag 或 Ni 后，再进一步镀上多孔催化层（如 Pt、Ag、Ni、Au 等）。不过这种双孔结构电极只适用于低温燃料电池。

2）掺杂防水剂的黏合型电极

在水系电解质中，某些负载了催化剂的活性炭材料会被浸润。这些材料可提供导电子和液相传质的通道，具有良好的导电性，但是无法提供传递反应气的通道。在这些碳材料中掺入防水剂（如 PTFE），就可以构成气体通道，防水剂还具有一定的黏合作用，可使分散的催化剂与载体牢固结合。这种由电催化剂与防水剂构成的电极称为黏合型气体扩散电极，从结构和功能上来讲，由防水剂构成的憎水网络为反应气的进入提供了内部通道；由电催化剂构成的亲水网络为电子与液相离子传导提供了通道，并在电催化剂上完成电化学反应过程。但是防水剂一般没有导电性，因此电极中防水剂含量过高会导致电极电阻增大，增加电极的欧姆极化损失；含量过少会导致气体传质阻力增加，增加电极的浓差极化损失。因此，对某种特定的电极都存在一个最优含量。

9.4.4 特点及应用

1. 碱性燃料电池主要特点

与其他类型燃料电池相比，AFC 具有以下优点：

（1）AFC 可以在一个较大温度和压力范围内运行，而且可以在较低的温度下快速启动。

（2）AFC 具有较高的效率。因为 AFC 的电解液可以提供快速的动力学效应，所以 AFC 可以获得较高的效率。同时，与酸性燃料电池相比，更迅速的 ORR 动力学使 AFC 的活性损耗非常低。

（3）性能可靠，可用非贵金属作催化剂，是燃料电池中生产成本最低的一种电池。AFC 中的快速动力学效应使银或镍可替代铂作为催化剂，且使用廉价的电解液，因此大大降低了 AFC 电堆的成本。

（4）完全循环的电解液被用作冷却介质，易于热管理，均匀的电解液集聚也解决了阴极周围电解液浓度分布的问题，为利用电解液进行水管理提供了可能。当电解液循环时，燃料电池被称为"动态电解液的燃料电池"，这种循环使碱性燃料电池动力学特性得到进一步改善。

2. 碱性燃料电池应用

1）航天飞行器用电源

由于效率较高且质量轻，适合于长距离空间运输任务，AFC 在航天领域已受到广泛关注，被认为是最适合应用于航天飞行器电源的燃料电池技术。与传统的蓄电池相比，AFC 功率密度更高，能量储存能力更强，拥有静止的电解液，被认为是航天飞行器供电的最佳选择。AFC 的静止电解液可利用毛细管固定在特定位置，同时采用特殊的高分子膜技术实现进水和脱水。美国 NASA 已经成功研发该类技术，成功应用到载人航天飞行上。

2）军事装备电源

1991 年，俄罗斯在"比拉鱼"型潜艇上装载了低温 AFC，并取得了实验成功。这次实验为后续研究积累了丰富的经验，为了降低生产成本，他们设计出的"阿穆尔"级潜艇采用不依赖空气的动力装置 AIP——以 AFC 作为装置电源，功率达到 390kW，能保证在水下以 3.5kn（1kn = 1n mile·h）的速度持续航行 20 天。AIP 是在某些潜艇上加装的一种动力装置，当潜艇在深水中航行时，这种装置能利用自身携带的氧气作氧化剂，不需要与空气接触就能为潜艇提供动力，可明显提高常规潜艇的水下自持力、生命力，有利于降低潜艇的暴露率，提高了安全性。此外，美国陆军坦克与自动车辆研发工程中心与通用汽车公司联合研制出以氢燃料电池为动力的轻型作战卡车，明显降低了噪声水平，也减少了热能排放，极大地提高了战场生存能力。而且燃料电池反应后的副产物是水，能够为士兵进行战场供水。

除此之外，AFC 还可以用于电动汽车动力电源、民用发电装置等领域。

习题与思考题

1. 简述燃料电池的工作原理。
2. 燃料电池可以分为哪些类型？
3. 质子交换膜燃料电池主要由哪些组件构成，分别发挥什么作用？
4. 简述质子交换膜燃料电池的膜电极发展现状及制备方法。
5. 简述直接醇类燃料电池的工作原理。
6. 与质子交换膜燃料电池相比，直接醇类燃料电池存在哪些优势？
7. 简述固体氧化物燃料电池的结构及工作原理。
8. 固体氧化物燃料电池的电解质材料主要有哪些？
9. 碱性燃料电池的电解质材料是什么？存在什么样的问题？
10. 简述碱性燃料电池的特点及应用场景。

第 10 章　半导体电化学和太阳能电池技术

太阳能是来自太阳内部核聚变所蕴藏着的并能向外辐射的能量，是最有希望代替化石燃料的能源之一。将光能转换为电能的太阳能电池技术起源于半导体中的光生伏打效应。1954 年，贝尔实验室开发出最初的硅太阳能电池，其光电转换效率为 4.5%，标志着太阳能电池新时代的开始。目前，硅基太阳能电池的转换效率已经超过了 25%。除了ⅣA族元素 Si、Ge 以外，CdS、CuInSe$_2$ 等多元化合物半导体、氧化物半导体及有机聚合物材料等均已应用于太阳能电池的研发。有机-无机杂化钙钛矿半导体材料具有低成本、可溶液法制备、可大面积加工等一系列优点，相关器件的光电转换效率在短短十年时间由 3.9%提高到 25%，是目前最具前景的光电材料之一。因此，本章将主要介绍与太阳能电池相关的半导体的一些基本概念，包括半导体的能带理论、半导体中的杂质与缺陷、光吸收特性及载流子的分布与传输。在此基础上，进一步介绍太阳能电池的工作原理与性能表征。最后，阐述钙钛矿太阳能电池的相关内容，主要涉及钙钛矿材料的晶体结构、钙钛矿太阳能电池的工作原理及器件结构。

10.1　半导体物理学基础

10.1.1　半导体的能带理论

固体中的电子态常用固体物理中的能带理论来描述。我们知道，一个孤立原子中电子运动的轨道通常可排列为 1s，2s，2p，3s，…，如氮原子的电子组态为 $1s^2 2s^2 2p^3$，每一个态对应一个能级。晶体中各个孤立原子按照周期性排列形成固体时，各个原子的外层轨道会发生不同程度的相互交叠，因此外层电子的运动不再局限于某一个原子，而是转移到邻近的原子甚至整个晶体，形成电子的共有化运动。晶体中大量原子的集合使得原本孤立原子的能级演化成准连续能带。固体中的电子从低到高填满一系列能带，如图 10.1.1 所示，能带又分为价带与导带，价带和导带之间是禁带，禁带之间没有电子态存在，禁带的宽度或称带隙（E_g）。

一般，人们认为导体的 E_g 为零，如金属、石墨的 E_g 接近于零。绝缘体的 E_g 通常在 4eV 以上，半导体材料的 E_g 较小，在 0.5～3.0eV 之间，如 CH$_3$NH$_3$PbI$_3$ 的 E_g 约为 1.6eV。在热场、电场、光场及电磁场等外场的作用下，半导体中的价带电子较容易激发到导带。由于价带与导带都不再是满带，呈现出一定的导电性。

在绝对零度下，绝缘体与半导体中的价带是由电子填满的，而导带是空的。当温度高于绝对零度，由于热激发，半导体中的部分电子从价带跳入导带，同时在价带留下少量未填充的空状态。此时价带的电流及其在外场作用下的变化，可以等价地用一个荷正

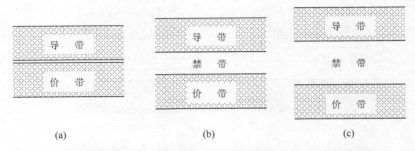

图 10.1.1　导体（a）、半导体（b）和绝缘体（c）的能带示意图

电的粒子来描述，这个假设的粒子即为空穴，空穴的荷电量与电子相等但符号相反。在电场引起的电子漂移运动中，原来的空穴被电子占有，同时产生新的空穴，价带电子的定向运动可以看成是空穴沿着与电子漂移相反的方向运动。同时，导带中的自由电子也在电场作用下做定向运动。因此，半导体中的载流子分为导带中的自由电子和价带中的空穴。电子从价带被激发到导带的过程称为本征激发，导带中的自由电子和价带中的空穴是成对产生且数目相等。

10.1.2　半导体中的杂质与缺陷

在理想的半导体晶体中，电子在严格的周期性势场中自由运动。因此，不含任何杂质和缺陷的半导体称为"本征半导体"。如果晶体在生长过程中有缺陷产生或有杂质引入，晶体的周期场将被破坏，对应被破坏了的位置称为缺陷，所得半导体称为掺杂半导体。缺陷一般可分为本征缺陷和杂质缺陷。本征缺陷是指材料在制备过程中，晶体格点位置上缺少一个原子的空位缺陷，格点上原子排列倒置的反位缺陷，格点之间挤入的间隙原子，较大尺寸范围的位错缺陷、层错缺陷等，是无意中引入的。杂质缺陷主要是由于材料纯度不够，后来掺入杂质引起的缺陷。缺陷位的存在使得原有晶体原子排列的周期性被破坏，引起了晶体周期势场的畸变，相当于在禁带中引进了新的电子态，称为缺陷态或杂质态。

如前所示，半导体在绝对零度时，所有电子填充在价带能级中，导带是全空的。假设，E_v 为价带中的最高能级，E_c 为导带中的最低能级，E_g 为禁带宽度。如图 10.1.2 所示，价带中的最高能级和导带中的最低能级之间是禁带，不允许电子量子态存在。若在半导体中掺入适量杂质元素，半导体能谱的禁带中会出现附加的电子能级，则半导体的电子密度或者空穴密度将会增加，因而电导率也会提高。假设杂质中的电子从束缚态激发到自由态所需的能量为激活能（E_d）。若 E_d 接近 E_c，那么杂质原子能级上的电子很容易激发到导带，使导带上的电子数大大增加，而杂质成为带正电的离子。通常称这类能提供电子到导带并成为正电中心的杂质为施主杂质，这种掺杂的半导体称为 n 型半导体。若杂质中的空穴从束缚态激发到价带所需的能量为激活能（E_a），E_a 接近 E_v，那么杂质很容易捕获价带上的电子成为负离子，使半导体价带中的空穴数增加，这类能从价带获得电子并成为负离子的杂质为受主杂质，这种掺杂半导体称为 p 型半导体。

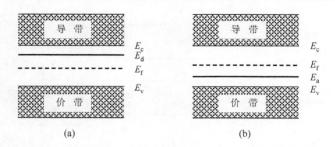

图 10.1.2　n 型半导体（a）和 p 型半导体（b）的能谱示意图

10.1.3　半导体中的光吸收特性

当一束单色光照射到物体上时，入射光的一部分在物体表面反射或散射，一部分被物体吸收，还有一部分则可能透过物体。照射到物体上的光可以将电子由被占据的低能态激发到未被占据的较高能态，光在传播过程中发生衰减，即光的吸收。随着物体厚度的增加，光的吸收也增加。如果入射光的能量为 I_0，则在离表面距离 x 处，光的能量为

$$I = I_0 e^{-\alpha x} \tag{10.1.1}$$

式中：α 为物体的吸收系数，表示光在物体中传播 I/α 距离时，能量因吸收而衰减到原来的 $1/e$。吸收系数 α 与半导体材料、入射光波长等因素有关。

半导体材料通常能强烈地吸收光能，其吸收系数一般为 $1 \times 10^5 \, cm^{-1}$ 以上。我们知道，绝对零度时，理想半导体的价带区域是充满电子的，价带与导带之间存在带隙。如果吸收的能量大于半导体的禁带宽度，就有可能使电子从价带跃迁到导带，在价带中留下一个空穴，形成电子-空穴对，这种由于电子在带与带之间的跃迁所形成的光吸收过程称为本征吸收。要发生本征吸收，光子能量必须大于或等于半导体的禁带宽度，即

$$\frac{hc}{\lambda} = h\nu \geqslant \frac{hc}{\lambda_0} = h\nu_0 = E_g \tag{10.1.2}$$

式中：h 为普朗克常量；ν 为光的频率；λ_0、ν_0 分别为光子能量等于禁带宽度时的波长与频率，称为半导体的本征吸收限，即只有当波长小于 λ_0 时本征吸收才能产生。本征吸收限可计算为

$$\lambda_0(\mu m) = \frac{1.24}{E_g(eV)} \tag{10.1.3}$$

例如，$CH_3NH_3PbI_3$ 的禁带宽度为 1.59eV，$\lambda_0 = 0.780 \mu m$。

在半导体材料中，当光子能量小于半导体禁带宽度时，依然有可能存在除了本征吸收以外的其他吸收过程。例如，当半导体材料有外加电场时，会增加电子隧穿到禁带的概率，导致光吸收起始值向较低能量偏移及光吸收系数的增加，此效应称为 Franz-Keldysh 效应。此外，当入射光子的能量不足以激发电子从带到带的跃迁时，导带的电子有可能会吸收光子的能量而跃迁到导带中能量更高的未填满能态，价带中能量较低的电子也会吸收光子的能量而跃迁到价带中能量较高的空能态，称为自由载流子吸收。自由载流子吸收中，电子从低能态到较高能态的跃迁是在同一能带内发生，所吸收的光子能量小于

$h\nu_0$，一般是红外吸收。

当 $h\nu \geqslant E_g$ 时，本征吸收过程恰好形成一个在导带底的电子和一个在价带顶的空穴，此时所产生的电子和空穴之间没有相互作用，在外加电场的作用下运动状态发生改变，电导率增大。但是当 $h\nu < E_g$ 时，价带电子受激发后虽然跃出了价带，但还不足以进入导带成为自由电子，仍然受到空穴的库仑场作用，受激电子和空穴结合形成一个新系统，称为激子，这样的光吸收称为激子吸收。激子作为一个整体时呈电中性。激子在运动过程中可以通过两种途径消失：一种是通过热激发或其他能量的激发分离成自由电子或空穴，另一种是激子中的电子和空穴复合，激子猝灭释放出能量。

此外，束缚在杂质能级上的电子或空穴也可以吸收光子而跃迁到导带能级或价带能级，称为杂质吸收。一般，引起杂质吸收的最低的光子能量 $h\nu_0$ 等于杂质上电子或空穴的电离能 E_1。由于 E_1 小于禁带宽度 E_g，杂质吸收一定在本征吸收限以外长波方向形成吸收带。显然，杂质能级越深，能引起杂质吸收的光子能量越大，吸收峰越靠近本征吸收限。杂质吸收通常比较微弱，特别是在杂质浓度较低的情况下观测更加困难。

10.1.4　半导体中载流子的分布与传输

如前所述，当具有一定带隙的半导体材料吸收一定波长的太阳光后，将产生电子-空穴对，电子和空穴的定向运动使半导体材料实现导电。在一定温度下，半导体中载流子（电子、空穴）主要来源于两方面：一是半导体本征激发时从价带直接激发到导带上的电子及价带中留下的空穴；二是施主或受主杂质的电离激发。半导体中的载流子在任何时刻都在做无规则的热运动，材料的导电性能同时取决于电子和空穴的浓度、分布和迁移率。

在一定温度下，由于吸收热振动能量，本征半导体中电子-空穴对不断产生，同时还伴随有电子与空穴的复合过程而导致电子-空穴对消失。最终，本征半导体中电子-空穴对的产生与消失将达到热动态平衡状态，此动态平衡下的导带电子和价带空穴为热平衡态载流子。处于热平衡状态的载流子可以用一定的统计分布函数进行描述。以电子为例，电子作为费米子，服从费米-狄拉克统计分布，即在能量为 E 的能级上被电子填充的概率可以用费米分布函数 $f(E)$ 来描述：

$$f(E) = \frac{1}{\exp\left(\dfrac{E - E_f}{k_B T}\right) + 1} \tag{10.1.4}$$

式中：E_f 为费米能级，是系统中电子的化学势，在一定意义上代表电子的平均能量；k_B 为玻尔兹曼常量。费米能级通常处于禁带内，且与导带底或价带顶的能量间隔远大于 $k_B T$。因此，导带中量子态被电子占据的概率 $f(E) \ll 1$，价带中量子态被空穴占据的概率 $1 - f(E) \ll 1$。因此，用玻尔兹曼分布函数描述导带中的电子和价带中的空穴分布：

$$f(E) = \exp\left(-\frac{E - E_f}{k_B T}\right) \tag{10.1.5}$$

$$1 - f(E) = \exp\left(\frac{E - E_f}{k_B T}\right) \tag{10.1.6}$$

由此可见，导带中的绝大多数电子分布在导带底附近，而价带中的绝大多数空穴分布在价带顶部附近，半导体中起作用的通常是接近导带底部（E_c）或价带顶部（E_v）的载流子。

在一定能量范围内，导带中的电子浓度 n_0 和价带中的空穴浓度 p_0 可分别表示为

$$n_0 = 2 \frac{(2\pi m_n^* k_B T)^{\frac{3}{2}}}{h^3} \exp\left(-\frac{E_c - E_f}{k_B T}\right) \tag{10.1.7}$$

$$p_0 = 2 \frac{(2\pi m_p^* k_B T)^{\frac{3}{2}}}{h^3} \exp\left(-\frac{E_f - E_v}{k_B T}\right) \tag{10.1.8}$$

令：

$$N_c = 2 \frac{(2\pi m_n^* k_B T)^{\frac{3}{2}}}{h^3} \tag{10.1.9}$$

$$N_v = 2 \frac{(2\pi m_p^* k_B T)^{\frac{3}{2}}}{h^3} \tag{10.1.10}$$

N_c 和 N_v 可以分别看作是导带和价带的有效状态密度，载流子浓度的单位为原子数/cm³。那么，就可以得到载流子浓度积为

$$n_0 p_0 = N_c N_v \exp\left(-\frac{E_g}{k_B T}\right) \tag{10.1.11}$$

至此，我们认为对于给定的半导体材料，其带隙、电子和空穴有效质量一定，半导体材料的载流子浓度积仅与温度有关，与费米能级无关。这个关系对于热平衡状态下的非简并半导体都适用。

如前所述，半导体材料内部导电电子和空穴的行为可被视为如自由电子般具有相同的电荷量，各自的有效质量分别为 m_n^* 和 m_p^*。因此，在热平衡状态下，半导体内的载流子会像经典粒子一样，在任意方向进行快速的运动，存在漂移和扩散的过程。漂移是指带电粒子对外加电场的响应，当电场外加在一个均匀掺杂的半导体时，内部载流子会承受一个 qE 的作用力，因此，导带中的电子会朝着外加电场的反方向运动，价带中的空穴则沿着电场方向运动。

载流子在漂移过程中会与一系列粒子发生碰撞，包括晶体的原子、掺杂离子、晶体缺陷及其他电子和空穴，从而导致散射的发生。因此，从宏观上看，载流子漂移时是沿着外加电场规定的方向移动。

$$E = -\nabla \Phi \tag{10.1.12}$$

式中：Φ 为静电势。或者说，在宏观尺度上载流子的漂移速率正比于所施加电场，两者绝对值的比值定义为载流子的迁移率：

$$\mu = \frac{|v_d|}{|E|} \tag{10.1.13}$$

载流子迁移率 μ 的单位为 $cm^2 \cdot V^{-1} \cdot s^{-1}$，是一个描述施加电场强度对载流子漂移速率影响的重要参数，通常不依赖于电场强度，除非施加电场非常强大。一般半导体材料的载流子迁移率与电场强度无关。

因此，电子浓度为 n 和空穴浓度为 p 的漂移电流密度可分别写为

$$J_n^{drift} = q\mu_n nE = -q\mu_n n\nabla\Phi \tag{10.1.14}$$

$$J_p^{drift} = q\mu_p pE = -q\mu_p p\nabla\Phi \tag{10.1.15}$$

对于一般的导电材料，n 型和 p 型半导体的电导率可分别写为

$$\sigma_n = nq\mu_n \tag{10.1.16}$$

$$\sigma_p = pq\mu_p \tag{10.1.17}$$

式中：q 为电子电荷，单位为库仑（C）。

当半导体中电子和空穴在空间分布不均匀做无规则热运动时，载流子将从高浓度区域向低浓度区域做扩散运动，在没有任何外力的情况下趋向于均匀分布，这个过程称为扩散。半导体中载流子的扩散是由载流子的密度梯度驱动的，是载流子的重要输运方式，扩散所形成的电子和空穴电流密度可分别写为

$$J_n^{diff} = qD_n\nabla n \tag{10.1.18}$$

$$J_p^{diff} = -qD_p\nabla p \tag{10.1.19}$$

电子带负电荷，因此电子的扩散电流密度没有负号；D_n 和 D_p 分别为电子和空穴的扩散系数，单位为 $cm^2 \cdot s^{-1}$。

在半导体材料中，总的空穴电流和电子电流是漂移与扩散相结合的结果，因此总的电流可表示为二者之和，即

$$J_n = J_n^{drift} + J_n^{diff} = q\mu_n nE + qD_n\nabla n = -q\mu_n n\nabla\Phi + qD_n\nabla n \tag{10.1.20}$$

$$J_p = J_p^{drift} + J_p^{diff} = q\mu_p pE - qD_p\nabla p = -q\mu_p p\nabla\Phi - qD_p\nabla p \tag{10.1.21}$$

在热平衡状态下，既没有净的电子流也没有净的空穴流，半导体中自由载流子分布不均匀导致的漂移与扩散电流必须完全平衡。材料迁移率与扩散系数之间可以用爱因斯坦关系式描述为

$$\frac{D}{\mu} = \frac{k_B T}{q} \tag{10.1.22}$$

材料的迁移率与扩散系数并不是独立的，彼此之间存在一个因子 k_B/q，式（10.1.22）既适用于平衡载流子，也适用于非平衡载流子，只要知道其中的一个参数，就可以计算出另一个参数。

10.2　太阳能电池基础

太阳能电池是将太阳能转化为电能的系统。在研究其能量转化过程之前，首先简单了解一下太阳光的性质。当太阳光照射到地球表面时，一部分光线会被大气反射或散射，一部分光线被吸收。在此过程中太阳光能量密度下降，只有大约 70%的光线能透过大气层，以直射光或散射光到达地球表面。然而，到达地球表面的太阳光一部分被表面物体吸收，一部分又被反射回大气层。太阳光从不同角度穿过大气照射到地球表面时，由于大气质量不同，太阳光被大气吸收的程度也不同。通常用大气质量（air mass，AM）来描述大气对太阳光的吸收程度。在太阳光入射角与地面成夹角 θ 时，大气质量为

$$AM = \frac{1}{\cos\theta} \qquad (10.2.1)$$

当 $\theta = 48.2°$时，大气质量为 AM1.5，辐射总量为 $1kW\cdot m^{-2}$，这就是典型晴天时太阳光照射到一般地面的情况，常用于太阳能电池和组件效率测试时的标准。

10.2.1　太阳能电池能量转换原理

1. 光照下的 p-n 结

传统太阳能电池的基础为 p-n 结，一个 p-n 结就可以看成是一个简单的太阳能电池。太阳能电池的基本结构示意图如图 10.2.1 所示。

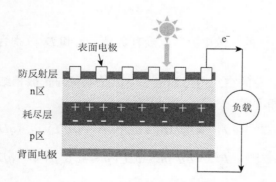

图 10.2.1　太阳能电池工作原理

如果太阳光照射在太阳能电池上并且在界面层被吸收，具有足够能量的光子将进入 p-n 结区，甚至更深入半导体内部，将电子从价带激发，在 p-n 结附近产生电子-空穴对。由于内建电场的存在，电子和空穴在复合之前被相互分离，电子向带正电的 n 区漂移，空穴向带负电的 p 区漂移，并在结附近发生堆积，这就相当于在 p-n 结外部产生了一个可测试电压。当 p-n 结与外电路相连时，电路中产生电流。这种现象称为光生伏打现象，是太阳能电池的基本原理。

光照前，p-n 结内部存在内建电场，结两边的少数载流子受该场的作用，各自向相反方向运动并达到平衡状态。在内建电场的作用下，空间电荷区的电势发生变化，所形成的电势差为 qV_D。当光照以后且有足够能量的光子进入 p-n 结，并激发产生电子-空穴对。在内建电场的作用下，光照产生的电子与空穴分别流向 n 型半导体与 p 型半导体，形成从 n 型半导体到 p 型半导体的光生电流 I_L，同时产生光生电势 qV 和光生电场。最终，所形成的光生电势会部分降低 p-n 结原来的势垒，使其变为 $qV_D - qV$，并产生正向电流 I_F。在 p-n 结为断路状态时，qV 达到最大，光生电流和正向电流相等，p-n 结两端建立起稳定的电势差 V_{oc}，称为开路电压。当将 p-n 结两端通过外接电阻连接起来时，在 n 区积累的电子和 p 区积累的空穴就会通过外接电路向两端迁移不断复合，从而产生电流 I。当外接电阻为零，p-n 结两端处于短路状态时，正向电压等于零，结内电子和空穴的漂移达到最大，从而光电流也达到最大，称为短路电流 I_{sc}。只要光照不停止，就会有源源不断的电流通过电路，这就是太阳能电池的基本工作原理。

2. 光照下 p-n 结的电流-电压特性

对于一个完整的太阳能电池，光照条件下可以产生光生电流和光生电势，使得 p-n 结可以向外提供电流和功率，但是由于结内产生的正向电流与光生电流相反，降低了向外输出的电流，这是太阳能电池工作时应竭力避免的。光照时流过 p-n 结的正向电流为

$$I_F = I_0 \left(e^{\frac{qV}{k_0 T}} - 1 \right) \tag{10.2.2}$$

式中：V 为光生电压；I_0 为反向饱和电流。

当外电路有电阻相连时，光照后流过外电路的电流为

$$I = I_L - I_F = I_L - I_0 \left(e^{\frac{qV}{k_0 T}} - 1 \right) \tag{10.2.3}$$

这就是外电路电阻上的电流-电压关系，也就是电池的伏安特性。

由式（10.2.3）可得

$$V = \frac{k_0 T}{q} \ln \left(\frac{I_L - 1}{I_0} + 1 \right) \tag{10.2.4}$$

当 p-n 结断路时，外电路电流 $I = 0$，此时的电压称为开路电压，通常用 V_{oc} 表示：

$$V_{oc} = \frac{k_0 T}{q} \ln \left(\frac{I_L}{I_0} + 1 \right) \tag{10.2.5}$$

当外电路仅由导线相连，也就是 p-n 结短路时，$V = 0$，因而 $I_F = 0$，此时所得的电流即为短路电流 I_{sc}，且此时的短路电流等于光生电流，即

$$I_{sc} = I_L \tag{10.2.6}$$

短路电流和开路电压是太阳能电池的重要参数，其数值可由 I-V 曲线在 V 轴和 I 轴上的截距获得。

10.2.2　太阳能电池性能表征

太阳能电池性能一般会受光源、光照强度、光照角度及测试环境的影响。因此在进行太阳能电池性能测试时，必须选用统一标准的测试条件。1970 年以后，人们在测试太阳能电池组件时多采用国际电气标准协会（IEC）制定的标准规范。目前国际通用的太阳能电池器件的标准测试条件为：光谱分布 AM1.5，总照射光 1000W·m^{-2}（或 100mW·cm^{-2}），测试温度 25℃。

室外测试一般都采用自然太阳光。自然太阳光的优点是光照比较均匀（空间差异小于 1%），在短时间内的稳定性也比较好。但是，自然太阳光不可避免地受地理环境、天气及季节等因素的影响。因此，室内测试及评估太阳能电池效率时多使用模拟太阳光的太阳光模拟器。太阳光模拟器主要采用氙灯作为光源，然后经过空气质量滤光镜除去氙灯在 800～1000nm 的特有光谱，使其接近于 AM1.0 或者 AM1.5 的太阳光。但是，模拟太阳光不可能得到与 AM1.0 或者 AM1.5 一样严格的光谱，因此，必须通过光学系统及光谱补正滤波器来矫正才能保证测量结果的准确性。氙灯光源的测试时间越长，其空间均匀性越差，测量误差越大。

太阳能电池的性能主要包括光电转换效率、单色入射光子-电流转换效率及电化学阻抗谱等。由太阳能电池的电流-电压特性，可得到相应的 I-V 曲线，进而获得短路电流、开路电压、填充因子及转换效率等特征参数。

当电池外电路未加负载时，太阳能电池处于短路状态，此时的电流称为短路电流（short circuit current，记作 I_{sc}），单位为安培（A）。短路电流来源于光生载流子的产生与收集，其值随着光强的变化而变化。因此，太阳能电池的比表面积、半导体材料的光学特性、入射光的强度等均会影响短路电流的数值大小。

当电池处于断路状态时，太阳能电池正负极之间的电压称为开路电压（open circuit voltage，记作 V_{oc}），单位为伏（V）。当太阳能电池两端不接负载电阻时，电路中电流为 0，器件所能输出的最大电压即为开路电压。由式（10.2.5）可知，开路电压 V_{oc} 主要取决于太阳能电池的反向饱和电流与光生电流的比值，当半导体材料有许多缺陷或杂质时，载流子的复合效应增加，因而无法获得较好的开路电压值。

太阳能电池的另一个重要参数是填充因子（FF），是指太阳能电池的最大输出功率与开路电压和短路电流乘积的比值，即

$$FF = \frac{P_{max}}{I_{sc} \times V_{oc}} \tag{10.2.7}$$

如图 10.2.2 所示，最大输出功率 P_{max} 可定义为最大电压输出点（V_{max}）与最大电流输出点（I_{max}）的乘积，即如图 10.2.2 所示面积 A，为

$$P_{max} = V_{max} \times I_{max} \tag{10.2.8}$$

因此，

$$FF = \frac{V_{max} \times I_{max}}{I_{sc} \times V_{oc}} = \frac{面积A}{面积B} \tag{10.2.9}$$

FF 是对 *I-V* 曲线的矩形面积的测量，当太阳能电池的 *I-V* 曲线越接近直角时，FF 的值越高。

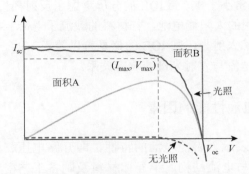

图 10.2.2　太阳能电池中电流-电压曲线

填充因子是衡量太阳能电池输出特性的重要指标，代表太阳能电池在最佳负载时能输出的最大功率的特性，其值越大，表示太阳能电池的输出功率越大。

太阳能电池的光电转换效率（power conversion efficiency，记作 η）是指光照条件下太阳能电池可输出的最大功率（$P_{\max}$）与照射到电池上的入射光的能量功率（P_{in}）之比，即

$$\eta = \frac{P_{\max}}{P_{\text{in}}} \times 100\% \tag{10.2.10}$$

根据 IEC 的规定，当太阳辐射的空气质量在 AM1.5，测试温度为 25℃时，入射光强度 P_{in} 为 100mW·cm^{-2}，结合式（10.2.7），可得

$$\eta = \frac{I_{\text{sc}} \times V_{\text{oc}} \times \text{FF}}{100} \times 100\% \tag{10.2.11}$$

太阳能电池的光电转换效率是衡量电池质量的重要参数，与电池的结构、半导体材料性质、入射光的波长范围及强度、环境等有关。

太阳能电池性能的另一个重要参数为量子效率（quantum efficiency），用来描述不同能量的光子对短路电流 I_{sc} 的贡献，可分为外量子效率（external quantum efficiency，EQE）和内量子效率（internal quantum efficiency，IQE）。

外量子效率（EQE）是指在一定波长入射光照射下，器件所能收集并输出光电流的最大电子数目与入射光子数目的比值，用公式可表示为

$$\text{EQE}(\lambda) = \frac{\text{可收集的最大电子数目}}{\text{一定波长的入射光子数目}} = \frac{\dfrac{I_{\text{sc}}(\lambda)}{q}}{A \cdot Q(\lambda)} \tag{10.2.12}$$

内量子效率（IQE）是指在一定波长入射光照射下，器件所能收集并输出光电流的最大电子数目与所吸收光子数目的比值，用公式可表示为

$$\text{IQE}(\lambda) = \frac{\text{可收集的最大电子数目}}{\text{一定波长的吸收光子数目}} = \frac{\dfrac{I_{\text{sc}}(\lambda)}{q}}{A(1-s)[q - R(\lambda)] \cdot Q(\lambda)[\text{e}^{-\alpha(\lambda)}W_{\text{opt}}^{-1}]} \tag{10.2.13}$$

其中：q 为电荷电量；A 为电池面积；$Q(\lambda)$ 为单位面积每秒每单位波长入射的光子数量。EQE 的分母没有考虑入射光的反射损失、材料吸收、电池厚度及电池复合等过程的损失因素，因此 EQE 的值通常小于 1，而 IQE 的分母考虑了反射损失及电池实际的光吸收情况。因此，对于一个理想的太阳能电池，若材料的载流子寿命 $\tau \to \infty$，表面复合 $S \to 0$，电池有足够的厚度吸收全部入射光，则 IQE 的值是可以等于 1 的。通常用与入射光谱相应的量子效率谱来表征光电流与入射光谱的响应关系。

10.2.3　影响太阳能电池性能的因素

前面用四个参数来表示太阳能电池的特性，即开路电压、短路电流、填充因子及量子效率，这四个参数与电池结构、半导体材料及制备工艺密切相关。在实际应用过程中，所得电池效率远远低于理论效率，主要是由于材料本身及器件工艺等各种损失因素的影响。

1. 带隙

通过对光生电流 I_L 的分析发现，短路电流的大小与那些被电池吸收能产生电子-空穴对的光子数量有关。当光子能量大于或等于半导体的带隙时，光子将被半导体材料吸收并产生电子-空穴对，其中大于半导体带隙的部分能量将以热的形式释放出来，这部分能量将被损失；当光子能量小于半导体的带隙时，光子将直接穿透半导体材料，不被吸收也不产生电子-空穴对，该部分光子能量也会被损失。因此，采用低带隙的半导体材料有利于拓宽电池对太阳光谱的吸收，从而使本征载流子浓度增加，提高短路电流。但是，本征载流子浓度的提高使得反向饱和电流也大大提高，从而使开路电压降低。半导体带隙的降低会引起输出电压的减少，宽的带隙有利于开路电压的提高，但过高的带隙会使材料对太阳光谱的吸收变窄，降低载流子的激发，使得短路电流变小。对于某一类型半导体材料，过高或过低的带隙都会使总的光电转换效率降低。因此，为了同时降低低能光子能量的损失和避免高能光子能量的浪费，可以采用多带隙半导体材料的组合，提高电池对不同能量光子的利用率。

2. 载流子复合

影响太阳能电池效率的一个重要因素就是光生载流子在半导体体内及表面的复合。前面讨论到，只有在 p-n 结附近产生的电子-空穴对才会对短路电流做出贡献。当载流子的扩散长度小于基区厚度时，载流子在输运过程中基本上被复合了，扩散不到背电极，因此，I_{sc} 和 V_{oc} 都很小。当载流子的扩散长度大于基区厚度时，基区载流子基本都能够扩散到背表面并通过背表面输出，I_{sc} 趋向于饱和，表面复合将会对量子效率产生重要影响。表面复合是与工艺有关的参数，包括背表面复合、栅线之间及金属栅线与电池表面接触的前表面复合。电池的表面复合对电池性能的影响可以用电池量子效率谱来说明，背表面复合主要影响长波光子的量子效率，而前表面复合主要影响短波光子的量子效率。

3. 寄生电阻

通常，太阳能电池都存在寄生的串联电阻 R_s 和并联电阻 R_{sh}，图 10.2.3 为一般太阳能电池的等效电路图。串联电阻 R_s 主要来源于半导体材料本身的电阻及金属电极与半导体之间的接触电阻。并联电阻 R_{sh} 主要是由电池漏电引起的，包括电池边缘的漏电及半导体材料晶体缺陷引起的内部漏电。

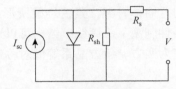

当并联电阻趋于无穷大时，串联电阻会导致外电压下降，同时，串联电阻的增加会使外电路的短路电流变小。同理，当串联电阻为零时，并联电阻的增加会导致外电压降低。在同样的外电压下，并联电阻会使外电路电流减小。串联电阻的增加和并联电阻的减少会明显降低填充因子，同时影响短路电流和开路电压，进而使得电池的光电转换效率受到影响。

图 10.2.3　太阳能电池的等效电路图

除此之外，太阳光照强度的大小及温度的高低都会影响太阳能电池器件的电压-电流特性。当入射光照强度增强时，电池短路电流增加。当环境温度升高时，半导体材料的本征载流子浓度增加，使得电池开路电压降低。因此，当入射光的能量不能转化为电能时，将会转换成热能，使电池内部温度上升，电池效率下降。

10.3　钙钛矿太阳能电池技术

2009 年，日本科学家首次将钙钛矿材料作为光吸收层制备太阳能电池，并获得 3.8% 的光电转换效率。2011 年，人们优化了 TiO_2 及 $CH_3NH_3PbI_3$ 的制备工艺，其光电转换效率提高到 6.5%，但由于空穴传输层仍采用 I^-/I_3^- 类液体电解质，电池效率在 10min 之内衰减了 80%。2012 年，2, 2′, 7, 7′-四 [N, N-二（4-甲氧基苯基）氨基]-9, 9′-螺二芴（spiro-OMeTAD）作为空穴传输材料被应用于固态钙钛矿太阳能电池中，其光电转换效率达到 9.7%，同时表现出较好的抗衰减能力。近年来，人们通过不断调控钙钛矿薄膜的制备工艺、结构组成及表界面缺陷钝化等方式逐步优化电池制备工艺，不断刷新钙钛矿太阳能电池光电转换效率。2022 年最新认证的钙钛矿电池的光电转换效率已经达到 26.4%，其效率可媲美硅基太阳能电池。

10.3.1　钙钛矿材料

1. 钙钛矿材料的结构

钙钛矿（perovskite）是一种矿物（$CaTiO_3$）的名称，1839 年最早发现于俄罗斯乌拉尔山的矽卡岩中，后以俄罗斯矿物学家 Perovski 的名字命名。广义的钙钛矿是指具有钙钛矿结构的 ABX_3 型化合物，其中 A 通常为 $CH_3NH_3^+$（MA）、$CH(NH_2)_2^+$（FA）、K^+、Cs^+、Ca^{2+} 等阳离子，B 通常为 Pb^{2+}、Sn^{2+}、Mn^{4+} 等金属阳离子，X 通常为 I^-、Cl^-、Br^-、

O^{2-}等阴离子。由于 A、B 和 X 可替换的元素种类与数量非常广泛，因此钙钛矿型化合物的种类非常庞大，在铁电、压电、高温超导、巨磁阻、催化等领域有广泛的应用，这里主要讨论可应用于太阳能电池的钙钛矿化合物。

ABX$_3$ 型钙钛矿化合物具有等轴晶系结构，空间群为 *Pm*3*m*。图 10.3.1 为钙钛矿的结构，B 位于八面体中心，X 占据八面体的顶角，B 与 X 组成[BX$_6$]八面体，并通过共角顶连接组成三维网状结构，A 位阳离子位于八面体三维网络形成的空隙中，从而形成稳定的八面体骨架，紧密堆叠所形成的三维结构拥有较窄的带隙。在外界温度、压力及其他条件刺激下，钙钛矿结构可以通过[BX$_6$]八面体的相对扭转或畸变，从理想的等轴晶系转变为四方、斜方晶系等低对称结构。

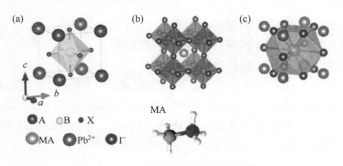

图 10.3.1　三维卤素钙钛矿材料的结构

（a）立方相钙钛矿结构晶胞；（b）$CH_3NH_3PbI_3$ 的正八面体结构；（c）$CH_3NH_3PbI_3$ 的立方八面体结构

20 世纪初以来，随着对钙钛矿材料认识的深入，人们对钙钛矿晶体结构的描述逐步从定性转为定量，引入容忍因子（t）、八面体因子（μ）等参数来描述钙钛矿的结构稳定性。

ABX$_3$ 型钙钛矿结构的容忍因子（t）是 1926 年由 Goldschmidt 提出，即

$$t = (R_x + R_A) / \sqrt{2}(R_x + R_B) \tag{10.3.1}$$

式中：R 为离子半径。这是一个半经验公式，当容忍因子接近于 1.0 时，化合物具有等轴晶系 *Pm*3*m* 结构；当容忍因子大于或小于 1.0 时，化合物结构会发生扭曲，导致晶体向四方或斜方晶系等低对称性结构转变。研究和经验表明：稳定结构的钙钛矿化合物的容忍因子一般介于 0.78～1.05 之间。但是，仅仅通过容忍因子来判断钙钛矿化合物的稳定性，准确率较低。

为了提高描述钙钛矿晶体结构的稳定性，人们结合八面体因子（μ），即

$$\mu = \frac{R_B}{R_x} \tag{10.3.2}$$

共同描述钙钛矿 ABX$_3$ 中八面体[BX$_6$]的稳定性。当 $0.81 < t < 1.11$，$0.44 < \mu < 0.90$ 时，晶体为稳定的正八面体结构。

2. 钙钛矿材料的类型

钙钛矿材料从组成元素角度，可分为有机-无机杂化钙钛矿、全无机钙钛矿材料；若以无机框架维度划分，可分为三维（3D）钙钛矿、二维（2D）钙钛矿等。三维钙钛矿结构中，$[BX_6]^{4-}$八面体通过共点、共线或共面的方式组装成三维框架结构，阳离子分散在框架中起到电荷平衡的作用。二维钙钛矿结构中，八面体$[BX_6]^{4-}$通过共面、共边甚至共顶角的方式连接形成二维平面结构，阳离子插入无机层中间形成二维插层结构；钙钛矿材料中，载流子的激发与传输等大多数发生在无机骨架部分。三维钙钛矿材料具有带隙小、载流子迁移能力强、激子结合能小、导电性较强等优点，作为太阳能吸光材料具有巨大优势。

（1）三维钙钛矿：在三维 ABX_3 钙钛矿材料体系中，A 一般为一价有机阳离子或碱金属，阳离子 A 的改变对材料能带结构的影响较小，这主要是由于 A 在结构中的作用是晶格电荷补偿，不影响靠近频带边缘的电子状态。然而，A 离子半径的大小会引起晶格的膨胀或收缩，从而影响金属离子与卤素的键长，进而对带隙产生影响。例如，$CH_3NH_3PbI_3$ 的带隙约为 1.59eV，而 $CH(NH_2)_2PbI_3$ 的带隙为 1.43eV，吸收光谱从 780nm 拓宽至 850nm。但是，大尺寸的 $CH(NH_2)_2^+$ 导致钙钛矿在形成过程中碘铅层之间嵌入的能垒更高，需要较高的退火温度来消除。三维有机-无机杂化钙钛矿材料中的有机分子不可避免地与水发生反应，且在高温下容易发生分解反应，致使其表现出较差的水稳定性、热稳定性。

另外一种在太阳能电池中表现优异的三维钙钛矿材料为 $CsPbI_3$。不同温度下 $CsPbI_3$ 表现出不同的晶相结构，当温度高于 310℃时，主要以立方相的 α-$CsPbI_3$ 存在，其带隙为 1.73eV，当温度逐渐降低时转变为 β-$CsPbI_3$，其带隙为 1.68eV。α-$CsPbI_3$ 与 β-$CsPbI_3$ 均为黑色相，表现出优异的光电特性。当在高温条件下长时间加热或者处于潮湿环境中时，黑色相的 $CsPbI_3$ 易于转变为稳定的黄色相 δ-$CsPbI_3$，其带隙为 2.8eV，表现出较差的光电特性。基于 $CsPbI_3$ 较好的热稳定性，可采用混合阳离子（Cs/MA、Cs/FA、Cs/MA/FA）策略提高有机-无机杂化钙钛矿薄膜的稳定性。

目前，可应用于太阳能电池中的三维钙钛矿材料以碘铅框架为主，但是 Pb 具有一定的毒性，采用无毒或低毒的金属代替 Pb 制备环境友好型的非铅钙钛矿太阳能电池受到人们的广泛关注。非铅钙钛矿的研究以 Sn 基化合物为主，Sn 元素的掺杂可有效将钙钛矿材料的吸收光谱拓宽至近红外区域，进而提高光伏器件的短路电流。但是，Sn^{2+}极易被氧化为 Sn^{4+}的缺点会引起含锡钙钛矿材料内部的自掺杂过程，使钙钛矿材料内部的 p 型载流子浓度增加而导致光生载流子的扩散长度受到限制。因此，掺入含碘化合物或还原性物质，延缓 Sn^{2+}被氧化成 Sn^{4+}，可以有效降低 Sn^{4+}的含量，从而提高器件的光电转换效率及其在空气中的稳定性。

（2）二维钙钛矿：当有机阳离子的尺寸超过容许因子 t 的正常范围时，三维杂化钙钛矿材料的结构往往会向低维度转变。从结构角度看，二维钙钛矿化合物可看成有机阳离子沿着特定晶面将原有的三维无机框架剪切成为分开的无机层，有机阳离子作为配体插入无机层中，导致有机层与无机层之间相互交替形成二维结构。如图 10.3.2 所示，根据剪切晶面的方向可将二维杂化钙钛矿化合物分为(100)、(110)和(111)三类，其晶向主要是由化合物中有机胺与无机层的自组装方式决定的。二维钙钛矿具有较高的形成能、超低的自掺杂效应及更低的离子迁移率。

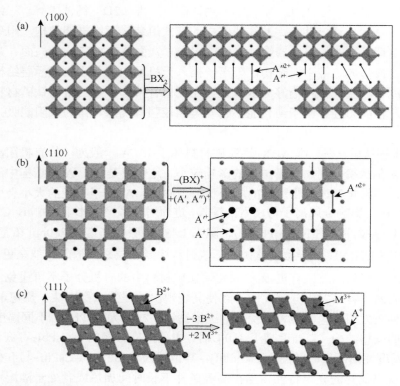

图 10.3.2　三维杂化钙钛矿衍生出(100)、(110)、(111)晶面的二维杂化钙钛矿的示意图

　　常见的用于太阳能电池中的二维钙钛矿化合物的通式为$(RNH_3)_2A_{n-1}B_nX_{3n+1}$，其中[$RNH_3$]为有机铵离子，A 为三维钙钛矿中原有的有机阳离子，B 为金属阳离子，X 为卤素阴离子，n 为每一层分开的无机层中八面体的层数。钙钛矿中载流子主要在无机层内传输，二维钙钛矿中由于有机分子的阻隔，载流子在层间与层内的传输存在差异，尤其是层间传输能力受到限制，从而导致二维钙钛矿太阳能电池的效率较低。

10.3.2　钙钛矿薄膜的制备与形貌控制

　　钙钛矿薄膜的形貌与结晶质量对于钙钛矿太阳能电池的光电转换效率具有决定性的影响。在钙钛矿薄膜制备过程中，人们通常先将所有成分混合制备成钙钛矿前驱液，然后通过旋涂等方法制备钙钛矿薄膜。影响薄膜质量的主要因素有：溶剂的挥发、钙钛矿晶体的成核速度及晶体的生长。

　　目前，常用的制备方法有"一步法"与"反溶剂法"。在"一步法"中，人们首先将所有成分混合制备成钙钛矿前驱液，然后通过旋涂和加热退火过程形成钙钛矿薄膜。这种方法对于制备环境、退火温度、溶液浓度、前驱体组成比例及溶剂等条件十分敏感，所制备钙钛矿薄膜形貌难以控制，重复性较差，导致器件效率参差不齐。

　　另一种制备高质量钙钛矿薄膜的方法为"反溶剂法"，即在旋涂钙钛矿前驱液过程中加入能使溶液中溶质快速析出的溶剂，反溶剂与钙钛矿前驱液中所用溶剂不相溶，能够诱导溶液中的钙钛矿快速成核，以及快速结晶得到光滑平整的高质量薄膜。除了加入不相溶的反溶剂，在钙钛矿前驱液结晶过程中也可以通入惰性气体来加快溶剂蒸发，进而改变钙钛矿成核动力学过程，加快钙钛矿的结晶，从而获得高质量钙钛矿薄膜。

　　随着对钙钛矿太阳能电池研究的不断深入及商业化的需求，钙钛矿薄膜的制备除了常用的"一步法"与"反溶剂法"以外，人们还开发出气相沉积法、蒸气辅助溶液法、静电纺丝法、喷墨打印法、超声喷涂法等多种方法，使得钙钛矿薄膜的制备更加丰富与实用。

10.3.3　钙钛矿太阳能电池的电荷传输材料

1. 钙钛矿太阳能电池的工作原理

　　钙钛矿太阳能电池一般由透明导电基底（通常为 FTO）、电子传输层（ETL）、钙钛矿层、空穴传输层（HTL）及金属电极（通常为 Ag 或 Au）组成，具体工作原理如图 10.3.3所示。

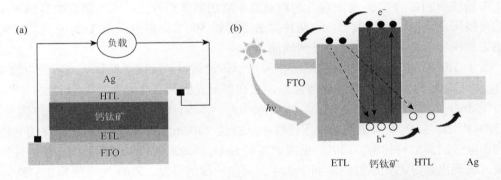

图 10.3.3　光照条件下钙钛矿太阳能电池的工作示意图（a）及电荷迁移和复合示意图（b）

　　这一光电转换过程主要包括激子的产生与分离、自由载流子的传输与复合及载流子的收集与电流的产生。首先，在钙钛矿太阳能电池中，当太阳光照射并穿透玻璃基底时，大部分可见光被钙钛矿层吸收。钙钛矿层吸收光子而产生激子，由于钙钛矿材料的激子束缚能较小，在室温下激子迅速分离成自由载流子。

　　其次，分离后的自由载流子在钙钛矿中传输，并到达钙钛矿与传输层的界面，自由电子通过电子传输层传输出去，而空穴则通过空穴传输层传输出去。在传输过程中，钙钛矿晶体的载流子传输距离越长，越能够保证自由载流子在较厚钙钛矿中的传输，减少电子与空穴的复合，越有利于电池光电转换效率的提高。分离后的自由电子与空穴在传输过程中由于各种原因而产生复合，其复合过程与载流子浓度密切相关。载流子的复合不仅发生在钙钛矿内部，在钙钛矿晶体与晶体的晶界处及钙钛矿与电荷传输层的界面处也存在电子与空穴的复合，这些复合过程严重影响着钙钛矿太阳能电池的光电转换效率。

最后，电子和空穴在分别经过电子传输层和空穴传输层以后被电极收集形成电流，电极通常选用导电性较好的金属，如 Ag、Au 等，合适的电极功函数能够降低载流子注入的能级势垒，降低欧姆电阻，减少电荷损耗，有利于获得高效率的太阳能电池。

2. 钙钛矿太阳能电池的电子传输材料

在钙钛矿太阳能电池中，电子传输层与钙钛矿层形成电子选择性接触，提取光激发产生的电子并将其传输到电极表面。一般，电子传输层材料需具有较高的光谱吸收系数、较大的介电常数与较小的激子束缚能，可以有效避免电荷积累对器件寿命的影响，同时有效阻挡空穴向阴极方向迁移。

TiO_2 是钙钛矿太阳能电池中应用最早也是最广泛的电子传输材料，具有良好的耐热性、耐腐蚀性、无毒、稳定的物理化学性质及合适的禁带宽度等特点。TiO_2 作为一种 n 型无机纳米半导体材料，其导带底（conduction band minimum，CBM）为 $-4.1eV$，略低于 $MAPbI_3$（$-3.9eV$），有利于激子的分离及电子从钙钛矿层注入电子传输层中，且其价带顶处于较低位置，能有效阻挡空穴的注入，是一种合适的电子传输材料。TiO_2 的制备方法通常有旋涂法、溶胶-凝胶法、磁控溅射法、原子层沉积（ALD）法及气溶胶喷雾热解法等。其中，旋涂法及气溶胶喷雾热解法的操作工艺简单、成本较低，是目前最为常用的制备方法。旋涂法所制备的 TiO_2 薄膜包含的相对高密度的纳米级针孔，而气溶胶喷雾热解法制备的薄膜质量更高，更加致密。这两种方法都需要 500℃高温退火使 TiO_2 从无定形转变为稳定的锐钛矿相，以提高其电子传输能力。

除了 TiO_2 以外，SnO_2、ZnO 均可作为电子传输层材料应用于钙钛矿太阳能电池中。SnO_2 具有高电子迁移率、宽带隙等优点，且在可见光区具有优异的光学透明性。四方金红石型 SnO_2 的带隙为 $-4.4\sim-3.5eV$，导带底约为 $-4.5eV$，低于大部分钙钛矿材料的导带。和 TiO_2 相比，SnO_2 具有更高的电子迁移率（高达 $240cm^2\cdot V^{-1}\cdot s^{-1}$）和一个更深的导带，有利于电子的提取与传输。同时，低温制备的 SnO_2 纳米颗粒可以形成致密、覆盖性好的薄膜，表现出较好的光电性能，利于柔性太阳能电池的开发。ZnO 的带隙为 3.37eV，导带底为 $-4.2eV$，激子结合能为 60meV。ZnO 本体的电子迁移率为 $205\sim300cm^2\cdot V^{-1}\cdot s^{-1}$，一维 ZnO 纳米线的电子迁移率可达 $1000cm^2\cdot V^{-1}\cdot s^{-1}$，远远高于 TiO_2 薄膜，且 ZnO 具有较高的红外反射率和良好的可见光谱透光率，是一种高效且有希望替代 TiO_2 的电子传输材料。除此之外，一些绝缘的氧化物（Al_2O_3、ZrO_2、SiO_2 等）作为钙钛矿制备的框架材料也被应用于钙钛矿太阳能电池中。

3. 钙钛矿太阳能电池的空穴传输材料

空穴传输材料的主要作用为：提取与传输空穴、阻挡电子传输及避免钙钛矿与电极直接接触引起的电荷复合。目前，广泛使用的有机空穴传输材料为 spiro-OMeTAD。图 10.3.4 为 spiro-OMeTAD 的分子结构，三苯胺基团使其共轭部分不共平面且空间扭曲，无法获得有序的堆叠。spiro-OMeTAD 本身导电性较差，需要加入添加剂并将其氧化后才能具有良好的空穴传输能力。常用的添加剂有双三氟甲磺酰亚胺锂（LiTFSI）和 4-叔丁基吡啶（TBP），Li$^+$的存在可以拓宽状态密度及屏蔽深库仑缺陷，TBP 添加剂可以使溶剂的极性增加，提高 LiTFSI 的溶解度。但是，添加剂的浓度对于 spiro-OMeTAD 空穴传输层的导电性有一定影响。

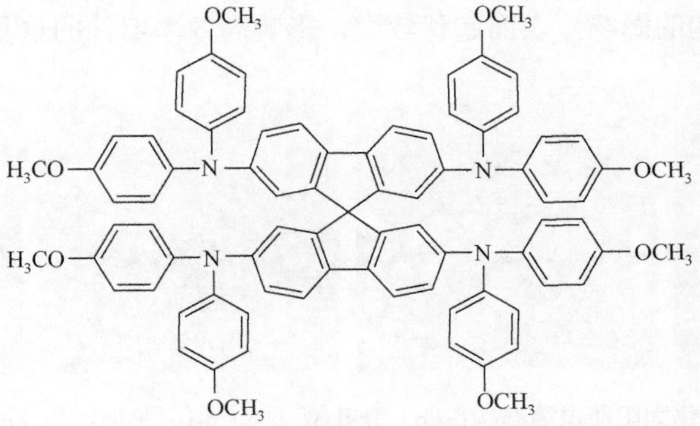

图 10.3.4 spiro-OMeTAD 的分子结构

相比于有机空穴传输材料，p 型宽带隙无机空穴传输材料具有高化学稳定性、高空穴迁移率及低成本等优点。无机空穴传输材料氧化镍（NiO$_x$）是由 Ni^{2+}与 O^{2-}组成的八面体立方岩盐结构，具有较高的空穴迁移率（高达 47.05cm$^2\cdot$V$^{-1}\cdot$s^{-1}），是一种具有较深价带（-5.4eV）的 p 型半导体材料。NiO$_x$的逸出功可在 4.5～5.6eV 之间进行调控，从而实现与光吸收材料能级结构的相互匹配，是目前钙钛矿领域应用最为广泛的无机空穴传输材料。硫氰酸亚铜（CuSCN）是另一种具有高空穴迁移率、良好稳定性、合适价带能级（-5.3eV）、廉价的 p 型半导体空穴传输材料。与 NiO$_x$类似，CuSCN 作为空穴传输材料多应用于反式结构中，可采用溶液法、刮涂法及电沉积等方法制备。值得注意的是，在连续全日光照射和热应激下，基于无机空穴传输材料制备的钙钛矿太阳能电池具有较好的稳定性。

10.3.4　钙钛矿太阳能电池的结构优化

钙钛矿太阳能电池最初是由传统的染料敏化太阳能电池发展而来，其结构与染料敏化太阳能电池相似。根据电子传输层的结构，可将钙钛矿太阳能电池分为介孔型与平面型；根据光线入射穿过的功能层先后顺序，可将钙钛矿太阳能电池分为 n-i-p 正向结构、p-i-n 反向结构。除此之外，还发展出无空穴传输层结构、柔性钙钛矿太阳能电池等，丰富了钙钛矿太阳能电池的结构体系，拓展了钙钛矿太阳能电池的应用范围。

1. 介孔型钙钛矿太阳能电池

在钙钛矿太阳能电池发展初期，基于半导体介孔材料及绝缘材料的介孔结构是最为主要的器件结构（图 10.3.5）。半导体介孔材料作为电荷传输层直接参与钙钛矿太阳能电池的载流子传输过程。因此，选择具有合适能带结构的介孔材料显得尤为重要。研究最早也最为深入的是介孔 TiO_2 纳米颗粒，不仅可以作为钙钛矿材料的支撑框架，同时也具有传输电子的功能。钙钛矿填充在介孔结构中，使得钙钛矿吸收层与电子传输层之间有充分的接触面积，有利于电子传输。除了 TiO_2、ZnO 等半导体金属氧化物以外，Al_2O_3 也可以作为支撑结构应用于钙钛矿太阳能电池中。但是，钙钛矿在前驱液中的溶解度有一定限制，导致最终形成的介孔/钙钛矿复合薄膜中钙钛矿负载量较小，并且钙钛矿薄膜的形貌受到介孔结构的影响，表面起伏较大，影响高效率器件的重复性。

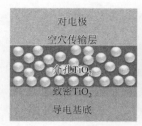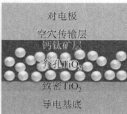

图 10.3.5　（a）染料敏化太阳能电池结构；（b）介孔型、（c）n-i-p 平面型和（d）p-i-n 倒置平面型钙钛矿太阳能电池结构

2. 平面型钙钛矿太阳能电池

钙钛矿材料本身具有较长的电荷载流子扩散长度（$MAPbI_3$ 约为 100nm，$MAPbI_{3-x}Cl_x$ 约为 1000nm），并且表现出双极行为，即钙钛矿本身具备传输电子与空穴的能力。基于此，人们开发了不包含介孔结构的平面型钙钛矿太阳能电池。如图 10.3.5 所示，平面型钙钛矿太阳能电池仍然采取三明治结构，当入射光依次穿过导电基底、致密电子传输层、钙钛矿层、空穴传输层及金属对电极时，称为 n-i-p 平面型结构。反之，当入射光依次通过导电基底、空穴传输层、钙钛矿层、电子传输层和金属对电极时，称为 p-i-n 倒置平面型结构。与 n-i-p 型结构不同的是，倒置结构采用与有机太阳能电池相似的器件结构，即电子传输层不再采用 TiO_2 等金属氧化物，而是有机聚合物 $PC_{61}BM$，空穴传输层则为 PEDOT：PSS 或 NiO_x 等。相比于 n-i-p 型结构，倒置的 p-i-n 型结构具有制备工艺更加简单、可低温成膜、无明显迟滞效应等优点。但是，倒置器件的开路电压通常与理论值差距较大，导致其光电转换效率偏低。究其原因，一方面是钙钛矿薄膜与电荷收集层存在大量表界面缺陷，造成光生载流子的非辐射复合，致使能量损失严重；另一方面是由 PEDOT：PSS 薄膜结晶性较差及钙钛矿和 PEDOT：PSS 之间的能带对齐所导致的。通常使用的 PEDOT：PSS 空穴传输层的功函数为 4.9～5.1eV，比钙钛矿层的价带的功函数（5.4eV）低，使得钙钛矿和 p 型传输层之间产生不完全欧姆接触和 V_{oc} 损失。

10.3.5　钙钛矿太阳能电池的稳定性

钙钛矿太阳能电池的稳定性（光、热及湿稳定性）对于将其进行商业化至关重要。影响器件稳定性的因素主要包括钙钛矿材料本身的不稳定性及界面稳定性。为了进一步获得高效、稳定、可商业化的钙钛矿太阳能电池，探讨钙钛矿材料与电池的衰减机理并采取相关措施提高电池稳定性是必要的。

1. 钙钛矿材料的稳定性

钙钛矿化合物在高湿度、高温度或者连续光照条件下会发生分解致使化合物结构框架坍塌，转变为其他化合物。为了提高钙钛矿材料的稳定性，人们通常采用对钙钛矿薄膜进行表界面缺陷钝化、制备混合离子钙钛矿化合物及对器件进行封装等策略。例如，研究最早也是应用最为广泛的有机-无机杂化钙钛矿化合物 $CH_3NH_3PbI_3$ 中的有机阳离子在加热情况下易于挥发，致使钙钛矿材料发生分解，因此，人们可采用不易挥发的甲脒（FA）、铯（Ce）、铷（Rb）等阳离子部分代替甲胺（MA），采取混合阳离子策略制备在室温及高温下都具有较好稳定性的钙钛矿材料。除了替换阳离子以外，采用具有疏水功能的有机小分子或聚合物等对钙钛矿薄膜进行表界面缺陷钝化处理也是提高钙钛矿材料稳定性的有效策略之一。

2. 电子传输层对器件稳定性的影响

目前，n-i-p 型结构的钙钛矿太阳能电池多采用 TiO_2、ZnO、SnO_2 等金属氧化物作为电子传输层。但是，金属氧化物电子传输层在光照条件下可以与环境中的氧气或水发生反应，从而导致器件性能下降。例如，TiO_2 纳米薄膜表面存在一些氧空位，这些氧空位缺陷会吸附空气中的氧，在紫外光的照射下，TiO_2 价带中的空穴与氧吸附点上的电子复合，导致吸附的氧被释放，形成导带上的一个自由电子和一个带正电荷的氧空位，自由电子很快与空穴传输层上的空穴复合。这种氧空位所造成的缺陷态能级较低，钙钛矿中的光生电子易于被氧空位捕获，最终导致器件的短路电流下降，影响电池光电转换效率及稳定性。因此，在 TiO_2 前加紫外滤光材料（如 $YVO_4 : Eu^{3+}$ 等）可以有效缓解 TiO_2 氧空位缺陷导致的器件性能下降。另外，利用氯离子等对金属氧化物电子传输层进行界面修饰，阻挡氧化物电子传输层与钙钛矿层之间的界面反应，也可以改善器件的稳定性及光电转换效率。

3. 空穴传输层对器件稳定性的影响

在钙钛矿太阳能电池中，空穴传输材料起到提取、传输空穴的作用。目前常用的空穴传输材料主要包括有机小分子、有机聚合物及无机材料。在 n-i-p 型结构中，spiro-OMeTAD 是最常用的小分子空穴传输材料。由于 spiro-OMeTAD 的导电性较低，实际使用过程中需要 LiTFSI、TBP 作为添加剂来提高其空穴传输性能。但是，LiTFSI 极易吸潮，且 spiro-OMeTAD 作为空穴传输材料需要被氧化，氧化过程中 Li^+ 可能被消耗掉，进而影响电池效率与稳定性。因此，设计合成具有高空穴迁移率、能级匹配及无须添加剂的空穴传输材料受到人们的广泛关注。在 p-i-n 型结构中，聚合物 PEDOT：PSS 具有良好导电性，被广泛应用于有机太阳能电池中。但是，PEDOT：PSS 具有一定亲水性与酸性，会影响钙钛矿太阳能电池的稳定性。因此，采用无机空穴传输材料（如 NiO_x、CuSCN、CuI 等）及其他导电聚合物（如 PTAA、P3HT 等）对 PEDOT：PSS 进行掺杂等策略逐步被人们开发出来。

习题与思考题

1. 简述 n 型半导体与 p 型半导体的定义。
2. 电子-空穴对是如何产生的？在实际太阳能电池中有哪些作用？
3. 简述光生伏打原理。
4. 短路电流、开路电压、填充因子是如何定义的？
5. 影响电池光电转换效率的因素有哪些？如何有效提高电池的效率？
6. 结合课本并查阅资料，简述钙钛矿材料的种类及其特性。
7. 结合课本并查阅资料，简述太阳能电池中钙钛矿材料作为光吸收层的优缺点。
8. 查阅相关资料，分组讨论钙钛矿太阳能电池的应用前景及所面临的困难。

参 考 文 献

白耀宗，王令，苏相樵，等. 2018. 锂离子电池隔膜材料标准解读[J]. 储能科学与技术，7（4）：750-757.

蔡雪凡. 2021. 锂离子电池的循环伏安法模拟[D]. 上海：上海大学.

陈飞. 2019. 高比容量锂离子电池电极材料的制备与性能调控[D]. 合肥：合肥工业大学.

陈海生，李泓，马文涛，等. 2022. 2021 年中国储能技术研究进展[J]. 储能科学与技术，11（3）：1052-1076.

陈仕谋，秦虎，刘敏. 2018. 锂离子电池电解液标准解读[J]. 储能科学与技术，7（6）：1253-1260.

陈义旺，胡婷，谈利承. 2020. 钙钛矿太阳能电池[M]. 北京：科学出版社.

邓远富，曾振欧. 2014. 现代电化学[M]. 广州：华南理工大学出版社.

丁玉龙，来小康，陈海生. 2018. 储能技术与应用[M]. 北京：化学工业出版社.

龚竹青，王志兴. 2010. 现代电化学[M]. 长沙：中南大学出版社.

哈曼，哈姆内特，菲尔施蒂希. 2010. 电化学[M]. 2 版. 陈艳霞，夏兴华，蔡俊，译. 北京：化学工业出版社.

韩敏芳，彭苏萍. 2004. 固体氧化物燃料电池材料及制备[M]. 北京：科学出版社.

侯明，衣宝廉. 2016. 燃料电池的关键技术[J]. 科技导报，34（6）：52-61.

胡国荣，杜柯，彭忠东. 2017. 锂离子电池正极材料——原理、性能与生产工艺[M]. 北京：化学工业出版社.

胡勇胜，陆雅翔，陈立泉. 2020. 钠离子电池科学与技术[M]. 北京：科学出版社.

黄敏良，李祥忠. 2014. 电化学及其应用[M]. 北京：化学工业出版社.

黄可龙，王兆翔，刘素琴. 2010. 锂离子电池原理与关键技术[M]. 北京：化学工业出版社.

李荻，李松海. 2022. 电化学原理[M]. 4 版. 北京：北京航空航天大学出版社.

李峰. 2021. 基于电极动力学的锂离子电池优化充电策略研究[D]. 北京：北京交通大学.

李国芳，高红艳. 2019. 新能源电化学[M]. 北京：科学出版社.

李泓. 2021. 锂电池科学基础[M]. 北京：化学工业出版社.

李伟. 2012. 太阳能电池材料及其应用[M]. 成都：电子科技大学出版社.

卢小泉，薛中华，刘秀辉，等. 2014. 电化学分析仪器[M]. 北京：化学工业出版社.

彭佳悦，祖晨曦，李泓. 2013. 锂电池基础科学问题（Ⅰ）——化学储能电池理论能量密度的估算[J]. 储能科学与技术，2（1）：55-62.

邱应军. 2018. 储能电池及其在电力系统中的应用[M]. 北京：中国电力出版社.

阮殿波. 2018. 动力型双电层电容器——原理、制造及应用[M]. 北京：科学出版社.

沈骏，肖琼. 2020. 电化学储能及其应用[M]. 北京：机械工业出版社.

宋国成. 2019. 电化学工艺原理与应用[M]. 北京：化学工业出版社.

孙家栋，陈春花. 2016. 电化学传感器技术[M]. 北京：科学出版社.

孙克宁，王振华，孙旺. 2017. 现代化学电源[M]. 北京：化学工业出版社.

孙世刚. 2021. 中国学科发展战略·电化学[M]. 北京：科学出版社.

王俊，魏子栋. 2017. 非贵金属氧还原催化剂的研究进展[J]. 物理化学学报，33（5）：886-902.

王振华，彭代冲，孙克宁. 2018. 锂离子电池隔膜材料研究进展[J]. 化工学报，69（1）：282-294.

翁敏航. 2013. 太阳能电池：材料·制造·检测技术[M]. 北京：科学出版社.

肖立新，邹德春，王树峰，等. 2016. 钙钛矿太阳能电池[M]. 北京：北京大学出版社.

熊绍珍，朱美芳. 2009. 太阳能电池基础与应用[M]. 北京：科学出版社.

徐常威，沈培康. 2005. 碱性醇类燃料电池新型催化剂的研究[J]. 电源技术，29（9）：563-565.

杨平，侯鹏飞. 2018. 电化学分析化学[M]. 北京：科学出版社.

衣宝廉. 1998. 燃料电池[M]. 北京：化学工业出版社.

衣宝廉. 2001. 燃料电池——高效、环境友好的发电方式[M]. 北京：化学工业出版社.

衣宝廉，梁炳卷，曲天锡，等. 1992. 千瓦级水下用氢氧燃料电池[J]. 化工学报，43（2）：205.

于景荣，邢丹敏，刘富强，等. 2001. 燃料电池用质子交换膜的研究进展[J]. 电化学（4）：385-395.

余素云，梁乐程，崔志明. 2021. 酸性环境中甲醇电氧化催化剂的研究进展[J]. 化工进展，40（9）：4962-4974.

展树中，邓远富，任颜卫. 2020. 现代无机化学[M]. 北京：化学工业出版社.

张劲松. 2018. 电化学能源[M]. 北京：科学出版社.

周晖雨，范芷萱. 2019. 燃料电池发展史：从阿波罗登月到丰田 Mirai[J]. 能源，127（7）：94-96.

周军华，褚赓，陆浩，等. 2019. 锂离子电池负极材料标准解读[J]. 储能科学与技术，8（1）：215-222.

周运鸿. 1996. 燃料电池[J]. 电源技术，20（4）：161-164.

庄全超，杨梓，张蕾，等. 2020. 锂离子电池的电化学阻抗谱分析研究进展[J]. 化学进展，32（6）：761-791.

Bèguin F，Frąckowiak E. 2014. 超级电容器：材料、系统及应用[M]. 张治安，等译. 北京：机械工业出版社.

Emadi A，Ehsani M，Miller J M. 2011. 车辆、航海、航空、航天运载工具电力系统[M]. 李旭光，刘长江，史伟伟，译. 北京：机械工业出版社.

Abdel H R，Newair E F. 2011. Electrochemical behavior of antioxidants：Ⅰ. Mechanistic study on electrochemical oxidation of gallic acid in aqueous solutions at glassy-carbon electrode[J]. Journal of Electroanalytical Chemistry，657（1）：107-112.

Aetukuri N B，McCloskey B D，García J M，et al. 2015. Solvating additives drive solution-mediated electrochemistry and enhance toroid growth in non-aqueous Li-O_2 batteries[J]. Nature Chemistry，7（1）：50-56.

Amatore C，Fosset B，Bartelt J，et al. 1988. Electrochemical kinetics at microelectrodes：Part Ⅴ. Migrational effects on steady or quasi-steady-state voltammograms[J]. Journal of Electroanalytical Chemistry and Interfacial Electrochemistry，256（2）：255-268.

Anderson L B，Reilly C N. 1967. Teaching electroanalytical chemistry：Diffusion-controlled processes[J]. Journal of Chemical Education，44（1）：9-10.

Aoki K，Osteryoung J. 1984. Formulation of the diffusion-controlled current at very small stationary disk electrodes[J]. Journal of Electroanalytical Chemistry and Interfacial Electrochemistry，160（2）：335-339.

Bacon T T. 1969. Fuel cell，past，present and future[J]. Electrochimica Acta，14：569-585.

Bard A J，Faulkner L R. 2001. Electrochemical methods：Fundamentals and applications[M]. 2nd ed. New York：John Wiley & Sons.

Beie H J，Blum L，Drenckhahn W，et al. 1997. SOFC development at Siemens[J]. ECS Proceedings Volumes，（1）：51.

Bergel A，Comtat M. 1984. Theoretical evaluation of transient responses of an amperometric enzyme electrode[J]. Analytical Chemistry，56（1）：2904-2909.

Bieniasz L K. 1993. An efficient numerical method of solving integral equations for cyclic voltammetry[J]. Journal of Electroanalytical Chemistry，347（14）：15-30.

Bockris J O，Reddy A K N. 2002. Modern electrochemistry[M]. 2nd ed. New York：Kluwer Academic/Plenum Publishers.

Bond A M，Oldham K B，Zoski C G. 1988. Theory of electrochemical processes at an inlaid disc microelectrode under steady-state conditions[J]. Journal of Electroanalytical Chemistry and Interfacial Electrochemistry，245（1）：71-104.

Borukhov I，Andelman D，Orland H. 1997. Steric effects in electrolytes：A modified Poisson-Boltzmann equation[J]. Physical Review Letters，79（3）：435-438.

Cao L S，Li D，Hu E Y，et al. 2020. Solvation structure design for aqueous Zn metal batteries[J]. Journal of the American Chemical Society，142（51）：21404-21409.

Christie J H，Osteryoung R A，Amson F C. 1967. Application of double potential-step chronocoulometry to the study of reactant adsorption theory[J]. Journal of Electroanalytical Chemistry and Interfacial Electrochemistry，13（3）：236-244.

Ciszkowska M，Osteryoung J G. 1995. Voltammetry of metals at mercury film microelectrodes in the absence and the presence of varying concentrations of supporting electrolyte[J]. Analytical Chemistry，67（6）：1125-1131.

Correa-Baena J P，Abate A，Saliba M，et al. 2017. The rapid evolution of highly efficient perovskite solar cells[J]. Energy & Environmental Science，10（3）：710-727.

Davies T J，Compton R G. 2005. The cyclic and linear sweepvoltammetry of regular and random arrays of microdiscelectrodes：Theory[J]. Journal of Electroanalytical Chemistry，585（1）：63-82.

Devanathan R. 2008. Recent developments in proton exchange membranes for fuel cells[J]. Energy & Environmental Science，1（1）：101-119.

Dunn S. 2002. Hydrogen futures：Toward a sustainable energy system[J]. International Journal of Hydrogen Energy，27（3）：235-264.

Florou A B，Prodromidis M I，Karayannis M I，et al. 2000. Flow electrochemical determination of ascorbic acid in real samples using a glassy carbon electrode modified with a cellulose acetate film bearing 2，6-dichlorophenolindophenol[J]. Analytica Chimica Acta，409（1）：113-121.

Forse A C，Merlet C，Griffin J M，et al. 2016. New perspectives on the charging mechanisms of supercapacitors[J]. Journal of the American Chemical Society，138（18）：5731-5744.

Fu Y，Zhu Z，Jiang K，et al. 2018. Zinc-air batteries：An introduction [J]. Energy Storage Materials，14：139-161.

Girault H H. 2010. Analytical and physical electrochemistry[M]. 2nd ed. Boca Raton：CRC Press.

Goodenough J B，Hamnett A，Kennedy B，et al. 1998. XPS investigation of platinized carbon electrodes for the direct methanol air fuel cell[J]. Electrochimica Acta，32：1233-1238.

Gülzow E，Schulze M. 2004. Long-term operation of AFC electrodes with CO_2 containing gases[J]. Journal of Power Sources，127（1）：243-251.

Gür T M. 2018. Review of electrical energy storage technologies，materials and systems：Challenges and prospects for large-scale grid storage[J]. Energy & Environmental Science，11（10）：2696-2797.

Hanafey M K，Scott R L，Ridgway T H，et al. 1978. Analysis of electrochemical mechanisms by finite difference simulation and simplex fitting of double potential step current，charge，and absorbance responses[J]. Analytical Chemistry，50（1）：116-137.

Horno J，García-hernández M T，González-fernández C F. 1993. Digital simulation of electrochemical processes by the network approach[J]. Journal of Electroanalytical Chemistry，352（1）：83-97.

Horrocks B R，schmidtke D，Heller A，et al. 1993. Scanning electrochemical microscopy. Enzyme ultramicroelectrodes for the measurement of hydrogen peroxide at surfaces[J]. Analytical Chemistry，65（24）：3605-3614.

Huang K Q，Hou P Y，Goodenough J B. 2000. Characterization of iron-based alloy interconnector for reduced temperature solid oxide fuel cells[J]. Solid State Ionics，129（1-4）：237-250.

Ji X，Lee K T，Nazar L F. 2009. A highly ordered nanostructured carbon-sulphur cathode for lithium-sulphur batteries[J]. Nature Materials，8（6）：500-506.

Johnson D C. 1980. Analytical electrochemistry：Theory and instrumentation of dynamic techniques[J]. Analytical Chemistry，52（5）：131-138.

Kakihana M，Ikeuchi H，Satô G P，et al. 1981. Diffusion current at microdisk electrodes：Application to accurate measurement of diffusion coefficients[J]. Journal of Electroanalytical Chemistry and Interfacial Electrochemistry，117（2）：201-211.

Kamaya N，Homma K，Yamakawa Y，et al. 2011. A lithium superionic conductor[J]. Nature Materials，10（9）：682-686.

Katan C，Mercier N，Even J. 2019. Quantum and dielectric confinement effects in lower-dimensional hybrid perovskite semiconductors[J]. Chemical Reviews，119（5）：3140-3192.

Koper M T M，Sluyters J H. 1993. A mathematical model for current oscillations at the active-passive transition in metal electrodissolution[J]. Journal of Electroanalytical Chemistry，347（1）：31-48.

Kornyshev A A. 2007. Double-layer in ionic liquids：Paradigm change? [J]. Journal of Physical Chemistry B，111（20）：5545-5547.

Levi M D，Aurbach D. 1997. The mechanism of lithium inter-calation in graphite film electrodes in aprotic media. Part 1. High resolution slow scan rate cyclic voltammetric studies and modeling[J]. Journal of Electroanalytical Chemistry，421（1/2）：79-88.

Li X，Wei B Q. 2013. Supercapacitors based on nanostructured carbon[J]. Nano Energy，2（2）：159-173.

Liang X，Wen Z，Liu Y，et al. 2017. A highly efficient polysulfide/polyselenide protection strategy for lithium-sulfur/selenium batteries[J]. Advanced Materials，29（47）：1703728.

Liu M，Qiao S，Cao D，et al. 2018. An overview of electrode materials for sodium-ion batteries[J]. Advanced Materials，30（37）：1800390.

Liu Q，Sun X，Qiu T，et al. 2019. Zinc-air batteries：A mini review[J]. Frontiers in Chemistry，7：39.

Lu J，Li L，Park J B，et al. 2020. Aprotic and aqueous Li-O_2 batteries[J]. Chemical Reviews，120（14）：6626-6683.

Manthiram A，Fu Y，Chung S H，et al. 2014. Rechargeable lithium-sulfur batteries[J]. Chemical Reviews，114（23）：11751-11787.

McLean G F，Niet T，Prince-Richard S，et al. 2002. An assessment of alkaline fuel cell technology[J]. International Journal of Hydrogen Energy，27（5）：507-526.

Minh N Q. 2004. Solid oxide fuel cell technology-features and application[J]. Solid State Ionics，174（1）：271-277.

Minh N Q，Takahashi T. 1995. Science and technology of ceramic fuel cells[M]. Amsterdam：Elsevier.

Morris R B，Fischer K F，White H S. 1988. Electrochemistry of organic redox liquids. Reduction of 4-cyanopyridine[J]. Journal of Physical Chemistry，92（18）：5306-5313.

Moya A A，Castilla J，Horno J. 1995. Ionic transport in electrochemical cells including electrical double-layer effects. A network thermodynamics approach[J]. Journal of Physical Chemistry，99（4）：1292-1298.

Myland J C，Oldham K B. 1993. General theory of steady-state voltammetry[J]. Journal of Electroanalytical Chemistry，347（1）：49-91.

Naoi K，Ishimoto S，Miyamoto J I. 2012. Second generation 'nanohybrid supercapacitor'：Evolution of capacitive energy storage devices[J]. Energy & Environmental Science，5（11）：9363-9673.

Newman J, Thomas-Alyea K E. 2012. Electrochemical systems[M]. 3rd ed. Hoboken: John Wiley & Sons Inc.

Nguyen D, Rasmuson A, Thalberg K, et al. 2016. A study of the redistribution of fines between carriers in adhesive particle mixing using image analysis with coloured tracers[J]. Powder Technology, 299 (1): 71-76.

Nie Y, Li L, Wei Z. 2015. Recent advancements in Pt and Pt-free catalysts for oxygen reduction reaction[J]. Chemical Society Reviews, 44 (8): 2168-2201.

Noh H J, Youn S, Yoon C S, et al. 2013. Comparison of the structural and electrochemical properties of layered Li[Ni$_x$Co$_y$Mn$_z$]O$_2$ ($x = 1/3$, 0.5, 0.6, 0.7, 0.8 and 0.85) cathode material for lithium-ion batteries[J]. Journal of Power Sources, 233: 121-130.

Ostwald W. 1894. Die wissenschaftliche elektrochemie der gegenwart und die technische der zukunft[J]. Zeitschrift für Elektrotechnik und Elektrochemie, 1: 81-84.

Pandey R K, Lakshminarayanan V. 2009. Electrooxidation of formic acid, methanol and ethanol on electrodeposited Pd-polyaniline nanofiber films in acidic and alkaline medium[J]. Journal of Physical Chemistry C, 113: 21596-21603.

Parsons R, VanderNoot T. 1988. The oxidation of small organic molecules: A survey of recent fuel cell related research[J]. Journal of Electroanalytical Chemistry, 257 (1-2): 9-45.

Paulson S C, Okerlund N D, White H S. 1996. Diffusion currents in concentrated redox solutions[J]. Analytical Chemistry, 68 (4): 581-584.

Peng H J, Huang J Q, Zhao M Q, et al. 2016. Review on high-loading and high-energy lithium-sulfur batteries[J]. Advanced Energy Materials, 6 (12): 1600930.

Peng W F, Li P B, Zhou X Y. 1993. Theoretical study of parallel dual-cylinder microelectrodes with a small imposed constant potential difference in static electrolyte solutions containing a reversible redox couple[J]. Journal of Electroanalytical Chemistry, 347 (1): 1-14.

Pérez-Brokate C F, Caprio D D, Mahéé Férona D, et al. 2015. Cyclic voltammetry simulations with cellular automata[J]. Journal of Computational Science, 11 (1): 269-278.

Qi Z Y, Xiao C X, Liu C, et al. 2017. Sub-4 nm PtZn intermetallic nanoparticles for enhanced mass and specific activities in catalytic electrooxidation reaction[J]. Journal of the American Chemical Society, 139 (13): 4762-4768.

Ragsdale S R, White H S. 1997. Analysis of voltammetric currents in concentrated organic redox solutions using the Cullinan-Vignes equation and activity-corrected mutual diffusion coefficients[J]. Journal of Electroanalytical Chemistry, 432 (1): 199-203.

Salanne M, Rotenberg B, Naoi K, et al. 2016. Efficient storage mechanisms for building better supercapacitors[J]. Nature Energy, 1: 16070.

Shao Y L, El-Kady M F, Sun J Y. 2018. Design and mechanisms of asymmetric supercapacitors[J]. Chemical Reviews, 118 (18): 9233-9280.

Shimpalee S, Lilavivat V, Van Zee J W, et al. 2011. Understanding the effect of channel tolerances on performance of PEMFCs[J]. International Journal of Hydrogen Energy, 36 (19): 12512-12523.

Simões M, Baranton S, Coutanceau C. 2010. Electrooxidation of glycerol at Pd based nanocatalysts for an application in alkaline fuel cells for chemicals and energy cogeneration[J]. Applied Catalysis B: Environmental, 93 (3): 354-362.

Smith C P, White H S. 1993. Theory of the voltammetric response of electrodes of submicron dimensions. Violation of electroneutrality in the presence of excess supporting electrolyte[J]. Analytical Chemistry, 65 (23): 3343-3353.

Song J，Wang H，Lu Y，et al. 2015. Strong lithium polysulfide chemisorption on electroactive sites of nitrogen-doped carbon composites for high-performance lithium-sulfur cells[J]. Angewandte Chemie International Edition，54（13）：4325-4329.

Speiser B. 1985. Multiparameter estimation：Extraction of information from cyclic voltammograms[J]. Analytical Chemistry，57（7）：1390-1397.

Streeter L，Wildgoose G G，Shao L D，et al. 2008. Cyclic voltammetry on electrode surfaces covered with porous layers：An analysis of electron transfer kinetics at single-walled carbon nanotube modified electrodes[J]. Sensors and Actuators B：Chemical，133（2）：462-466.

Sun C，Hui R，Roller J. 2009. Cathode materials for solid oxide fuel cells：A review[J]. Journal of Solid State Electrochemistry，14（7）：1125-1144.

Szabo A，Cope D K，Tallman D E，et al. 1987. Chronoamperometric current at hemicylinder and band microelectrodes：Theory and experiment[J]. Journal of Electroanalytical Chemistry and Interfacial Electrochemistry，217（2）：417-423.

Tobias C W，Eisenberg M，Wilke C R. 1952. Fiftieth anniversary：Diffusion and convection in electrolysis：A theoretical review[J]. Journal of The Electrochemical Society，99（12）：359C.

Valentina B，Claudio B，Jonathan F，et al. 2009. Ethanol oxidation on electrocatalysts obtained by spontaneous deposition of palladium onto nickel-zinc materials[J]. ChemSusChem，2：99-112.

Wang J，Yang Y，Chen Y，et al. 2017. Recent advances in electrolytes for lithium-sulfur batteries[J]. Advanced Energy Materials，7（23）：1700426.

Wang J，Zhang L，Lu J，et al. 2014. Recent advances in zinc-air batteries[J]. Chemical Society Reviews，43（22）：7746-7786.

Wang L，Zhao D，Zhang H M，et al. 2008. Water-retention effect of composite membranes with different types of nanometer silicon dioxide[J]. Electrochemical and Solid-State Letters，11（11）：B201-B204.

Wang X X，Zhou Z R. 2020. Porous-electrode theory of lithium ion battery：Old paradigm and new challenge[J]. Journal of Electrochemistry，26（5）：596-606.

Wang Y，Wang L，Xia Y，et al. 2018. Sodium-ion batteries：from academic research to practical commercialization[J]. Chemical Society Reviews，47（20）：7851-7886.

Wei C，Bard A J，Nagy G，et al. 1995. Scanning electrochemical microscopy. 28. Ion-selective neutral carrier-based microelectrode potentiometry[J]. Analytical Chemistry，67（8）：1346-1356.

Wei C C，Li K. 2008. Yttria-stabilized zirconia （YSZ）-based hollow fiber solid oxide fuel cells[J]. Industrial & Engineering Chemistry Research，47：1506-1512.

Wu H，Cui Y. 2012. Designing nanostructured Si anodes for high energy lithium ion batteries[J]. Nano Today，7（5）：414-429.

Wu X，Yang H，Yu M，et al. 2021. Design principles of high-voltage aqueous supercapacitors[J]. Materials Today Energy，21：100739.

Xie H J，Gélinas B，Rochefort D. 2016. Electrochemical and physicochemical properties of redox ionic liquids using electroactive anions：Influence of alkylimidazolium chain length[J]. Electrochimica Acta，200（1）：283-289.

Xing L D，Zheng X W，Schroeder M，et al. 2018. Deciphering the ethylene carbonate-propylene carbonate mystery in Li-ion batteries[J]. Accounts of Chemical Research，51（2）：282-289.

Xu C W，Wang H，Shen P K，et al. 2007. Highly ordered Pd nanowire arrays as effective electrocatalysts for ethanol oxidation in direct alcohol fuel cells[J]. Advanced Materials，19：4256-4259.

Xu K，Xu Y，Zhu J. 2017. Lithium-oxygen batteries：From electrochemistry to materials and mechanisms[J].

Advanced Materials，29（48）：1700710.

Xu Y，Lu J，Archer L A. 2015. Ionic liquid electrolytes for sodium-ion batteries[J]. Journal of Materials Chemistry A，3（8）：3865-3879.

Yu E H，Krewer U，Scott K. 2010. Principles and materials aspects of direct alkaline alcohol fuel cells[J]. Energies，3（8）：1499-1528.

Yu M，Li J，Cui Y. 2016. Enhancing the performance of lithium-sulfur batteries by conductive polymer coating[J]. ACS Nano，10（10）：9187-9193.

Yuan Y，Zhao C，Xin S，et al. 2018. Zinc-air batteries：From electrochemistry to future prospect[J]. Advanced Materials，30（14）：1705716.

Zhang C，Yu H，Li Y，et al. 2013. Supported noble metals on hydrogen treated TiO_2 nanotube arrays as highly ordered electrodes for fuel cells[J]. ChemSusChem，6（4）：659-666.

Zhang H，Tao X，Chen X，et al. 2014. A highly efficient polysulfide mediator for lithium-sulfur batteries[J]. Nature Communications，5：5088.

Zhang N，Cheng F Y，Liu Y C，et al. 2016. Cation-deficient spinel $ZnMn_2O_4$ cathode in $Zn(CF_3SO_3)_2$ electrolyte for rechargeable aqueous Zn-ion battery[J]. Journal of the American Chemical Society，138（39）：12894-12901.

Zhang T，Zhou H，Gao X，et al. 2020. Lithium-oxygen batteries：Materials and optimization[J]. Advanced Energy Materials，10（26）：2000405.

Zhang X，Yu Y，Liao M，et al. 2021. Recent advances in zinc-air batteries[J]. ChemSusChem，14（13）：2688-2706.

Zhang Y，Knibbe R，Sunarso J，et al. 2017. Recent progress on advanced materials for solid-oxide fuel cells operating below 500℃[J]. Advanced Materials，29（48）：1700132.

Zhang Y，Sun X，Zhao W，et al. 2020. Recent advances in catalysts for lithium-oxygen batteries[J]. Journal of Power Sources，474：228638.

Zhang Z，Hu J，Liu H，et al. 2021. Recent advances in rechargeable Na-ion batteries：Opportunities, challenges，and future perspectives[J]. Advanced Materials，33（2）：2003084.

Zhang Z Y，Ding T，Zhou Q，et al. 2021. A review of technologies and applications on versatile energy storage systems[J]. Renewable & Sustainable Energy Reviews，148：111263.

Zhou X，Wu X，Ji X. 2016. Recent progress in electrode materials for sodium-ion batteries[J]. Journal of Materials Chemistry A，4（41）：15782-15800.